找矿突破战略行动重大协同创新项目（黔科合战略找矿[2022]ZD005）
贵州省科技计划项目（黔科中引地[2022]4024）
贵州省科技计划项目（黔科合平台人才–CXTD[2023]014）
贵阳市科技计划项目（筑科合同[2021]45-2）

盆外向斜型海相页岩气成藏理论与勘探实践

蓝宝锋　胡永忠　冯　冰　徐再刚
王　鹏　何新兵　姜海申　李刚权
等著

石油工业出版社

内容提要

本书从贵州北部地质条件入手，依次论述了贵州北部页岩气成藏条件及资源前景、成藏模式与富集规律、重要实践案例、勘探评价技术体系和潜力评估，形成了一套盆外向斜型海相页岩气的成藏理论，并进行了勘探实践，对于同类页岩气的勘探开发有一定的指导意义。

本书适合页岩气勘探开发工作者或高等院校相关专业师生阅读。

图书在版编目（CIP）数据

盆外向斜型海相页岩气成藏理论与勘探实践 / 蓝宝锋等著 . -- 北京：石油工业出版社，2024.9. -- ISBN 978-7-5183-6901-0

Ⅰ . P618.130.2

中国国家版本馆 CIP 数据核字第 202410QP47 号

出版发行：石油工业出版社

（北京安定门外安华里 2 区 1 号　100011）

网　　址：www.petropub.com

编辑部：(010)64523841　图书营销中心：(010)64523633

经　　销：全国新华书店

印　　刷：北京中石油彩色印刷有限责任公司

2024 年 9 月第 1 版　2024 年 9 月第 1 次印刷

787×1092 毫米　开本：1/16　印张：19.25

字数：456 千字

定价：200.00 元

（如出现印装质量问题，我社图书营销中心负责调换）

版权所有，翻印必究

《盆外向斜型海相页岩气成藏理论与勘探实践》

编写组

（按姓氏笔画排序）

王　胜	王　鹏	邓恩德	石　敏
龙　珍	付　勇	冯　冰	成　炼
邬忠虎	刘　松	刘　斌	李刚权
李绍鹏	李常兴	杨　勇	吴　松
何新兵	余　谦	张海全	陈　金
周锦涛	周　鹏	孟祥瑞	赵明芳
胡永光	胡永忠	姜海申	贺国庆
秦仁月	夏　茜	徐再刚	曾居义
谢红飞	蓝宝锋	雷文丽	蔡欣卉

序 言

能源是国家经济和社会发展的命脉。面对日益增长的能源需求和环境保护的双重压力,我们必须不断创新,寻找新的能源供给途径。页岩气作为一种清洁、高效的非常规天然气资源,其开发利用对于调整能源结构、减少温室气体排放具有重要意义。特别是在当前全球气候变化的大背景下,页岩气的开发不仅可以缓解能源供需矛盾,还有助于构建更加绿色、低碳的社会发展模式。

在全球能源格局深刻变化的今天,页岩气资源的开发已经成为保障能源安全、推动经济社会可持续发展的关键环节之一。"十四五"时期,随着"双循环"新发展格局、西部大开发等政策持续发挥作用,至2023年,我国的页岩气产量突破$250 \times 10^8 m^3$,占非常规天然气总产量的43%。根据"十四五"规划纲要,我们要积极推动非常规油气资源的勘探和开发。

然而,中国的页岩气与北美存在较大差异,主要有以下几点:在地质条件方面,中国页岩气地质经历过多期构造运动,保存条件和含气性普遍较差,储层地质年代较古老,成熟度高,不产油,有机质孔隙度、含气量等储层关键参数与北美相比较差;在工程条件方面,中国页岩气埋藏深度大、构造复杂,地层可钻性差,纵向压力系统复杂,地应力复杂,钻井和压裂难度大;在地面条件方面,中国地形多为陡峭山地,人口密集,人均耕地稀少,环境容量有限。因此,中国在页岩气开发方面盲目效仿美国页岩气的开发模式并不可行,只有综合考虑地质条件、技术需求和社会环境等因素,坚定地走自己的道路,采取引进消化再创新和协同创新的途径,才能走出适合中国页岩气开发的道路。

蓝宝锋及其团队以近些年在中国黔北地区重点层系的研究成果为基础,深入研究了黔北地区的多种盆外向斜,根据各向斜的储层地质特征,系统地总结出了具有代表性的四种典型盆外向斜成藏模式,并整合了多年来在黔北地区的勘探实践与研究成果,编写了专著《盆外向斜型海相页岩气成藏理论与勘探实践》。该专著汇集了我国在该领域内最新研究成果,深入分析了盆外向斜型海相页岩气的地质特征、形成机制、富集规律及影响因素，并详细介绍了在黔北地区的最新勘探实践案例。该专著实践素材丰富、数据分析翔实、结论认证严谨，为读者提供了一个全方位、多层次的知识体系，对全面认识我国黔北地区典型向斜页岩的成藏模式具有重要科学意义。该专著为页岩气研究提供了一个新范例，为勘探指出了新方向。

随着科学技术的不断进步和国家政策的大力支持，我国页岩气产业必将迎来更加辉煌的发展前景。希望本书能够激发更多青年学者的兴趣与热情，吸引更多人才投入到这一充满挑战与机遇的领域中来，共同为推动我国页岩气事业的发展作出新的更大贡献。该力作的出版，可喜可贺，值得读者一阅。

中国科学院院士：

2024 年 9 月 10 日

前　言

我国南方海相页岩气资源潜力巨大，随着我国西南地区页岩气勘探区域的不断扩大，志留系、寒武系、石炭系等勘探层系不断增多，勘探深度不断加深，我国南方海相地层展现出良好的油气勘探开发前景。

贵州北部地区位于四川盆地南缘，属于复杂构造区，黔北地区五峰组—龙马溪组位于深水、深水—浅水的过渡区，生烃的物质基础相对较差，气藏多为常压页岩气藏，产量相对较低。作为四川盆地周缘页岩气勘探开发的重要接替领域，"十四五"期间盆外常压页岩气勘探将有望得到快速发展。自郭旭升院士提出复杂构造区海相页岩气"二元富集"规律的认识以来。通过"十三五"科技攻关的持续深化研究，进一步阐明了深水陆棚相优质页岩是页岩气"成烃控储"的基础和页岩气富集高产的关键的深刻内涵。该套页岩浮游藻类与浮游硅质生物共生，硅质生物骨屑的成岩多孔性有利于藻类所生成烃类的原位滞留和后期裂解形成有机孔隙的大量发育与保存，而顶底板封堵条件与后期构造运动强弱是页岩气富集保存的关键要素，揭示了海相页岩气"源储一体，早期滞留，原位富集，晚期改造"的富集保存机理，明确了复杂构造区海相页岩气勘探的目标与方向。

本人长期从事非常规天然气勘探开发的研究，始终遵循"理论与实践相结合""以科研指导工程，以工程佐证科研"的研究精神。自接触贵州省页岩气勘探开发研究以来，本人深入一线，在前人研究的基础之上，带领团队围绕页岩气关键问题，开展了黔北页岩气地质理论和技术方法研究。经过多年的潜心工作与实践，团队在黔北盆外向斜型海相页岩气成藏认识上积累了大量的研究成果。在与多位专家和学者进行商讨研究后，决定将多年来的研究成果提炼为专著《盆外向斜型海相页岩气成藏理论与勘探实践》。

本专著详细介绍了近十年来中国贵州北部地区重点层系盆外向斜型海相页岩的研究成果，共分为七章。第1章根据页岩气研究和勘探开发的历程对国内外页岩气勘探开发概况进行了概括，并对中国四个典型页岩气田的成藏理论与勘探实践进行了综合描述；第 2 章对贵州北部地区的地层发育特征、地层沉积与分布特征、区域构造及演化特征进行总结和探讨；第 3 章从储层地球化学特征、储集特征、含气特征、保存条件及主控因素等方面对贵州北部地区发育的五峰组—龙马溪组页岩气藏条件及资源前景进行探讨；第 4 章对贵州北部地区发育的五峰组—龙马溪组页岩气藏的特征及模式进行总结，并通过梳理现有地质成果认识，提出了四种典型的盆外向斜型海相页岩气成藏模式；第 5 章以黔北地区典型向斜页岩气区块的勘探实践为例，系统、全面地阐述了黔北复杂构造区十几年来页岩气的勘探开发历程与取得的研究成果；第 6 章主要对安场向斜勘探开发的三个时期阶段中的关键技术进行介绍，并简述勘探过程中遇到的难点及解决方案；第 7 章根据勘探实践和区域地质特点，先后提出了相应的有利区选区评价标准，并在参考北美各公司评价参数的基础上，建立适合中国南方海相页岩气有利区选区评价方法体系。

在编写本书的过程中，我们得到了多位资深专家和学者的大力支持，凭借他们深厚的专业知识和丰富的实践经验，为本书的内容质量提供了坚实保障。同时，也感谢参与本书资料搜集和编写工作的团队成员们，是他们辛勤的工作确保了本书内容的准确性和实用性。随着页岩气研究的不断深入和勘探技术的持续创新，盆外向斜型海相页岩气的勘探与开发将迎来更广阔的前景。

由于时间跨度大、参与人员多，恕不能一一列出，谨此向所有参与研究和提供帮助的科研人员表达谢意，下面简要介绍部分人员在编写过程中所做的贡献。第 1 章是由蓝宝锋、胡永忠、徐再刚、余谦、赵明芳、龙珍等编写；第 2 章由王鹏、冯冰、付勇、张海全、刘松、曾居义等编写；第 3 章由李绍鹏、王胜、张海全、李常兴、刘斌、吴松等编写；第 4 章由姜海申、李刚权、周鹏、杨勇、胡永光等编写；第 5 章由冯冰、蓝宝锋、陈金、赵明芳、曾居义、蔡欣卉等编写；第 6 章由何新兵、胡永光、姜海申、谢红飞、周鹏、石敏、成炼等编写；第 7 章由冯冰、邬忠虎、邓恩德、龙珍、秦仁月等编写；图件清绘主要由孟祥瑞、雷文丽、夏茜、周锦涛、贺国庆等完成。全书由本人蓝宝锋统稿并审核。

本书编写过程中亦借鉴了前人的工作，参考了相关的专业书籍与文献，谨此向相关科研人员表示感谢。在此，我诚挚地期待本书能够为广大读者带来深刻的学术启发和宝贵的实践指导。由于著者水平和能力有限，书中难免存在不足之处。恳请使用本书的所有读者不吝赐教，敬请批评指正。

作者：蓝宝锋

目 录

第1章 绪论 ·1

1.1 海相页岩气勘探开发研究进展 ·1

1.2 中国现有页岩气及典型页岩气田成藏理论与勘探实践综述 ·10

1.3 盆外向斜型海相页岩气成藏理论及勘探实践研究的必要性和现实意义 ·20

第2章 贵州北部地质背景 ·23

2.1 区域地层发育特征 ·23

2.2 地层沉积与分布特征 ·29

2.3 区域构造及演化特征 ·39

2.4 典型向斜构造特征 ·44

第3章 贵州北部页岩气成藏条件及资源前景 ·61

3.1 页岩段小层划分与对比 ·61

3.2 贵州北部页岩气保存条件分析 ·100

3.3 典型向斜气藏页岩气储层特征对比 ·137

第4章 贵州北部页岩气成藏模式与富集规律 ·143

4.1 窄陡型向斜页岩气成藏模式 ·143

4.2 缓坡型向斜页岩气成藏模式 ·151

4.3 宽缓型向斜页岩气成藏模式 ·155

4.4 穹凹型向斜页岩气成藏模式 ·163

4.5 向斜型海相页岩气成藏理论与富集规律 ·168

第 5 章　盆外复杂构造区页岩气勘探实践案例 …… 172

5.1　安场向斜 …… 172
5.2　狮溪向斜 …… 199
5.3　桴焉向斜 …… 217
5.4　其他地区 …… 224

第 6 章　勘探评价技术体系 …… 228

6.1　地震数据处理技术 …… 229
6.2　地震综合解释技术 …… 237
6.3　地质评价技术 …… 260
6.4　有利区带及井位部署技术 …… 266

第 7 章　贵州北部五峰组—龙马溪组页岩气资源潜力评价 …… 276

7.1　资源量计算 …… 277
7.2　安场向斜 …… 278
7.3　狮溪区块 …… 279
7.4　桴焉区块 …… 281
7.5　道真区块 …… 283
7.6　斑竹区块 …… 284
7.7　务川区块 …… 285

参考文献 …… 287

第 1 章 绪　　论

本章节依据页岩气研究和勘探开发历程，对美国、美洲地区其他国家、欧洲地区、东南亚地区、澳洲地区、非洲地区及中国页岩气勘探开发概况进行了概括。然后对"双碳"背景下中国页岩气产业发展及中国四个典型页岩气田——箱状背斜型海相页岩、向斜型海相页岩、深层海相页岩和盆缘浅层页岩的成藏理论与勘探实践进行了综合描述。最后，从必要性和现实意义角度出发阐述了我国盆外向斜型海相页岩气成藏理论及勘探实践研究的必要性和现实意义。

1.1 海相页岩气勘探开发研究进展

页岩气是重要的非常规天然气能源。按沉积环境将页岩分为海相、海陆过渡相和陆相页岩3种类型（琚宜文等，2016；王社教，2019；张金川等，2021；王生林，2017；Zhu et al.，2018）。不同沉积相页岩在气体成分、赋存状态、气体成因等方面具有一定的共性，但由于页岩气储层的沉积环境不同，海相、海陆过渡相和陆相页岩在厚度、分布和岩性组合特征等方面又有较大差别，影响页岩气富集成藏。页岩气成藏条件包括物质基础和保存条件两方面，研究页岩气保存和进行页岩气评价选区都首先需要有一定的物质基础，主要包括总有机碳（TOC）含量、富有机质页岩厚度，而物质基础受控于页岩沉积时不同的构造背景（张昆，2019；郭旭升等，2022）。其中，海相页岩气的形成、富集与成藏条件最为优越，主要富集在中国南方扬子地区寒武系筇竹寺组和志留系龙马溪组的富有机质页岩内（王建等，2023）。我国海相页岩主要分布在拗拉槽和克拉通边缘坳陷盆地中，时代以早古生代寒武纪和志留纪为主，区域上分布于华北、南方、塔里木和青藏高原4个地区，纵向上位于各层系的中下部（张金川等，2022）。

与常规油气资源相比，非常规油气的开采成本和技术要求更高，但资源潜力大（吴西顺等，2020）。页岩气研究和勘探开发最早始于美国，目前技术已趋成熟，成为了重要的能源源头，并让美国从油气进口国变成出口国（王淑玲等，2016；张君峰等，2022；潘玉娇，2023）。目前我国页岩气开发逐渐形成规模。据美国能源信息署（EIA）数据显示（图1-1），我国页岩气技术可采储量占世界总量的15%，为 $31.6 \times 10^{12} m^3$，居全球第一，是最具潜力的页岩气生产国。由于我国对页岩气的资源调查和勘探开发起步晚，目前仅在四川、重庆、新疆、贵州、湖北等地区取得了商业突破，总体勘探技术和装备设施与美国等西方国家相比还存在一定差距（马新华等，2023）。

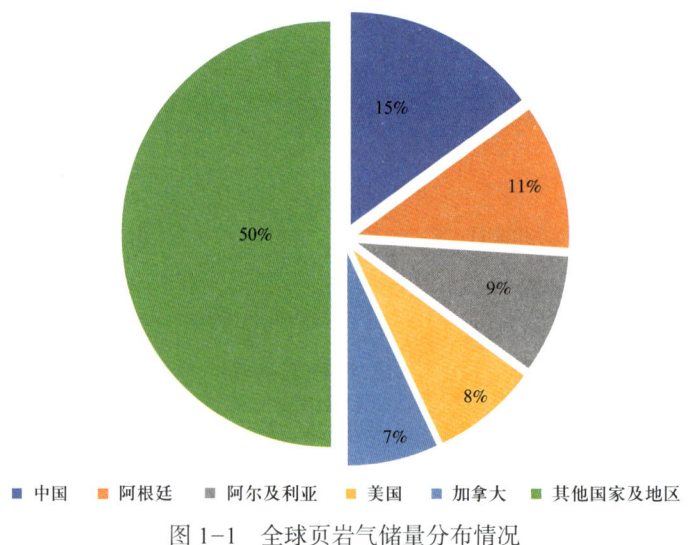

图 1-1　全球页岩气储量分布情况

1.1.1　国外页岩气勘探开发研究现状

1.1.1.1　美国页岩气勘探开发概况

美国页岩气勘探开发起步早，从1821年至今主要经历了4个发展阶段（郭旭升等，2020）。北美"页岩气革命"成功，使美国由天然气进口大国转变为出口大国，并在21世纪初期引发了全球"页岩气革命"，在全球页岩气产业中处于引领地位，深刻改变了世界天然气供给格局（邹才能，2016；贾承造，2017）。

（1）第一阶段：早期探索阶段（1821—1970年）。

1821年威廉·哈特（William Hart）在弗雷多尼亚的加拿大大道（Canadaway）小河边打了一口8.23m深的井（后加深至21.37m），首次实现天然气的商业开采，在泥盆系Dunkirk黑色页岩中生产出少量天然气，并被运输和销售到当地，用于弗雷多尼亚（Fredonia）镇的照明（Lash and Lash，2015）。这被认为是页岩气的首次发现，为美国开创了一个全新的能源时代（赵群等，2023）。随后，页岩气开发从伊利（Erie）湖南岸向西扩展，数百口浅井钻探于Erie湖沿岸并于19世纪70年代扩展至俄亥俄州北部（Diana and Roge，2002）。1863年，在伊利诺伊盆地（Illnois Basin）的肯塔基州西部发现了页岩气。到20世纪20年代，美国开始对页岩气规模化开发，页岩气钻井已扩展至西弗吉尼亚州、肯塔基州和印第安纳州（Huff et al.，1996）。1926年，肯塔基州东部和弗吉尼亚州西部的泥盆纪页岩气田已成为当时世界上最大的天然气田。此外，水力压裂首次用于油气井的生产是在1947年施工于堪萨斯州Grant县泛美石油公司运营的天然气井。

（2）第二阶段：理论与技术发展阶段（1971—1999年）。

20世纪70年代的石油危机使美国面临能源短缺和石油价格攀升的问题，促使美国政府着力聚焦于替代能源的研发工作，其中包括页岩地层中天然气的开采。与此同时，高油价也吸引着私营企业投资非常规天然气产业。

在20世纪70年代之前，以得克萨斯州巴奈特（Barnett）页岩和宾法尼亚州马塞勒斯（Marcellus）页岩为代表的深层页岩气已被熟知，但由于其低孔低渗透特征，尚不能进行有效经济开采（Ikonnikova et al.，2015）。在20世纪70年代后期，美国能源部及能源研究开发署（ERDA）联合美国国家地质调查局（USGS）州级地质调查所、高校及科研院所，发起并实施了东部页岩气工程（EGSP）。该项目以美国东部阿拉巴契亚、密执安和伊利诺伊盆地的泥盆系和密西西比系富有机质黑色页岩为研究对象，旨在通过页岩气地质、地球化学和石油工程的一体化研究，评估资源潜力，提高页岩气井产能。与此同时，一些油气公司试图通过将裂缝设计、油藏描述、水平钻井和低成本水力压裂结合，旨在实现页岩气经济开采，其中，最具代表性的是米切尔能源与开发公司。该公司自1981年起至20世纪90年代初期在得克萨斯州北部的Barnett页岩开发过程中不断尝试新的水力压裂工艺，获得了较高的测试产量，成功实现利用水力压裂工艺对页岩气的经济开采。米切尔能源与开发公司研发的水力压裂技术改变了油气工业的面貌。该时期，美国正式形成了以政府为主导，以中、小油气公司为主力军的页岩气技术研发与开发模式研究团队，促进了页岩气产量、储量的快速增长（高静和丁昊明，2015）。

（3）第三阶段：页岩气关键技术突破阶段（2000—2006年）。

2000年以来，随着水平井钻完井及分段压裂、同步压裂、重复压裂技术的不断进步，不仅显著提高了美国页岩气单井产量，而且降低了开采成本，使油气公司对页岩气开发充满信心，加速了页岩气开发进程。2001年首次突破百亿立方米，达到$102.8 \times 10^8 m^3$；2002年Devon能源公司收购米切尔能源与开发公司，采用水平钻井与水力压裂相结合的工程方式对Barnett页岩实施有效开发，极大地提高了从低渗透页岩地层中采出天然气的能力，2003年以来水平井与压裂工艺的推广，以及加密井网部署方案，使页岩气采收率提高了20%，页岩气产量得到大幅度提升；2005年，水力喷射压裂技术和多井同步压裂技术试验成功，采用水平井分段多簇压裂有效沟通基质与裂缝，尽可能提高最终采收率并降低成本。由于技术的革新，此阶段页岩气单井产量显著提高。2005年，美国的页岩气产量达到$1100 \times 10^8 m^3$，约占美国当年天然气总产量的5%（Jarvie et al.，2007；Nadan，2009；Hammes et al.，2011）。

（4）第四阶段：页岩气产量快速增长阶段（2007年至今）。

基于页岩气开发关键技术的突破，2003年以来石油和天然气价格的持续上涨进一步促使上游石油公司积极开发页岩气。以沃斯堡盆地Barnett页岩区为例，1997—2009年Barnett页岩区钻探井数超过13500口，其年产量由1999年的$22 \times 10^8 m^3$快速增加至2009年的$560 \times 10^8 m^3$，10年间增长了25.5倍。Barnett页岩气藏的发现和成功开发为美国和世界其他地区的页岩气勘探开发提供了经验，其页岩气开发关键技术也得以广泛推广应用（Brittenham et al.，2010）。2009年鹰滩（Eagle Ford）开发实现突破，此时美国页岩气生产井数量达98590口，页岩气年产量突破$881 \times 10^8 m^3$，占其天然气年总产量的13%，并超过煤层气成为仅次于致密砂岩气的非常规天然气资源；2013年Utica开发实现突破，美国页岩气产量达$3233 \times 10^8 m^3$；2014年美国页岩气产量为$3808 \times 10^8 m^3$；到2015年，页岩气产量激增至$4308 \times 10^8 m^3$，占全美天然气产量的46%；2016年高达$4823 \times 10^8 m^3$；

2017年美国页岩气产量已增至$5264\times10^8m^3$；截至2021年底，美国全年页岩气生产总量达到$7721\times10^8m^3$，占全年天然气总量的80%。美国页岩气产量实现了逐年递增的目标（图1-2），极大地保障了美国国家的能源安全（高静和丁昊明，2015；马新华，2023）。

图1-2　2007—2022年美国页岩气产量及增速（数据来源于EIA，2023）

1.1.1.1.2　国外其他国家页岩气勘探开发概况

（1）美洲地区。

加拿大是继美国之后，世界上第二个对页岩气进行勘探与商业开发的国家，主要页岩气区块群有5个：霍恩河、蒙特尼、尤蒂卡、科罗拉多和霍尔顿断崖（董大忠等，2016）。在美国能源信息署（EIA）发布的$16.06\times10^{12}m^3$页岩气技术可采资源中，科罗拉多组贡献$15.18\times10^{12}m^3$，霍恩河页岩、蒙特尼页岩和尤蒂卡页岩是加拿大页岩气主力产区。

墨西哥的非常规油气资源主要集中在萨拜娜盆地、布格斯盆地和坦皮科—米兰达盆地。其中，美国境内的鹰滩页岩区从得克萨斯州延伸到墨西哥境内的布格斯盆地，成为页岩油气钻探的热点区域。鹰滩页岩区横亘布格斯盆地西部，其页岩气技术可采资源量约$9.77\times10^{12}m^3$，占三个盆地非常规天然气资源的66%。萨拜娜盆地占三个盆地非常规天然气资源的25%，坦皮科—米兰达盆地占9%。非常规原油资源主要聚集在坦皮科—米兰达盆地和布格斯盆地，布格斯盆地页岩油技术可采资源量约8.6×10^8t。

阿根廷天然气产地包括内乌肯、奥斯特拉尔和诺罗斯特盆地，产量约占阿根廷总产量的85%。据美国能源信息署资料，阿根廷页岩气技术可采资源量为$22.70\times10^{12}m^3$，位居世界第三；页岩油储量排名全球第四，高达37×10^8t，是南美天然气开发利用前景最好的国家。2011年1月，法国道达尔公司与阿根廷石油公司（YPF）公司合作，获得了位于阿根廷内乌肯盆地的四个页岩气区块的权益；2011年8月，油田服务供应商哈利伯顿公司在阿根廷的内乌肯盆地为美国阿帕奇公司完成了第一口水平和多阶段水力压裂页岩气井，发现高产页岩气。目前，阿根廷石油公司YPF与美国陶氏化学阿根廷子公司签署了初步合作协议，共同开发阿根廷丰富的页岩气资源。

巴西拥有较为丰富的页岩资源，美国能源信息署 2013 年公布的报告称，巴西三个陆上盆地巴拉那、索利蒙伊斯及亚马逊拥有大约 7.4×10^{8} t 石油及 6.9×10^{12} m³ 技术上可开采的页岩油气资源。牛津能源研究协会的数据也显示，巴西其他地区如巴纳伊巴、帕雷西斯、雷孔卡沃及圣弗朗西斯科地区的沉积层也拥有约 8.5×10^{12} m³ 的页岩气储量。巴拉那及索利蒙伊斯盆地的天然气产量几乎占巴西陆上天然气产量的 20%。有迹象表明，大部分沿海盆地均拥有页岩资源，因此这里的勘探前景十分广阔。

（2）欧洲地区。

英国地质勘查研究所调查，英格兰南部页岩油储量达数亿吨，北部地区蕴藏着约 39×10^{12} m³ 的页岩气资源。英国政府目前对水力压裂法持支持态度，有意大力推动页岩气开发。能源与气候变化部设立约合 340 万美元奖金征集页岩气生产和开发的创新技术。英国陆地石油和天然气行业组织（UKOOG）发布英国页岩气产业链研究报告称，未来 18 年按照建设 4000 口页岩气井计算，英国页岩气产业链的投资将达 550 亿美元，并将创造超过 6.4 万个工作岗位。

波兰是目前欧洲开发页岩气最积极的国家，其页岩主要沉积在北部的波罗的海盆地、南部的卢布林盆地和东部的波德拉谢盆地。其中，波罗的海盆地因页岩层直井的天然气日均产量高达 2000m³，已实施水平井钻探，启动首批商业页岩气生产。

2014 年，波兰在页岩气勘探领域投资 15.7 亿美元。当年 8 月，波兰莱格斯（Legs）能源公司于卢贝尔沃（Lublewo）地区实施了一口水平井参数井，并进行了压裂试油。当年 9 月，英国圣利昂（San Leon）公司在波兰喀尔巴阡地区启动了三口页岩油气探井，但并未获得突破。此外，由于 2014 年末原油价格下跌，雪佛龙、埃克森美孚、道达尔和马拉松等跨国能源公司先后于 2014 年末宣布停止在波兰境内的页岩气勘探作业。

德国地质资源管理部门预测，德国可开采的页岩气储量达 $(0.7\sim 2.3)\times 10^{12}$ m³，超过传统的天然气储量，可保证供应 100 年。

（3）东南亚地区。

印度油气勘探巨头印度石油天然气公司选择了达摩德尔和坎贝盆地作为最佳的页岩气勘探区，并且于 2011 年 1 月在西孟加拉邦东部的一个试点项目中发现了页岩气，成为亚洲少数发现页岩气的国家之一。据美国能源信息署估算，印度页岩气原地总储量为 8.3×10^{12} m³，可采储量为 1.8×10^{12} m³。印度有多个地区的页岩气勘探开发潜力巨大，主要有坎贝盆地、阿萨姆邦—阿拉干盆地、布兰希达—戈达瓦里盆地等，其中坎贝盆地是最重要的页岩气盆地之一。

2013 年，印度出台了页岩气勘探政策，制定了包括两个阶段的页岩气开采计划。在计划的第一阶段，印度政府批准印度石油和天然气公司等两家国有企业开采国内页岩气资源，开采规模和开采地点等由印度政府安排；在第二阶段，印度政府将允许其国内的私营企业进入页岩气开发领域。

印度尼西亚从 2010 年起开始开发页岩气资源。据印度尼西亚能源矿产资源部 2012 年发布的报告数据，印度尼西亚拥有 16.25×10^{12} m³ 页岩气。2013 年 5 月，印度尼西亚国家石油公司签署了一份勘探和开采苏门答腊岛北部页岩气资源的合约，该地方潜在拥有

$0.53 \times 10^{12} m^3$ 的页岩气。

（4）澳洲地区。

澳大利亚库珀盆地、卡宁盆地、珀斯盆地和马里伯勒盆地等4个盆地技术可采页岩气 $12.37 \times 10^{12} m^3$。2010年在珀斯盆地发现了页岩气，技术可采资源量（3679~5660）× $10^8 m^3$；2013—2014年，在马里伯勒盆地实施6口探井，获得页岩气发现。2013年初，澳大利亚自然资源公司LincEnergy在澳中部阿卡林加盆地发现储量达 $318.74 \times 10^8 t$ 的页岩油。到2013年中期，雪佛龙、康菲、挪威国家石油公司、道达尔、BG集团等跨国能源企业在澳大利亚的页岩气产业投资已超过15亿美元。这些大公司的参与，表明其对澳大利亚成为页岩气大国抱有很大的期望。

（5）非洲地区。

非洲具有良好的页岩气资源潜力。美国能源信息署评估，全球页岩气技术可采资源量为 $187 \times 10^{12} m^3$，其中非洲为 $29.5 \times 10^{12} m^3$，占全球的15.7%；非洲页岩气资源主要集中在南非、利比亚和阿尔及利亚，分列世界第五、第八和第九。通过大量的研究和数据分析，壳牌公司和南非石油管理局都认为南非的卡鲁盆地拥有丰富的非常规油气资源。截至2013年6月，南非政府已经在卡鲁盆地划出了35个勘探区块，收到国际油气公司的勘探申请超过90份。

1.1.2　中国页岩气勘探开发研究现状

我国自2000年起开始关注美国页岩气勘探开发情况，2004年启动了国内页岩气资源调查。2005年之后美国页岩气开始大规模商业开发，尤其Marcellus、Haynesville、Eagle Ford等实现商业突破后，美国一跃从能源进口大国变成能源净出口国，极大地鼓舞了世界对页岩气这种新型能源的勘探开发热情。与国外相比，中国页岩气资源调查与勘探开发起步较晚，2009年钻成了第一口页岩气评价井——威201井，井口测试获日产 $1.08 \times 10^4 m^3$ 工业气流，开启了我国页岩气勘探开发的序幕（路保平，2013；周清泉，2020）。目前，我国是全球第三个实现页岩气商业性开发的国家，页岩气产量快速增长，已经成为国内天然气产量增长重要领域（张所续，2013；汪立东，2022；周文彬等，2022）。

从中国的页岩气起步到历经近20年的探索攻关，中国页岩气经历了从无到有、从小到大的突破（郭旭升，2022；邹才能等，2022）。先后经历了泥页岩裂缝油气藏理论认识、调研准备与资源评价、先导试验与示范建设和页岩气政策扶持与产量快速上升四个阶段（刘航，2018；赵全民等，2019；马新华等，2020；赵文智等，2020；郭旭升等，2022；梁兴等，2022；雍锐等，2022；姜鹏飞等，2023）。

（1）第一阶段：泥页岩裂缝油气藏理论认识阶段（20世纪60年代至1999年）。

该阶段对页岩气的认识停留在泥页岩裂缝性油气藏。在多个盆地的常规油气勘探过程中，相继在泥页岩中发现油气显示，部分还获得了工业油气流，例如四川盆地威远构造、辽河坳陷、济阳坳陷、柴达木盆地茫崖坳陷等。部分学者对此进行过研究，但由于当时对页岩气理论认识的局限性，仅把其作为一种常规裂缝性油气藏看待，同时也没有形成与页岩气配套的勘探开发技术、研究方法和理论体系，致使中国对泥页岩的油气勘探长期没有实现较大突破，一直停留在规模较小的裂缝性油气藏认识阶段。

（2）第二阶段：调研准备与资源评价阶段（2000—2009年）。

21世纪以来，受北美页岩气成功勘探开发影响，中国进入页岩气跟踪调研、勘探准备和资源评价阶段。国内各大石油企业、大专院校及科研机构通过查阅、收集了大量国外页岩气勘探开发的资料和文献，跟踪调研世界页岩气资源发展现状及趋势，开展了中国页岩气资源评价及成藏地质条件的相关研究，对促进中国页岩气的勘探开发起到了积极的推动作用。2005年开始，中国石油天然气集团有限公司（简称中国石油）、中国石油化工集团有限公司（简称中国石化）、国土资源部及部分高校等相关单位参考北美页岩气勘探开发的经验，以区域地质调查为基础利用老井复查等方法，调查了中国页岩气形成与富集成藏的地质条件，评价了中国页岩与资源潜力，探索了中国页岩气的发展前景，逐渐形成了一套适合中国海相页岩气的理论体系和勘探方法。

党中央、国务院及相关政府部门高度重视页岩气资源战略调查和勘探开发工作。2009年9月，国家发展和改革委员会（简称国家发改委）和国家能源局开始研究并制定关于鼓励页岩气勘探开发利用的政策。2009年11月，美国前总统奥巴马访华期间，中美双方签署了《中美关于在页岩气领域开展合作的谅解备忘录》，将两国在页岩气方面的合作上升到了国家层面。2010年国土资源部通过"全国页岩气资源潜力调查评价与有利区优选"研究工作，对上扬子及滇黔桂地区、华北及东北地区、中下扬子及东南地区、西北地区四大区开展了陆域页岩气资源潜力评价工作、优选出180个有利区，合计面积$1.11×10^6 km^2$，页岩气可采资源潜力为$25.08×10^{12} m^3$。

同时期，国内石油公司积极调整战略方向，将页岩气排在非常规油气资源勘探开发的首位。2006年，中国石化启动了"中国页岩气早期资源潜力分析"研究项目，基于对美国典型页岩气盆地页岩气形成、富集、开发的系统调研，对比分析了国内外页岩气的形成条件，探讨了中国页岩气资源前景。2009年，中国石化成立了非常规能源专业管理机构与勘探开发队伍，借鉴北美经验，明确页岩气选区评价参数，开展了南方海相页岩气选区评价工作，先后部署实施了宣1井、河页1井和黄页1井，同时积极开展老井复查与复试，其中鄂西渝东地区建111井东岳庙段压裂测试获得日产$3925 m^3$气流。2006年，中国石油与美国新田石油公司召开了页岩气研讨会，根据川南威远、阳高寺等地区钻遇寒武系筇竹寺组和志留系龙马溪组时出现的良好气测显示，首次提出了中国南方海相盆地具有海相页岩气形成与富集的基本条件，并认为中国南方海相页岩发育区是我国页岩气勘探开发的有利地区及首选地区。2007年，中国石油与新田石油公司签署了《威远地区页岩气联合研究》协议。2008年11月26日，中国石油在四川盆地南部长宁构造志留系龙马溪组露头区钻探了CX-1井，该井是中国第一口页岩气地质评价浅井，共取心154m。同年，中国石油与壳牌公司在四川盆地富顺—永川地区开展了中国第一个页岩气勘探开发国际合作项目。2009年12月，中国石油在四川盆地威远构造实施了威201井，通过大型水力压裂获得工业气流。自此，明确了中国南方下古生界五峰组—龙马溪组、筇竹寺组海相页岩为重点勘探开发层系，并借鉴北美页岩气勘探开发成功经验，开展页岩气地质综合评价及开发先导试验。

（3）第三阶段：先导试验与示范建设阶段（2010—2014年）。

2010年以来，中国政府高度重视页岩气产业的发展，成立了国家能源页岩气研发（实验）中心，设立专项项目研究，持续深化国际合作，进一步完善相关制度。2010年，中美两国制定并签署了《美国国务院和中国国家能源局关于中美页岩气资源工作行动计划》。2011年，中华人民共和国科学技术部设立了"页岩气勘探开发关键技术"重大专项；国土资源部将页岩气正式列为中国的第172种矿产，对其按独立矿种进行管理，并面向社会实行了第一轮页岩气探矿权招标，设立招标区块4个。2012年，国家发改委、财政部、国土资源部、国家能源局研究制定了《页岩气发展规划（2011—2015年）》，提出2015年实现页岩气产量$65×10^8m^3$，并将页岩气开发向民营资本开放，加快了页岩气勘探、开发及利用的步伐，同时，面向社会进行了第二轮页岩气探矿权招标，设立招标区块20个，共有16家企业竞标了19个页岩气区块的探矿权。同年11月，国家发布页岩气开发利用财政补贴政策，进一步鼓励页岩气产业发展。

2011年以来，中国石化通过选区评价及勘探实践，将南方海相页岩气勘探重点向四川盆地及其周缘聚集。2011年1月，中国石油在四川盆地威远构造实施了威201-H1井，通过大型水力压裂施工，在志留系龙马溪组页岩获取工业气流$(1.15～1.34)×10^4m^3$。2012年3月，国家发改委批准设立长宁—威远和昭通国家级页岩气示范区。中国石油在长宁、威远、昭通等先后投产页岩气井154口，累计产气$28×10^8m^3$。储量方面，中国石油在四川盆地长宁、威远等地区页岩气探明储量增至$1635.31×10^8m^3$。延长石油集团于2011年在鄂尔多斯盆地延安地区柳评177井上三叠统延长组压裂测试获得页岩气流后，积极加强鄂尔多斯盆地南部上三叠统页岩气的评价及勘探力度。2012年9月，经国家发展和改革委员会批准设立了"延长石油延安国家级陆相页岩气示范区"。

2012年5月，彭水地区彭页HF-1井龙马溪组实施12段压裂改造后，最高日产气$2.5×10^4m^3$，揭示四川盆地周缘复杂构造区相对稳定的古生界海相页岩具有良好的勘探前景。2012年，我国第一个商业开发的大型页岩气田——涪陵页岩气田正式投产，涪陵地区焦石坝构造焦页1HF井进行15段大型水力加砂压裂，测试日产气$20.3×10^4m^3$，取得了中国石化页岩气勘探开发的重大突破。2013年1月8日焦页1HF井投入试采，日配产$6×10^4m^3$，是中国在页岩气领域实现实质性突破的第一口页岩气井，正式拉开了中国页岩气商业开发序幕，涪陵页岩气田逐步成为全球除北美之外最大的页岩气田（马忠玉和肖宏伟，2017）。重庆市政府将其命名为"页岩气开发功勋井"。2013年1月，中国石化适时启动了涪陵龙马溪组页岩气开发井组试验，共部署10个平台18口探井，主要开展水平井长度和方位的开发试验、压裂改造工程技术试验、合理单井产能评价。

2013年9月，国家能源局正式批准设立涪陵国家级页岩气示范区。截至2014年3月，焦石坝开发试验区完钻井31口，试采井22口，日产气达到$200×10^4m^3$。涪陵页岩气田的发现，标志着中国页岩气开发实现了重大战略性突破。在四川盆地及周缘陆相页岩气勘探开发方面，鄂西渝东地区建页HF-1井（目的层为自流井组东岳庙段页岩）完成7段压裂施工，测试最高日产量达到$1.23×10^4m^3$；涪陵地区涪页HF-1井（目的层为自流井组大安寨段大二段页岩）完成10段压裂及酸化改造，日产气$(1.4～1.7)×10^4m^3$；

川西坳陷新页 HF-2 井（目的层为须家河组须五段页岩）完成压裂改造，最高日产气 $4\times10^4\text{m}^3$。

（4）第四阶段：页岩气政策扶持与产量快速上产阶段（2015年至今）。

2015年，财政部发布"十三五"期间页岩气补贴政策。中央财政将继续实施页岩气财政补贴政策，进一步加快推动中国页岩气产业发展，提升中国能源安全保障能力（表1-1）。2016年9月，国家能源局印发的《页岩气发展规划（2016—2020年）》指出，我国2020年力争实现页岩气产量 $300\times10^8\text{m}^3$，年复合增速超过140%；到2030年实现页岩气产量 $(800\sim1000)\times10^8\text{m}^3$，页岩气大规模开发进程已迈出步伐。财政部、税务总局发布《关于延长部分税收优惠政策执行期限的公告》，将页岩气资源税减征30%的税收优惠政策于2021年3月31日到期后，执行期限延长至2023年12月31日。

2022年，第二个万亿立方米页岩气资源阵地在重庆綦江发现，将我国页岩气开发的版图再度扩大。2023年4月，中国在寒武系超深层页岩气勘探取得突破，这是全球首次在寒武系古老页岩地层钻获商业开发价值的高产工业气流。经过多年发展，中国页岩气行业发展迅速，实现了从无到有的重大突破，高效建成了长宁—威远、涪陵和昭通等国家级页岩气示范区（刘宇峰等，2022）。2022年，中国实现页岩气开采 $240\times10^8\text{m}^3$，虽然仅为美国同期产量的3%，但依然是全球页岩气产量排名第二的国家，成绩可喜可贺。

表1-1 我国历年页岩气相关政策一览表

年份	政策文件	内容概述
2012	《页岩气发展规划（2011—2015年）》	探明页岩气可采储量 $2000\times10^8\text{m}^3$；2015年页岩气产量 $65\times10^8\text{m}^3$
2013	《页岩气产业政策》	页岩气勘探开发利用按照统一规划、合理布局、示范先行、综合利用的原则
2015	《"十三五"期间页岩气补贴政策》	进一步加快推动中国页岩气产业发展，提升中国能源安全保障能力
2016	《页岩气发展规划（2016—2020年）》	2020年实现页岩气产量 $300\times10^8\text{m}^3$；2030年实现产量 $(800\sim1000)\times10^8\text{m}^3$
2018	《关于对页岩气减征资源税的通知》	对页岩气资源税（按6%的规定税率）减征30%
2019	《关于〈可再生能源发展专项资金管理暂行办法〉的补充通知》	"多增多补、冬增冬补"的补贴新政更加注重对增量产能的激励，将有助于非常规油气增产
2020	《关于做好2020年能源安全保障工作的指导意见》	加快页岩油气、致密气、煤层气等非常规油气资源勘探、开发力度，保障持续稳产增产
2020	《清洁能源发展专项资金管理暂行办法》（财建〔2020〕190号）	使用专项资金对煤层气（煤矿瓦斯）、页岩气、致密气等非常规天然气开采利用，按照"多增多补、冬增冬补"原则给予奖补
2021	《关于延长部分税收优惠政策执行期限的公告》	页岩气资源税减征30%的税收优惠政策于2021年3月31日到期
2022	《关于延长部分税收优惠政策执行期限的公告》	将页岩气资源税执行期限延长至2023年12月31日

1.2 中国现有页岩气及典型页岩气田成藏理论与勘探实践综述

1.2.1 "双碳"背景下我国的页岩气产业发展

近年来，国际政治经济形势复杂，地域冲突频发，全球范围内的国家能源资源博弈愈演愈烈，由此带来的能源供应危机时刻笼罩着我国高质量发展的步伐。在当前"双碳"背景下，我国能源发展已经迈向新的历史时期，低碳、清洁、高效已成为我国能源发展的必然趋势，我国的天然气产业也跨入了快速发展的新阶段，并且在优化国家能源消费结构中发挥着越来越重要的作用。根据《BP 世界能源统计年鉴》资料，统计近 20 年来全球范围内能源消费总量，发现除 2009 年全球经济危机及 2020 年因全球新冠肺炎疫情引起的产业动荡之外，全球能源消费总量一直表现出持续增长的趋势，我国作为世界上最重要的能源生产和消费大国，能源安全已经成为了 21 世纪我国经济高质量可持续发展的核心问题（薛晓辉，2023）。

1.2.1.1 我国页岩气资源潜力

我国页岩气资源潜力巨大，分布面积广、开发前景广阔（张金川，2016，2021）。通过专家问卷调查法、类比法和含气量对中国页岩气资源量进行预测，然后对预测结果进行蒙特卡罗概率综合，认为中国页岩气技术可采资源量为 $(9.2\sim 11.8)\times 10^{12} m^3$，期望值为 $10\times 10^{12} m^3$。其中海相页岩气技术可采资源量为 $7.5\times 10^{12} m^3$，煤系页岩气技术可采资源量为 $2.2\times 10^{12} m^3$，湖相页岩气技术可采资源量为 $0.3\times 10^{12} m^3$。随着四川盆地涪陵、威远、长宁等页岩气田的快速建产，截至 2022 年底中国页岩气产量达到 $240\times 10^8 m^3$，相较于 2015 年的 $46\times 10^8 m^3$ 翻了 4 倍，其中涪陵页岩气田已成为全球除北美地区之外最大的商业化页岩气田，截至 2022 年底，累计产气 $568\times 10^8 m^3$。

（1）据《世界能源统计年鉴 2022》的统计数据，全球常规天然气探明储量约为 $188\times 10^{12} m^3$。这意味着，页岩气可能是比常规天然气更为丰富的自然资源。根据中国石化的研究，中国页岩气储量将近 $30\times 10^{12} m^3$，位居全球第一，如能有效开采，将极大地改变中国的能源格局。

（2）据国土资源部统计，我国页岩气主要分布在上扬子及滇黔桂地区、华北及东北地区、中下扬子及东南地区和西北地区（图 1-3）。据国家能源局发布《中国天然气发展报告（2023）》，显示 2022 年，我国天然气勘探开发在陆上超深层、深水、页岩气、煤层气等领域取得重大突破，全国天然气产量连续 6 年增产超 $100\times 10^8 m^3$。2020 年至 2022 年，中国石油新增原油产量的 72% 为页岩油、新增天然气产量的 30% 为页岩气，特别是 2022 年国内页岩油产量突破 $300\times 10^4 t$，是 2018 年的 3.8 倍；页岩气产量达到 $240\times 10^8 m^3$，较 2018 年增加 122%（图 1-4）。页岩油气正加速从非主流走向主流、从非常规走向"常规"，逐渐走到油气舞台的中央，成为我国天然气增产增供的主力，为保障国家能源安全贡献力量。根据国家能源局规划目标，2030 年要实现页岩气产量（800～1000）×10⁸m³，要实现这一目标，中国页岩气产量每年要实现 16%～20% 的增长率，前景不可谓不广阔。

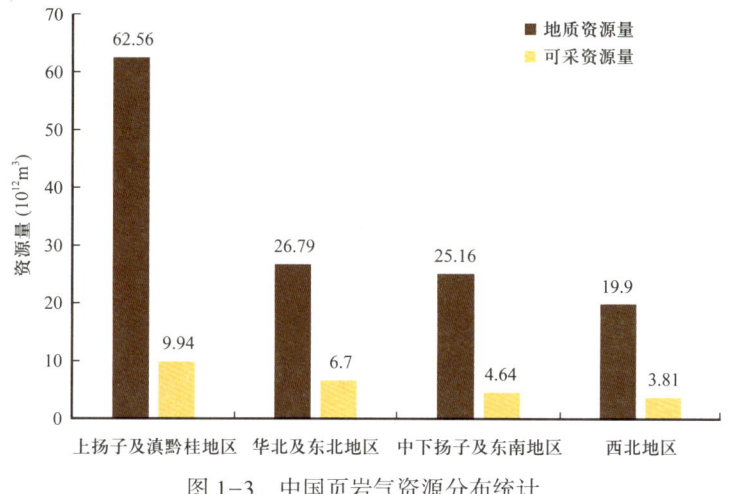

图 1-3　中国页岩气资源分布统计

图 1-4　2015—2022 年我国页岩气产量及增速

1.2.1.2　"双碳"背景下我国能源总体消费趋势

21 世纪世界能源发展显现出 4 大趋势：清洁低碳逐步成为发展方向、供需格局开始向多元化转变、新一轮技术创新引爆能源产业革命、能源市场不稳定因素增多。

随着我国经济发展的高速增长，能源消费增长居高不下，在"双碳"背景下，向低碳能源、清洁能源转型的任务更加艰巨，而我国天然气供需矛盾的日益突出，给了页岩气产业发展更多的关注和机会。近 20 年来，我国能源产业也经历了由弱到强的发展阶段，能源结构愈加多元化，逐步形成了煤、油、气、可再生能源多品种能源生产和消费体系。2013 年，我国能源生产结构中（图 1-5），煤炭、石油、天然气及其他能源占比分别为 67.40%、17.10%、5.30%、10.20%；2022 年煤炭、石油、天然气及其他能源占比分别为 56.20%、17.90%、8.50%、17.40%（图 1-6）。其中煤炭石油消费占比总体下降

10.4%，天然气消费占比增长 3.2%、其他能源消费占比增长 7.2%，对高碳能源的依赖明显降低（数据来源：国家统计局）。天然气作为一种优质、高效、低碳的一次性能源，在中国能源消费结构中的占比呈快速增长趋势。

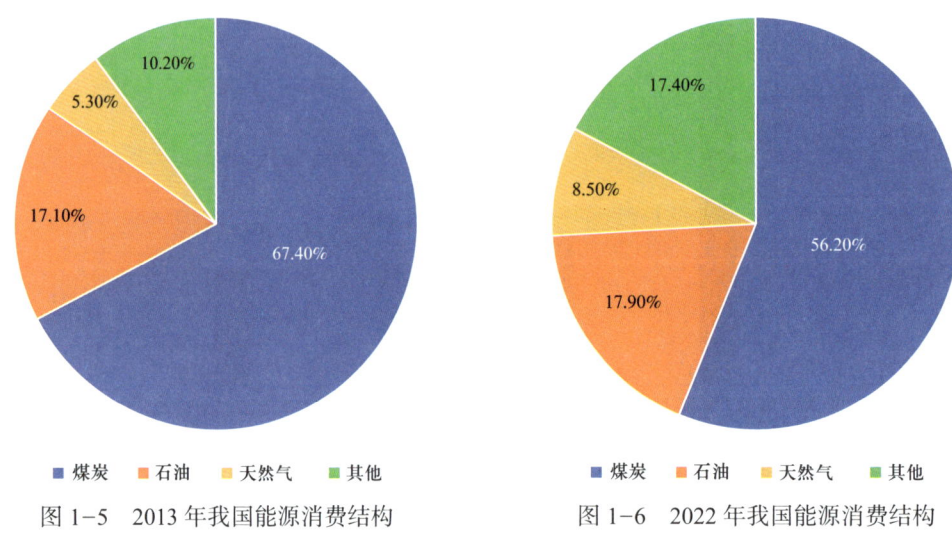

图 1-5　2013 年我国能源消费结构　　　图 1-6　2022 年我国能源消费结构

从 2020 年我国提出了"双碳"目标以来，大力发展非化石能源和低碳能源技术是我国实现"双碳"目标的"双引擎"。天然气是最为清洁低碳的化石能源，同时具有高效、灵活等优势，将在我国碳达峰碳中和进程中扮演着重要角色。加大页岩气资源调查评价和勘探开发力度，提高探明储量和产量，充分发挥页岩气作为低碳能源的价值，将更有利于我国"双碳"目标的实现和社会经济的发展。

1.2.2　国内典型页岩气田成藏理论与勘探实践综述

由于涪陵、长宁—威远、昭通和南川等典型地区具有不同的人文地理环境和不同的区域地质特征，在示范区建设实践过程中遇到的问题、采取的措施不尽相同，采取的主体技术和形成的成藏理论各有千秋（翟刚毅等，2017；张昆，2019；郭旭升等，2022；张金川等，2022），因此各具特色，其中以涪陵焦石坝箱状背斜构造、长宁向斜型海相页岩气、綦江丁山深层页岩气、昭通盆缘浅层页岩气最为典型，是中国页岩气发展重要的参考蓝本和不可多得的典型案例（张抗，2016；于小霞，2019；谌志远，2019；卢志远等，2021；梁兴等，2021；纪文明等，2022；聂海宽等，2022；邹才能等，2022；柴兵强等，2023；张廷山等，2023）。

1.2.2.1　箱状背斜型海相页岩气成藏理论及勘探实践——以涪陵区块为例

（1）涪陵焦石坝箱状背斜型海相页岩气勘探实践。

自 2009 年勘探选区评价到 2013 年，中国石化紧跟国家能源战略步伐，开展了页岩气勘探评价、重点区块评价、产能评价、产能建设等方面的工作，涪陵国家页岩气示范区勘探开发大体可以分为 3 个主要阶段。

第一阶段——勘探评价阶段（2009—2012年）：受美国页岩气快速发展和成功经验的影响，中国石化正式启动了页岩气勘探评价工作，将发展非常规资源列为重大发展战略，加快了页岩油气勘探步伐。通过与北美典型页岩气形成条件的对比，以页岩厚度、有机质丰度、热演化程度、埋藏深度和矿物含量为主要评价参数，开展勘探评价工作。2012年，中国石化勘探南方分公司在最有利的焦石坝目标区部署了第一口海相页岩气探井——焦页1井。焦页1井完钻后，迅速实施侧钻水平井——焦页1HF井，2012年11月28日焦页1HF井完钻，测试获得$20.3 \times 10^4 \mathrm{m}^3/\mathrm{d}$高产工业气流，标志着涪陵页岩气田的发现。

第二阶段——一期产建阶段（2013—2015年）：2013年，焦页1HF井投入试采，国家能源局设立国家级示范区，涪陵页岩气田正式启动了国家级示范区建设。启动试验井组开发工作，实现当年开发、当年投产、当年见效，新建产能$5 \times 10^8 \mathrm{m}^3/\mathrm{a}$。2014年，自然资源部批准设立页岩气勘探开发示范基地，启动一期$50 \times 10^8 \mathrm{m}^3/\mathrm{a}$产能建设。2015年，3年建成一期$50 \times 10^8 \mathrm{m}^3/\mathrm{a}$产能。涪陵国家级示范区、示范基地建设通过国家能源局、国土资源部验收。

第三阶段——二期产建阶段（2016年至今）：2016年，涪陵页岩气田启动二期$50 \times 10^8 \mathrm{m}^3/\mathrm{a}$产能建设。2017年底，5年建成$100 \times 10^8 \mathrm{m}^3/\mathrm{a}$产能，累计探明储量$6008 \times 10^8 \mathrm{m}^3$。截至2018年底，累计生产页岩气近$215 \times 10^8 \mathrm{m}^3$。截至2022年底，累计开钻688口，完钻670口，完成试气632口，投产627口，2022年产量达$71.96 \times 10^8 \mathrm{m}^3$。

（2）涪陵焦石坝箱状背斜型海相页岩气成藏理论。

涪陵页岩气田经过众多地质工作者的努力，郭旭升于2012年归纳总结出页岩气"二元"富集理论（郭旭升等，2014，2017，2022）。

深水陆棚相优质页岩发育是成烃控储的基础。通过对南方8套主要页岩沉积、地球化学特征分析及成因模式研究发现，深水陆棚相页岩不仅有机碳含量、内生硅质矿物含量高，而且二者具有良好的正相关的规律：其有机碳含量与生烃量、孔隙体积呈正相关且脆性好，有利于页岩气生成、储集和压裂改造。通过离子束抛光扫描电镜和碳同位素分析，发现等效镜质组反射率为2%~3%的深水陆棚相岩有机质孔发育较好，不仅存在干酪根孔，而且新发现孔径较大的沥青孔页岩气为原油、干酪根裂解形成的混合气，揭示了高演化页岩"干酪根液态烃裂解生气，干酪根孔、沥青孔伴生发育"的机理。四川盆地五峰组—龙马溪组深水陆棚相优质页岩分布广、厚度大，是海相页岩气有利勘探层系。

良好的保存条件是成藏控产的关键。通过页岩气藏形成演化史恢复，结合深水陆棚相区失利与高产页岩井对比分析，发现气层压力系数与产量呈正相关关系，明确了顶底板、构造运动等保存条件对页岩气藏形成和改造的控制作用。五峰组—龙马溪组页岩顶底板条件优越，顶底板突破压力均较高的地层组合，从页岩生烃始就能有效阻止烃类纵向散失，有利于液态烃的滞留、相态转化及流体压力的保持。印支期以来构造作用的强度与时间控制了页岩气逸散方式及残留丰度，抬升剥蚀、断裂活动改变了盖层的完整性和顶底板的封闭性能。通过三轴物理模拟实验和渗透率的压力敏感性分析，发现了随埋深变浅页岩自身封闭性变差的规律,揭示了页岩气"早期滞留,晚期改造"的动态保存机理,建立了页岩气保存—逸散模型,顶底板好、埋藏适中、远离剥蚀区和通天断裂的地区,保存条件好、有利于页岩气富集(图1–7)。

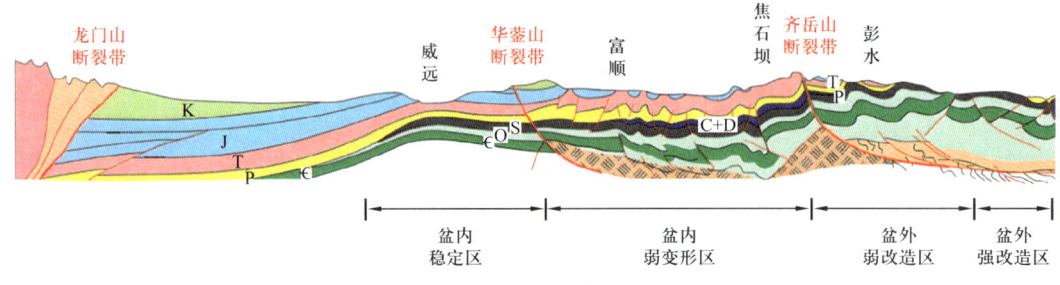

图1–7 中国南方页岩气保存—逸散模型

1.2.2.2 向斜型海相页岩气成藏理论与勘探实践——以长宁区块为例

长宁—威远国家级页岩气示范区位于川南地区。其中,长宁区块位于四川省宜宾市高县、琪县、筠连县、长宁县、兴文县境内。工区地貌以中—低山地和丘陵为主,地面海拔400~1300m。区内年平均气温17~18℃,年平均降水量1050~1618mm。区内发育有长江、金沙江、南广河和洛浦河等水系。威远区块位于四川省内江市威远县、资中县及自贡市荣县境内。工区地表发育低山、丘陵两大地貌区,地面海拔200~800m。区内年平均气温18℃,年均降雨量在1000mm左右。区内水系丰富,发育有威远河、乌龙河和越溪河等河流。

(1)长宁建武向斜型页岩气勘探实践。

中国石油作为国内页岩气勘探开发的先行者,历经十余年的不懈探索填补了国内页岩气勘探开发的空白,完成了评层选区、先导试验和示范区建设,极大地促进了中国页岩气的快速发展(表1–2),当前迈入了工业化开采新时期(骁何等,2021)。

表1–2 中国石油西南油气田长宁—威远页岩气勘探开发历程

阶段	年份	标志性成果
地质评价阶段 (2006—2009年)	2006	在国内率先开展页岩气地质综合评价和野外地质勘查
	2007	与美国新田公司在威远地区开展了页岩气联合研究
	2009	与壳牌公司在"富顺—永川"区块进行页岩气联合评价
先导试验阶段 (2009—2013年)	2010	钻成国内第一口页岩气直井——威201井并压裂获气
	2011	钻成国内第一口页岩气水平井——威201-H1井并压裂获气
	2012	钻获国内第一口具有商业价值页岩气井——宁201-H1井
	2013	开钻国内第一个工厂化试验平台——长宁H2平台、长宁H3平台

续表

阶段	年份	标志性成果
示范区建设阶段 （2014—2016年）	2014	完成国内第一个页岩气开发方案编制；建成国内第一条页岩气外输管道——长宁外输管线
	2015	建成中国石油第一个测试日产量超 $100\times10^4\text{m}^3$ 的页岩气平台——长宁H6平台
	2016	建成中国石油第一个测试日产量超 $150\times10^4\text{m}^3$ 的页岩气平台——长宁H9平台
快速上产阶段 （2017—2018年）	2017	完成长宁、威远"双 $50\times10^8\text{m}^3/\text{a}$ 开发方案"编制
	2018	编制《川南地区页岩气长期发展规划》

长宁区块分别于2014年、2016年和2017年设计了 $10\times10^8\text{m}^3/\text{a}$、$30\times10^8\text{m}^3/\text{a}$ 和 $50\times10^8\text{m}^3/\text{a}$ 三轮建产方案，2020年前累计开钻平台67个，开钻455口井，完成压裂井365口，完成测试水平井331口，累计获得测试产量 $7761.65\times10^8\text{m}^3/\text{d}$。截至2018年底，已开钻平台67个，开钻261口井，完钻148口井，完成压裂110口井，完成测试98口水平井，累计获测试产量 $2272.20\times10^4\text{m}^3/\text{d}$，平均测试产量 $23.20\times10^4\text{m}^3/\text{d}$，最高测试产量 $62.2\times10^4\text{m}^3/\text{d}$。已投产107口页岩气水平井，日产气 $710\times10^4\text{m}^3$，2018年产气 $17.12\times10^8\text{m}^3$，历年累计产气 $48.62\times10^8\text{m}^3$。

截至2022年底，区块已部署生产井405口，2022年累计页岩气产量突破 $56\times10^8\text{m}^3$。

（2）长宁建武向斜型页岩气成藏理论。

长宁—威远示范区形成了"沉积成岩控储、保存条件控藏、储层连续厚度控产"的"三控"海相页岩气富集高产理论（郭旭升，2014；王红岩等，2022；雍锐等，2022）。

① 沉积相控制页岩类型和储层厚度、成岩作用控制储集物性。根据建立的四川盆地龙马溪组龙一亚段页岩沉积模式，深水区强还原条件下富有机质硅质泥棚为最优沉积环境。优选铀钍比（U/Th）作为古氧环境的判别指标，强还原环境（U/Th＞1.25）页岩连续沉积厚度大于4m区为深水陆棚相内深水区，该区域内页岩储层厚度最大，同时川南地区纵向上强还原环境（U/Th＞1.25）主要分布在龙一小层，是页岩储层有机质含量和孔隙度最高、储层微观孔隙结构更优的层段。成岩—生烃作用控制无机孔和有机孔发育。页岩储层孔隙主要由有机孔和无机孔组成，根据四川盆地页岩储层"页岩双孔演化模型"，揭示了无机孔主要受成岩作用控制的演化规律，以及有机孔受成岩—生烃双重作用控制的演化规律，其中最有利的页岩孔隙发育阶段为成熟溶蚀生烃阶段（R_o 为1.3%～2.0%）和高—过成熟二次裂解阶段（R_o 为2.5%～3.0%）。川南地区龙马溪组页岩储层总体为2.4%～3.0%，处于最有利的孔演化阶段。

② 保存条件控制气藏分布。四川盆地龙马溪组深水区受差异保存的影响构造作用强烈、断裂发育程度高、压力系数低的区域均未获得工业气流。已发现长宁、威远、昭通和焦石坝等工业气藏均位于深水超压区。同时，页岩气具有高压富气规律，高压力系数对页岩孔隙具有保护作用，受后期压实作用相对较小，原生孔隙得到有效保留，孔隙形态呈圆状、次圆状，储集能力更强。

1.2.2.3 深层海相页岩气成藏理论与勘探实践——以綦江区块为例

（1）綦江丁山深层海相型页岩气勘探实践。

綦江页岩气田位于重庆市綦江区和贵州省习水县内，是我国盆缘复杂构造区发现的首个中深层—深层页岩气大气田。通常而言，埋深超过3500m的页岩气，被定义为深层页岩气，綦江页岩气田的页岩层埋深从1900m跨度到4500m，主体部分埋深大于3500m。深层页岩气上覆地层复杂，存在着页岩埋深大、地应力多变等多项世界级难题。

2019年以来，中国石化西南油气分公司与勘探分公司密切合作，加快推进丁山区块整体探明储量提交与开发评价，按照"整体部署、分步实施，试验先行、效益开发"的原则，勘探开发相结合，开展地质、工程及提产降本试验，先后实施了3轮开发评价，部署实施4个平台共12口开发评价井，通过多轮次的技术交流和方案优化，完成了丁山区块的开发概念设计。

本区已钻丁山1井、隆盛1井、隆盛2井、丁页1HF井和丁页2HF井。通过丁山1井、隆盛2井获取丁山区块盆地内稳定区下志留统龙马溪组—奥陶系五峰组页岩地质参数；探查下志留统龙马溪组—奥陶系五峰组页岩含气性，落实勘探潜力。丁山1井气测显示活跃，共发现多处全烃升高层段，在龙马溪组发现7处，龙马溪组底部全烃值达到11.7%，井段1165～1165.75m，后效显示好，全烃最高达20%；丁山1井的钻探表明龙马溪组优质泥页岩段具有较好的页岩气勘探潜力。同时部署丁页1HF井、丁页2HF井进行压裂产能测试。丁页2HF井测试获日产气$10.5\times10^4m^3$，但是丁页1HF井测试仅获产$3.4\times10^4m^3/d$左右，页岩气高产富集区表现出一定复杂性。其中丁页1HF井同样钻遇较厚优质泥页岩，但是未获高产，其原因为压力系数较低，保存条件不好。压力系数是保存条件的综合判别指标，因而通过压力系数的预测进行页岩气保存条件的评价对页岩气勘探至关重要。

2021年10月，东页深2井试获日产$41.2\times10^4m^3$高产页岩气流，深层页岩气产量首次突破$40\times10^4m^3$。2022年中国石化勘探分公司部署在重庆綦江区赶水镇的重点探井丁页7井，在4400m深的五峰组—龙马溪组页岩层喜获日产$42.8\times10^4m^3$高产气流，页岩气产量再次突破$40\times10^4m^3$，标志着川东南深层页岩气勘探攻关取得重大进展。

2021年，西南油气分公司与华东石油工程公司签署框架协议，合作推进丁山区块油气勘探开发建设，成立合作领导小组、一体化运行保障小组，强化地质工程一体化、生产运行一体化，为实现丁山地区高效开发提供新的支撑。依托一体化优势，结合新钻井资料，重点考虑埋深、压力系数、断缝分布等因素，建立了丁山—东溪区块有利区评价指标，形成地质工程"双甜点"储层综合评价技术，划分出常压、高压2个有利区。

下一步，西南油气分公司将按照"评探结合、整体研究、深化攻关、先易后难、滚动建产"的页岩气开发思路，积极推进常压有利区3个平台的评价实施，开展好高压有利区4个平台的评价工作。按照提前部署、提前环评的要求，加快启动地面配套网电建设及管道建设，抓好试采跟踪评价工作，摸清排采规律，攻关复杂构造区体积改造压裂工艺，加快深层页岩气提速降本试验，高质量完成丁页3—丁页15井区$5\times10^8m^3/a$产能建设。

丁山区块五峰组—龙马溪组页岩气层具有高压、富气特征，商业开发潜力大，是继涪陵、威荣页岩气田之后发现的又一个千亿立方米级增储上产阵地。

（2）綦江丁山深层海相型页岩气成藏理论。

綦江丁山形成了"断裂带主体控制、浅埋藏区垂向、横向联合逸散，深埋区富集"的"断背斜富集型"成藏理论（峰魏祥等，2017）。

丁山地区开始都以深水陆棚沉积为主，但持续的时间相对较短，然后迅速水退为浅水陆棚，属于"较快速海退型"陆棚相类型沉积，离古陆较远，水体相对较浅，早期深水陆棚沉积持续的时间相对更长，之后缓慢水退为浅水陆棚，属于"缓慢海退型"陆棚相类型沉积。

保存条件是川东南地区海相页岩气富集和高产的关键因素之一（何贵松等，2019）。四川盆地及周缘勘探证实，不同地区（盆内、盆外、盆缘）、不同构造样式页岩气保存条件和富集程度不同，从而进一步决定了页岩气产量和压力系数也不相同，丁山构造为受齐岳山断裂控制的鼻状断背斜，齐岳山断裂与前缘多条分支断层共同多级逆冲，构造变形强度由南东向北西方面逐渐变弱，地层高程也逐步降低。南部的齐岳山断裂带页岩气层冲起、被剥蚀出露地表，同时开启断裂、伴生高角度裂缝发育，为强烈泄压带。距离齐岳山较近、页岩气层埋藏较浅的地区，一方面受不同构造应力的叠加，页岩气层的顶板龙马溪组二段—石牛栏组纵向裂缝和小断层更加发育，造成了页岩气层发生一定的垂向逸散；另一方面由于埋藏较浅，上覆地层施加于页岩的页理或层间滑脱缝的压力变小，从而页岩横向封闭性变差，渗透率增大，加之南边，即与强烈泄压带——齐岳山断裂带接触，从而页岩气横向逸散强度也较大，导致丁山埋藏较浅的地区发生垂向和横向的联合逸散。而远离齐岳山断裂带、向盆内方向随着埋深的增加，构造变形明显减弱，虽然有一些断裂，但多为断距不大、上下沟通较小的层间断层，页岩气层垂向逸散弱，另外随着埋深增大、上覆岩层压力的增加，页理封闭性明显增强，水平扩散影响减小，为页岩气滞留富集区，表现为超压。通过上述的特征分析，建立了以丁山为"齐岳山断裂带主体控制、浅埋藏区垂向、横向联合逸散，深埋区富集"的盆缘"鼻状断背斜富集型"成藏模式（图1-8），认为控制页岩气逸散的关键因素为齐岳山断裂带、埋深和距齐岳山断裂带的距离。

1.2.2.4　盆缘浅层页岩气成藏理论与勘探实践——以昭通区块为例

（1）昭通太阳盆缘浅层型页岩气勘探实践。

昭通示范区太阳浅层页岩气田的勘探发现和评价主要经历了4个阶段。分别为地质调查阶段、勘探突破阶段、产能评价阶段及规模开发阶段。

第一阶段——勘探评价阶段（2007—2012年）：2009年5月，中国石油浙江油田公司启动滇黔北页岩气野外地质调查与综合评价研究。12月在浅埋藏的五峰组—龙马溪组获页岩气流。2012年3月，国家发改委和能源局颁文成立"滇黔北昭通国家级页岩气示范区"。2003年至2009年，国内引进北美页岩气勘探理念，经过研究探索与评价实践，确定了四川盆地及周缘五峰组—龙马溪组为主要目的层。2007年浙江油田公司在中国南方进行页岩气地质调研与勘探选区评价；2008年8—11月先后向中国石油总部、国土资源部提出滇黔北昭通—毕节、江汉盆地西北部的远安—当阳、湘鄂西宜都—麻阳地区的页岩气勘查矿权申请；2009年初启动四川盆地南缘的滇黔北地区页岩气实物工作，先后开展了区域地质调查和地震勘探工作。同年7月获得国内第一个页岩气探矿权；9月部署国内第一口页岩气专打井YQ1井；2009年11月，昭通探区内第一口页岩气地质资料井YQ1井在宜宾市筠连县开钻。该井开钻地质层位是龙马溪组顶部地层，全井段取心259.80m，现场解吸气含量为0.429m³/t，总含气量大于1.0m³/t，首次证明南方复杂构造区海相页岩"有气"，树立了页岩找气的信心。当时认为该区浅层页岩气总体保存条件欠佳，总含气量较低，形成商业开采难度大。2011年4月和2012年2月，沐爱Z104直井和YZH1-1水平井分别获页岩气流。2012年，勘探转入黄金坝中深层页岩气，2013年8月YZ108直井获1.63×10⁴m³/d工业气流，拉开了黄金坝中深层页岩气评价建产的序幕。2011年9月在太阳背斜以震旦系灯影组、寒武系为目的层部署实施常规气风险探井Y1井（完钻深度3623m），在志留系石牛栏组中途测试和寒武系清虚洞组完井测试见常规气；2013年3月部署实施Y2井评价清虚洞组含气性。Y1井、Y2井在埋深小于1000m的浅层五峰组—龙马溪组页岩中见到强烈的页岩气，评价出页岩气"甜点"层，但限于当时认识不足与勘探理论的束缚，没有安排压裂试气评价其产能潜力。

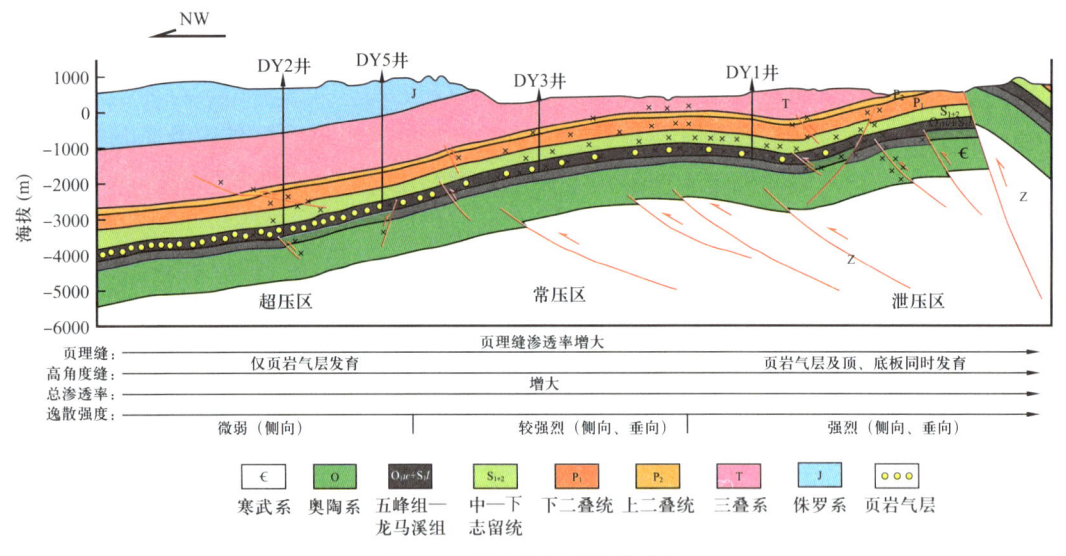

图1-8 丁山地区成藏模式图

第二阶段——勘探突破阶段（2013—2017年）：随着昭通示范区中深层（2000～3500m）山地页岩气勘探不断突破，逐渐认识到页岩埋藏深度不是影响其保存条件的决定因素，应综合考虑页岩储层顶底板封堵性、页岩的自封闭性、断裂的侧向封堵（即三维封闭的封存箱体系），以及"生—储—保"的动态匹配等，浅埋藏页岩在致密直接盖层封闭保存箱体系下仍可有效保存，具有一定的勘探开发潜力。理论认识的突破，打破了浅层页岩气勘探领域的禁锢。同时，受探区中深层向斜页岩气钻采施工及工厂化作业技术难度增大、工程投资成本不断升高等因素影响，页岩气勘探有向施工难度更小、成本更低的中浅层背斜转移的现实需求。2014年3月开始黄金坝YZ108井区地质工程一体化的页岩气产能建设，2015年YZ108井区提交探明页岩气储量$530×10^8m^3$。2016年向东进行紫金坝YZ112井区的页岩气产能建设，2017年再向东探索评价太阳浅层页岩气的产能潜力。2016年，浙江油田公司开展老井复查，揭示龙马溪组底部和五峰组优质储层连续性好、厚度大，TOC普遍大于2%，水平应力差小（2~8MPa），浅层页岩气资源潜力较大，开发难度可能较小。2017年5月和7月，选定太阳背斜老井Y2井（768.5~778.8m）和Y1井（976.2~986.0m）龙马溪组页岩进行直井压裂试气，分别获$1.12×10^4m^3/d$和$(0.9~1.1)×10^4m^3/d$的工业气流，标志着太阳区块浅层页岩气勘探取得历史性突破。理念认识引领老井突破，推动发现国内首个浅层页岩气田。

第三阶段——产能评估阶段（2017—2019年）：以产能目标引领勘探，快速推进太阳区块浅层页岩气产能评价（主体埋深700~2000m）。2017年10月在太阳背斜核部部署实施第一口浅层气水平井Y2H1-1井，水平段长745m，同年12月对水平井分11段压裂，加砂1.5t/m，试气产量$6.25×10^4m^3/d$，稳定试采配产$3×10^4m^3/d$。在太阳背斜顶部取得产能突破后，2018年4月部署实施Y2H1平台等试验井组快速跟进评价，Y2H1平台6口试验井获得$(4.11~7.79)×10^4m^3/d$的测试产量。同时向背斜东西两端扩展：西端的Y7H1-2井水平段长689m，Ⅰ类储层占93.8%，水平段平均TOC为4.1%，孔隙度为4.5%，含气量为$3.8m^3/t$，试气获$11.4×10^4m^3/d$的产量；东端的YZ117H1-6井水平段长1850m，Ⅰ类储层占82.4%，水平段平均TOC为4.0%，孔隙度为4.2%，含气量为$5.2m^3/t$，试气获$20.1×10^4m^3/d$的产量。2018年集中部署评价井17口，井均试气产量$6.3×10^4m^3/d$，年底完成太阳—大寨浅层页岩气$8×10^8m^3/a$产能的开发方案编制。2019年9月提交国内首个浅层页岩气探明地质储量$1259.5×10^8m^3$，含气面积$215km^2$。

第四阶段——规模开发阶段（2019年至今）：滚动评价与分步开发并行快速推进。2020年底，完成太阳—大寨第一期产建设计，建成国内首个浅层页岩气$8×10^8m^3/a$产能的生产区。2020年向南滚动评价埋深更浅的海坝背斜，开展海坝YZ137井区开发先导试验，在500m以浅区获得页岩气的勘探突破。YZ153H1平台4口井（埋深245~565m）试气单井产量达$(4.5~6.1)×10^4m^3/d$，其中YZ153H1-1井和YZ153H1-5井测试日产气均高达$6×10^4m^3$以上。突破了超浅层页岩气产能关，2021年6月提交新增探明储量$1216.85×10^8m^3$，同时编制了海坝浅层页岩气开发方案，积极探索浅层—超浅层页岩气降本增效开发模式，2021年在Y2H11平台以1号层"黄金"靶体、3号层"紫金"靶体为目标开展立体错层小井距体积开发现场试验。H11平台共布设了7口水平井，其中的H11-3井与H11-7井靶体层位为龙一13-2，其余五口井以龙一11和龙一12-1为主，北支井间距为250m，南支井间距为300m。通过地质工程一体化论证与实时跟踪，实钻水平段长度为1200~1300m，靶体钻遇率为71%~87%。浅层页岩气井首年日产$3.4×10^4m^3$，最终可采储量（EUR）达$0.42×10^8m^3$，优于开发方案设计。截至2022年3月底，太阳浅层页岩气田共投产136口井，2022年一季度日均产气$259×10^4m^3$、产水$267m^3$，季度累计产气$2.27×10^8m^3$；单井平均日产气$1.9×10^4m^3$、平均日产水$2m^3$，单井平均压力为2.5MPa。2022年累计页岩气产量$18.4×10^8m^3$。

（2）昭通太阳盆缘浅层型页岩气成藏理论。

昭通示范区与北美地广人稀稳定的克拉通盆地（地台型）、涪陵、长宁—威远示范区，在地质条件和地形条件上存在显著不同。以昭通示范区为代表的川南地区，经历了印支期以来多期次的陆内造山构造运动叠加改造，地下断层、派生的微构造及天然裂缝发育，地应力状态复杂，尤其是页岩层水平方向的应力差较大，普遍在20MPa以上。加之，区内山地高原地形地貌复杂，多民族聚居的特殊的人文环境，总结提出了昭通示范区"山地浅层页岩气"，即具有"强构造改造、岩相变化快、过成熟演化、复杂地应力、山地密集人文"等地质工程与自然人文交互特征的南方海相盆缘山地页岩气，并创新形成了页岩气"三元"赋存地质理论，总结了3种页岩气赋存模式（何希鹏等，2018；王鹏万等，2023）。

昭通示范区经历加里东以来四期板内强烈造山运动，整体构造改造较盆内复杂，呈现隔槽—隔挡式冲断褶皱与隆升剥蚀强烈的构造残留坳陷相间的特征，而且通天断层、天然微裂缝带发育，构造应力结构和地层产状复杂。龙马溪组页岩较早隆升而进入生烃停滞的过成熟阶段，气藏赋存以原生气藏的保存与重建再聚集为主，因构造强烈抬升逸散而出现非连续性分布格局，页岩气富集与赋存单元连片面积小、分布分散，明显有别于盆地内构造相对稳定区的页岩气藏连续分布的特征。受构造改造强度与富有机质页岩热演化双重因素影响，山地页岩气"甜点"展布受沉积期岩相、改造期构造单元及成藏期保存三因素控制，由此提出了盆缘山地页岩气的"三元控藏"理论。

原始沉积是成烃基础。志留系龙马溪组分布在示范区北部，自北向南由深水陆棚—浅水陆棚—古隆起，页岩储层厚度逐渐变薄，页岩气藏的分布受页岩储层沉积时期原始沉积环境和岩相微相带的控制。

1.3 盆外向斜型海相页岩气成藏理论及勘探实践研究的必要性和现实意义

1.3.1 是能源安全战略的本质需求

国家"十三五"科技创新规划明确要求加快实施国家科技重大专项，构建具有国际竞争力的产业技术体系，加强现代农业、新一代信息技术、智能制造、能源等领域一体化部署，推进颠覆性技术创新，加速引领产业变革（汪凯明，2023）。建立保障国家安全和战略利益的技术体系，发展深海、深地、深空、深蓝等领域的战略高技术。"十三五"期间设立了常压页岩气勘探开发国家科技重大专项，旨在深化常压页岩气富集高产机理与"甜点"优选研究，强化基于渗流机理的效益开发技术政策研究，加强低成本钻井关键技术攻关，加快研发低成本高效压裂关键技术，并通过不断降本增效，实现低品位常压页岩气规模效益开发。

贵州省地质条件复杂，非常规天然气勘探成本较高，天然气产业发展滞后，虽陆续取得突破但尚未形成规模化效益化生产开发。随着天然气产供储销体系建设不断推进，基础设施不断完善，覆盖范围不断扩大，消费需求加快释放。2020年全省天然气消费量仅$16.7×10^8m^3$，不足发达省份天然气消费量的十分之一。预计2025年，天然气消费量将达到$40×10^8m^3$左右，到2035年约$96×10^8m^3$。目前省内天然气资源主要依靠省外调入，2020年对外依存度高达98%，安全保供压力依然较大。

1.3.2 有利于丰富我国页岩气勘探开发理论体系

与涪陵、长宁、威远等已实现大规模商业开发的高压页岩气相比，盆外向斜型常压页岩气具有优质页岩厚度减薄、孔隙变小、吸附气占比高、应力差异系数大、地温梯度低五大地质特点，资源动用面临产建阵地不落实、单井产能和最终可采储量低、投资成本高、经济效益差等挑战（冯动军等，2016；胡东风，2019；郭彤楼等，2020）。黔北页岩气示范区的建设，有利于完善盆外常压向斜型页岩气地质理论、技术创新、人才培养等，为贵州省及其他地区常压页岩气的有效开发提供理论指导。

1.3.3 是贵州省深化能源供给侧结构性改革的必然要求

贵州省人民政府印发《关于加快推进页岩气产业发展的指导意见（2019—2025年）》（以下简称《指导意见》）明确，在牢牢守住发展和生态两条底线的前提下，大力提升全省页岩气勘探开发力度，深化能源供给侧结构性改革，将页岩气打造成全省天然气供应的重要组成部分，推动加快形成多气源供应保障格局。《指导意见》要求，一是加快页岩气勘探开发；二是加快页岩气综合利用；三是加强科技人才支撑。

1.3.4 资源量巨大，是产能接替和增储提产的重要途径

常压页岩气主要发育于盆缘构造复杂区及盆外残余向斜区，是中国页岩气勘探开发的主要类型之一，资源潜力巨大（汪凯明，2023）。2012年，重庆彭水地区桑柘坪向斜彭页HF-1井在五峰组—龙马溪组压裂试采获日产$2.52×10^4m^3$气流，压力系数为0.96，实现了盆缘常压页岩气战略突破，展示出良好的勘探开发前景（郭旭升等，2021）。据国土资源部（现自然资源部）2012年预测，中国页岩气技术可采资源量为$25.08×10^{12}m^3$，其中南方常压页岩气技术可采资源量为$9.08×10^{12}m^3$，发展前景广阔，是我国页岩气储量和产量的重要增长点。黔北复杂构造区作为盆外向斜型海相页岩气的主力勘探区块，具有页岩气井钻井周期短，可以实现当年评价、当年建产、当年见效等优势，是快速增储提产的重要途径（梁兴等，2021；林瑞钦等，2023）。

1.3.5 是巩固省属企业清洁能源开发主体的根本保障

肩负贵州省能源战略重点实施主体、清洁能源开发主体、能源技术创新主体和国家重要能源基地建设主体的贵州能源集团及相关企业，必须加强页岩气地质评价研究，开展页岩气勘探开发技术攻关，探索绿色开发模式，加强人才队伍建设。实施页岩气规模效益开发，既是省委省政府的强烈要求，也是企业生存发展的迫切需求。贵州省处于百

年未有之大变局中,贵州油气产业发展面临新的机遇和挑战,应抢抓发展机遇、积极应对挑战,加快统筹推进油气基础设施建设,以数字化、智能化等科技创新手段催生发展动能,助推贵州省构建清洁低碳、安全高效、持续稳定、量足价优的贵州现代能源体系。

第 2 章　贵州北部地质背景

贵州北部（以下简称黔北）主要包括桐梓—遵义—清镇断裂以东、贵阳—施秉—镇远—岑巩断裂以北，在大地构造位置上属于扬子陆块区，黔北地区构造演化与扬子陆块演化一致。自扬子陆核形成以来，经历了多期次的构造运动和盖层沉积叠加，形成了现今扬子地台区复杂的构造样式，黔北地区受多期构造改造，导致地层强烈褶皱形变、抬升、剥蚀，页岩气的保存条件变得极其复杂，构造的形迹相互叠加、限制和改造，形成了一系列总体以背斜宽缓箱状复式为主的向斜群，不同构造单元向斜构造特征及页岩气保存条件千差万别，造成了不同位置上典型向斜内的页岩气成藏模式各具特色。

本章旨在对贵州北部地区的地层发育特征、地层沉积与分布特征、区域构造及演化特征进行总结和探讨，以便能对黔北复杂构造区向斜型页岩气勘探有所启示和帮助。最后通过梳理现有地质成果认识，根据两翼支架夹角和向斜的对称性对向斜进行了分类，共提出了四种典型的盆外向斜型海相页岩气成藏模式。

2.1　区域地层发育特征

2.1.1　区域地层特征

贵州北部主要包括桐梓—遵义—清镇断裂以东、贵阳—施秉—镇远—岑巩断裂以北，面积约 $4.9\times10^4 km^2$，隶属于武陵凹陷构造单元（徐瑞华等，2023）。黔北地区震旦纪—早志留世，整体处于海相，沉积了震旦系陡山沱组—韩家店组连续海相地层；中—晚志留世，研究区整体隆升成陆并接受剥蚀，基本缺失了泥盆系、石炭系；早—中二叠世，在海进背景下沉积了梁山组、栖霞组、茅口组海陆过渡相—局限海碳酸盐台地环境的沉积建造；中—晚二叠世区内沉积了吴家坪组海陆交互相含煤碎屑岩夹碳酸盐岩层；早—中三叠世海进加大，本区处于碳酸盐台地环境；晚三叠世早—中期地壳稳定上升，至晚期地壳全面隆升成陆，结束了区内海相历史，并接受风化剥蚀。图 2-1 为黔北地区沉积地层综合柱状图，将区内出露地层由老至新叙述如下（陈超等，2014；郭旭升，2017；徐传正，2020；熊绍云，2020；李明隆等，2021）。

2.1.1.1　震旦系（Z）

区内深埋地腹，邻区秀山、沿河、遵义、开阳等地出露，地层发育齐全。由下而上分别为陡山沱组、灯影组（许云飞，2017）：

陡山沱组（Z_1ds）：具"一白一黑"特征，下部为盖帽白云岩，上部为浅灰绿色薄层泥质粉砂岩及粉砂质泥岩，厚度为 20～200m。岩性变化较大，由遵义、金沙等地的黏土

系	统	组	岩性剖面	岩性描述
三叠系	下统	嘉陵江组		以灰色石灰岩为主
		夜郎组		下段为灰色薄—中层状鲕粒灰岩、内碎屑灰岩夹藻灰岩，遗迹化石丰富，开阔台地相；上段为浅灰色中—厚层状石灰岩夹少量鲕粒灰岩、生物碎屑灰岩
二叠系	上统	长兴组		深灰色石灰岩，含硅质团块灰岩
		龙潭组		灰、灰黄色砂岩，粉砂岩、粉砂质黏土岩、碳质页岩互层，夹煤3~20层
	中统	茅口组		灰色硅质条带灰岩，深灰—浅灰色中厚层石灰岩夹泥质条带灰岩
		栖霞组		深灰色石灰岩、透镜体泥质灰岩互层夹白云质灰岩，燧石结核灰岩
	下统	梁山组		上部页岩，中部碳质页岩，局部产铝土矿，下部夹少量中厚层石灰岩
志留系	下统	韩家店组		灰、灰绿色泥岩，上部夹石英砂岩，下部夹少量中厚层石灰岩
		石牛栏组		灰绿色页岩，灰色石灰岩夹泥灰岩
		新滩组		灰色、深灰色泥页岩
		龙马溪组		灰黑色碳质页岩
奥陶系	上统	五峰组		上部观音桥组生物介质泥灰岩；下部五峰组灰色碳质页岩
		宝塔组		灰色石灰岩及泥灰岩
	中统	十字铺组		上部为灰黄色泥灰岩，下部为灰色中厚层状鲕粒灰岩
	下统	湄潭组		灰黄、灰绿色黏土质粉砂岩、钙质粉砂岩、页岩夹生物碎屑灰岩、石英砂岩
		红花园组		灰色生物灰岩，部分地区变为白云岩
		桐梓组		上部为深灰色厚层白云岩；中部为灰、灰黄色页岩；下部为灰色白云岩夹泥质白云岩
寒武系	上统	娄山关组		上部为硅质岩夹白云岩，灰、浅灰色中厚层含硅质团块硅质条带白云岩及白云岩夹少量泥质白云岩；中部为浅灰、灰色中厚层及厚层白云岩。下部为深灰、灰色中厚层及薄层白云岩夹泥质白云岩和角砾状白云岩
	中统	高台组		灰黄色薄层泥质粉砂岩夹灰色泥质白云岩
		清虚洞组		上部为灰色中厚层夹薄层泥质白云岩及白云质灰岩；下部为灰色中厚层石灰岩及白云质灰岩
		金顶山组		上部为灰绿、黄绿色粉砂质页岩、云母质粉砂岩夹石灰岩；下部为黄绿、灰绿色页岩及薄层云母质砂岩
	下统	明心寺组		上部为灰绿色粉砂质页岩及细至中砾砂岩，顶为石英砂岩；中部为灰色、深灰色厚层石灰岩夹黄绿色岩屑砂岩；下部为黄绿色、灰绿色页岩及泥质砂岩
		牛蹄塘组		上部为深灰、黄灰色含砂质页岩夹少量碳质页岩；下部为碳质页岩夹少量硅质岩，底部含磷结核
震旦系	上统	灯影组		浅灰、灰色中厚层白云岩
	下统	陡山沱组		下部为白云岩，上部为浅灰绿色粉砂质泥岩

图 2-1 黔北地层综合柱状图

页岩、泥质砂岩、白云岩组合，至开阳变为磷块岩或硅质岩，局部地区如遵义一带发育30～50m富有机质页岩。

灯影组（Z_2dy）：区域上分为四段，由下至上分别为贫藻段、富藻段、碎屑岩段、硅质白云岩段。区内相变为滩相白云岩夹泥微晶白云岩，厚度为300～500m。储集性较好，且普遍发育古岩溶储层。

2.1.1.2 寒武系（∈）

仅出露上寒武统，中—上寒武统为镶边碳酸盐台地沉积，发育滩相白云岩。正安页岩气勘察区及邻区绥页1井、正页1井、德页1井、丁山1井揭示下寒武统为海相碎屑岩与碳酸盐岩沉积组合，厚度为1528～2856m。由下至上分别是牛蹄塘组、明心寺组、金顶山组、清虚洞组、高台组、娄山关组（周文喜，2017；刘尚平，2018）：

牛蹄塘组（ϵ_1n）：为碎屑陆棚沉积，是上扬子地区第一套区域性富有机质页岩层系，二分性明显。上部为灰至深灰色泥页岩，夹粉砂质泥岩、粉砂岩，区内厚度可达600m以上，分布稳定；下部为灰黑—黑色碳质泥页岩，局部夹粉砂质泥页岩、泥质粉砂岩，含细粒黄铁矿，由于桐湾运动形成的古岩溶地貌地形起伏，隆凹相间格局明显，厚度变化大，一般厚度为30～40m，至区内普遍达100m左右。

明心寺组（ϵ_1m）：为碳酸盐缓坡模式，岩性为深灰色砂屑灰岩、浅灰色厚层状石灰岩夹鲕粒灰岩。

金顶山组（ϵ_1j）：沉积水体变浅，为潮坪相，岩性为灰绿色粉砂质页岩、云母质灰岩夹石灰岩。

清虚洞组（ϵ_2q）：为碳酸盐台地沉积，岩性为泥质灰质白云岩及白云质灰岩。

高台组（ϵ_2g）：为潮坪环境沉积，岩性为灰黄色薄层泥质粉砂岩夹灰色泥质白云岩。

娄山关组（ϵ_3l）：为碳酸盐台地沉积，岩性三分，下段为深灰色中厚层白云岩夹砂砾屑白云岩，中段为浅灰色中厚层白云岩，上段为鲕粒白云岩、砂屑白云岩夹砂屑灰岩，灰底云顶韵律特征明显，斜层理发育。

2.1.1.3 奥陶系（O）

出露较为广泛，复向斜深埋地腹。地层发育齐全，厚度为418～730m。由下至上分别为桐梓组、红花园组、湄潭组、十字铺组、宝塔组及五峰组：

桐梓组（O_1t）：为碳酸盐潮坪相，下部为鲕粒灰质白云岩、中部为灰绿色粉砂质泥岩、上部为灰色厚层白云质灰岩。

红花园组（O_1h）：为碳酸盐潮坪相，岩性为灰色生屑灰岩，底层夹数层粉砂质泥岩。

湄潭组（O_1m）：为陆棚—缓坡沉积模式，发育碎屑岩与碳酸盐岩沉积，岩性下段为灰绿色泥岩夹粉砂岩或石灰岩，中段为紫红色厚层状石灰岩，上段为灰色、灰黄色钙质粉砂岩夹泥岩或石灰岩薄层。

十字铺组（O_2sh）：为台地相，发育灰色、浅肉红色石灰岩，区内厚度较薄，为10～60m。

宝塔组（O_3b）：为局限台地沉积，岩性为浅灰色中—厚层龟裂纹灰岩，角石发育，区内分布稳定。

五峰组（O_3w）：受加里东运动影响，为局限滞留浅海盆地沉积，沉积了第二套区域性分布的五峰组富有机质页岩层系，但因厚度较薄，页岩气勘探中将其与龙马溪组富有机质页岩归并处理，岩性为灰黑至黑色碳质泥页岩，夹薄层硅质岩，普遍夹数层毫米级斑脱岩，厚度不等，自南向北呈增厚趋势。顶部发育一套生屑灰岩、泥灰岩地层（观音桥段），分布较稳定，除务川周边部分缺失外，均能在区内发现。

2.1.1.4　志留系（S）

剥蚀严重，中—上统剥蚀殆尽，仅残留分布于复向斜，厚度为650~1000m，局限滞留浅海盆地沉积。由下至上分别为下统龙马溪组、新滩组、石牛栏组和韩家店组（常泰乐，2016；沈仲辉，2017；刘尚平，2018；闫剑飞，2017）：

龙马溪组（S_1l）：为区内第三套富有机质页岩层系，陆棚相，为深水—浅水陆棚相含笔石碳质页岩、页岩，底部黄铁矿发育，夹数层斑脱岩。

新滩组（S_1x）：为浅水陆棚相粉砂岩、含粉砂泥岩、灰质泥岩。

石牛栏组（S_1sh）：为缓坡沉积，岩性为灰色、深灰色泥灰岩、薄层条带状石灰岩、瘤状石灰岩，与灰质泥岩不等厚互层；局部发育珊瑚礁灰岩。

韩家店组（S_1h）：为潮坪沉积，岩性为浅灰、灰绿色夹紫红色泥页岩、粉砂质泥页岩、泥质粉砂岩，偶见生屑灰岩条带，三叶虫等化石丰富。

2.1.1.5　二叠系（P）

出露于安场向斜周缘，浅海半局限台地—局限台地相碳酸盐建造为主，次为海陆交互相的含煤建造，厚度为351~786m，含丰富的蜓科、腕足类、珊瑚等化石。地层自下而上分别为下统梁山组、中统栖霞组、茅口组、上统龙潭组、长兴组：

梁山组（P_1l）：为潮坪相，岩性为灰黑色碳质泥岩夹煤线，顶底为灰白色铝质黏土层。

栖霞组（P_2q）：为局限台地相，岩性为灰色瘤状石灰岩夹生物碎屑灰岩、生屑泥岩，顶部为灰色生屑灰岩，见海百合茎、腕足类等生物化石碎片。

茅口组（P_2m）：为开阔台地沉积。两分明显，下部为深灰色、灰色薄—厚层瘤状石灰岩，局限台地相；上部为浅灰色中厚层状含生屑灰岩，生物以腕足类为主。

2.1.1.6　三叠系（T）

主要为浅海相灰岩、白云质灰岩、白云岩、泥质白云岩、角砾状白云岩、黏土岩及砂岩，局部有膏盐沉积，厚度为1200~2500m。由下至上分别为夜郎组和嘉陵江组。

夜郎组（T_1y）：沉积相为局限台地—开阔台地—潮坪旋回出现，下部为深灰色钙质泥岩与棕灰色石灰岩不等厚互层，中部为灰色薄层状微晶灰岩，局部夹少量生屑条带，上部为棕灰色—灰色中—厚层状泥晶灰岩，底部为暗紫灰色泥岩与砂屑、鲕粒灰岩呈不等厚互层。

嘉陵江组（T_1j）：为开阔台地相，为浅灰色中—厚层状石灰岩、灰色薄—中层状鲕粒灰岩、内碎屑灰岩夹藻灰岩，遗迹化石丰富。

2.1.2 目的层页岩发育特征

受都匀运动的影响，黔北地区五峰组—龙马溪组页岩主要分布于遵义—毕节—石阡—江口一线以北地区（郭世钊，2016）。在黔北地区基本上为连续沉积，呈东西向展布，厚度为50~200m。烃源岩主要分布于黔北斜坡—武陵凹陷，贵州其他地区沉积缺失。黔北地区五峰组—龙马溪组沉积期有2个沉积中心：西北习水—古蔺—仁怀地区；东北綦江—道真—务川—沿河地区。黔北五峰组—龙马溪组在偏西、偏北方向地层厚度较厚，东南方向地层较薄，呈现出西北厚、东南薄的特点，这是由于晚奥陶世—早志留世，海水从西北方向向东南方向侵入黔北地区，西北方海平面高，沉积速率大，因此页岩厚度大（闫剑飞，2017）。

总体来看，五峰组—龙马溪组富有机质页岩在黔北地区的沉积厚度及分布相对稳定。五峰组的沉积厚度介于2~15m，龙马溪组一段的沉积厚度介于20~120m，沉积厚度由随盆地中心向盆地边缘逐渐减薄。五峰组层序主要发育硅质页岩相和灰质页岩相（观音桥段）两种不同的岩相，其中硅质页岩相厚约5m，约占整个五峰组页岩厚度的80%以上；而五峰组顶部的观音桥段灰质页岩一般较薄，厚度不足1m。龙一段层序的海进体系域其岩相类型以硅质页岩相为主，厚20m左右，约占整个龙马溪组厚度的20%；龙一段的早期高位体系域阶段的沉积厚度约40m，占整个龙马溪组沉积厚度的50%，其主要发育黑色硅质页岩及富泥硅质页岩（张志诚，2017）。其中，正安地区五峰组—龙马溪组的沉积环境为深水陆棚相（顶部过渡至浅水陆棚）：五峰组为灰黑至黑色碳质泥页岩，夹薄层硅质岩，普遍夹数层毫米级斑脱岩，厚度不等且较薄，反映深水沉积环境；五峰组与龙马溪组中间为观音桥组，厚度较薄，岩性为薄层石灰岩、碳质页岩，反映了短暂的海水变浅，地层间为整合接触；龙马溪组厚度为33~42m，主要发育深水陆棚相含笔石碳质泥岩，黏土硅质页岩和硅质页岩底部黄铁矿发育，夹数层斑脱岩。

2.1.3 盖层发育特征

区别于常规油气藏，页岩气藏具有自生自储的典型特征，弱化了圈闭与盖层等概念，但良好的盖层条件无疑也为页岩气的储存锦上添花。黔北地区上五峰组—龙马溪组页岩气储层的盖层主要为龙马溪组顶部泥岩和粉砂岩，以及下志留统韩家店组泥岩；其次为下志留统石牛栏组石灰岩地层、二叠系和三叠系碳酸盐岩地层，以及少量的侏罗系碎屑岩地层。据前人研究表明，黔北残留五峰组—龙马溪组主要分布在北北东向展布的向斜区域，自东向西分布在沿河—印江、德江—思南、务川、道真—正安、绥阳—桐梓地区。受黔北地区构造活动和剥蚀强度影响，残留二叠系与三叠系分布范围与五峰组—龙马溪组残留地层类似，在北北东向的向斜区，残留侏罗系主要分布在桐梓—仁怀以西地区（闫剑飞，2017）。

当突破压力小于 0.5MPa 时，一般认为盖层不具备封盖性（郑德文，1994）。通过对道页 1 井、南页 1 井等页岩气调查井岩心和正安、南川三汇等地表样品进行分析（表 2-1），发现突破压力值均在 3.0MPa 以上，页岩气调查井泥岩样品突破压力均大于 19.0MPa。根据郑德文（1994）、吕延防等（1996）的研究，以突破压力对道页 1 井、南页 1 井的盖层进行评价划分等级，均为Ⅰ类盖层，正安、南川三汇五峰组—龙马溪组均为Ⅱ类盖层，具有较好的封盖效果。由此可见，黔北构造宽缓地区五峰组—龙马溪组富有机质泥岩封盖层总体具有较好的封盖能力，靠近剥蚀区构造变形较强地区封盖能力有所降低。

表 2-1 黔北地区龙马溪组突破压力测试结果

样品编号	地层	井深（m）	岩性	模拟上覆压力（MPa）	模拟温度（℃）	模拟地层压力（MPa）	模拟介质	突破压力（MPa）
WQP4-CH1	S_1l	—	含粉砂泥岩	30	75	15	气—水	3.3
SXP11-CH6	S_1l	—	细砂岩	30	75	15	气—水	8.7
ZAP12-CH5	S_1l	—	粉砂质泥岩	30	75	15	气—水	5.9
NCP8-CH3	S_1l	—	粉砂质泥岩	30	75	15	气—水	7.3
SHP8-CH4	S_1l	—	含碳泥岩	30	75	15	气—水	23.9
NC-DZ-G2-CH2	S_1l	—	碳质泥岩	30	75	15	气—水	6.1
DY1-17	S_1l	575.38	粉砂质泥岩	30	75	15	气—水	19.8
DY1-20	S_1l	579.63	粉砂质泥岩	30	75	15	气—水	20.4
NY1-CH5	S_1l	4389.59	粉砂质泥岩	30	75	15	气—水	19.5
NY1-CH17	S_1l	4343.68	粉砂质泥岩	30	75	15	气—水	21.2

据胡国艺等（2009）总结，我国大中型气田盖层扩散系数频率分布如图 2-2 所示，盖层扩散系数主要分布在 $10^{-7} \sim 10^{-6} cm^2/s$，约占 43%；其次分布在 $10^{-8} \sim 10^{-7} cm^2/s$，占 28%；小于 $10^{-8} cm^2/s$ 的约占 20%，根据盖层的扩散系数评价标准，我国大中型气田扩散系数通常较小，封闭能力较强，总体上评价为Ⅰ—Ⅱ类。据赵新民等（2003）盖层排驱压力评价指标，盖层排驱压力大于 10MPa 封盖能力最好，为Ⅰ类。对比来看，黔北地区五峰组—龙马溪组富有机质泥岩上部地层封盖能力较强（图 2-3）。

综上所述，黔北地区五峰组—龙马溪组有效封盖层为其上部泥岩地层及韩家店组泥岩地层。此外，二叠系和三叠系的石灰岩地层对页岩气也有着较好的封盖能力。根据残留盖层分布区域和岩相变化，黔北地区五峰组—龙马溪组页岩气封盖有利区分布在：道真—正安地区、务川—凤冈地区、思南地区。

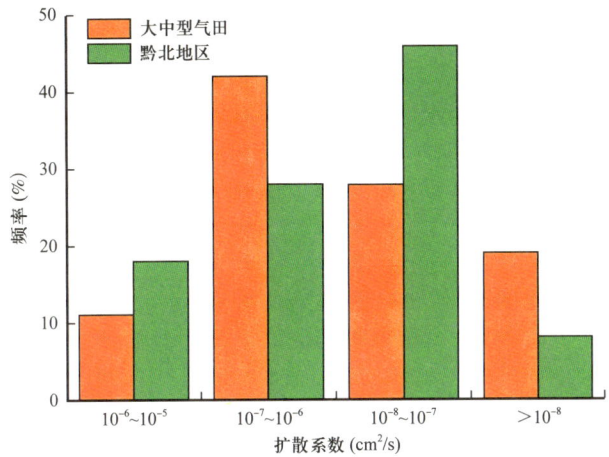

图 2-2　黔北地区五峰组—龙马溪组与我国大中型气田盖层扩散系数对比

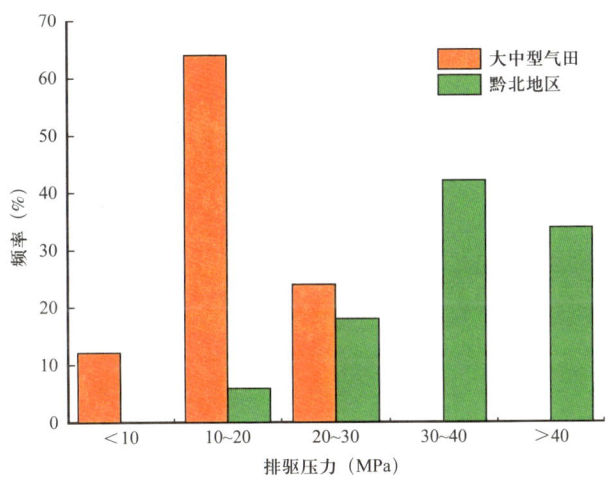

图 2-3　黔北地区五峰组—龙马溪组与我国大中型气田盖层排驱压力对比

2.2　地层沉积与分布特征

2.2.1　沉积相划分

2.2.1.1　五峰组—龙马溪组沉积相标志特征

根据岩性标志、沉积构造标志、古生物标志及地球化学标志等沉积相标志，对五峰组—龙马溪组沉积环境特征进行了综合研究，为五峰组—龙马溪组沉积相划分提供依据。

（1）岩性标志。

从岩性标志分析，贵州典型区块正安工区岩性照片及镜下显微特征图（图 2-4）反映了五峰组—龙马溪组以碳质页岩、泥质灰岩、泥质页岩为主，五峰组下部主要为黑色页岩，碳质、钙质含量较高，见斑脱岩，上部为灰黄色含生物屑灰岩、含泥质灰岩；龙马溪组下部为黑色薄—中厚层粉砂质碳质泥岩、含碳质黏土质粉砂岩偶夹薄层凝灰岩，上部为黑色—深灰色薄层含钙质碳质泥岩。黔北地区五峰组—龙马溪组泥页岩整体原生色为黑色、灰黑色，有机质含量较高，该特征反映沉积物处于水动力弱、缺氧的深水环境。其物质组分主要为大量泥质与有机质，含少量硅质组分，反映当时沉积环境为滞留还原的深水环境。

图 2-4 五峰组—龙马溪组岩心照片及镜下显微特征

矿物含量方面，黔北地区（以安场向斜安页 2 井为例）五峰组—龙马溪组岩石中主要矿物成分为石英、黏土矿物，少量斜长石、钾长石、方解石和白云石，除此之外，还有少量的黄铁矿。具体来看，垂向上龙马溪组上段脆性矿物含量明显低于下段，但龙马溪组整体脆性矿物含量高于五峰组，尤其是石英含量，如图 2-5 所示。区域内目的层黏土矿物以伊/蒙混层和伊利石为主，如图 2-6 所示，高岭石含量很少，只有在发现高岭石的层位才出现蒙皂石层，说明高岭石和蒙皂石层具有相互转化的关系。具体来看，垂向上五峰组和龙马溪组的伊/蒙混层、伊利石、高岭石和绿泥石的含量比较接近。其中伊/蒙混层含量最高，伊利石次之，高岭石和绿泥石均很少。

从矿物组分变化反应的沉积环境上看，五峰组及龙马溪组下部普遍含少量黄铁矿，代表了深水还原沉积环境，向上黄铁矿含量减少，总体反映水体逐渐变浅，还原环境逐渐被破坏的过程；龙马溪组中上部普遍含碳酸盐岩，由下而上含量逐渐增加，也反映了水体向上变浅的沉积过程。从长英质、黏土矿物变化规律上看，由下而上总体表现出黏土矿物含量逐渐增加，长英质含量逐渐减少，反映了陆源碎屑补给逐渐减少。

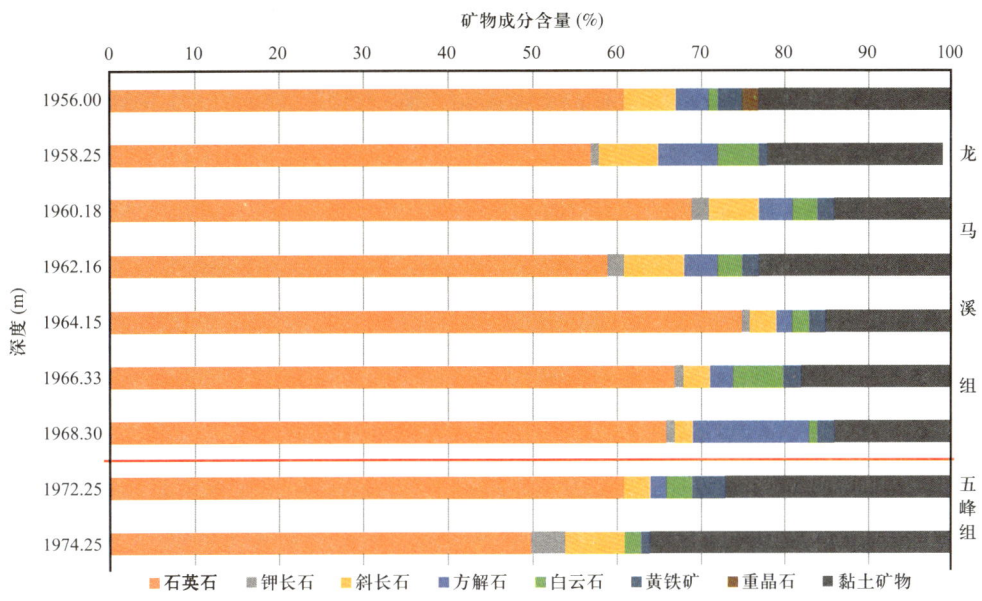

图 2-5　五峰组—龙马溪组安页 2 井矿物组分分布图

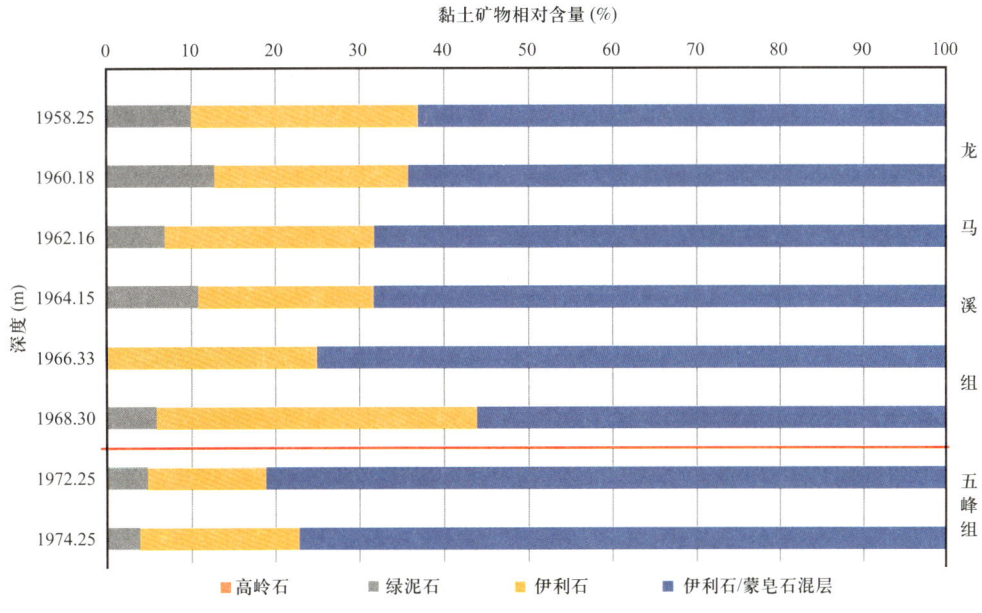

图 2-6　五峰组—龙马溪组安页 2 井黏土矿物类型及含量

（2）沉积构造标志。

从沉积构造标志分析，黔北地区五峰组—龙马溪组发育的原生沉积构造较少，主要见物理成因的水平层理发育，分布广泛，多发育于泥页岩、粉砂质泥岩、泥质粉砂岩中，纹层细直且平行于层面，代表了中等风暴波基面以下的深海、围海湾和浅海等低能、水体较深的沉积环境，且沉积区距离物源区较远，由细碎屑物质在低能环境中垂直堆积而成。区域内五峰组—龙马溪组以薄—中厚层为主，平均单层厚度为 5~30cm，由下而上，单层厚度变薄。沉积岩中发育的主要沉积构造为水平层理，总体表现出由下而上水平纹层密度增大，反映了由下而上，水动力条件略有加强，但总体仍为在较弱的水动力条件下的悬浮物质沉积环境，沉积环境为深水陆棚相。

（3）古生物标志。

从古生物标志看，黔北地区五峰组—龙马溪组黑色页岩中产丰富笔石，不含或少见底栖生物化石（图2-7）。笔石种属以单笔石耙笔石、雕笔石及对笔石为主，保存完整，顺层分布。从笔石指示的沉积环境上看，总体反映了还原条件下深水滞流盆地环境，水体宁静，海底缺氧，多黄铁矿，底栖生物无法生存，只有漂浮在水面的笔石死后下沉，且无其他生物吞食得以大量保存。五峰组上部石灰岩（观音桥段）富含腕足类化石，指示了观音桥段为浅水陆棚相。从黑色泥页岩中的笔石丰度上看，五峰组笔石呈聚集式分布，丰度高且稳定，指示了其为较安静的深水沉积环境，为深水陆棚相；龙马溪组中下部笔石聚集式分布，丰度高，向上笔石丰度降低，渐变为零星分布，在中上部偶见有腕足类化石，总体指示了深水陆棚相，反映了龙马溪组沉积时期水体逐渐变浅的沉积过程。龙马溪组上部的钙质粉砂质泥岩和泥质粉砂岩中见底栖生物，指示当时水体较浅，为浅水陆棚沉积环境。

(a) 龙马溪组底部笔石

(b) 龙马溪组上部底栖生物

图2-7 黔北地区道页1井龙马溪组生物面貌

（4）地球化学标志。

从地球化学标志分析，黔北地区五峰组—龙马溪组沉积时的氧化还原条件用微量元素来指示，据王世玉等（2012）对习水骑龙村、綦江观音桥、桐梓代家沟及桐梓南坝子四条野外露头的数据进行整理分析，如图2-8所示，反映了五峰组下段与龙马溪组下段Th/U值小于2，其TOC值普遍大于2，为缺氧的深水陆棚环境，而观音桥段与龙马溪组上段非黑色页岩段的Th/U值普遍大于2，其TOC值普遍小于2，为氧化的浅水陆棚环境。

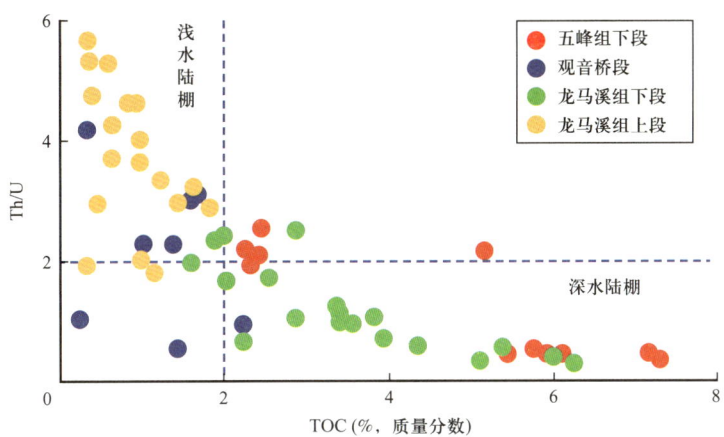

图 2-8 黔北地区五峰组—龙马溪组 Th/U 值与 TOC 变化相关性（据王世玉，2012）

2.2.1.2 五峰组—龙马溪组沉积相划分

综合上述沉积相标志分析五峰组—龙马溪组沉积环境，其属于陆棚相。根据区域研究成果，结合露头剖面、岩性标志、沉积构造标志、古生物标志、地球化学标志特征，以及黔北地区的具体情况，五峰组—龙马溪组沉积可分为深水陆棚与浅水陆棚。表 2-2 为黔北五峰组—龙马溪组地层系统与环境特征对应表，本书将五峰组—龙马溪组从底至顶细分为四段：（1）五峰组下段黑色页岩为深水陆棚亚相；（2）五峰组观音桥段生物灰岩为浅水陆棚亚相；（3）龙马溪组下段黑色页岩为深水陆棚亚相；（4）龙马溪组上段泥岩、石灰岩"排骨地层"为浅水陆棚亚相。图 2-9 为黔北典型页岩气井 AY3 井沉积相柱状图。

表 2-2 黔北上奥陶统五峰组—下志留统龙马溪组地层系统和环境特征

地层单元			环境		
			海平面	古气候	沉积
下志留统	新滩组		—	—	—
	龙马溪组		中等	冰期—间冰期	浅水陆棚
					深水陆棚
上奥陶统	五峰组	观音桥段	低	冰期	浅水陆棚
		黑色页岩段	高	间冰期	深水陆棚
	宝塔组		—	—	—

（1）五峰组黑色页岩段。

五峰组底部黑色页岩段沉积期，受广西运动影响，黔北构造背景为宝塔组沉积末期的被动大陆边缘向类前陆盆地的转换时期，形成陆内凹陷沉积，由于沉积作用滞后于沉降作用，前缘凹陷的沉降速率远大于其沉积速率，因而此时的前缘处于欠补偿饥饿状态，加之全球海平面上升的作用，从而形成大洋缺氧事件模式，为深水沉积环境，沉积了深水相的黑色页岩。黔北区域五峰组发育较厚，岩性主要为黑色页岩，碳质、钙质含量较高，见斑脱岩，笔石化石丰富，又可称为"笔石页岩"。该段有机碳丰度较高，有机碳含量大于2%，水平纹层发育，反映出该段沉积时水体比较安静，镜下可见到硅质放射虫，在一定程度上表明沉积水体较深，沉积环境为深水陆棚相。

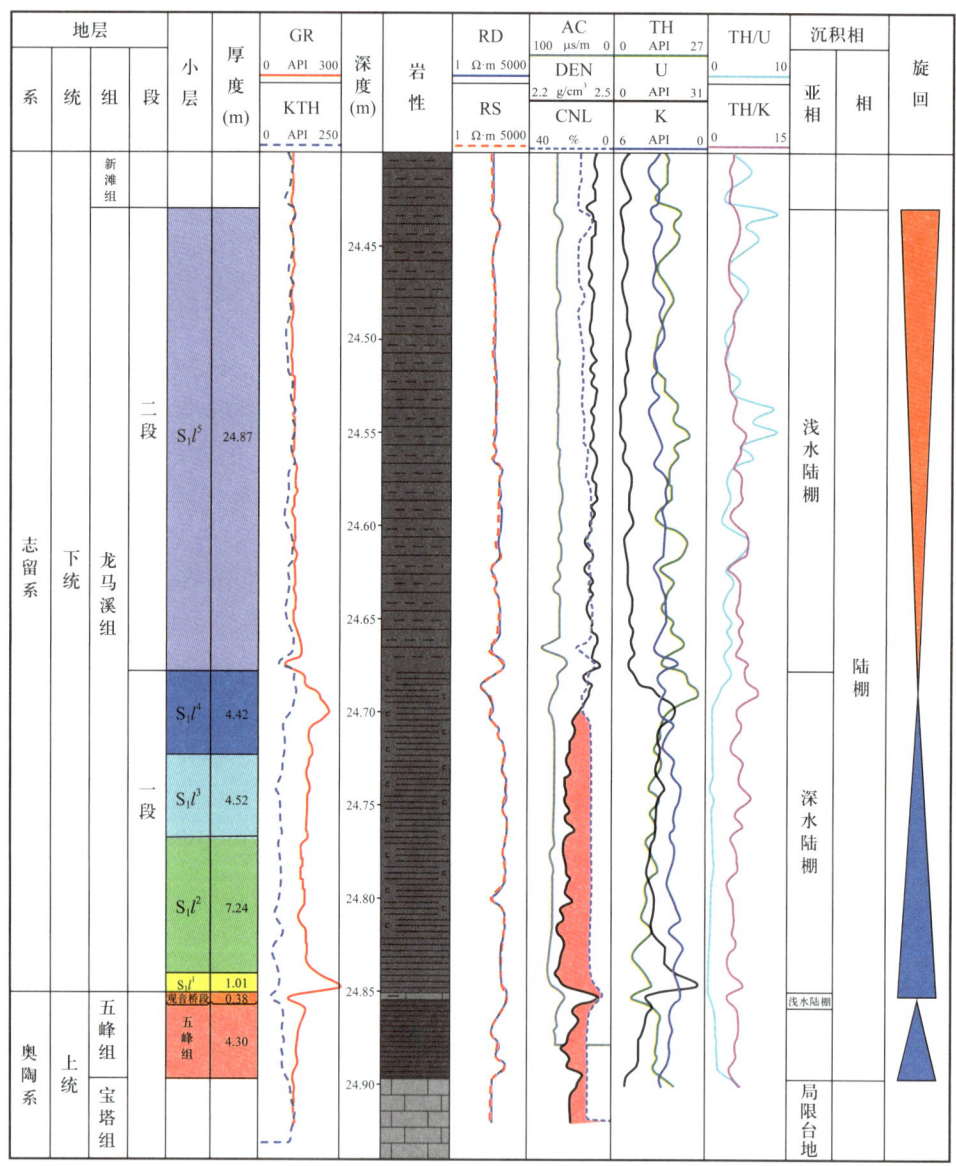

图 2-9　黔北 AY3 井沉积相柱状图

（2）五峰组观音桥段。

五峰组观音桥段沉积期，五峰组沉积期相对较深水沉积之后一次大范围海退事件。因极区冰盖突然扩张，导致全球海平面下降，从而导致了一次全球性的生物大灭绝事件，因此这一时期也被称为赫南特冰期，同时受广西运动影响，导致黔中隆起、江南—雪峰隆起进一步抬升且向盆地迁移，水体逐渐变浅，沉积盆地面积逐渐缩小，在研究区形成普遍含有赫南特贝的浅水碳酸盐沉积、较深水泥质灰岩和灰质泥岩等沉积，受水体深度变化的影响，由古隆起向盆地方向，这一地层的标志性化石——赫南特贝动物群首现的层位逐渐升高，动物群延续时限越来越短，而多样性却越来越高，反映了由古陆向盆地内部，水体消退速度变慢的特征。受全球冰期和广西运动的控制，沉积水体可划分为迅速水退型、缓慢水退型和持续沉降型等不同的沉积类型，沉积的岩性和笔石带特征差异也较大。五峰组上部的观音桥段普遍发育，厚度一般在 0.3m，在桐梓红花园附近发育较厚，有机碳含量较低。岩性为生物灰岩，岩石样品在镜下可看到很多介壳类、腕足类及海百合等污水生物，指示五峰组观音桥段为浅水陆棚沉积。

（3）龙马溪组下部黑色页岩段。

龙马溪组下部黑色页岩段沉积期，全球冰川开始消融，在黔北再次形成深水沉积，这一过程一直持续到鲁丹阶段中期，研究区自北向南海进，水体逐渐加深，处于相对安静的低能强还原的深水陆棚环境。龙马溪组下部黑色页岩段为黑色碳质泥页岩。该段页岩黄铁矿、有机质富集，笔石化石丰富，有机碳丰度较高，有机碳含量大于 2%。页岩厚度较薄，多发育纹层，粉砂岩中平行层理发育，常见黄铁矿结核，表明该期水体较深，处于缺氧还原环境，属于深水陆棚相。

（4）龙马溪组上部非黑色页岩段。

随着构造挤压的不断加剧，隆起范围不断扩大，海平面缓慢下降，在龙马溪组上部沉积了一套灰色含钙泥页岩。龙马溪组上部非黑色页岩段为灰色含钙泥页岩，该段生物仍以笔石为主，有机碳丰度低，有机碳含量一般小于 1%。在粉砂岩中可见明显的钙质纹层，还可见到明显的侵蚀构造，具有明显的浅水沉积特征，为浅水陆棚相。

2.2.1.3 岩石微相类型与划分

通过综合岩性、沉积充填序列，以及生物化石等分析，对黔北地区五峰组—龙马溪组的沉积相进行划分（表 2-3）。

（1）潮坪相。

黔北地区靠近黔中隆起的龙马溪组潮坪相可分为沙坪、潮道、泥坪—沙泥坪三个沉积微相。

① 沙坪微相。

沙坪微相岩性以细砂岩、粉砂岩为主，夹有泥岩，大多发育有交错层理、浪成波痕和生物浅穴等构造，沉积序列上表现为自下而上粒度由细变粗的逆粒序层理。

② 潮道微相。

潮道微相岩性以粉—细砂岩为主，沉积序列表现为自下而上由粗变细的正粒序序列，多见底冲刷、波状层理、交错层理等沉积构造。

③ 泥坪—沙泥坪微相。

泥坪—沙泥坪微相岩性多以粉砂质泥岩和泥岩为主，夹有粉砂岩，既发育正粒序层理，也发育逆粒序层理。

表 2-3 黔北地区五峰组—龙马溪组沉积微相类型划分

沉积体系	沉积相	沉积亚相	沉积微相
海洋沉积体系	潮坪	—	沙坪
			潮道
			泥坪—沙泥坪
	陆棚	浅水陆棚	粉砂棚
			泥质粉砂棚
			泥质灰棚
			灰质泥棚
			泥棚
			粉砂质泥棚
		深水陆棚	粉砂质碳质泥棚
			灰质泥棚

（2）浅水陆棚亚相。

浅水陆棚相带主要沉积粉砂质泥岩和泥质粉砂岩，发育水平层理。龙马溪组中、上部为浅水陆棚亚相。根据岩性组合和沉积构造等特征把黔北地区五峰组—龙马溪组浅水陆棚亚相分为粉砂棚微相、泥质粉砂棚微相、泥质灰棚微相、灰质泥棚微相、泥棚微相和粉砂质泥棚微相。

① 粉砂棚微相。

粉砂棚微相位于靠近滨岸一侧的较浅水氧化区，间歇性受到波浪和波浪回流作用的影响，水动力相对较强。粉砂棚微相岩性以灰色块状粉砂岩为主，夹薄层深灰色泥岩，发育沙纹层理，横向上分布于遵义—石阡一线以北附近，纵向上发育在龙马溪组上部。区内粉砂棚微相脆性矿物含量相对较高，但其有机质丰度较低，不具备生烃能力。

② 泥质粉砂棚微相。

泥质粉砂棚微相位于靠近滨岸一侧的较浅水氧化区，局部易受风暴影响。泥质粉砂棚微相岩性以泥质粉砂岩为主，发育水平和韵律层理，在龙马溪组上部见有发育。区域内泥质粉砂棚微相沉积物有机质丰度较低，不具备生烃能力。

③ 泥质灰棚微相。

泥质灰棚微相位于靠近滨岸一侧的较浅水氧化—还原区，水体相对较深，易受风暴影响。泥质灰棚微相岩性以泥灰岩为主，主要发育于龙马溪组下部（图 2-10）。区内泥质灰棚微相有机质丰度较低，不具生烃能力。

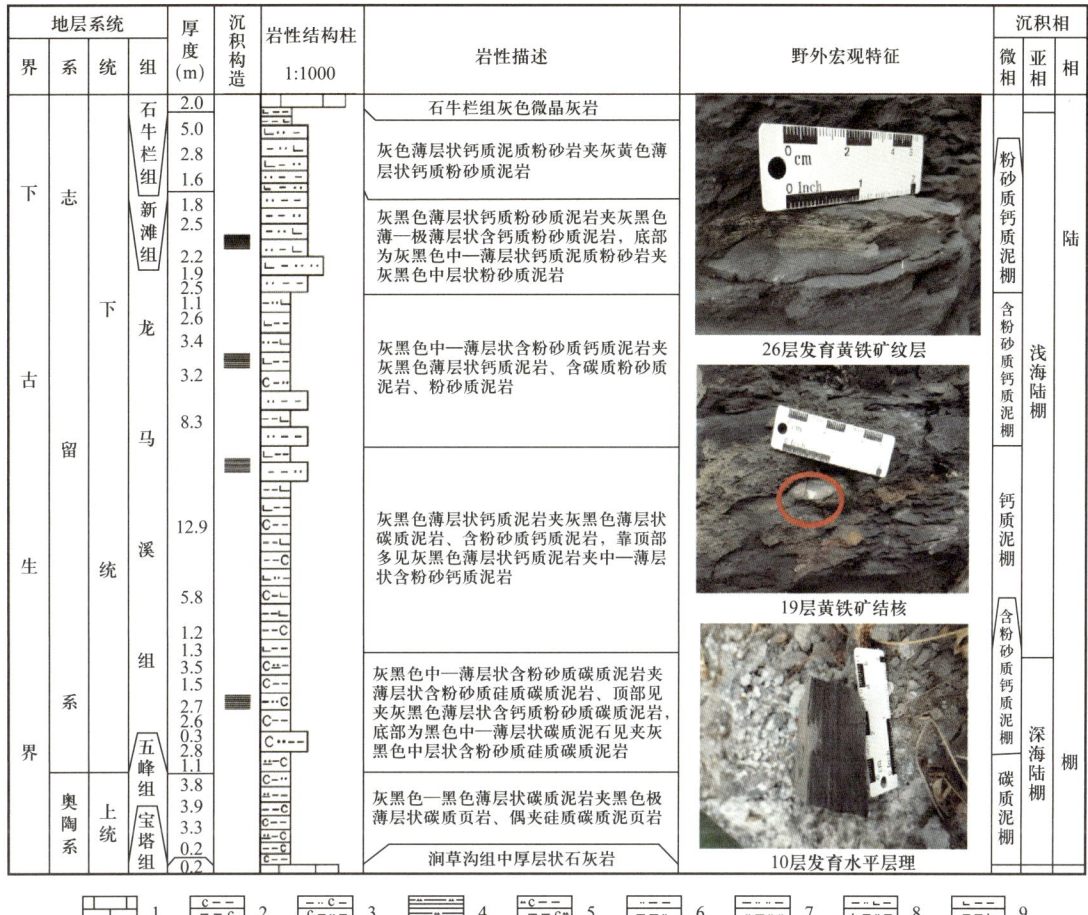

图 2-10 黔北地区五峰组—龙马溪组相序特征

④ 灰质泥棚微相。

灰质泥棚微相岩性以钙质泥岩为主，发育水平层理，主要见于龙马溪组中上部。区内灰质泥棚微相脆性矿物含量较高，但其有机质丰度低，不具备生烃能力。

⑤ 泥棚微相。

泥棚微相主要分布在浅水陆棚水体能量最低的海域，受风暴影响较小。泥棚微相岩性以灰绿、深灰、灰色泥岩为主，发育水平层理。区内泥棚微相中泥质含量高，有机质丰度低，不具备生烃能力。

⑥ 粉砂质泥棚微相。

粉砂质泥棚微相岩性主要为灰黑色薄至中层状含钙含碳粉砂质伊利石泥岩，夹有粉砂质碳质伊利石泥岩，岩性与泥棚微相相似。但粉砂质含量较高，发育水平层理和韵律层理。区内粉砂质泥棚微相相对来说比较发育（图 2-10）。

（3）深水陆棚亚相。

深水陆棚亚相主要位于浪基面之下的浅水陆棚外侧深水区域，以静水沉积为主，岩性以黑色碳质泥岩为主，发育水平层理。区内五峰组—龙马溪组黑色岩系主要发育该类亚相。根据岩性组合和沉积构造等特征把黔北地区五峰组—龙马溪组深水陆棚亚相分为碳质泥棚微相和粉砂质碳质泥棚微相两种。

① 碳质泥棚微相。

碳质泥棚微相处于深水陆棚水体能量最低的海域，不受海流和风暴的影响。碳质泥棚微相岩性以碳质泥岩为主，发育水平层理和黄铁矿，见有大量笔石化石。区内碳质泥棚微相有机质丰度高，是良好的生气相带。

② 粉砂质碳质泥棚微相。

粉砂质碳质泥棚微相岩性与碳质泥棚微相类似，但粉砂质含量较高，发育水平层理和韵律层理。区内该类微相较发育（图 2-10）。

晚奥陶世五峰组沉积时期研究区属于深水陆棚亚相碳质泥棚微相，为五峰组富有机质泥岩最为发育的沉积微相带；早志留世龙马溪组沉积时期研究区属于深水陆棚亚相粉砂质碳质泥棚微相—浅水陆棚亚相灰质粉砂质泥棚微相，为龙马溪组富有机质泥岩相对发育的沉积微相带（闫剑飞，2017）。

2.2.2 优质页岩分布特征

根据黔北地质露头及钻井统计资料研究成果，黔北地区上奥陶统五峰组—下志留统龙马溪组富有机质页岩为优质页岩。通过对黔北上奥陶统五峰组—下志留统龙马溪组的岩性特征、沉积厚度及富有机质页岩分布特征等进行系统分析，明确了黔中古隆起对五峰组—龙马溪组的岩性、厚度和富有机质的页岩厚度的控制作用（闫剑飞，2017）。横向上，盆外五峰组—龙马溪组富有机质页岩厚度相对于盆内较薄，呈现出从盆内向盆外变薄的趋势，在黔北研究区内五峰组—龙马溪组富有机质页岩厚度呈现自北向南逐渐递减的规律。纵向上，五峰组—龙马溪组富有机质页岩主要分布在层系底部，如图 2-11 所示。南部浅水陆棚亚相区，厚度一般小于 20m，而北部深水陆棚亚相区，富有机质页岩厚度最高可达到 80m 以上，具有良好的页岩气勘探潜力。

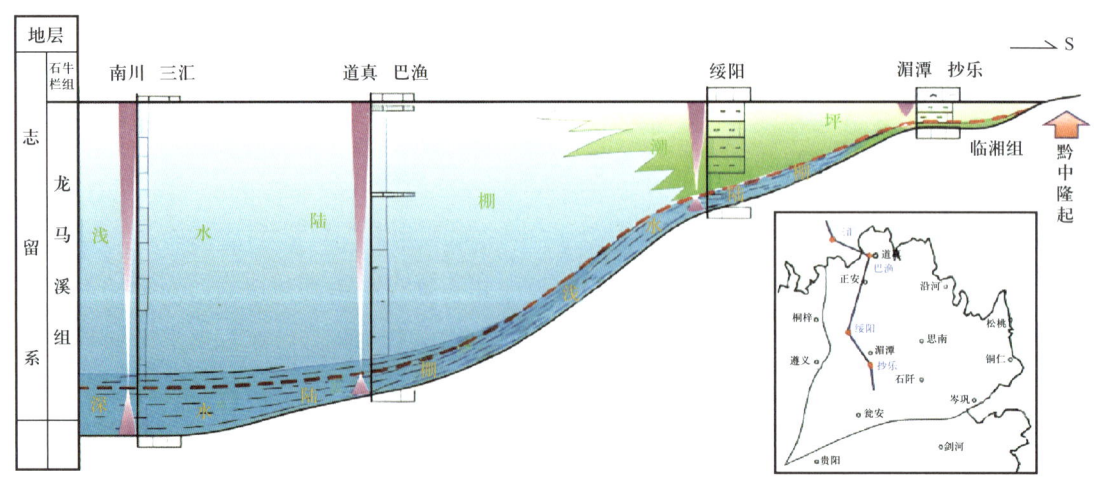

图 2-11　黔北地区五峰组—龙马溪组沉积格架图（据闫剑飞，2017）

2.3 区域构造及演化特征

2.3.1 区域构造背景及构造单元地质划分

2.3.1.1 区域构造背景

黔北地区在大地构造位置上属于扬子陆块区，黔北地区构造演化与扬子陆块演化一致。学界普遍认为扬子地块区域范围为红河断裂和龙门山断裂以东，勉略—城口—房县断裂以南，弥勒—师宗断裂、紫云—垭都断裂、四堡—淑浦断裂以北的地区。

扬子地块演化经历了新元古代中期的雪峰运动、寒武纪—奥陶纪的早—中期加里东运动、志留纪中晚期的晚加里东运动、泥盆纪—石炭纪的海西运动、三叠纪—侏罗纪的印支运动、白垩纪的燕山运动和古近纪至今的喜马拉雅运动。自扬子陆核形成以来，经历了多期次的构造运动和盖层沉积叠加，形成了现今扬子地台区复杂的构造样式。

2.3.1.2 构造地质单元划分

扬子陆块是以中元古—新元古代地层为稳定基底的沉积区。在新元古代早期属于陆缘裂谷大洋盆地沉积环境，武陵构造运动造成区域隆升成陆，导致板溪群与冷家溪群呈角度不整合接触。新元古代中期的雪峰构造运动造成南沱组冰碛砾岩与板溪群呈角度不整合接触。自震旦纪—新近纪，扬子陆块经历加里东、海西、印支、燕山和喜马拉雅构造运动。从残留的地层接触关系普遍认为，古生代发生的构造运动以垂直升降运动为主，中生代—新生代发生的构造运动导致地层揉皱。

贵州地区主体位于扬子陆块内。自中元古代开始到古生代，在古陆块（板块）的漂移活动中，产生陆块间或者陆块内裂解和汇聚，中生代—新生代，在古华北陆块、太平洋板块和印度板块的活动下，扬子陆块主体为挤压构造背景形成现今的大地构造格架。由于贵州地区自沉积盖层以来，在构造上位于扬子陆块及块间褶皱带。在不同的构造历史活动中，各地区各层系均具有各自的沉积背景特征、构造变形特征和区域变质特征。

根据贵州地区构造特征，参考贵州省区域地质志将区域构造单元划分为四级（表2-4）。一级构造单元以三都—镇远—铜仁为界，西部地区为扬子准地台（Ⅰ），三都—铜仁以东地区为华南褶皱带（Ⅱ）。其中三都—铜仁以西的贵州地区，根据构造特征又可将扬子准地台区（Ⅰ）细分为三个二级构造单元：黔北台地隆起（I_1）、黔南台地坳陷（I_2）和四川台地坳陷（I_3）。其中黔北台地隆起可分为两个三级构造单元：遵义断凸（I_1A）和六盘水断陷（I_1B）。根据黔北地区变形特征，遵义断凸又可细分为三个四级构造单元：毕节北东向构造变形区（I_1A_1）、凤冈北北东向构造变形区（I_1A_2）和贵阳复杂构造变形区（I_1A_3）。

黔北台地隆起位于四川盆地范围以南、镇远—贵阳—安顺一线以北、三都—铜仁以西地区。地表出露地层从前震旦系—侏罗系均有分布，局部缺失泥盆系、石炭系。震旦纪—早古生代，基本上处于上扬子克拉通盆地，沉积环境由碳酸盐台地—深水陆棚—浅水陆棚—碳酸盐台地演变，加里东运动导致区域隆升为陆遭受剥蚀。晚古生代—中生代晚期，沉积环境为稳定的陆表海。白垩纪发生的燕山运动导致黔北台地整体隆起并发生褶皱变形，形成现今构造雏形（刘特民，1987）。黔南台地坳陷位于镇远—贵阳—安顺一线以南、三都—铜仁以西地区。地表出露地层以泥盆系—三叠系为主。泥盆纪受区域断裂导致上扬子地块沿边缘裂陷，形成较深水环境，局部地区为孤立碳酸盐台地，至三叠纪晚期印支运动造成区域隆升，白垩纪的燕山运动使得区域地层褶皱变形（余开富和王守德，1995）。四川台地坳陷位于四川盆地范围内，在贵州省区域较小。地表出露地层以二叠系—侏罗系为主。晚三叠世印支运动使得海水退出，形成内陆湖盆沉积环境，直至始新世结束湖盆沉积。

黔北台地隆起之遵义断凸是在加里东运动导致上扬子沉积区整体隆升为陆的构造背景下，在泥盆纪—石炭纪受区域断裂作用持续隆升形成的，大部分地区缺失泥盆系—石炭系。六盘水断陷位于威宁—关岭断裂带以西地区，以东地区为遵义断凸。加里东运动时期，该区与遵义断凸均隆升地表。中泥盆世受威宁—关岭断裂影响，六盘水地区裂陷为较深水盆地，局部为孤立碳酸盐台地环境，泥盆系和石炭系厚度较大。

本章黔北地区包括的遵义断凸三个四级构造带：凤冈北北东向构造变形区（I_1A_2）、毕节北东向构造变形区（I_1A_1）和贵阳复杂构造变形区（I_1A_3）具有不同的特点。凤冈北北东向构造变形区（I_1A_2）位于遵义—息烽以东、息烽—石阡—松桃以北。东部地区以梵净山背斜为主要构造，背斜核部出露地层时代较老，以中元古代和新元古代地层为主，且断裂发育。西部靠近遵义断裂带，构造形迹以南北向构造为主。毕节北东向构造变形区（I_1A_1）位于遵义—息烽以西、息烽—六盘水以北。东边靠近遵义断裂构造形迹亦呈南北向构造为主，而西部以北东向、北北东向构造形迹为主，南部东西向构造形迹较发育。贵阳复杂构造变形区（I_1A_3）位于六盘水—息烽—松桃以南、安顺—贵阳—镇远以北地区。整个区域变形特征具有复杂多样性，自西向东构造变形以北东向、近南北向、北北东向为主。整体来说该变形带是处于黔北台地隆起与黔南台地坳陷构造变形带的过渡区。

表 2-4 贵州构造单元划分

一级构造单元	二级构造单元	三级构造单元	四级构造单元
扬子准地台（I）	黔北台地隆起（I_1）	遵义断凸（I_1A）	I_1A_1 毕节北东向构造变形区
			I_1A_2 凤冈北北东向构造变形区
			I_1A_3 贵阳复杂构造变形区
		六盘水断陷（I_1B）	I_1B_1 威宁北西向构造变形区
			I_1B_2 普宁扭转构造变形区
	黔南台地坳陷（I_2）	—	I_2^1 贵定南北向构造带
			I_2^2 望谟南北向构造变形区
	四川台地坳陷（I_3）	—	—
华南褶皱（II）	—	—	—

2.3.2 构造演化及构造特征

2.3.2.1 构造演化

黔北地区从大地构造上位于上扬子地台区，黔北地区的构造演化与扬子地台的区域构造演化具有一致性。上扬子陆块是以前震旦系为基底的准地台，在武陵构造阶段前期是陆缘大洋地壳区的一部分，武陵运动使之成陆，雪峰运动之后使上扬子陆块的基底硬化，后又经过加里东运动、海西运动、印支运动和喜马拉雅运动，使得上扬子陆块发生多次的升降运动，形成了现今复杂的地质特点。通常所说的扬子地台范围是红河断裂（哀牢山—红河构造带）、龙门山断裂西缘以东，嘉山—响水断裂和勉略—大别山南缘断裂以南，师宗—弥勒断裂、垭都—紫云断裂、漵浦—四堡断裂以北的范围。黔北地区的演化过程经历了雪峰运动时期（Z）、早—中加里东时期（∈—O）、晚加里东时期（S）、海西期（D—C）、印支期（P—T）、燕山期（J—K）和喜马拉雅期（Q）。

（1）雪峰运动时期（Z）。

基底大致固结，岩性为中元古界梵净山群细碧角斑岩和不整合其上的新元古界板溪群浅变质岩系。灯影组沉积期发生大规模海进，广泛接受沉积，发育灯影组、陡山沱组海相地层。工区处于大洋环境，具过渡性地壳性质。

（2）早—中加里东时期（∈—O）。

区内经历桐湾运动、郁南运动（加里东中期运动Ⅰ幕）、都匀运动（加里东中期运动Ⅱ幕）等构造运动，工区大陆地壳逐步稳定。桐湾运动导致区内地层整体抬升接受剥蚀，地形隆凹相间。早寒武世初期，全区处于陆表海沉积环境，水体自北西向南东逐渐加深，早寒武世中—晚期，海水变浅，水体由滞流变为畅通，由还原转为氧化环境；至中—晚寒武世，滇东古陆不断向东推进，引起"水下隆起"向东推进，表明晚寒武世晚期沉积环境总体处于海退变浅特点，沉积物主要为白云岩、白云质灰岩夹砂泥质组合。郁南运动表现得最为明显，在晚寒武世晚期，此时黔中地区水下微隆起，形成黔中隆起雏形。都匀运动是加里东时期的一次陆地抬升的地壳运动，其导致显生宙古地理格局发生明显变化，黔北以外的全省区域在此时期造陆抬升，形成"滇黔古陆"的一部分。都匀运动时期，工区志留系与奥陶系总体为整合接触关系，除务川及周边区域五峰组沉积间断外，区内五峰组发育完整。受区域构造应力场的影响，宽缓褶皱及相应的断裂得以形成并控制了后期早志留世早期的沉积，对后期构造发展起着重要的影响。

（3）晚加里东时期（S）。

早志留世，广泛海进，海水深而不畅，沉积滞流相黑色碳质页岩和硅质碳质页岩，笔石丰富，随着海平面下降，处于浅海陆棚—滨海—开阔台地—潮坪相，沉积了页岩、泥岩、粉砂岩、泥灰岩、生屑灰岩等组合建造；中—晚志留世，强烈的广西运动致使工区整体隆升成陆，地层剥蚀，而后二叠系超覆于下古生界之上形成平行不整合面。广西运动是都匀运动的继续和发展，也为印支期地质构造的形成和发展奠定了基础。

(4)海西—印支期(C—T)。

泥盆纪—石炭纪，本区隆升接受剥蚀，基本缺失泥盆系、石炭系，局部零星出露。早—中二叠世，在海进背景下沉积了梁山组、栖霞组、茅口组海陆过渡相局限海碳酸盐台地环境的沉积建造。中、晚二叠世之交发生东吴运动，改变了二叠纪的古地理格局，终止了北西向构造的主导地位，重新建立了北东向构造为主体的格架。区内沉积了吴家坪组海陆交互相含煤碎屑岩夹碳酸盐岩层，均假整合覆盖于早二叠世茅口组海相碳酸盐岩层之上。之后，黔中隆起与上扬子地区的构造演化彻底融为一体，黔中隆起对区内沉积古地理格架的控制作用彻底消失，标志黔中隆起的演化彻底结束。早—中三叠世海进加大，本区处于碳酸盐台地环境，沉积碳酸盐建造，夹潮坪相陆源碎屑。晚三叠世早—中期受印支运动影响，工区地壳持续稳定上升，至晚期大规模海退发生，导致上扬子地台海盆全面关闭，地壳全面隆升成陆，结束了区内海相历史。印支运动所导致的地壳隆升作用平稳和缓，海陆转化总体上表现为过渡性演变特征。

(5)燕山期(J—K)。

晚三叠世晚期，进入了燕山阶段，发生了一次大规模的陆内造山运动，本区接受风化剥蚀。现今区内主要构造形迹定型于燕山运动Ⅱ幕，早白垩世，南北向左旋张扭性质的断块构造活动日益增强，褶皱呈北北东向。燕山造山运动所导致的褶皱和断裂构造复杂多样，在地壳收缩构造机制作用下，形成多期次、多级别、多类型的主干褶皱、大型断裂，均与形成于加里东—印支期的同生古断裂、古隆起、古断陷或古裂谷等密切相关。

(6)喜马拉雅期(Q)。

喜马拉雅运动各幕对区内进行了不同程度的改造。据前人研究资料，大体上可以划分出两期构造幕，早期为近东西向挤压作用；晚期主要表现为间歇性和差异性陆壳隆升作用，形成多层次的古夷平面、古溶洞层和河谷阶地等构造—地貌，该地区现今的构造景观最终定型。

2.3.2.2 地质构造特征

黔北地区受区域构造运动影响，研究区内褶皱变形和断裂体系极发育。褶皱变形总体以北北东向构造变形和北东向构造变形为主，可见南北向构造变形、东西向构造变形和北西向构造变形。通过对区域褶皱类型特征进行分析，以紧闭狭长的向斜带和宽缓的背斜组合较为常见，即通常所说的隔槽式褶皱带。由于黔北地区受西北地区川中陆核硬性基底的影响，以及东部地区南北向褶皱、南部地区东西向褶皱的共同影响，在太平洋板块、印度板块向欧亚板块斜向俯冲的控制下，发生左旋运动形成研究区褶皱形态以"S"形或者反"S"形褶皱特征。黔北地区具有多期次、多方向断裂相互叠加、切割形成的复杂断裂体系。以北北东向、北东向断裂为主，与褶皱变形方向基本一致，且断裂多发生在背斜核部区。在研究区西部断裂以南北向为主。断裂期次主要包括加里东期断裂、燕山期断裂和喜马拉雅期断裂，尤以燕山期断裂在喜马拉雅期活动加强、增生，形成多组断裂体系。受区域岩性特征控制，地表多发育海相碳酸盐岩，分布面积广、厚度大、脆性大，导致区域断裂断层倾角普遍较大，局部可见垂直层面，偶见断面两侧地层倒转。根据区域应力和构造变形特征分析，黔北地区主要受东西向挤压应力及左旋走滑的影响，形成现今黔北地区"S"形褶皱、北东向断裂为主的多组断裂叠加的复杂构造体系（图 2-12）。

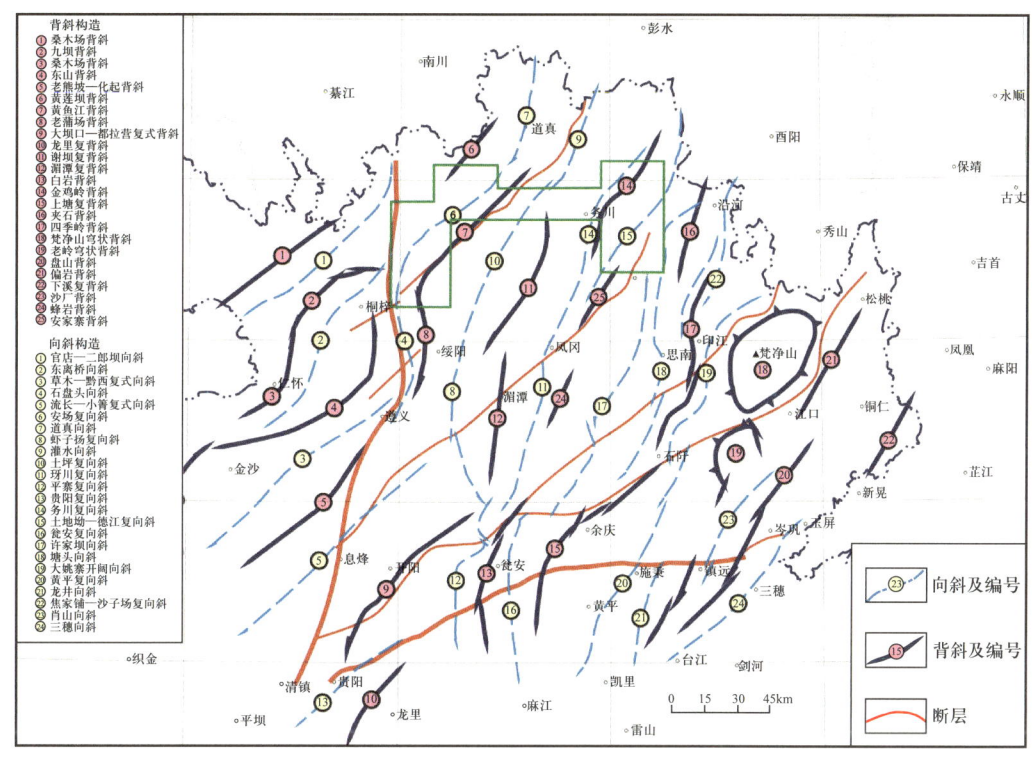

图 2-12　黔北地区构造纲要图

通过对黔北地区绘制构造地质剖面并进行造特征分析认为：第一，黔北地区具有"向斜成山，背斜成谷"的地貌特征；第二，黔北地区以隔槽式褶皱为主，区域背斜核部出露地层由寒武系—志留系组成，具有地层较平缓、分布面积广的特点，向斜核部出露地层以二叠系—侏罗系组成，具有地层产状较陡，分布面积局限的特点；第三，区域断裂发育，且主要分布在背斜核部，说明区域断层对地层分布具有明显的控制作用（图 2-13）。

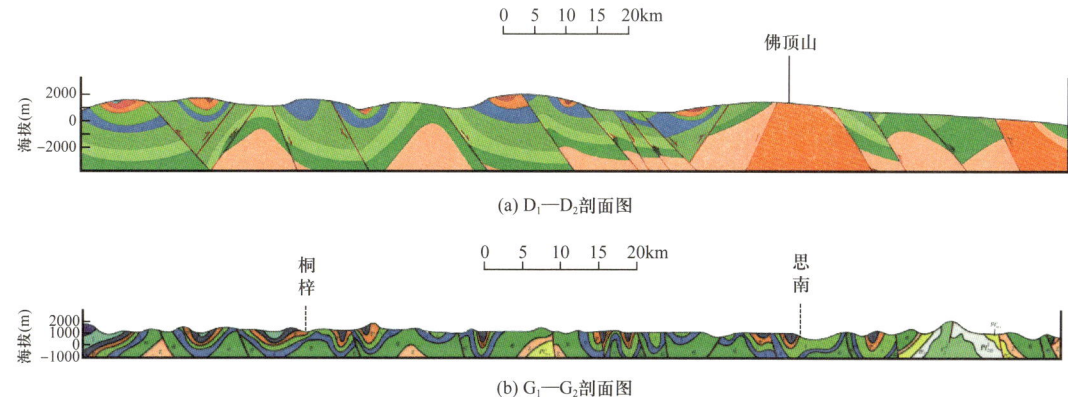

图 2-13　黔北地区区域构造地质剖面图

2.4 典型向斜构造特征

2.4.1 向斜类型划分依据

黔北地区受多期构造改造，形成系列北东或北北东走向的褶皱。总体上背斜多以宽缓箱状复式为主，背斜核部地层多为中—上寒武统，局部出露震旦系及更老的地层，多伴生发育近轴向的断裂。根据两翼支架夹角（图2-14）和向斜的对称性（图2-15）对向斜进行了分类。

根据两翼支架夹角分类：
（1）平缓向斜：两翼夹角120°～180°；
（2）开阔向斜：两翼夹角70°～120°；
（3）紧闭向斜：两翼夹角小于70°。

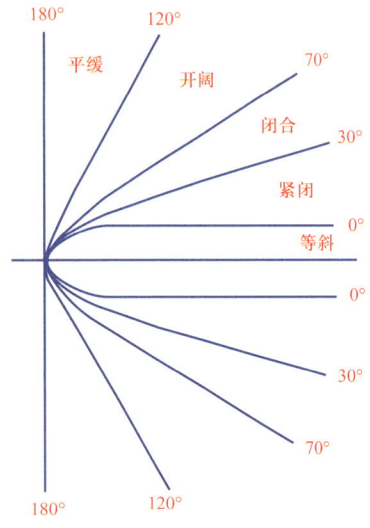

图2-14 两翼支架夹角向斜分类示意图

根据向斜的对称性和轴面产状分类：
（1）对称向斜：两翼长度基本相等，两翼相对轴面呈对称形态；
（2）不对称向斜（斜歪）：两翼长度不相等，两翼相对轴面呈不对称形态。

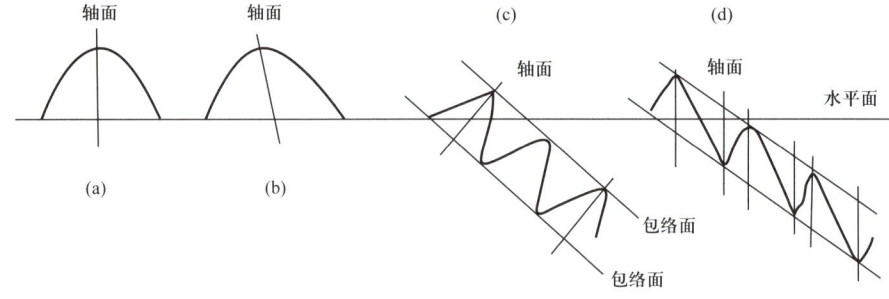

(a)：对称背斜（直立）
(b)：不对称背斜
(c)：露头上所见是不对称褶皱，实际上是对称褶皱
(d)：露头上所见是对称褶皱，实际上是不对称褶皱

图2-15 对称性向斜分类示意图

2.4.2 典型向斜构造类型分布

黔北地区向斜相对狭窄，多呈线状展布，平面上多表现为斜列式的带状延伸，脊线具波状起伏、指状分叉的现象。向斜两翼主要出露中上寒武统—二叠系，核部多残留三叠系（表2-5），向斜类型根据轴面的产状可分为直立型和斜歪（或倒转）两种类型，但总体以斜歪型线形为主（表2-6），局部短轴向斜多呈系列雁列状组成复式向斜带。宽缓—开阔型主要分布在过渡带，而紧闭型则主要发育于隔槽带内和大型断裂边缘。

表 2-5 黔北地区主要向斜类型及形变特征

序号	褶皱名字	规模		向斜主要地质特征					形态类型
		长度（km）	宽度（km）	核部地层	翼部地层	北西翼倾角	南东翼倾角	枢纽特征	
1	太平渡向斜	>32	9	上侏罗统蓬莱镇组	中侏罗统—二叠系、志留系	20°	16°～45°	轴向NE60°，南宽北窄	箕状斜歪型开阔向斜
2	二郎坝向斜	33	14	中侏罗统上沙溪庙组	下侏罗统—奥陶系、寒武系	30°～45°	45°～70°中段陡立至倒转	NE40°～50°走向	反"S"形斜歪向斜
3	官店向斜	52	11	中侏罗统上沙溪庙组	三叠系—寒武系	35°～45°局部达65°	南西16°～35°往北东变陡40～65°	NE10°走向	对称—不对称槽形向斜
4	夜郎向斜（盆地）	7.5～12	7.5～12	上侏罗统蓬莱镇组	中侏罗统—三叠系、二叠系	40°～45°	40°～45°	NE30°、NE55°、NW75°	箕状向斜盆地
5	松坎向斜	>20	8	中侏罗统下沙溪庙组	中下侏罗统—二叠系、志留系	45°～75°	45°～75°局部地段直立、倒转	NE20°～30°，北以20°倾角昂起	对称纺缍状向斜
6	茶房坳—茅台向斜	59	9～14	中侏罗统遂宁组	侏罗系—奥陶系	40°～60°	40°～70°局部陡立、倒转	NE30°～55°，走向呈S形展布	"S"形斜歪—倒转向斜
7	高桥向斜	40	16	中侏罗统上沙溪庙组	中下侏罗统—奥陶系、寒武系	25°～40°	25°～45°，局部达70°	NE35°～60°，向东凸弧形弯曲	对称的反"S"形开阔向斜
8	茅坝向斜	70	4～6	下三叠统	下三叠统—中上寒武统	40°～65°	60°～70°	NW10°至近南北向	东陡西缓斜歪型向斜
9	红光坝向斜	>56	8	下三叠统—下二叠统茅口组	下三叠统夜郎组—中上寒武统	倒转，陡立	20°～35°	NW10°—NE10°走向，西凸弧形	线状倒转向斜
10	狮溪向斜	26	15	三叠系—二叠系	二叠系—中上寒武统	60°～64°，近核部24°	8°～21°	近南北走向	斜歪型宽缓短轴向斜
11	道真向斜	>40	17	中下侏罗统	三叠系—寒武系	15°～32°，南部局部直立	10°～37°	NE15°～20°走向，北端扬起	斜歪型宽缓向斜
12	大塘向斜	28	12	三叠系—二叠系	二叠系—奥陶系	4°～20°	15°～45°	近南北走向，核部宽缓	斜歪型宽缓短轴向斜

续表

序号	褶皱名字	规模		向斜主要地质特征					形态类型
		长度（km）	宽度（km）	核部地层	翼部地层	北西翼倾角	南东翼倾角	枢纽特征	
13	安场向斜	27	14	上三叠统须家河组	三叠系—中上寒武统	4°～23°，向北变陡	26°～45°，向北变陡，直立至倒转	NE30°走向	斜歪型开阔短轴向斜
14	桴焉向斜	16	11	三叠系—二叠系	二叠系—中上寒武统	15°～21°	9°～32°	NE25°走向	平缓短轴向斜
15	太白向斜	14	12	三叠系—二叠系	二叠系—中上寒武统	9°～18°	12°～30°	NE30°～45°走向	平缓短轴向斜
16	宽阔坝向斜	17	11	下三叠统	二叠系—中上寒武统	50°～70°	12°～45°	NE15°走向	斜歪型开阔短轴向斜
17	浩口向斜	53	6	中三叠统	下三叠统—二叠系	50°～68°	40°～55°	NE10°走向	线形紧闭向斜
18	晚溪向斜	18	7	下三叠统	二叠系—中上寒武统	18°～49°	12°～17°	NE42°走向	平缓短轴向斜
19	清坪（泥高）向斜	30	9	三叠系	二叠系—中上寒武统	37°～56°，局部倒转或直立	14°～40°	近南北走向	歪型紧闭型
20	镇江向斜	19	8	三叠系	二叠系—中上寒武统	12°～16°	27°～50°	NW30°走向	斜歪型开阔短轴向斜
21	旦平（斑竹）向斜	27	7～12	三叠系—二叠系	二叠系—中上寒武统	55°～65°	8°～15°	NE20°～45°走向	开阔斜歪型
22	三叉向斜	22	7	下三叠统	下三叠统—奥陶系	12°～17°	14°～27°	NE13°走向	平缓短轴向斜
23	土坪向斜	55	7	下三叠统	下三叠统—中上寒武统	50°～80°	28°～70°	NE10°走向	线形紧闭型斜歪向斜
24	茅垭向斜	33	10	二叠系—志留系	志留系—中上寒武统	5°	5°～15°	NW26°走向	宽缓向斜
25	务川向斜	43	4～9	下三叠统	中上寒武统	23°～52°南部变陡70°	33°～45°南部变陡78°	NE20°走向	弧形对称开阔型向斜，南部为紧闭型
26	丰乐向斜	45	4	下中三叠统	下三叠统—中上寒武统	52°～75°	50°～80°	近南北走向	线形紧闭向斜
27	绥阳场向斜	39	8	下中三叠统	二叠系—中上寒武统	45°～65°	32°～45°	NE10°～34°，北部核部宽缓扬起	斜歪紧闭型向斜

续表

序号	褶皱名字	规模		向斜主要地质特征					形态类型
		长度(km)	宽度(km)	核部地层	翼部地层	北西翼倾角	南东翼倾角	枢纽特征	
28	琊川倒转向斜	70	9～11	中三叠统	二叠系—奥陶系及部分寒武系	南部30°～40°北部60°～75°	倒转,30°～70°	近南北走向,北端NE10°～20°	线形倒转向斜
29	永兴倒转向斜	50	4～5	中三叠统狮子山组	二叠系	60°～70°	倒转,40°～70°	近南北走向,轴面东倾	线形倒转向斜
30	虾子复向斜	70	8～12	三叠系	中三叠统—中上寒武统	60°～70°	60°～70°	南北向	紧密线状褶皱群
31	河坝向斜	58	12	中三叠统	二叠系、志留系—中上寒武统	40°～50°	倒转,20°～50°正常西倾倾角25°	NE30°	"S"形轴面东倾局部倒转的开阔歪斜向斜
32	黄鳝田—班溪坳向斜带	74	4～7	二叠系—三叠系	二叠系—中上寒武统	倾角20°	0°～50°,多被断层破坏	NE15°～30°	东陡西缓的开阔向斜
33	许家坝—沙沟向斜	68	6～14	下三叠统	二叠系—中上寒武统	6°～60°	10°～30°	NE25°走向,轴呈"S"形	开阔斜歪向斜
34	塘头向斜	80	7～16	中—下三叠统	二叠系—中上寒武统	15°～40°	10°～25°	北北东走向,轴面倾向北西西	"S"形线形开阔斜歪向斜
35	大尧寨—朗溪向斜	80	8～13	中—下三叠统	二叠系—中上寒武统	20°～45°	20°～45°	整体NE25°走向	"S"形线形开阔斜歪向斜
36	沙子场向斜	78	6～7	中—下三叠统	二叠系—志留系	25°～45°	32°～70°	NE40°至南北走向	狭长型开阔斜歪向斜
37	谯家铺向斜	48	8～10	下三叠统	二叠系—志留系	10°～25°	30°～55°	NE20°走向核部地层平缓8°～15°	弧形斜歪开阔向斜
38	红均向斜	58	5～7	下三叠统、奥陶系—二叠系	二叠系—中上寒武统	北10°～13°南35°～60°	北7°～10°南22°～40°	NE17°—NW14°—NE48°,扭转	开阔斜歪向斜—平缓向斜
39	高山—石朝向斜	90	7～12	下三叠统	二叠系—中上寒武统	10°～25°	40°～60°	NE20°走向,向东凸的弧形	线形开阔斜歪向斜

表 2-6 黔北地区主要向斜（残留）分类及命名表

类别	平缓向斜		开阔向斜		闭合—紧闭向斜	
	直立	斜歪—倒转	直立	斜歪—倒转	直立	斜歪—倒转
线状	红均向斜	—	—	黄鳝田—班溪坳向斜 许家坝—沙沟向斜 塘头向斜 大尧寨—朗溪向斜 沙子场向斜 高山—石朝向斜	虾子复向斜	茅坝向斜 红光坝倒转向斜 浩口向斜 土坪向斜 丰乐向斜 永兴倒转向斜
长轴	—	—	务川向斜	河坝向斜 谯家铺向斜	官店向斜	清坪（泥高）向斜 茅台倒转向斜 绥阳场倒转向斜 琊川倒转向斜
短轴	太白向斜 桴焉向斜 晚溪向斜 三叉向斜	狮溪向斜 道真向斜 大塘向斜	高桥向斜	太平渡向斜 安场向斜 宽阔坝向斜 镇江向斜 旦平（斑竹）向斜		二郎坝向斜 松坎向斜
构造盆地	—	—	夜郎向斜（盆地）	—		
保存情况	保存有利		保存较有利		保存较不利	保存较差

（1）平缓向斜。

① 直立型。

向斜两翼地层产状平缓，在贵州北部多受跨褶式构造叠加，形成短轴状类向斜盆地。此类向斜构造变形弱，有较好的保存条件，但总体面积较小，典型向斜有：太白向斜、小雅向斜、桴焉向斜、晚溪向斜、三叉向斜，以及红均向斜等。

以桴焉向斜带为例（图 2-16），向斜形态完整，整体上地层倾角相对平缓。断层以逆断层为主，断距相对较小，向斜形态及目的层没有受到剧烈破坏，地层倾角变化范围为 5°~20°，向斜核部大部分区域地层倾角小于 10°。调查井揭示有甲烷气显示，说明此类向斜多具有较好保存条件。

② 斜歪（或倒转）型。

此类向斜总体地层平缓，一翼地层相对变陡。多受跨褶式构造叠加，形成短轴状类向斜。受断裂或挤压影响，其中一翼产状变陡。此类向斜构造中较缓一翼变形弱，有较好的保存条件，但总体面积较小。典型向斜有：狮溪向斜、道真向斜、大塘向斜。

以狮溪向斜带为例（图 2-17），向斜轴向总体呈现北东向和近南北向展布，短轴状，向斜东翼地层产状较为平缓，西翼地层产状较陡。为一残留斜歪型宽缓向斜，东翼地层倾角较缓（12°~15°）。狮溪向斜东翼内部断层以高角度逆断层为主，兼具左旋走滑性质，断层倾角 40°~70°。狮溪 1 井揭示五峰组—龙马溪组页岩气保存条件良好。

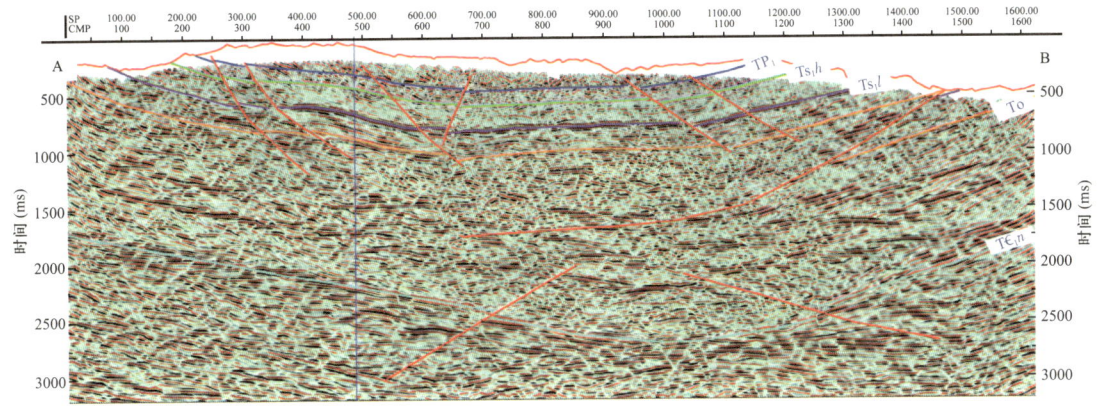

图 2-16 梓焉向斜中部南东向地震剖面

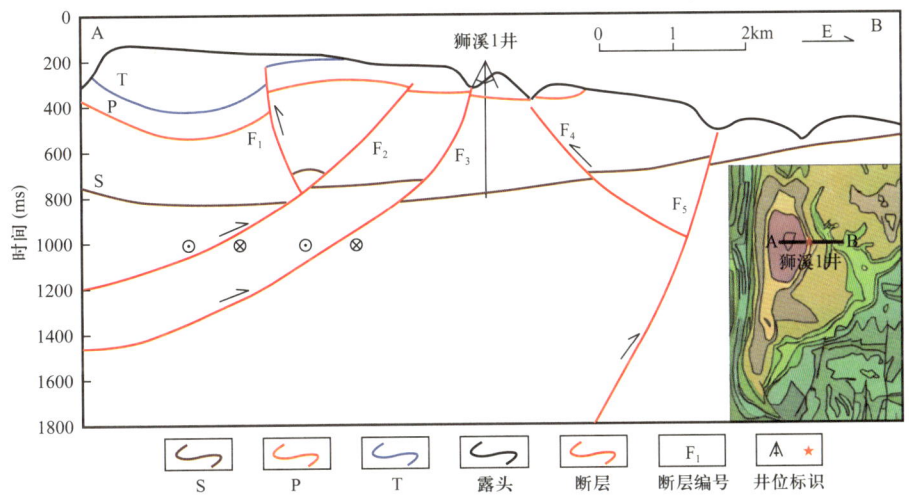

图 2-17 狮溪向斜过狮溪 1 井东西向二维地震解释成果图

（2）开阔向斜。

① 直立型。

向斜两翼间夹角开阔，地层产状近于一致形成"对称"。此类向斜构造总体变形弱，有较好的保存条件。典型向斜有：高桥向斜、务川向斜、夜郎坝向斜（盆地）等。

以务川向斜为例（图 2-18），向斜西翼在务川县城附近倒转（弧形转弯处）。务川向斜中北部宽缓，向斜内断裂发育，但向斜整体形状完整，为对称开阔型，褶皱主体部分西翼一般为 23°~52°，南东翼为 33°~45°。

② 斜歪（或倒转）型。

两翼间开阔，多受挤压、断裂等影响，造成其中一翼总体倾角相对大，形成轴面倾斜。其中相对平缓一翼构造变形弱，有较好的保存条件。典型向斜有：黄鳝田—班溪坳向斜、许家坝—沙沟向斜、塘头向斜、沙子场向斜、大尧寨—朗溪向斜、高山—石朝向斜、河坝向斜、谯家铺向斜、太平渡向斜、安场向斜、宽阔坝向斜、镇江向斜、旦平

（斑竹）向斜等。

以安场向斜为例（图 2-19），断裂极其发育，绝大多数未通天（滑脱层断裂为主），具有南缓北陡、西翼缓东翼陡的"非对称"斜歪向斜特征。地层产状起伏大，地层倾角为 15°～45°，翼间总体开阔，系列钻井及平台揭示向斜核部及相对平缓翼为构造有利区。

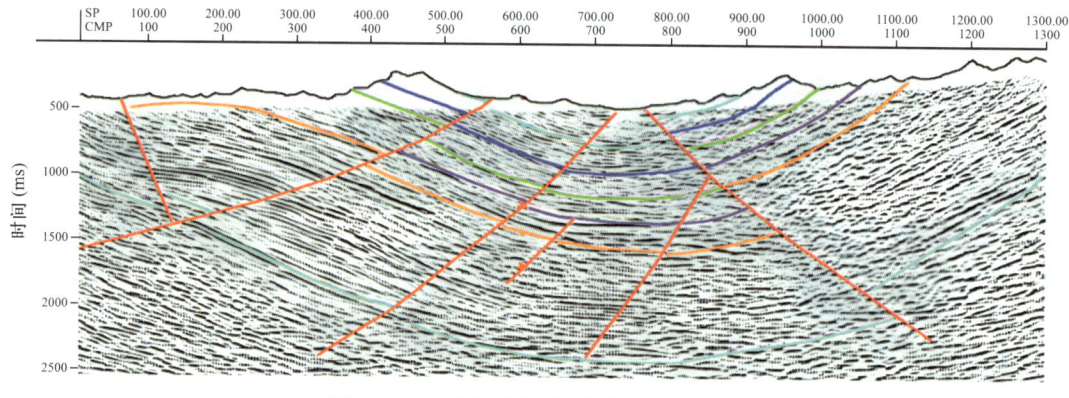

图 2-18 务川向斜中部南东向地震剖面

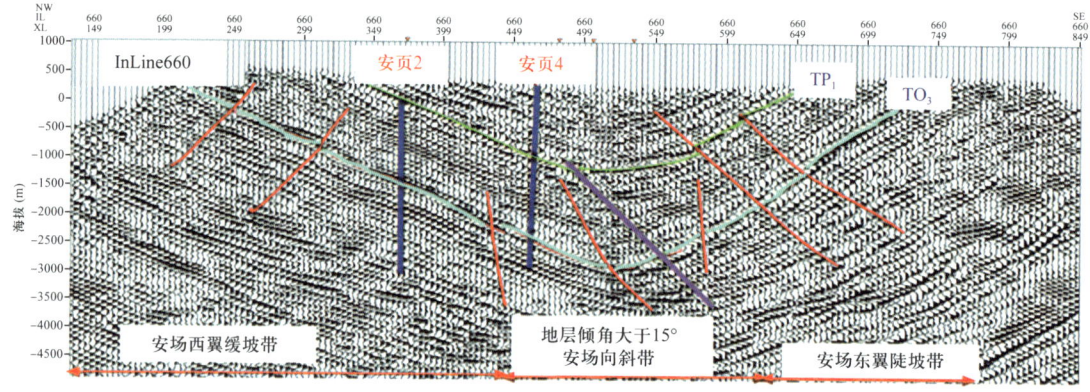

图 2-19 安场向斜中部近东西向地震剖面

（3）紧闭向斜。

此类向斜两翼间相对紧闭，多受挤压、大型断裂等影响，地层倾角相对大，同时局部多呈倒转状，整体构造变形强烈，伴生的断裂较发育，不利于页岩气的保存。

典型向斜有：虾子复向斜、官店向斜、茅坝向斜、红光坝倒转向斜、浩口向斜、土坪向斜、丰乐向斜、永兴倒转向斜、清坪（泥高）向斜、茅台倒转向斜、绥阳场倒转向斜、琊川倒转向斜、二郎坝向斜、松坎向斜等等。

以许家坝向斜、凤冈永兴向斜、琊川向斜（图 2-20）为例，这几个向斜受自东向西的构造挤压或断层逆冲控制或改造，造成东翼变陡，直立或倒转，同时在向斜内部亦伴生相应的断裂。

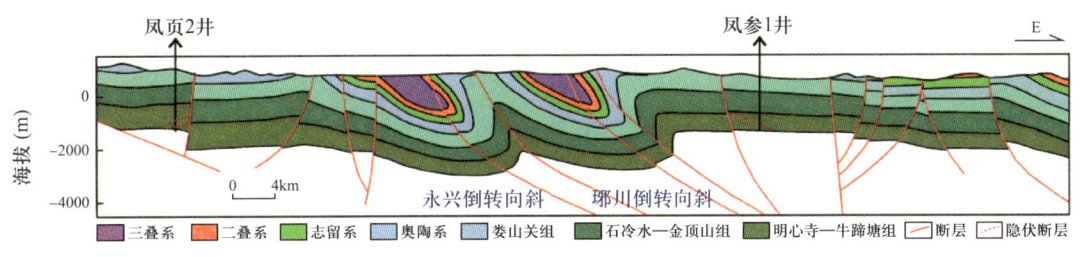

图 2-20　凤冈地区永兴向斜、琊川向斜构造样式图

2.4.3　典型向斜构造发育特征

（1）安场向斜。

① 褶皱形态。

安场向斜为形态相对完整的南缓北陡复向斜构造，总体由北东紧闭向南西撒开，轴迹清晰微呈"S"形弯曲，整体构造处于挤压应力环境。石牛栏组和龙马溪组纵向上构造继承性强，构造形态和断层分布较为一致，区块西部和南部龙马溪组较石牛栏组所受地层褶皱张力更强，断层较为发育。

安场向斜轴向北北东 20°～30°，延伸长度约 30km，核部出露侏罗系—三叠系，翼部为志留系—奥陶系。向斜轴向南西方向被北—北北东向的瑞溪断层切割；向斜西翼被一系列北北东向逆断层（平模断层、王城坝—回龙场断层）所切割，断裂上盘晚古生代以新地层大规模遭受剥蚀为特征，出露地层主要为寒武系娄山关组；背斜东翼被一系列北东、北北东向断层（俭平断层、李家塘断层、园子湾断层等）切割，断层上盘晚古生代以新地层大规模遭受剥蚀为特征，出露地层为寒武系娄山关组。安场向斜构造路线投影剖面显示（图 2-21），地层自核部向两端均有扬起趋势，东翼岩层倾角相对较陡，其倾角一般在 50°左右，局部地带具陡缓变化；北西翼接近核部附近地层倾角一般在 25°～35°，向翼部志留系产状变陡至 60°～70°，局部可达近 80°，岩层倾角由核部向翼部由缓变陡；向斜南部宽缓、地层倾角为 10°～25°；北部略收敛、紧闭，地层倾角为 30°～60°。向斜枢纽起伏波状，轴迹具两端下凹、中部上隆的特点，轴面微向北西倾斜，倾角约 80°，微显不对称褶皱形态。

② 断裂特征。

安场向斜断裂主要分布在向斜核部及其东西两翼（图 2-22）。平面上展布主要表现为北东、北北东、北西向三组断裂，以北北东向断裂为主；平面断裂具有东西分带特点，主要表现为：研究区东部，断裂基本平行向斜走向，断面东倾；研究区西部，多数断层与向斜走向一致，断面西倾；在向斜的核部和翼部发育一系列北北东向断层与北东向断层呈锐角相交，构成几组总体展布方向为北北东向的断裂密集带，使局部构造趋于复杂化。

安场向斜断裂系统主要发育两期，深层断裂主要发育在寒武系，其是早期海平面不断变化造成的沉积厚度差异，在区域挤压应力作用下形成，深层断层主要发育在寒武系底界面，断层向上消失在中寒武统底界面，向下消失在震旦系内，纵向上延伸距离较短；

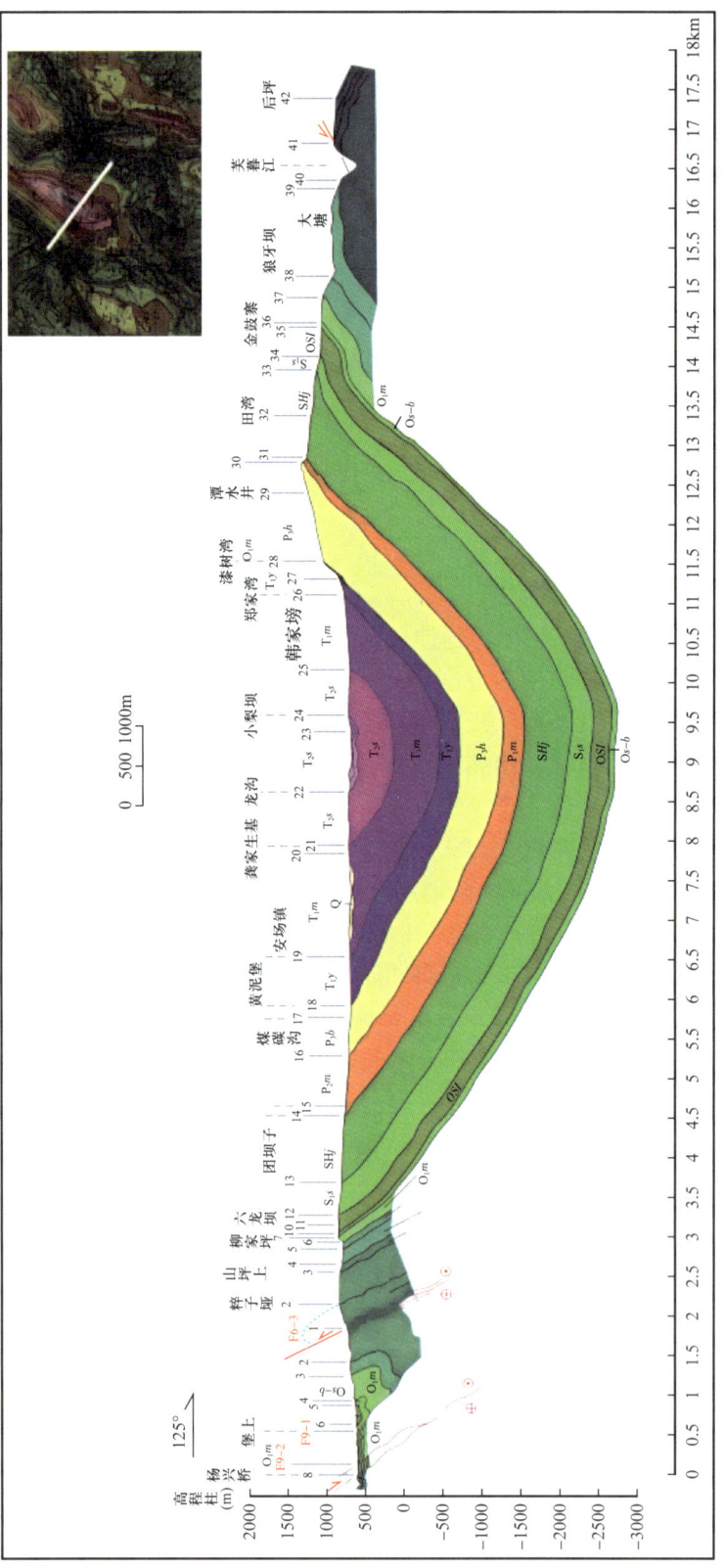

图 2-21 安场向斜构造路线 02 线投影剖面图

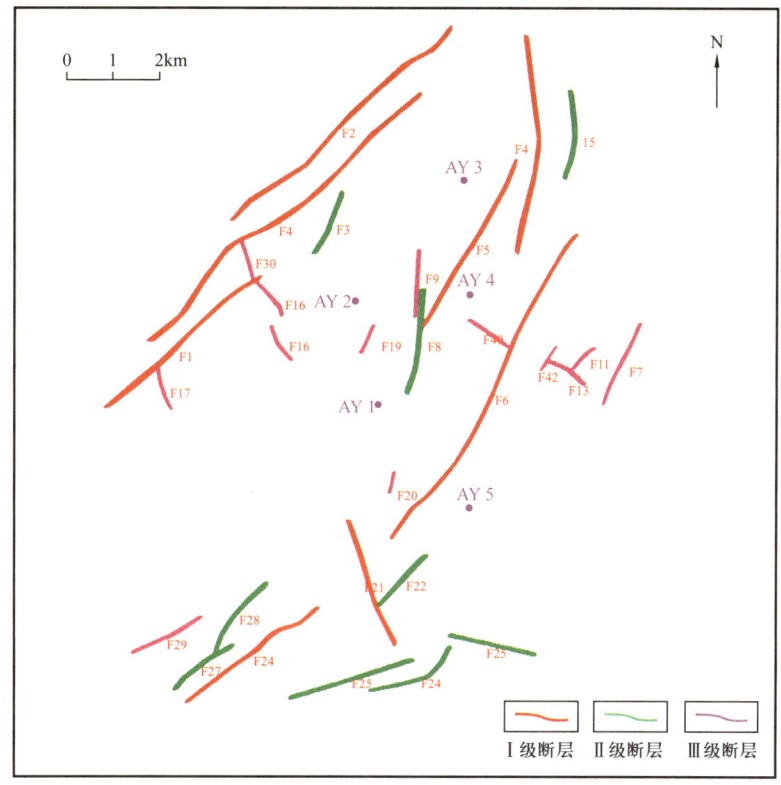

图 2-22 正安页岩气区块安场向斜龙马溪组底界断裂分布图

浅层断裂主要发育在二叠系—志留系，主要形成于燕山期为主的构造运动期，向上消失在二叠系内，向下消失在寒武系中上底界面，纵向上断开层位较多，多数断裂没有出露地表。研究区断裂组合剖面样式简单，以单断层样式为主，浅层断层表现为从上至下"陡立"断层，深层断层倾角变缓，在剖面上形成了单冲式、"X"字形、"Y"字形和叠瓦式逆冲等多种组合类型（图 2-23）。

主要断层描述如下：

F_1 断层：该断层位于安页 4 以东，断层总体表现为北东向，倾向为南东向转东，最大延伸长度约 11.8km，最大断距 160m，断开地层奥陶系—二叠系，该断层地震波组错断清楚，断层可靠。

F_2 断层：该断层位于安页 3 以东，断层总体表现为北东向，倾向为南东，最大延伸长度约 3.8km，最大断距 150m，断开地层寒武系—二叠系，该断层地震波组错断清楚，断层可靠。

F_3 断层：该断层位于安页 2 以西，断层总体表现为北东向，倾向为北西，最大延伸长度约 3.8km，最大断距 300m，断开地层寒武系—志留系，该断层地震波组错断清楚，断层可靠。

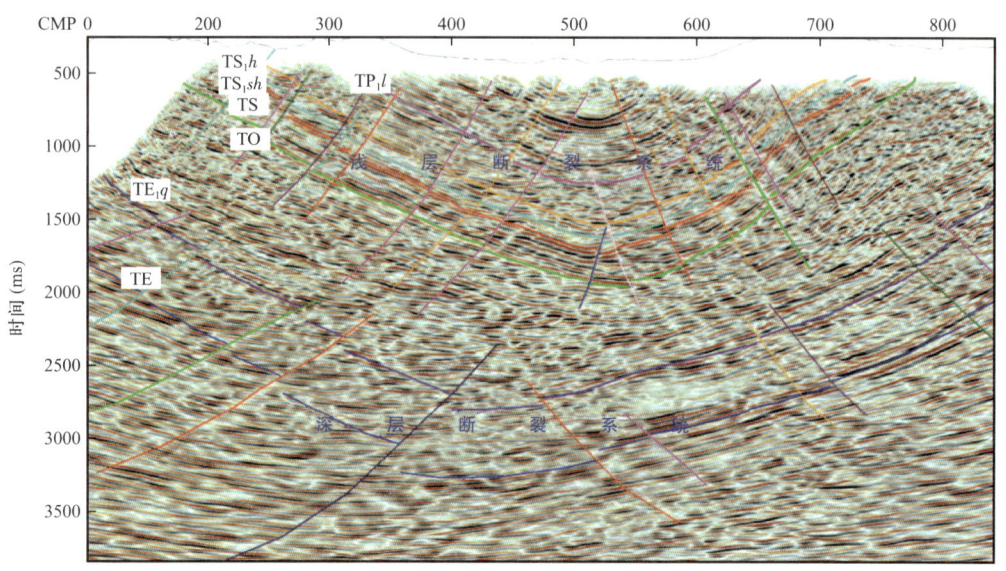

图 2-23 安场向斜断层特征剖面

（2）桴焉复向斜。

① 褶皱形态。

桴焉向斜位于宽阔向斜北东侧，轴向为北东—南西向（图 2-24）。剖面显示，该向斜整体较宽缓。核部发育三叠系，向翼部依次发育二叠系、志留系、奥陶系。向斜西翼产状较陡，地层倾角一般在 60°～75°，发育小型褶皱，构造较复杂；东翼产状平缓，地层倾角一般在 5°～25°之间。平面上，太白向斜位于遵义断裂与正安断裂之间。西侧的遵义断裂对向斜西翼改造作用较强，导致西翼出露地层较局限；东侧的正安断裂距向斜较远，对向斜的控制作用较弱，使得东翼整体较宽缓，地层出露宽阔。

桴焉一区①号向斜，地表主要为二叠系覆盖，少部分为三叠系覆盖，FY-EW04 线经过区域无三叠系，根据拟合的时深关系公式，预测该测线二叠系覆盖区内龙马溪组埋深范围为 582～1862m（图 2-25 至图 2-27）。桴焉一区②号向斜，向斜核部主要为二叠系及三叠系覆盖，向斜周缘出露奥陶系—志留系，FY-EW05 线经过该向斜，测线穿过二叠系—三叠系覆盖区，根据拟合的时深关系公式，预测该测线上二叠系—三叠系覆盖区内龙马溪组埋深范围为 760～1607m。桴焉一区③号向斜，该向斜大部分地区为二叠系覆盖，向斜周缘出露奥陶系—志留系，仅局部位置出露三叠系，FY-EW06 线经过该向斜，主要穿过二叠系覆盖区，根据拟合的时深关系公式，预测该测线上二叠系覆盖区内龙马溪组埋深范围为 858～1527m。

② 断裂特征。

桴焉向斜的地质图及构造图表明，受东南方向强烈挤压应力，该区表现为狭长的北东走向的复向斜带，包含三个次一级向斜，自西南向东北呈串珠状分布，地表出露最新地层为三叠系。西南部①号向斜构造形态复杂，受构造挤压影响，内部形成凸凹相间的构造样式。②号及③号向斜构造形态相对简单，周缘高、核部低的向斜整体形态清楚完整。从平面上看，该区断层发育受区域挤压应力作用影响显著，断层走向主要为北东向，与该区构造走向基本一致，主要发育逆断层。

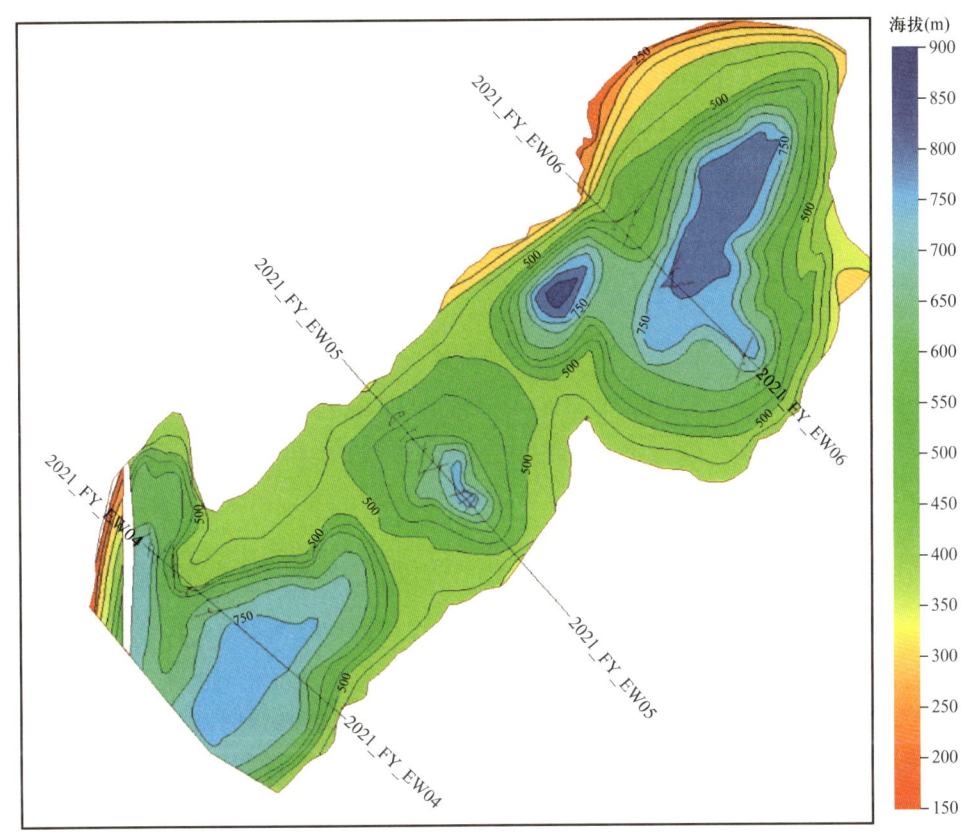

图 2-24 桴焉一区构造图

从剖面上看，过①号向斜 FY-EW04 线，剖面构造特征与平面构造特征一致性好，自西北向东南表现出凹凸相间的构造格局，受区域挤压背景影响，构造变形强烈，西部凹陷区及凸起区断层发育，地层受断层切割作用明显，地层产状变化较大，测线西端呈现为高陡构造。东部凹陷区构造形态相比西部较为简单，凹陷形态完整，没有明显的断层活动，地层产状相对西部较缓（图 2-25）。剖面上看，该向斜主要发育逆断层，断穿龙马溪组的逆断层断距一般较小，该区逆断层形成时期相对较晚，主要受燕山期—喜马拉雅期强烈构造挤压运动影响而产生，与该区发生大规模整体变形，形成隔槽式褶皱样式的时期相一致。

过②号向斜 FY-EW05 线，剖面构造特征与平面构造特征一致性好，构造形态相对简单，表现为两端高、中部低的完整向斜形态，断层破坏作用相对较弱，地层横向展布较为稳定。向斜构造变形主要燕山期—喜马拉雅期，所有沉积地层卷入变形过程，属于整体变形，因此自上而下的构造继承性很好（图 2-26）。剖面上看，该向斜内主要发育逆断层，断穿龙马溪组的逆断层断距一般较小，断层破坏作用相对较弱，逆断层形成时期相对较晚，主要受燕山期—喜马拉雅期强烈构造挤压运动影响而产生，与该区发生大规模整体变形，形成隔槽式褶皱样式的时期相统一，由于断层属于地层沉积后，在燕山期—西山期统一的构造运动中形成的断层，断层断穿层位多，向上断至地表可能性大。

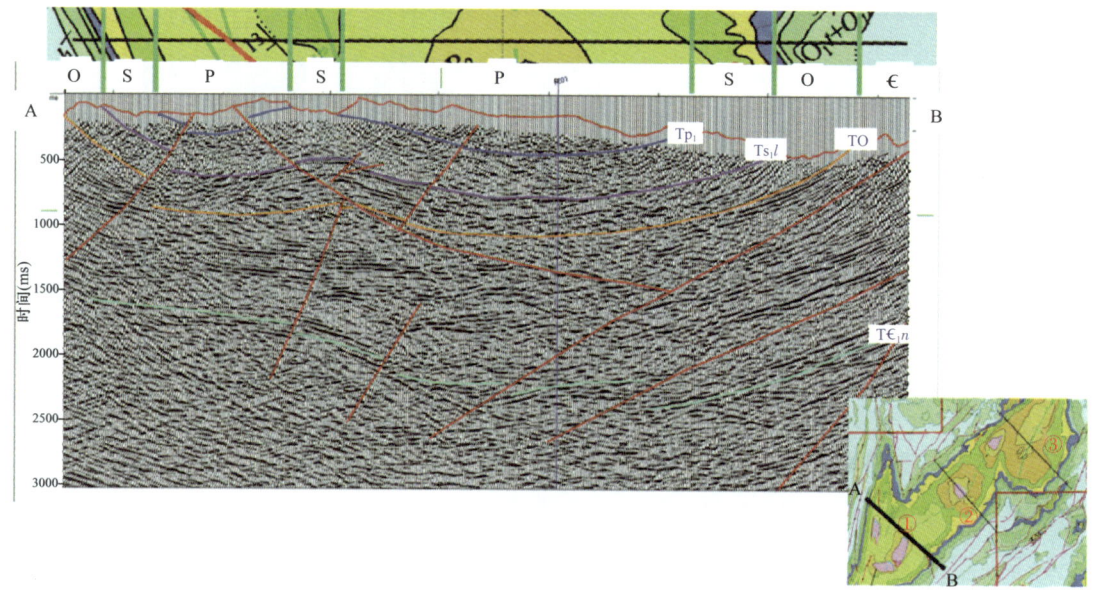

图 2-25　桴焉一区 FY-EW04 线地震解释剖面

过③号向斜 FY-EW06 线，剖面构造特征与平面构造特征一致性好，剖面上表现出深盘状的构造特征，两翼上翘明显，地层倾角较大，向斜核部地层平整连续，产状平缓，地层横向展布稳定（图 2-27）。EW06 线西南部可看到一条早期正断层，主要断穿奥陶系及志留系，其余均为逆断层，其中西南端向斜边缘逆断层断距大，断层末端终止于寒武

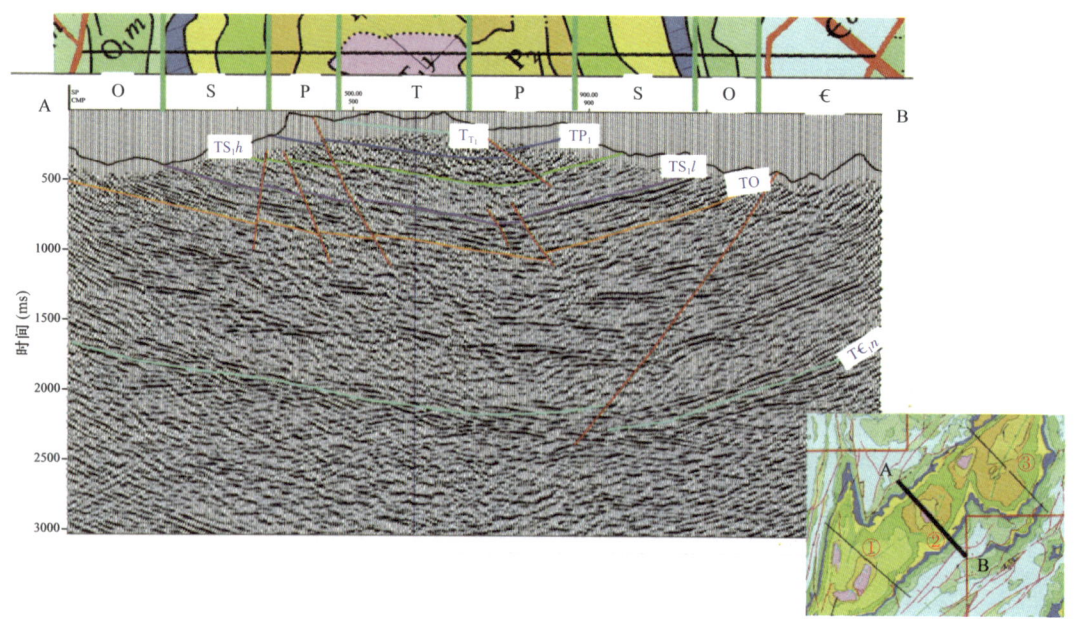

图 2-26　桴焉一区 FY-EW05 线地震解释剖面

系内，寒武系内存在层间滑脱现象，在褶皱作用影响下，寒武系内有明显的地层加厚现象。大部分断穿龙马溪组的逆断层断距相对较小，对整体构造形态破坏较小，向斜构造变形主要发生在燕山期—喜马拉雅期，所有沉积地层卷入变形过程，属于整体变形，因此自上而下的构造继承性很好，该区逆断层属于地层沉积后，在燕山期—喜马拉雅期统一的构造运动中形成的断层，断层断穿层位多，向上断至地表可能性大。

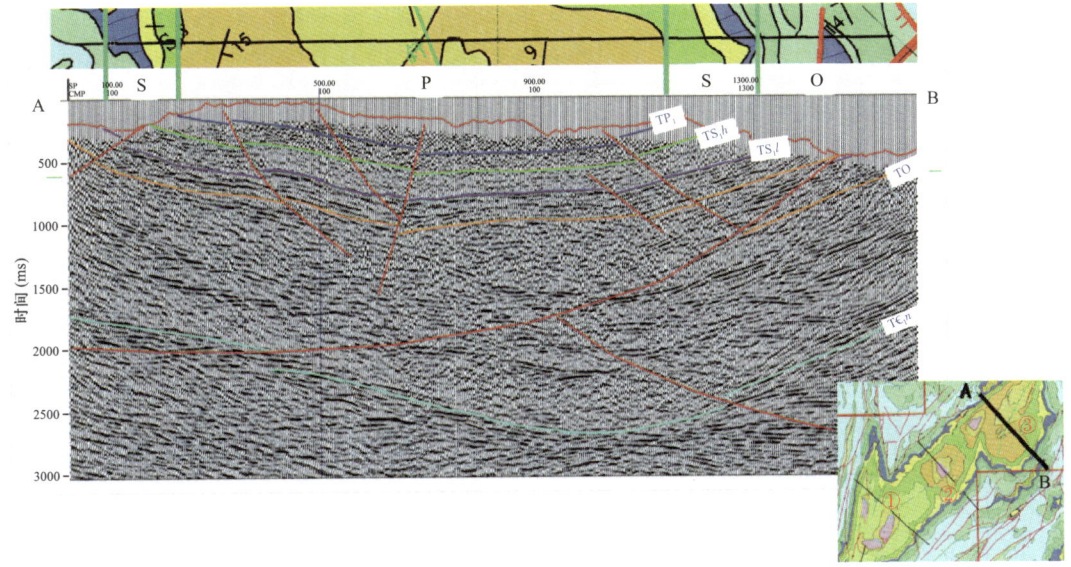

图 2-27 桴焉一区 FY-EW06 线地震解释剖面

（3）狮溪向斜。

① 褶皱形态。

狮溪向斜构造形态完整，西翼断层较为发育，东翼从西南向东北呈单斜构造形态，埋深受地表影响，落差较大，埋深范围 360~1900m 之间。构造线方向为近南北向，略显向西突出的弧状。工区最北部湾里附近该向斜核部出露了本测区最新的嘉陵江组，沿轴向向南地层逐渐变老，主要为下三叠统、二叠系、志留系和奥陶系。褶皱向两翼地层逐渐变老，分别出露三叠系、二叠系、志留系，其中东翼地层产状为西倾 40°~65°，西翼地层产状为东倾 15°~35°，明显具西陡东缓特征，轴面倾向西，轴迹向西倾伏突出。向斜轴迹呈波状起伏，为轴面向西倾斜的不对称褶皱，北段表现尤为明显（图 2-28）。

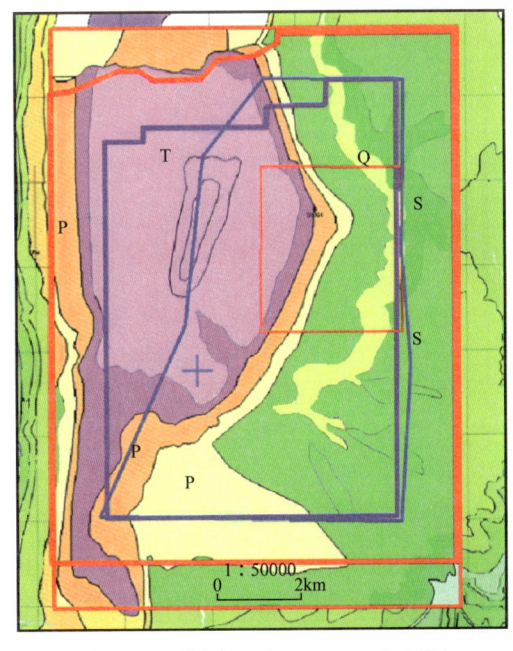

图 2-28 狮溪工区 1:50000 地质图

② 断裂特征。

狮溪向斜主要受南川—遵义断裂带控制（图 2-29），区域内的构造格局以北东和北北东向为主，受区域构造运动的影响和制约，区内断层变形以挤压为主兼具走滑的性质。研究区断裂系统主要发育两期，浅层断裂主要发育在白垩纪—志留纪，深层断裂主要发育在寒武纪；主要发育北东、北北东、北西向和近南北多个走向，同时发育北北西向和北东东向延伸的断裂。其中北西向断裂切割北东向断裂，受多期构造运动的影响，造成了不同走向的断裂切割关系比较复杂。断裂在平面上表现为平行雁列式，北西向断裂的发育使断裂平面组合复杂化，平面上局部表现为"X"形或剪型。

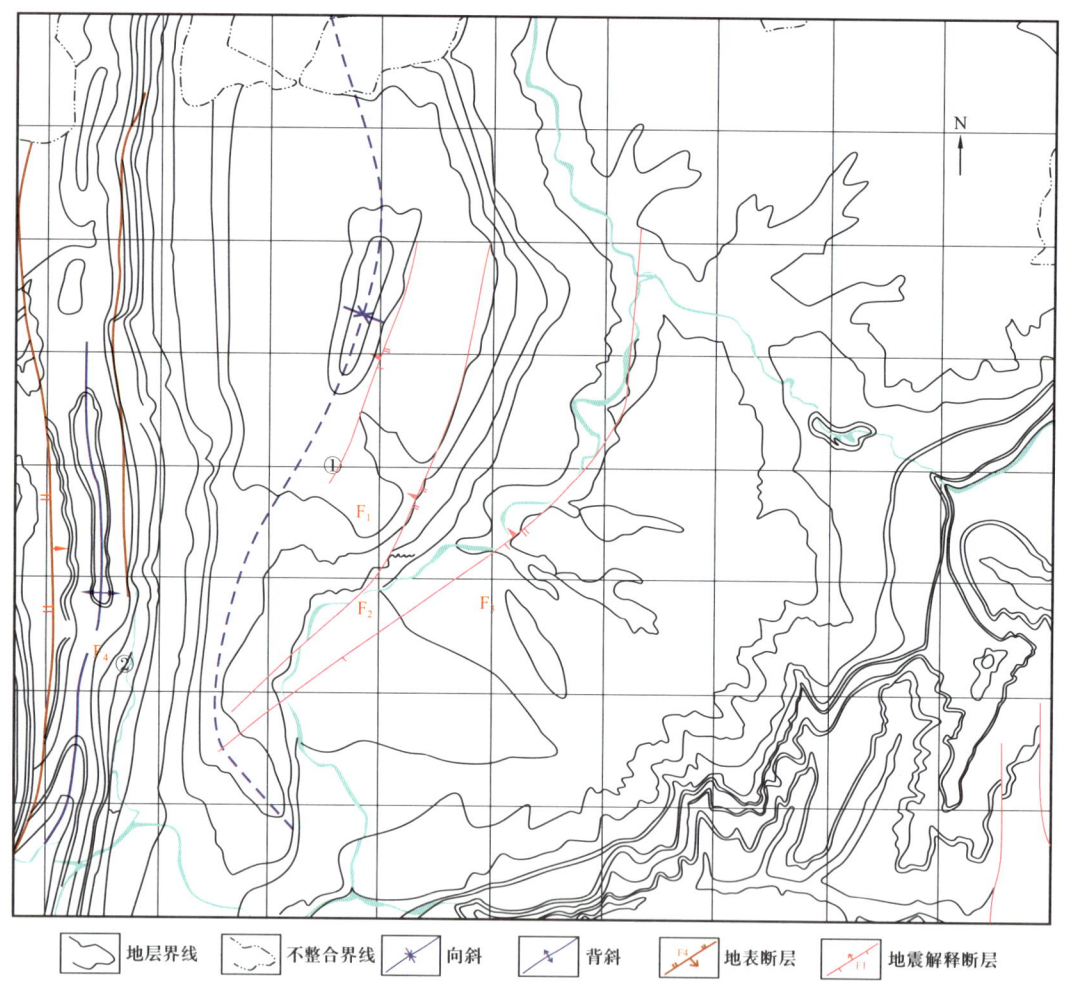

图 2-29 狮溪向斜构造纲要图

狮溪向斜内主要发育 3 条主要逆断层（图 2-30），Ⅱ级断层 3 条，延伸长度较大，呈北东向展布，是区内的主断层。下面分别进行详细描述：

F_1 断层：为逆冲推覆断层，断层总体表现为北东向，倾向为北西，延伸 9.94km，下寒武统牛蹄塘组最大断距为 400m 左右，在志留系断距为 50m 左右，错断的最新层位是志留系。

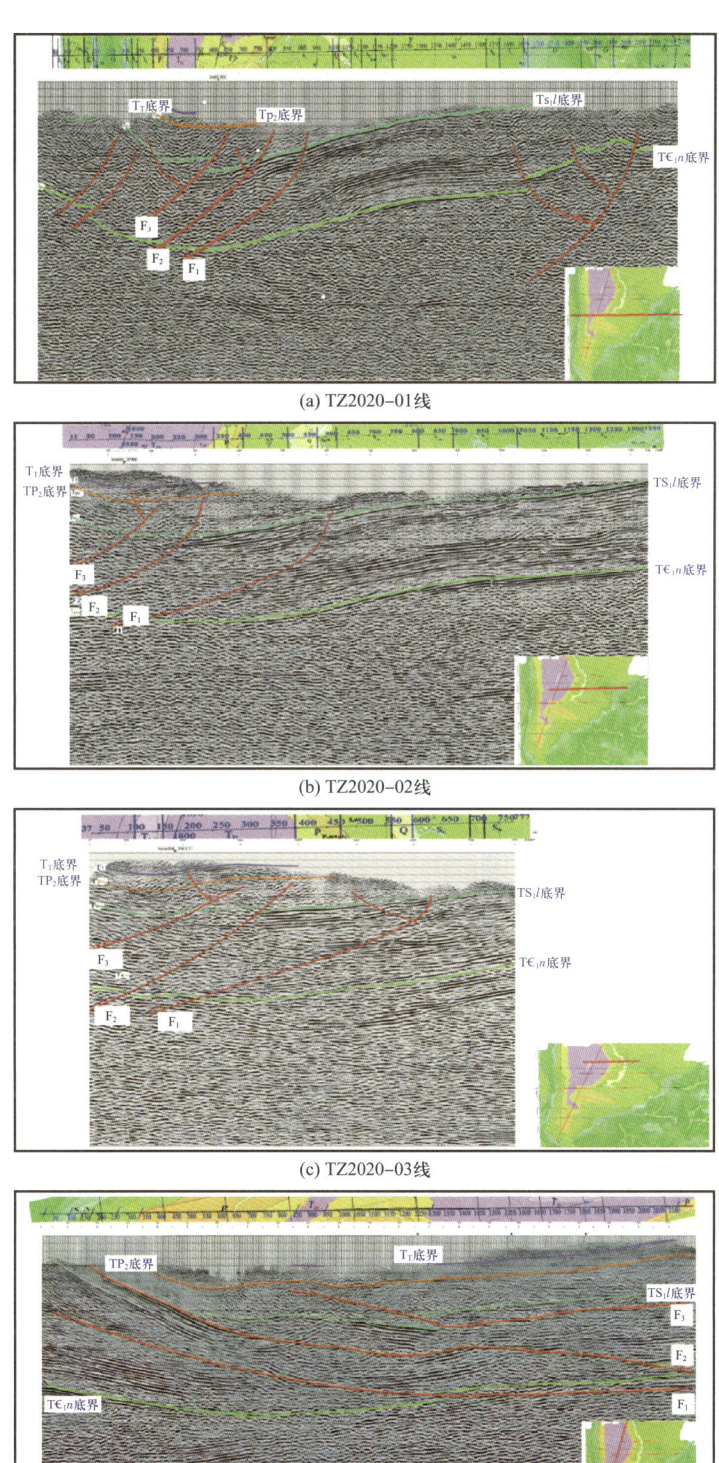

图 2-30 狮溪区块叠后时间偏移剖面构造解释结果（桐梓狮溪三维部署方案）

F_2 断层：为逆断层，断层总体表现为北东向，倾向为北西，延伸 18.69km，下寒武统牛蹄塘组断距为最大 400m 左右，志留系断距为 100m 左右，错断的最新层位是志留系。

F_3 断层：为逆断层，断层总体表现为北东向，倾向为北西，延伸 11.53km 的 Ⅱ 级断层，在志留系断距为 100m 左右，错断的最新层位是志留系。

从五峰组底界断裂系统图（图 2-31）可以看出，研究区所处的狮溪向斜，区内以逆断层为主，变形区以褶皱变形为主要特征，发育逆断层；由于受构造应力的影响，其断裂走向与构造轴向基本一致，为北北东向展布，局部呈北北西向，分布在断层的侧翼，与褶皱轴向近于平行，多沿地层走向分布，与褶皱的组合特征明显，仅局部略显对褶皱有破坏作用。

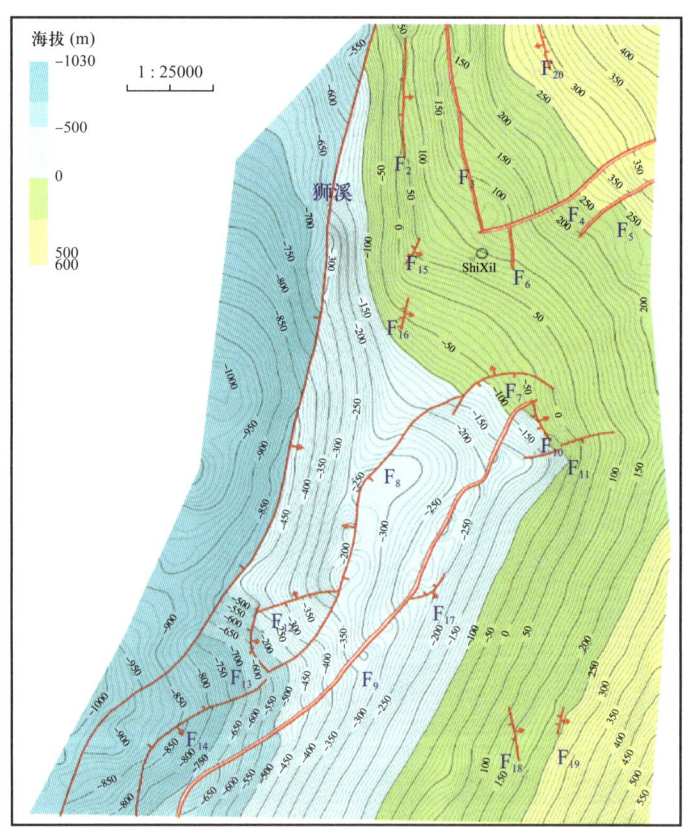

图 2-31 狮溪向斜五峰组底界断裂体系图（桐梓狮溪三维部署方案）

工区内共解释出断层 20 条，其中：以北东向为主，多为逆断层，工区西部发育贯穿全区的北北东走向狮溪断裂，断距大，延伸长，东北部发育 3 条正断层，正断层规模较小，北东向两条正断层间夹一断垒构造，南部发育 3 条近平行的逆断层，均为北东走向，靠近北部断距较大，靠近工区南部，3 条断层断距均减小。

第 3 章　贵州北部页岩气成藏条件及资源前景

页岩气资源是主要的非常规天然气资源的重要类型之一，其成藏条件较常规天然气藏有所区别，泥页岩既是生气层也是储气层，因此，需要考虑生烃条件和储集条件两个主要方面，主要控制因素为有机质丰度、有机质成熟度、有机质泥页岩厚度、岩石脆性、孔渗性等条件（张鹏等，2016）。我国南方发育多套海相页岩层系，页岩资源潜力巨大。迄今为止南方页岩气勘探取得突破，并且在奥陶系—志留系的五峰组、龙马溪组已经实现了商业开发（孟江辉等，2024）。贵州黔北地区位于扬子陆块构造单元。其地质构造处于扬子板块中西部，发育大套海相地层，是我国主要的海相沉积区。晚奥陶世—早志留世龙马溪组沉积期，由南往北主要发育潮坪相、浅海陆棚和深水陆棚相，早志留世龙马溪组沉积期，海水由南向北海退，往南缺失龙马溪组，北部在龙马溪组底部普遍沉积一套富有机质页岩，总体由南往北为潮坪—浅水陆棚—深水陆棚沉积（邹媛等，2018）。

本章旨在对贵州北部地区发育的五峰组—龙马溪组页岩气藏条件及资源前景进行研究，从储层地球化学特征、储集特征、含气特征、保存条件，以及主控因素等方面对页岩气藏条件及资源前景进行探讨。以便为复杂构造区向斜型页岩气后期开发生产提供参考。

3.1　页岩段小层划分与对比

3.1.1　页岩层段划分对比

3.1.1.1　地层简介

奥陶纪与志留纪之交，贵州北部南侧紧邻黔中古隆起及雪峰山隆起。上奥陶统—下志留统富有机质页岩归属的岩石地层单元由下而上分别为五峰组、观音桥组及龙马溪组（表 3-1）（施振生等，2023）。

（1）五峰组。

① 历史沿革：由孙云铸所创名的五峰页岩演变而来，命名剖面位于湖北省五峰县城东 30km 的渔洋关，勘查区参考剖面为安场落龙、道真巴渔。

② 岩性特征：下段主要为灰黑色薄层状含笔石碳质泥岩夹灰黑色薄层状硅质岩及斑脱岩，黄铁矿结核发育，中段为灰黑色薄层状含笔石碳质粉砂质泥岩，上段主要为灰黑色碳质泥岩；与下伏临湘组灰色瘤状泥灰岩界面平整，顶部出现生物介壳泥灰岩、亮晶颗粒灰岩等归入观音桥组。

③ 测井响应特征：自然伽马曲线呈高幅，电阻率曲线呈低幅，深浅双侧向电阻率曲线无幅度差。

表 3-1 贵州北部及邻区上奥陶统—下志留统地层划分

系	统	渝东南	川西南	贵州北部	贵州中部
志留系	上统	缺失	缺失	缺失	缺失
	中统	回星哨组	回星哨组		
	下统	韩家店组	大关组	韩家店组	翁项组
		小河坝组	石牛栏组	石牛栏组	
		龙马溪组	龙马溪组	龙马溪组	
奥陶系	上统	观音桥组	观音桥组	观音桥组	缺失
		五峰组	五峰组	五峰组	
		临湘组	临湘组	临湘组	
		宝塔组	宝塔组	宝塔组	黄花冲组
	中统	十字铺组	十字铺组	十字铺组	十字铺组

④ 古生物特征：笔石丰富，自下而上为 *Dicellograptus complexus* 带、*Paraorthograptus pacificus* 带、*Normalograptus extraordinarius—Normalograptus ojsuensi* 带；上覆观音桥组产丰富的 *Hirnantia—Dalmanitina* 动物群，石灰岩透镜体中产牙形石 *Amorphognathus ordovicus* 带，此外该组中还产介形虫、几丁虫等化石（表 3-2）。

表 3-2 五峰组—龙马溪组生物地层划分

	440.8Ma
龙马溪组	鲁丹阶 *Coronograptus cyphus* 带
	鲁丹阶 *Cystograptus vesiculosus* 带
	鲁丹阶 *Parakidograptus acuminatus* 带
	鲁丹阶 *Akidograptus ascensus* 带
	赫南特阶 *Normalograptus persculptus* 带
	443.8Ma
五峰组	赫南特阶 *Normalograptus extraordinarius— Normalograptus ojsuensi* 带
	凯迪阶 *Paraorthograptus pacificus* 带
	凯迪阶 *Dicellograptus complexus* 带

（2）观音桥组。
① 历史沿革：由张鸣韶、盛莘夫命名，卢衍豪修改并介绍。
② 岩性特征：生物介壳泥（晶）灰岩及亮晶颗粒灰岩为主，次为微晶白云岩、黏土

岩、泥岩等，属正常浅海沉积。

③ 测井响应特征：与五峰组及龙马溪组有明显差异，自然伽马曲线呈低值，电阻率曲线呈相对高值，但勘查区内厚度较薄，曲线响应不甚明显。

④ 古生物特征：产 Hirnantia—Dalmanitina 动物群主要分子，腕足类、三叶虫、海百合茎碎片丰富。

（3）龙马溪组。

① 历史沿革：由李四光、赵亚曾命名，龙马溪组原称"龙马页岩"，后曾称"龙马溪群"。原代表下志留统，后经厘定和限制，认为应属下志留统下部。最初命名地点在湖北秭归县新滩龙马溪。勘查区参考剖面为安场落龙。

② 岩性特征：下段为黑色笔石页岩，中段黄绿色泥质粉砂岩，上段钙质泥质粉砂岩或条带状灰岩、泥灰岩；顶部出现珊瑚礁块灰岩、海百合生屑灰岩，并发育低角度交错层理归入石牛栏组（聂海宽等，2022）。

③ 测井响应特征：下部高 TOC 段与五峰组相似，自然伽马曲线呈高幅钟形，GR 值分布范围为 30~400API，深侧向电阻率曲线呈低幅钟形，RLLD 值一般小于 30000Ω·m，深浅双侧向电阻率曲线无幅度差。

④ 古生物特征：下部富产笔石；上部产腕足类、瓣鳃等底栖生物，少量单体珊瑚；勘查区南部钙质泥质粉砂岩层面遗迹化石较为典型。

3.1.1.2 地层分布

黔北地区在奥陶纪晚期—志留纪早期处于深水陆棚—浅水陆棚过渡沉积环境，发育富有机质的黑色页岩。贵州北部五峰组—龙马溪组钻井资料丰富，通过各页岩气田典型井、露头、典型剖面对比，页岩地层呈北东—南西向展布特征，沿四川盆地边缘，涪陵、南川、丁山、赤水、泸州地区的页岩厚度达到 90m 以上，其中优质页岩厚度 30~40m；泸州地区优质页岩厚度最厚，最厚达到 50m 左右。盆陆过渡带的正安地区，页岩厚度减薄至 50m，优质页岩厚度不足 25m，优质页岩厚度与叙永地区的太阳气田相当。贵州省境内优质页岩厚度分布特征主要可以分三条线，从道真至赤水沿线的真页 1 井、狮溪 1 井、梓页 1 井、丁页 2 井、林页 3 井、宝源 1 井所钻遇的优质页岩厚度大于 25m。正安—桐梓南部—仁怀一带地层厚度 20m 左右，德江—凤冈—湄潭—绥阳地区优质页岩厚度约 15m。

（1）五峰组。

五峰组黑色页岩，沉积时限跨晚奥陶世凯迪期晚期—赫南特期，由于受到黔中隆起的影响，在南部地区都剥蚀未发育，其主要分布在北部地区，且呈越往北越厚的趋势，岩相变化不明显（武学进等，2020）。地层厚度一般 2~10m，道真—绥阳枧坝一带厚度最大，安场向斜及周边厚度为 4~6m，务川—德江一带厚度极薄，甚至缺失。狮溪向斜狮地 1 井钻遇五峰组 6.8m，桴焉向斜桴地 1 井钻遇五峰组 5.49m，安场向斜安页 1-6 井钻遇五峰组 5.8m，务川向斜大地 1 井钻遇五峰组 5.35m。五峰组在贵州北部总体厚度差别不大。

（2）观音桥组。

观音桥组原划入五峰组观音桥段，沉积时限为晚奥陶世赫南特期中晚期，约 0.2Ma。贵州北部以富产生物介壳的泥灰岩的特征区别于上下相邻地层。北部地层厚度一般为 0.2～0.4m，风化易呈现褐黄色黏土状面貌，腕足类繁盛，三叶虫、海百合茎等相对少见。南部地层厚度呈增厚的趋势，桐梓红花园、绥阳枧坝、绥阳旺草、凤冈永和等地为代表，可达 4～7m，岩性亦有变化，以亮晶颗粒灰岩为主，少量单体珊瑚。

（3）龙马溪组。

龙马溪组沉积时限为晚奥陶世赫南特期晚期—早志留世鲁丹期（跨奥陶纪末—志留纪初）。龙马溪组厚度介于 140～300m 之间，如安场向斜 287.74m，桴焉向斜 263.16m，斑竹向斜 217.84m，务川向斜 141.50m，高山向斜 141.50m，北侧道真向斜厚 350～400m。该组上部地层相变明显，南部地区以钙质泥质粉砂岩为主，北部地区典型组合为薄层—条带状石灰岩夹薄层砂岩，或含笔石，含粉砂泥岩夹粉砂条带、纹层（魏祥峰，2017；吴蓝宇等，2016）。

根据电性特征、岩相、TOC 等资料综合考虑将龙马溪组划分为两段，龙一段以碳质页岩为主，高 GR，高含铀（U），低密度。龙二段以泥质页岩为主，厚度较大，与龙一段相比 GR 明显偏低，密度明显偏高。自下而上划分为 5 个小层：S_1l^1 小层黑色碳质页岩为主，GR 极高（大于 280API），KTH 呈低平（类）箱形特征，有机碳含量高，DEN 低值。S_1l^2 小层以黑色碳质页岩为主，GR 高（大于 150API），KTH 呈低平（类）箱形特征，DEN 向下部地层呈持续降低的趋势。S_1l^3 小层以碳质页岩为主，GR 高（大于 180API），KTH 呈低平（类）箱形特征，有机碳含量较高，DEN 低值。S_1l^4 小层以泥质页岩及碳质页岩为主，GR 极高（大于 230API），KTH 由高变低，有机碳含量显著高于 S_1l^5，低于 S_1l^1、S_1l^2、S_1l^3，DEN 较 S_1l^5 显著降低。S_1l^5 小层以泥质页岩为主，厚度较大，有机碳含量相对低，与龙一段其他 4 个小层相比，GR 明显偏低，密度明显偏高。

3.1.2 页岩有机地球化学特征

3.1.2.1 有机质类型

黔北地区五峰组—龙马溪组干酪根显微组分中，以腐泥组和壳质组的含量相对较高，其中腐泥组中腐泥无定形体的相对含量为 82%～96%；干酪根类型指数为 67～93，干酪根类型属于 I 型和 II₁ 型，以 I 型为主。龙马溪组黑色页岩样品显微组分分析测试表明，显微组分主要表现为腐泥组和沥青组，缺乏镜质组、惰性组和壳质组，其中腐泥组以分散状矿物沥青基质为主，沥青组以块状、脉状、碎屑状沥青为主，油浸反射光下呈灰白色，不发荧光（张博等，2023）。

正安区块主体处于浅海沉积环境，生物以水生生物为主，具有大量的浮游生物和菌藻类，尤以笔石占绝对优势，局部有放射虫和硅质海绵骨针，有机质类型以腐泥型干酪根为主。对安页 2 井下志留统龙马溪组 2 块样品干酪根镜检分析（表 3-3），有机质以腐泥无定形体为主，含少量底栖藻无定形体，有机质类型指数为 92.5 和 92.8，均为 I 型干酪根。

表 3-3 安页 2 井干酪根显微组分分析数据表

样号	井深（m）	层位	腐泥组（%）腐泥无定形体	壳质组（%）底栖藻无定形体	镜质组（%）正常镜质体	有机质类型指数	有机质类型
No.02	1963.13	S_1l^3	86	12	2	92.5	I
		S_1l^2	88	11	1	92.8	I

道真地区干酪根显微组分中主要为腐泥无定形体及腐泥碎屑体（表 3-4），腐泥无定形体相对含量为 27%～87%，平均 55.7%；腐泥碎屑体相对含量为 4%～71%，平均 38.8%，样品中含少量无结构镜质体和丝质体，干酪根类型指数为 75～98，以 I 型为主，II_1 型为次。龙马溪组对比样品（DY1-24，588.30m）经 Weatherford 实验室测定，无定形类脂组 65%，镜质组 10%，惰质组 20%，固体沥青 5%（表 3-5），热变质系数 TAI 高达 3.3，有机质处于过成熟演化阶段，已进入干气窗。

表 3-4 道页 1 井龙马溪组泥岩干酪根显微组分及类型统计

层位	取样点	荧光显示	有机显微组分相对丰度（%）				有机质类型指数	干酪根类型
			腐泥组	壳质组	镜质组	惰质组		
S_1l	道页 1 井	无荧光	61	35	2	2	75	II_1
S_1l	道页 1 井	无荧光	96	0	4	0	93	I
S_1l	道页 1 井	无荧光	98	0	2	0	97	I
S_1l	道页 1 井	无荧光	98	0	2	0	97	I
S_1l	道页 1 井	无荧光	99	0	1	0	98	I
S_1l	道页 1 井	无荧光	98	0	2	0	97	I
S_1l	道页 1 井	无荧光	97	0	2	1	95	I
S_1l	道页 1 井	无荧光	96	0	3	1	93	I
S_1l	道页 1 井	无荧光	97	0	1	2	94	I
S_1l	道页 1 井	无荧光	94	0	2	4	89	I
S_1l	道页 1 井	无荧光	95	0	3	2	91	I
S_1l	道页 1 井	无荧光	99	0	0	1	98	I

表 3-5 道页 1 井 DY1-24 对比样品镜检结果（Weatherford）

样品	类脂组（%）				镜质组（%）	惰质组（%）	固体沥青（%）	生油型（%）	生气型（%）	热变质系数
	藻类体	无定形体		其他						
		荧光	无荧光							
DY1-24	0	0	65	0	10	20	5	0	75	3.3

3.1.2.2 有机质丰度

（1）平面有机碳含量及其变化。

有机碳含量（TOC）是最常用的有机质丰度指标，是烃源岩评价最重要的基础参数之一，天然气的形成依赖于岩石中的有机质的分解，有机碳含量越高，能分解产出的天然气量越大（陈愿愿等，2021；黄东等，2018）。据美国 Barnett 页岩气藏泥岩有机碳含量与含气性之间进行的统计，认为含气量与有机碳含量有明显的正相关关系。对于烃源岩有机碳含量的最低标准目前没有严格的界限，据 Ronov 对俄罗斯油气盆地泥岩样品分析发现，在有机碳含量在 0.5% 左右的地区产有天然气气田，低于 0.5% 的地区油气田不发育。Tissot（1984）和 Welte and Yukler（1981）认为常规烃源岩有机碳的下限为 0.5%。陈践发等（2011）根据 TOC 的变化对暗色泥岩进行分类，认为 TOC 小于 0.4% 为非烃源岩，TOC 在 0.4%~0.6% 之间为达到烃源岩标准，在 0.6%~1% 为中等烃源岩，大于 1% 为好烃源岩级。结合常规油气烃源岩的评价标准，并参考美国主要产气盆地的有机碳含量，目前认为有机碳含量大于 0.5% 就可以作为页岩气烃源岩。

贵州地区下志留统龙马溪组主要分布在金沙—遵义—石阡—铜仁一线以北的地区，向北龙马溪组黑色页岩厚度有所增加，向南厚度逐渐减薄甚至消失。龙马溪组富有机质页岩层有机碳含量普遍较高，纵横向上非均质性较强，变化较大，具有一定的页岩气勘探潜力（图 3-1）。

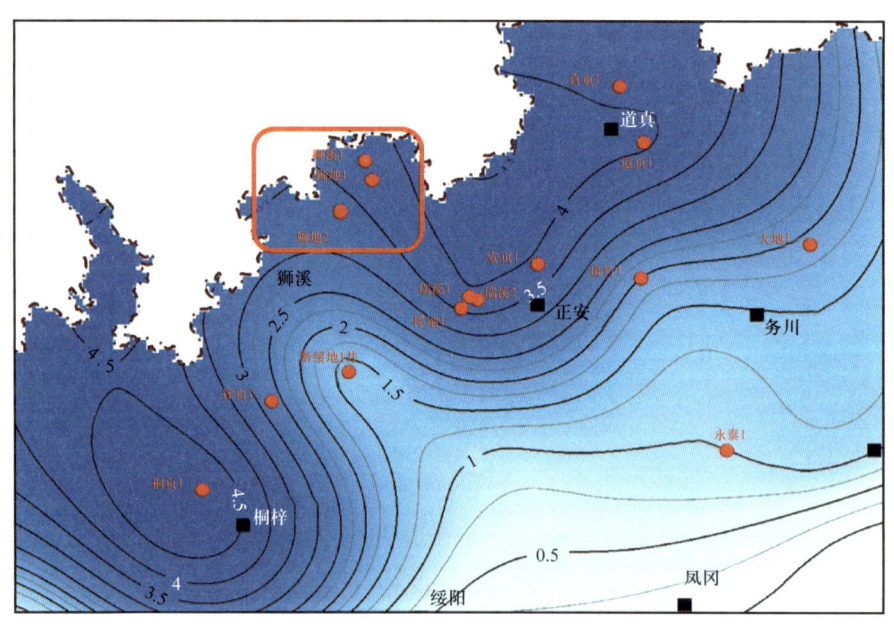

图 3-1 黔北五峰组—龙马溪组页岩 TOC 等值线图

通过对贵州省 20 个龙马溪组地表露头和井下岩心样品（大部分为地表露头样品）的有机碳实验测试，区域上由南向北 TOC 值呈逐渐增加的趋势，但南部绥阳枧坝出现异常高值区，最大值为 6.04%，平均值 2.6%（图 3-2）。

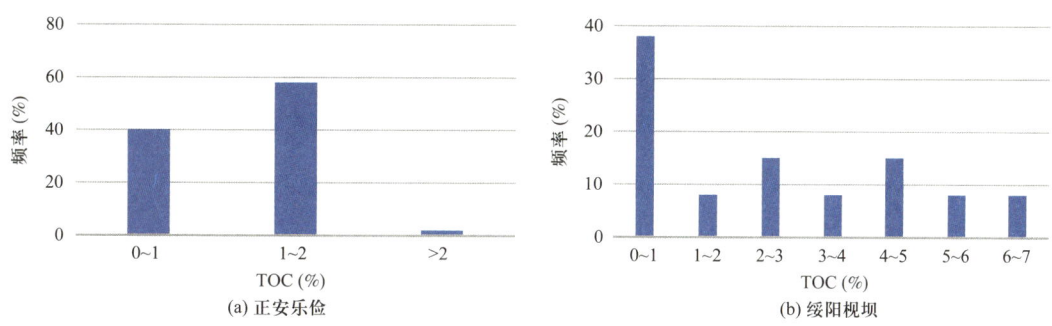

图 3-2 正安乐俭—绥阳枧坝龙马溪组有机碳 TOC 统计直方图

安场向斜五峰组—龙马溪组一段以高—特高有机碳含量为主（图 3-3）。安页 1 井、安页 2 井、安页 3 井、安页 4 井和安页 1-6 井 5 口井的目的层段丰度为 0.34%~6.65%，平均 3.69%/104 块，中值为 3.40%。可划分为两个亚段五个小层，自下而上总体呈先增大后减小的趋势。纵向上 S_1l^2 小层有机质丰度最高，平均有机碳含量为 4.72%，综合评价为 Ⅰ 类有机质；五峰组、S_1l^1、S_1l^3 和 S_1l^4 平均有机碳含量分别 3.45%、4.48%、4.23% 和 3.31%。从直方图可以看出，TOC 以不小于 4% 为主，约占总样品数的 54.80%；其次是 2%~4%，约占总样品数的 23.08%。综合评价为 Ⅰ—Ⅱ 类有机质。

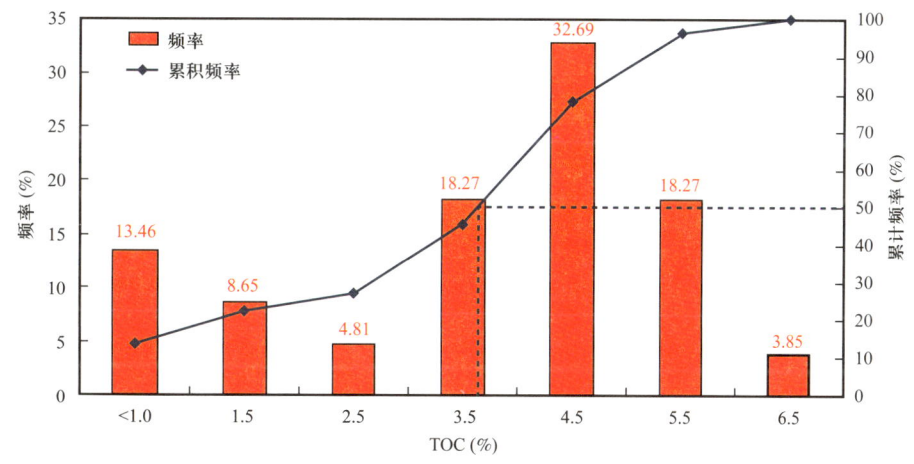

图 3-3 正安区块五峰组—龙马溪组一段岩心有机碳含量频率分布图

（2）纵向有机碳含量及其变化。

龙马溪组下部有机碳含量明显较上部高，向上有机碳含量逐渐减小，主要与地层的岩性变化有很大关系，归根结底是与沉积环境的变化有关。黔北地区龙马溪组下部富有机质页岩较纯，有机碳含量介于 2.0%~6.0% 之间，平均为 3.5% 左右；上部地层中砂质或钙质含量增多，碳质含量下降，有机碳含量主要介于 0.4%~1.3% 之间，普遍都小于 1%。

正安地区的目的层段丰度为 3.42%~5.39%，平均 4.36%/79 块，可划分为两个亚段五个小层（表 3-6），自下而上总体呈先增大后减小的趋势。纵向上 S_1l^2 小层有机质丰度最高，平均有机碳含量为 5.04%，综合评价为 Ⅰ 类有机质；五峰组、S_1l^3 和 S_1l^4 平均有机碳含量分别为 4.22%、4.18% 和 4.16%。

表 3-6　安页 1-6 井有机质丰度纵向分段统计表

层位	顶深（m）	底深（m）	厚度（m）	TOC 实测			
				最小（%）	最大（%）	平均（%）	块数
S_1l^4	2330.40	2336.53	6.13	3.67	4.53	4.16	3
S_1l^3	2336.53	2340.40	3.87	3.99	4.35	4.18	4
S_1l^2	2340.40	2344.14	3.74	4.81	5.21	5.04	3
S_1l^1	2344.14	2345.11	0.97	—	—	—	—
五峰组	2345.11	2349.82	4.71	3.42	5.39	4.22	5
五峰组—S_1l^4 平均						4.36	

狮溪向斜五峰组—龙马溪组一段烃源岩共分析 6 个样品，有机碳含量最小 1.78%，最大 4.60%，平均 3.61%；自下而上总体呈逐渐减小的趋势。纵向上，S_1l^2 有机碳含量最高，平均有机碳含量为 4.18%，综合评价为Ⅰ类；五峰组、S_1l^1 和 S_1l^4 平均有机碳含量分别 1.78%、3.84%、3.51%，综合评价为Ⅱ—Ⅲ类。桐梓区块 TOC 以小于 2% 为主，约占总样品数的 46.7%，其次是 2%~4%，约占总样品数的 40.0%，TOC 不小于 4%，约占总样品数的 13.3%，综合评价以Ⅰ—Ⅱ型为主（表 3-7）。

表 3-7　狮溪 1 井有机质丰度纵向分段统计表

层位	顶深（m）	底深（m）	TOC 实测			
			最小（%）	最大（%）	平均（%）	数量
S_1l^4	1327.77	1327.77	3.51	3.51	3.51	1
S_1l^3	—	—	—	—	—	—
S_1l^2	1341.21	1342.90	3.94	4.60	4.18	3
S_1l^1	1345.82	1345.82	3.84	3.84	3.84	1
五峰组	1349.54	1349.54	1.78	1.78	1.78	1

3.1.2.3　有机质成熟度

对于下古生界海相烃源岩，由于缺乏来源于高等植物的标准镜质组，R_o 的利用受到限制，然而上述地层普遍含有沥青，对这类烃源岩测定沥青反射率（R_b）换算镜质组反射率，换算公式为 $R_o=0.3195+0.679 \times R_b$（丰国秀和陈盛吉，1988）。黑色页岩成熟阶段划分标准见表 3-8，按此划分标准勘查区下寒武统和下志留统富有机质页岩大部分已进入过成熟阶段。

表3-8 中国南方黑色页岩成熟阶段划分标准

成熟阶段	未熟期	成熟	高成熟	过成熟早期	过成熟晚期	变质期
R_o（%）	<0.5	0.5～1.3	1.3～2	2～3	3～4	≥4
成烃阶段	生物气	成油期	凝析油—湿气	干气		生烃终止

安场向斜五峰组—龙马溪组分别测定了6块和8块样品沥青质反射率（表3-9），经换算镜质组反射率分别为2.17%和2.20%，表明五峰组—龙马溪组泥页岩进入过成熟中期演化阶段，以生成干气为主。

表3-9 正安区块 R_o 数据统计表

井名	层位	样品数块	R_b（%）			换算 R_o（%）		
			最小值	最大值	平均值	最小值	最大值	平均值
安页2	五峰组—龙马溪组	6	2.75	2.95	2.87	2.10	2.22	2.17
安页3	五峰组—龙马溪组	8	2.63	3.10	2.91	2.03	2.32	2.20

狮溪向斜五峰组—龙马溪组样品沥青质反射率分析，经换算镜质组反射率为2.17%～2.33%，平均为2.27%，显示狮溪1井五峰组—龙马溪组泥页岩进入过成熟中期演化阶段，以生成干气为主（表3-10）。

表3-10 狮溪1井五峰组—龙马溪组样品沥青质反射率数据统计表

分析编号	深度（m）	沥青质反射率 R_b（%）			等效镜质组反射率 R_o（%）	标准偏差（%）	测点数
		最小值	最大值	平均值			
Y211076001	1351.54	2.44	3.26	2.86	2.17	0.184	30
Y211076002	1344.31	2.62	3.44	3.03	2.27	0.215	30
Y211076003	1344.90	2.60	3.37	3.06	2.29	0.182	30
Y211076004	1343.21	2.53	3.25	2.98	2.24	0.199	30
Y211076006	1347.82	2.68	3.49	3.12	2.33	0.217	30
Y211076007	1297.31	2.66	3.33	3.02	2.26	0.193	30
Y211076008	1322.97	2.66	3.36	3.00	2.26	0.184	30
Y211076009	1329.77	2.64	3.37	2.98	2.24	0.192	30

3.1.3 页岩储集特征

3.1.3.1 岩石矿物学特征

五峰组岩性为灰黑至黑色碳质泥、页岩，夹薄层硅质岩，且普遍含数层厚度不等的毫米级斑脱岩。地层含笔石种类丰富，同时见介形虫、几丁虫等生物化石。龙马溪组为黑色笔石页岩，富含笔石，含少量腕足类、瓣鳃等底栖生物、单体珊瑚等。五峰组—龙马溪组底部页岩段矿物以石英为主，向上含量降低，黏土矿物含量增加，岩性由含粉砂含碳泥岩逐渐过渡为泥岩、泥灰岩。石英、长石等碎屑颗粒以次棱角状为主，磨圆较差。

通过安场向斜12块全岩X衍射和8块黏土X衍射实验，数据表明正安区块五峰组—龙马溪组20m段含气页岩储层主要包括石英、黏土矿物、长石、碳酸盐岩、黄铁矿。根据安页3井的全岩X衍射实验数据分析，硅质矿物含量介于45.5%～76.4%之间，平均为63.2%，龙马溪组自下而上呈减少趋势，五峰组较低。黏土矿物含量介于17.1%～45.8%之间，平均为27.3%，龙马溪组自下而上呈逐渐增加的趋势，五峰组较高，黏土矿物中主要为伊/蒙混层，其次为伊利石、绿泥石。伊/蒙混层自下而上逐渐增加，总量介于50%～87%，平均为71.3%；伊利石自下而上也呈现逐渐减小的趋势，总量介于13%～42%，平均为24.9%；绿泥石含量介于0～7%之间，平均为3.3%；从纵向上来看各种黏土矿物中的相对含量，龙马溪组自下而上也呈现逐渐增加趋势。脆性矿物包括石英、钾长石、斜长石、碳酸盐岩和黄铁矿，龙马溪组自下而上呈现逐渐减小趋势，五峰组较低，总量介于54.2%～82.9%之间，平均为72.7%（表3-11）。

表3-11　安页3井五峰组—龙马溪组含气页岩段矿物含量分段统计数据表

段	小层	黏土矿物含量（%）				长英质（%）	碳酸盐岩（%）	黄铁矿（%）
		伊/蒙混层	伊利石	绿泥石	总量			
龙一段	S_1l^4	83.0	17.0	0	27.7	56.3	11.1	5.0
	S_1l^3	80.0	16.0	4.0	26.1	61.3	9.8	2.8
	S_1l^2	68.5	27.5	2.0	19.8	73.1	4.9	2.2
	S_1l^1	71.0	22.0	7.0	—			
五峰组		66.7	29.7	3.7	40.3	52.7	2.9	4.1

道真向斜真页1HF井导眼井岩性扫描（LithoScanner）测井结果表明：五峰组—龙马溪组一段泥页岩黏土矿物含量在14.35%～52.39%之间，平均为34.05%；硅质矿物含量在22.15%～72.54%之间，平均为44.35%；碳酸盐矿物含量在0.63%～43.19%之间，平均为13.48%。优质页岩层段（井段3142～3173m）黏土矿物含量在14.35%～43.93%之间，平均为27.87%；硅质矿物含量在25.57%～72.54%之间，平均为52.57%；碳酸盐矿物含量在1.41%～34.86%之间，平均为11.56%。优质页岩层段黏土矿物含量从上到下逐渐降低，各小层矿物含量具体数据见表3-12。

综合安页1井、道页1井、斑竹1井对贵州省北部五峰组—龙马溪组页岩储层岩矿组成的分析，对比美国各大产气页岩层系的矿物组成，整体来看，贵州省五峰组—龙马溪组岩心可见碳质页岩、泥质灰岩、泥质页岩，各富有机质页岩层系脆性矿物含量较高。五峰组—龙马溪组主要矿物成分为石英、黏土、长石、方解石、黄铁矿。其中脆性矿物主要包含石英、长石、方解石（少量白云石）。总体脆性矿物含量高，具有较好的破裂潜力，适于后期压裂。黏土矿物以伊利石、伊/蒙混层为主，含少量高岭石与绿泥石（图3-4）。

表3-12　真页1HF井五峰组—龙马溪组优质页岩层段各小层主要矿物含量统计表

小层	井深（m）	黏土矿物含量（%）	硅质矿物含量（%）	碳酸盐矿物含量（%）
⑤	3142.0～3146.5	31.32～43.93/38.64	31.38～43.76/39.79	6.26～28.12/12.50
④	3146.5～3155.5	23.76～39.37/29.34	28.09～60.18/51.02	5.32～34.86/12.47
③	3155.5～3165.0	15.10～38.16/24.76	39.58～65.12/54.80	4.94～29.74/11.22
②	3165.0～3167.0	17.22～27.90/20.45	46.20～67.95/59.95	6.52～25.68/12.48
①	3167.0～3173.0	14.35～40.99/23.46	25.57～72.54/58.88	1.41～33.33/9.25

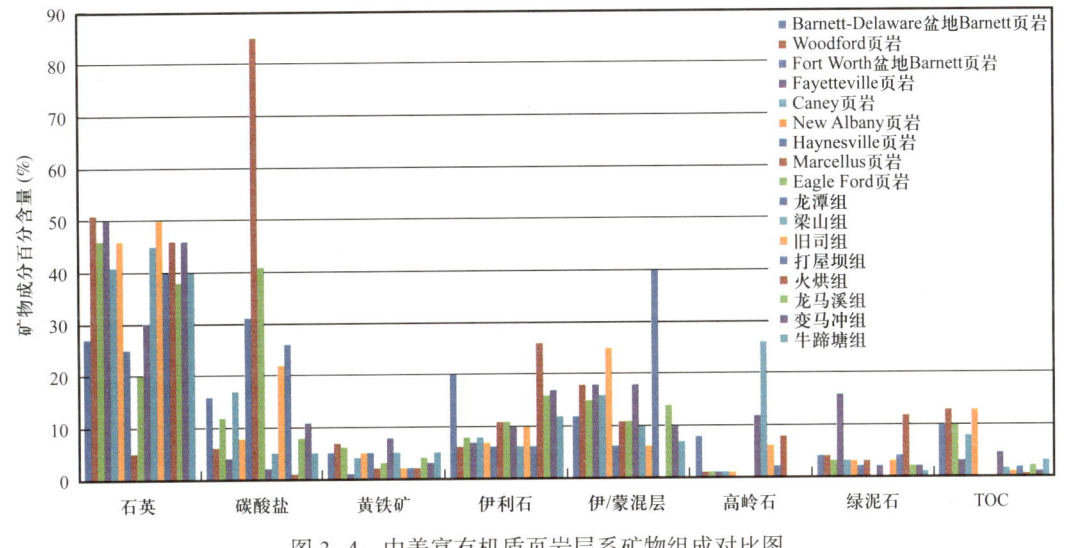

图3-4　中美富有机质页岩层系矿物组成对比图

正安地区五峰组—龙马溪组页岩矿物组成上，对比安场向斜安页1-6HF井、安页2井、安页3井、安页4井、安页5井的岩性与矿物含量，其中石英和长石含量较高，为45%～75%；黏土矿物组分次之，占15%～45%，主要为伊/蒙混层和伊利石；碳酸盐矿物含量较少，一般小于15%。同时，本地区不同产能井矿物组成和岩相相似，但安场向斜页岩在矿物含量与分布上与焦石坝地区相关页岩（焦页1井）的差异性明显，后者的黏土矿物更加发育（图3-5）。

道真向斜底部以碎屑矿物为主，向上其含量降低，自生脆性矿物、黏土矿物含量增加，岩性由含粉砂含碳泥岩过渡为泥岩、泥灰岩，石英、长石、方解石等碎屑矿物以次棱角状为主，磨圆较差（图3-6）。道真隆兴剖面全岩X衍射显示：黔北地区龙马溪组主要为石英、长石等脆性矿物，含量为58%～92%，其次为黏土矿物，含量13%～27%（图3-7）。

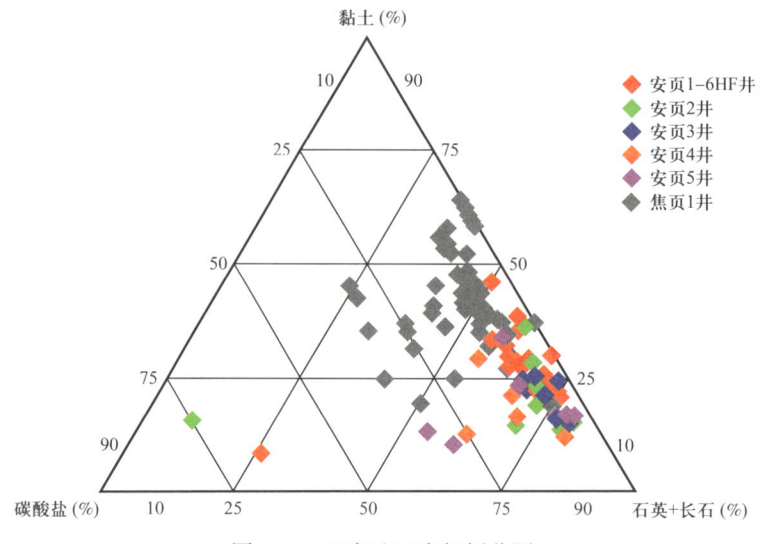

图 3-5 正安地区岩相划分图

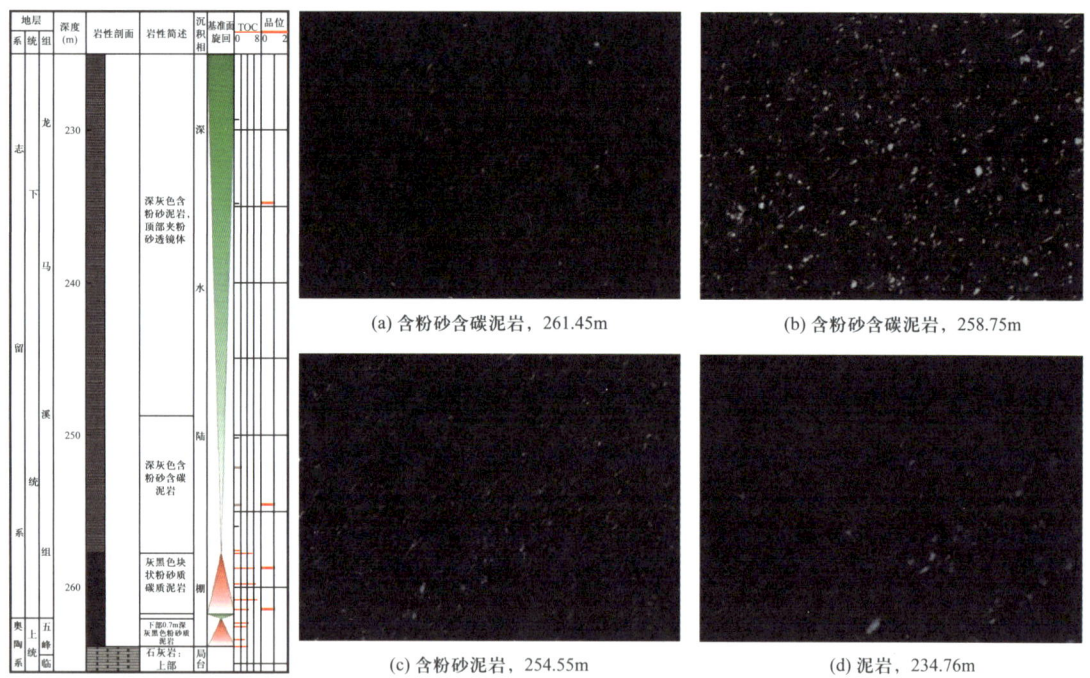

图 3-6 道真隆兴龙马溪组岩石类型纵向变化特征

斑竹五峰组—龙马溪组碎屑矿物 51%～77%（长石+石英）；自生矿物主要为方解石和少量白云石及黄铁矿，含量为 4%～20%；黏土矿物 22%～34%，以伊利石为主，其次为绿泥石。龙马溪组碎屑矿物 47.7%～77.6%；自生碎屑矿物主要是方解石和黄铁矿，含量在 0～10%；黏土矿物平均 22.4%～35.6%，以伊利石为主，其次为绿泥石（图 3-8）。总体而言，调查区五峰组—龙马溪组主要矿物是石英和长石，黏土含量次之。

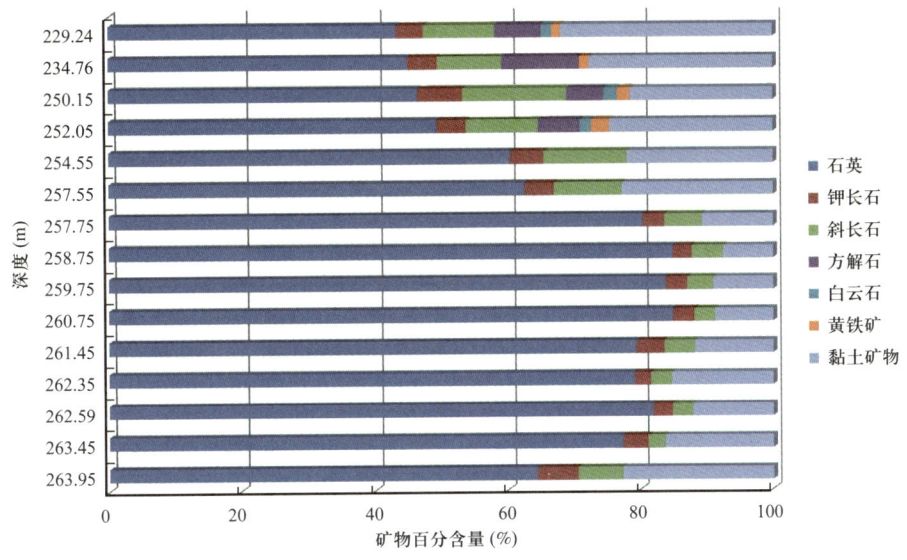

图 3-7 道真隆兴剖面龙马溪组富有机质页岩矿物成分分布

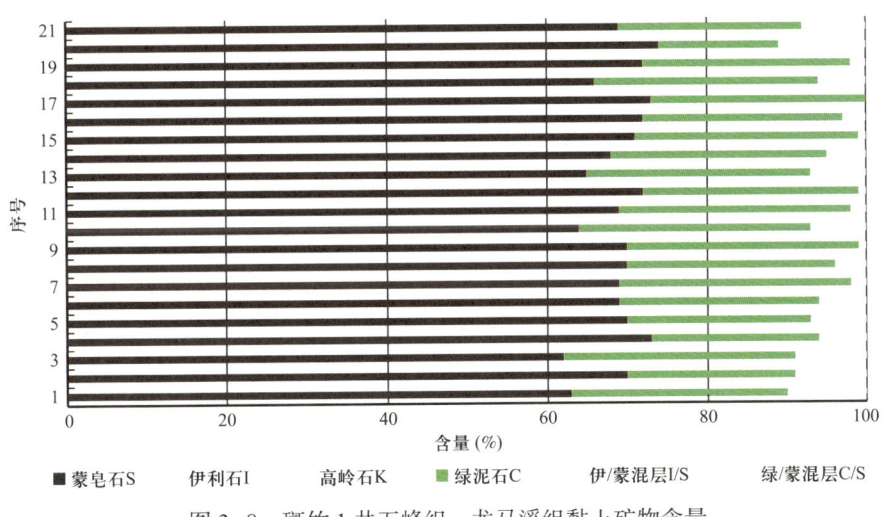

图 3-8 斑竹 1 井五峰组—龙马溪组黏土矿物含量

3.1.3.2 页岩储层物性特征

页岩主要由碎屑颗粒、基质、胶结物、有机质、孔隙和水组成，前四者组成页岩骨架部分，骨架按成分可分为无机组分和有机组分，前者包括石英、黏土、长石、方解石、白云石、黄铁矿和重晶石等矿物，后者主要是干酪根和残余有机质。除去骨架剩下的就是孔隙及其中的自由水。页岩气呈游离态和吸附态赋存于孔隙中，或以溶解态赋存于水中。那么孔隙结构理所当然成为重点研究对象。

（1）孔隙类型。

① 有机质孔。

有机质孔为岩石中保存下来的有机物质（如低等藻类絮团）后期埋藏成岩时受地下温

度、压力升高的影响,有机质在裂解生烃的转化过程中内部逐渐变得疏松多孔而形成,这些孔隙成为烃类气体的储集场所。黔北地区龙马溪组页岩中有机质孔隙主要为纳米孔,平面上通常为似蜂窝状不规则椭圆形(图3-9);与其他孔隙主要有三点不同:a.孔径多为纳米级,为页岩气的吸附和储集提供更多的比表面积和孔体积;b.与有机质密切共生,可作为联系气源岩与其他孔隙的介质;c.有机质孔隙具备亲油性,更有利于页岩气的吸附和储集。

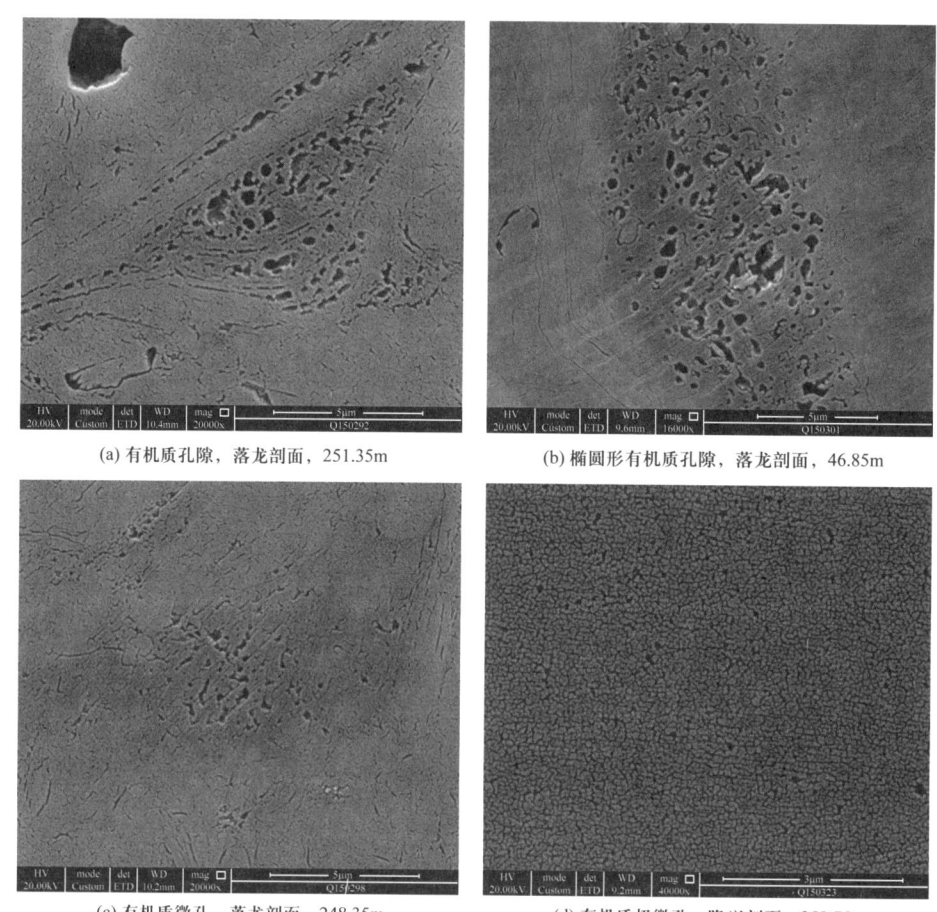

(a) 有机质孔隙,落龙剖面,251.35m　　(b) 椭圆形有机质孔隙,落龙剖面,46.85m

(c) 有机质微孔,落龙剖面,248.35m　　(d) 有机质极微孔,隆兴剖面,259.75m

图3-9　黔北地区龙马溪组页岩有机质孔隙特征

② 无机孔。

矿物颗粒间微孔具有体积小、吸附性较强、数量多、连通性差、呈星点状分布的特点,其发育与页岩中矿物的数量和种类密切相关,通常黏土矿物越多,黏土矿物间孔越发育,页岩吸附天然气的能力越强。

晶间孔是缺氧环境下形成的草莓状黄铁矿晶粒间的孔隙,部分孔隙被溶蚀扩大形成铸模孔,孔径介于0.2～5μm,另见少量白云石重结晶形成的晶内微孔。

次生溶蚀孔缝是中成岩期有机质在脱羧作用下产生的酸性水对长石及碳酸盐岩等易溶矿物的溶蚀而形成。粒内溶孔孔径相对较小,粒径为80～500nm;粒间溶孔孔径相对较大,主要分布在5.5～10.1μm(图3-10)。

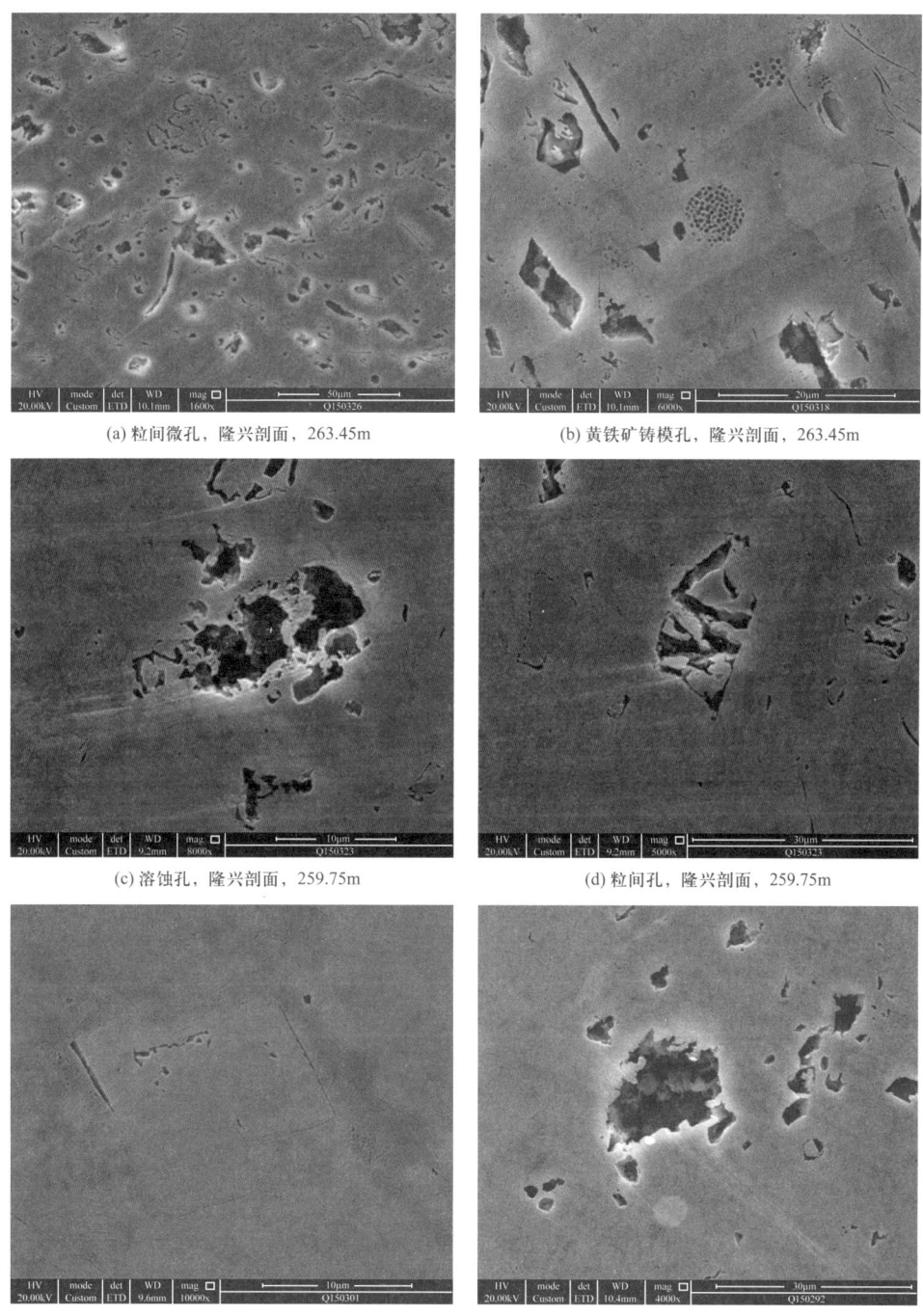

图 3-10 黔北地区龙马溪组页岩无机孔隙特征

（2）孔隙结构。

① 孔隙比表面积。

通过对大量实验结果进行研究，了解到页岩的比表面积与甲烷吸附能力之间存在着正相关的关系；在质量或是体积相同的页岩中，页岩中的有机质颗粒或者黏土矿物颗粒越细小，则岩石比表面积的值就越高，对页岩孔隙内部或者表面石油和天然气的吸附性更强。理论上来说，泥页岩的粒度比砂岩的粒度要细一些，所以在比表面积方面，泥页岩的应该比砂岩大，特别是含有大量的黏土矿物颗粒、有机质颗粒的页岩，具有很大的内比表面积，对甲烷具有较强的吸附性。

② 孔隙体积。

孔隙作为页岩气主要储集场所，其中有 50% 的页岩气都储存在孔隙中。因此页岩的储集能力受到其页岩微观孔隙结构的直接影响。页岩的孔隙包含有：有机孔、无机孔，其中无机孔直径多大于 100nm，而孔径小于 10nm 的孔隙多分布在有机质颗粒内，其中有些有机孔由于孔径太小甚至达不到扫描电镜的检测最小值而无法被观察研究。

氮气吸附实验显示，安场地区安页 2 井样品滞回环主要呈现出 H3 型，表明其主要发育平板型孔隙，孔径分布主要在 3～5nm 及 32～128nm，为双峰型，同时主要发育介孔，其中介孔体积约占 74%，微孔和宏孔共占 26%；安页 1-6HF 井样品滞回环为 H3 兼少量 H4 型，表明其主要发育平板型孔隙兼少量狭缝型孔隙，孔径分布与安页 2 井一致，主要在 3～5nm 及 32～128nm，为双峰型，同时微孔体积约占 3%，介孔体积约 79%，宏孔体积约占 18%；安页 3 井样品滞回环主要呈现出 H3 兼少量 H4 型，表明其孔隙类型以平板型孔隙为主兼少量狭缝型孔隙，孔径分布主要在 3～5nm 及 32～128nm，为双峰型，也同样主要发育介孔，其中介孔约占 65%，微孔和宏孔约共占 35%，如图 3-11 所示。

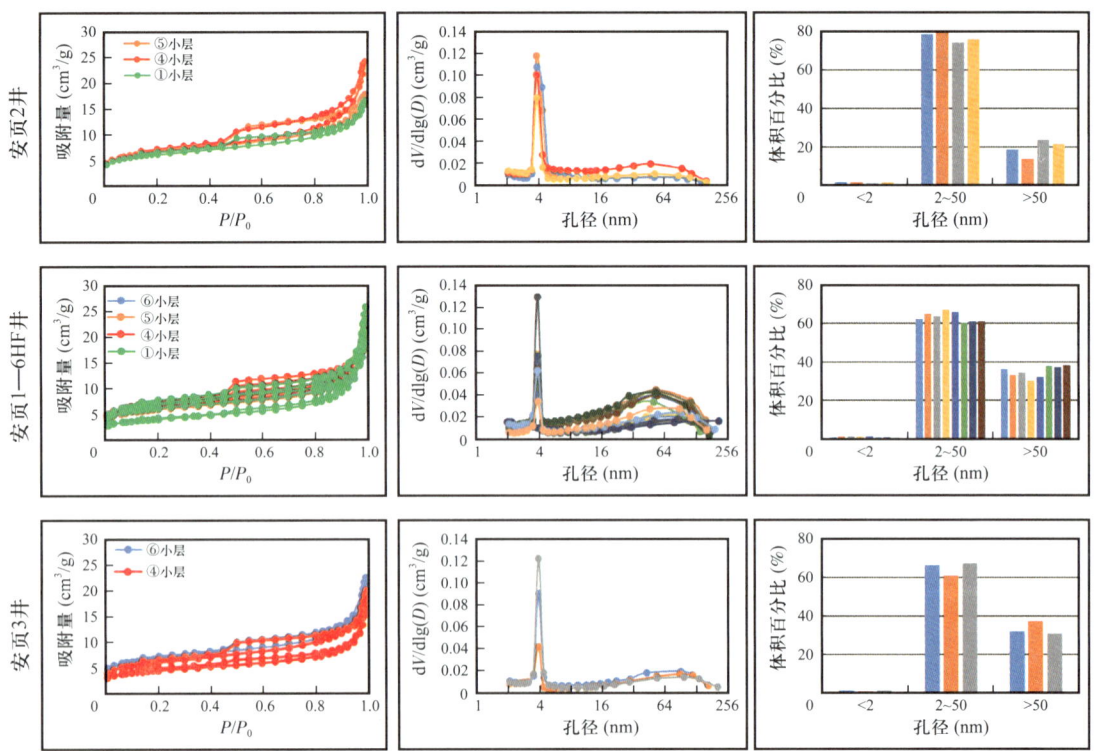

图 3-11　孔径分布图与氮气吸附/脱附曲线

（3）物性综合评价。

综合安页 1 井、道页 1 井、斑竹 1 井对贵州省五峰组—龙马溪组页岩储层物性分析，五峰组—龙马溪组目的层发育多种孔隙类型，兼具有机孔和无机孔两类，其中研究区有机孔中包含沥青孔和干酪根孔两种类型，而无机孔中包含粒间孔、晶间孔、溶蚀孔、黏土矿物片间孔及微裂缝等类型。多种孔隙类型相互沟通增加了储层的储集空间及渗流能力（表 3-13）。

表 3-13 页岩孔隙类型特征表

孔隙类型		成因机制	孔径	常见分布特征
有机质孔		有机质成熟生烃	2～1000nm	常呈近球形、椭圆形、坑状或片麻状等分布于热演化程度较高的有机质中
无机孔	粒间孔	矿物颗粒堆积形成	5～1200nm	多见于软硬颗粒接触处和黏土矿物聚合体中
	粒内孔	矿物成岩转化	8～100nm	多见于层状或薄片状黏土矿物颗粒层间
	晶间孔	晶体生长过程中不紧密堆积	5～200nm	见于骨架颗粒或胶结物晶体接触处
	溶蚀孔	溶蚀作用	200～1200nm	见于石英、长石、方解石等化学不稳定矿物中
微裂缝	层间页理缝	沉积成岩及构造作用	10nm～60μm	多数被完全充填，与高角度张裂缝连通
	层面滑移缝	沉积成岩及构造作用	10nm～40μm	平整、光滑或具划痕阶步的面，地下不闭合
	成岩收缩缝	成岩作用	5nm～100μm	连通性好，开度变化大，部分被充填
	有机质演化异常压裂缝	有机质演化局部异常压力作用	5nm～100μm	缝面不规制，不成组出现，多充填有机质

安场向斜龙马溪组核磁共振孔隙度测试样品 3 个，孔隙度最低 3.92%，最高 7.618%，平均 4.36%，有效孔隙度与渗透率呈半对数线性趋势。孔隙类型主要包括有机质孔、矿物颗粒间微孔、晶间孔、次生溶蚀孔缝等，具良好的储集空间（图 3-12）。

龙马溪组脉冲法有效孔隙度介于 0.67%～1.76%，平均 1.27%（表 3-14），从频率分布直方图来看，有效孔隙度以 0.75%～1.5% 为主要分布区间，累计可达总体的 84.6%（图 3-13a）；渗透率 0.0049～0.6912mD，平均 0.1528mD，渗透率以 0～0.01mD 区间为主（图 3-13b），占总体的 58.2%。

道真向斜页岩中可能含有大量的孔隙，并且在这些孔隙中含有大量的游离态天然气，孔隙度大小直接控制着游离态天然气的含量。道真地区龙马溪组页岩中有机质孔隙主要为纳米孔，平面上通常为似蜂窝状不规则椭圆形（图 3-14）。无机孔中最常见的是缺氧环境下形成的草莓状黄铁矿晶粒间的孔隙，部分孔隙被溶蚀扩大形成铸模孔，孔径介于 0.2～5μm。核磁共振孔隙度测试表明，道页 1 井龙马溪组总孔隙度处于相同区间，介于 2.11%～7.618%，平均 4.36%（表 3-15，图 3-15）。岩石中裂缝所占比例较低，推测裂缝孔隙度一般小于 1.0%。

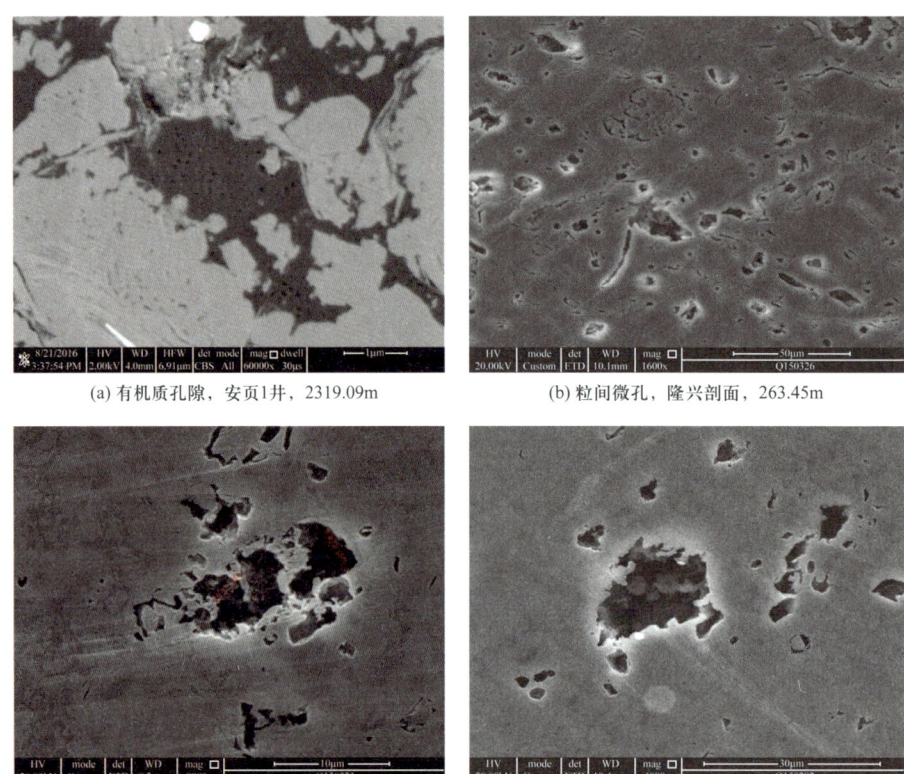

(a) 有机质孔隙，安页1井，2319.09m　　(b) 粒间微孔，隆兴剖面，263.45m

(c) 溶蚀孔，隆兴剖面，259.75m　　(d) 泥质微孔，落龙剖面，251.35m

图3-12　正安地区龙马溪组页岩显微结构特征

表3-14　龙马溪组岩心脉冲法测定孔—渗物性结果表

样品	地层	孔隙度（%）	渗透率（mD）	备注
安页1-1	S_1l	1.02	0.0002	脉冲法
安页1-2	S_1l	1.30	0.0060	脉冲法
安页1-3	S_1l	1.43	0.0001	脉冲法

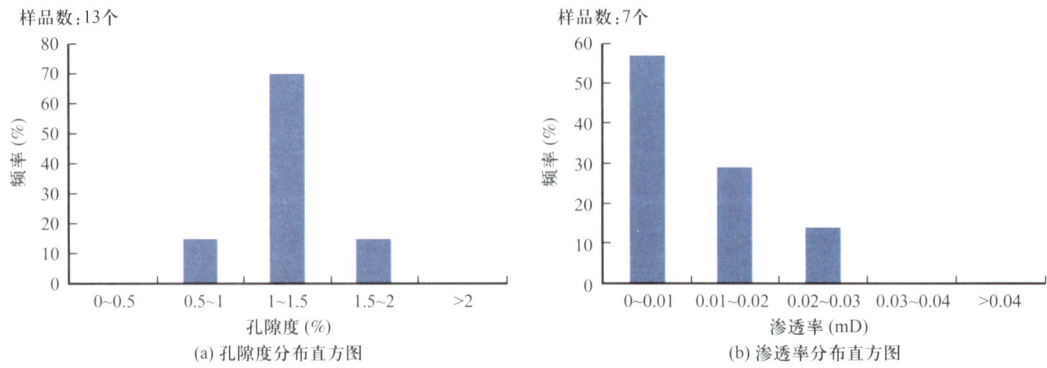

(a) 孔隙度分布直方图　　(b) 渗透率分布直方图

图3-13　五峰组—龙马溪组岩心孔隙度、渗透率分布直方图

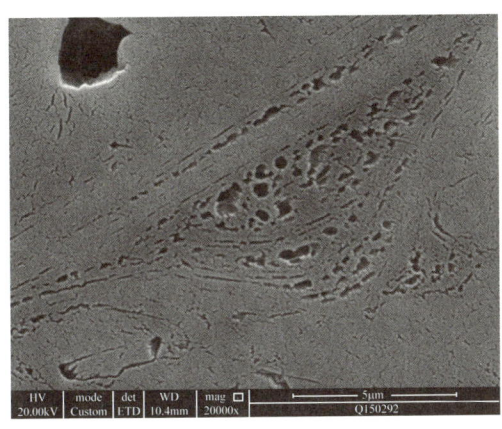
(a) 有机质孔隙，落龙剖面，251.35m

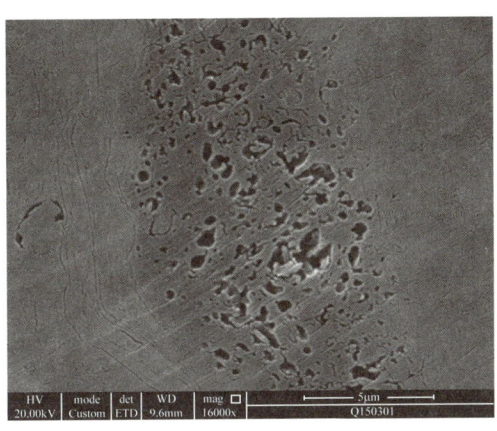
(b) 椭圆形有机质孔隙，落龙剖面，46.85m

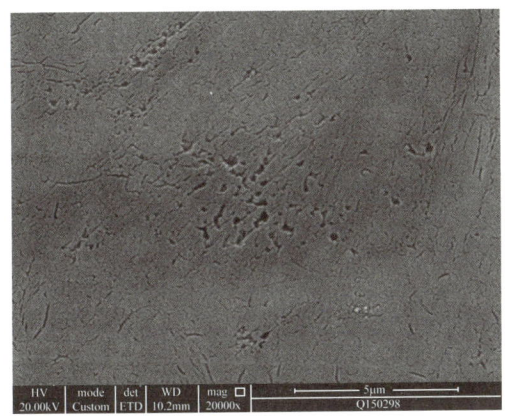
(c) 粒间微孔，隆兴剖面，263.45m

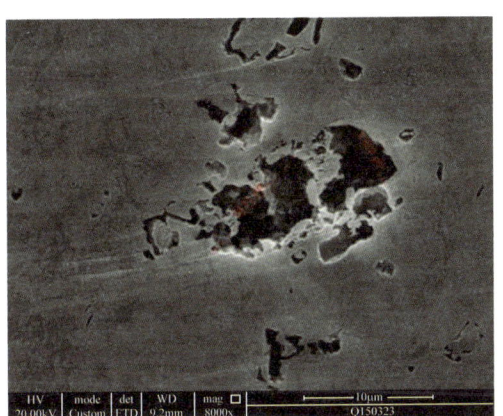
(d) 溶蚀孔，隆兴剖面，259.75m

图 3-14　勘查试验区龙马溪组页岩有机质孔隙特征

表 3-15　黔北勘查试验区富有机质页岩核磁共振孔隙度测试结果统计

钻井	地层	样品	核磁孔隙度（%）	裂缝孔隙度（%）	备注
道页 1 井	龙马溪组	DY1-18	3.920	0.127	对比样
道页 1 井	龙马溪组	DY1-22	6.879	—	
道页 1 井	龙马溪组	DY1-25	7.618	—	

基于扫描电镜和氩离子抛光技术，分类采用 Loucks 分类方案，斑竹向斜五峰组—龙马溪组主要发育粒内孔、粒间孔、裂缝和有机质孔四种孔隙类型，而粒间（晶间）微孔、黏土矿物层间微孔缝均较为发育，但微裂缝总体不发育，缺乏较好的渗流通道（图 3-16）。五峰组—龙马溪组岩石孔隙度一般在 2.03%～3.89% 之间，平均值为 2.80%，渗透率一般在 0.0035～0.0186mD 之间，平均 0.0091mD；总体单剖面纵向自下而上略有增加，可能是向上水体变浅，碎屑粒度增加，粒间孔增大的原因（图 3-17）。

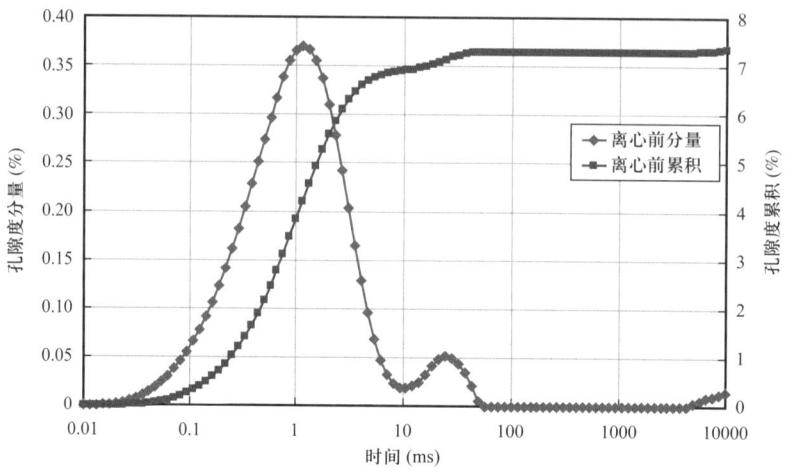

图 3-15 道页 1 井钻井核磁共振 T_2 谱分布图

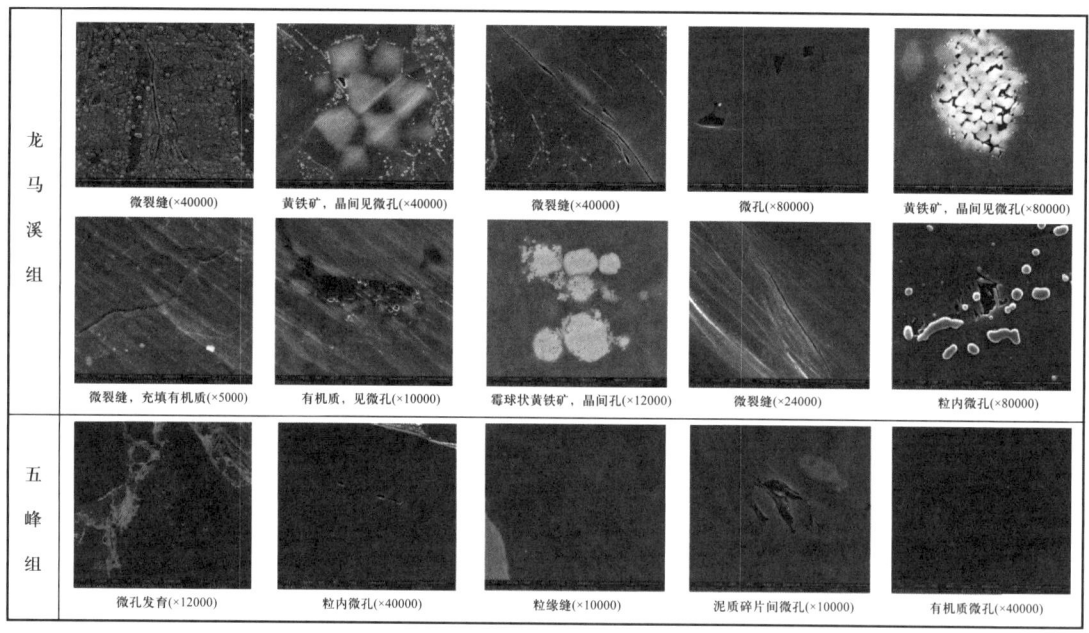

图 3-16 斑竹 1 井五峰组—龙马溪组孔隙类型

3.1.3.3 页岩储层裂缝特征

黔北地区西侧向斜相对宽缓、东侧向斜相对紧闭,构造形态以北东向向斜和背斜相间分布为主。向斜核部主要出露二叠系—三叠系,背斜核部主要出露奥陶系—寒武系。自西向东依次为梓焉复向斜、安场向斜、黄鱼江复背斜、斑竹向斜、谢坝背斜、务川向斜、金鸡岭背斜和高山—石朝向斜。其中相对宽缓的向斜构造,有利于页岩气保存成藏。其他褶皱规模较小,影响范围有限。五峰组—龙马溪组位于黔北地区,是一套包含石灰岩、泥岩、页岩等岩性的地层。主要受加里东期和燕山期两大构造旋回影响,该地区常常出现挤压、拉裂和断块等地质现象，这些因素都可能对裂缝的形成有影响。黔北地区五峰组—龙马溪组以页理缝为主，其次为方解石充填水平缝、滑动缝，三类裂缝局部在同一部位发育，从而形成相对发育的裂缝网络。

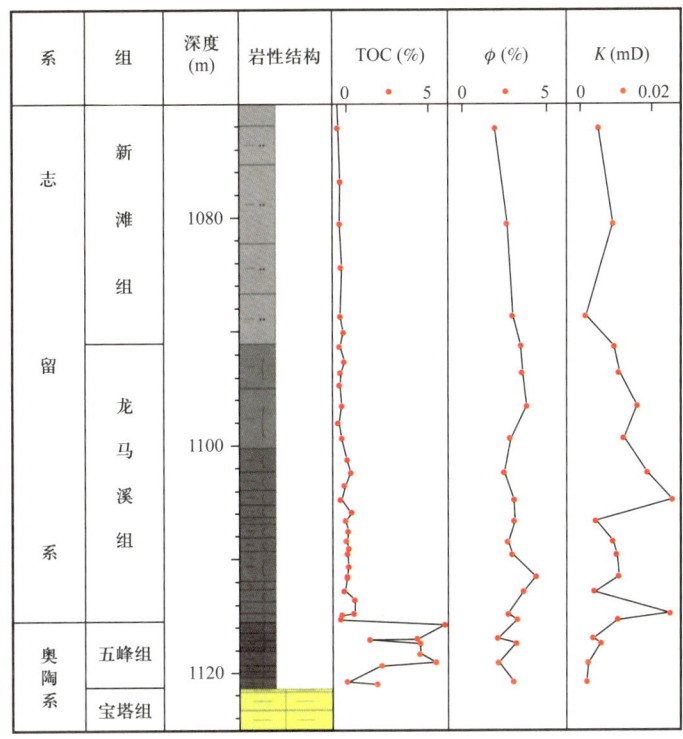

图 3-17 斑竹 1 井物性特征图

（1）微观裂缝发育特征。

氩离子抛光扫描电镜能够对泥页岩中的微裂缝进行高分辨率识别。安场向斜氩离子抛光扫描电镜下识别出的微裂缝主要有四种类型：① 黏土矿物和刚性矿物之间沿层面形成的页理缝；② 在片状矿物（云母）内部容易劈开形成解理缝或晶间缝；③ 沿碎屑颗粒、黏土矿物、有机质界面处形成贴粒缝；④ 黏土矿物间缝（图 3-18）。

道真向斜主要有两种类型：（1）矿物或有机质内部裂缝；（2）矿物或有机质边缘裂缝。粒间微缝一般较平直，粒缘缝有轻微的弯曲，或近羽列状排列分布，部分裂缝被有机质充填。缝宽主要介于 0.01～1.7μm，裂缝长度一般与片状矿物长度有关，通常岩石脆性矿物含量越高，越易形成微裂缝（图 3-19）。

（2）岩心裂缝发育特征。

安场向斜五峰组—龙马溪组一段岩心中主要发育斜缝、垂缝和水平缝（页理缝、滑动缝）三种类型的裂缝，大部分被方解石或黄铁矿全充填。总体上，研究区以页理缝为主，其次为方解石充填水平缝、滑动缝，三类裂缝局部在同一部位发育，从而形成相对发育的裂缝网络（图 3-20）。

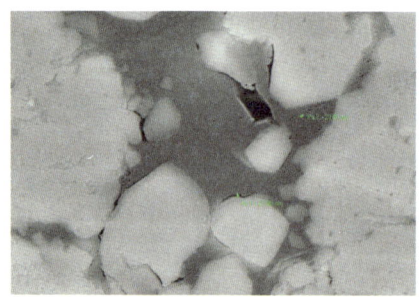
(a) 黏土矿物和刚性矿物之间沿层面形成的页理缝

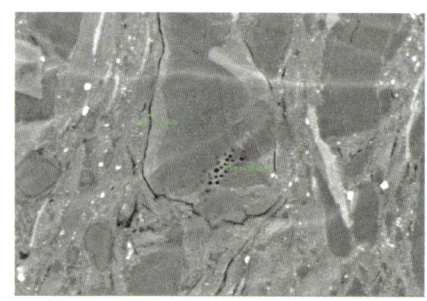
(b) 在片状矿物(云母)内部容易劈开形成解理缝或晶间缝

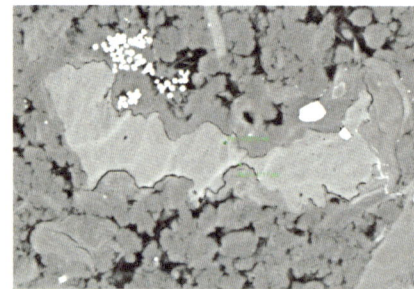
(c) 沿碎屑颗粒、黏土矿物、有机质界面处形成贴粒缝

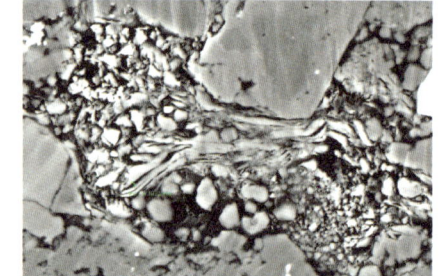
(d) 黏土矿物间缝

图 3-18 正安页岩气田安场向斜五峰—龙马溪中微裂缝特征

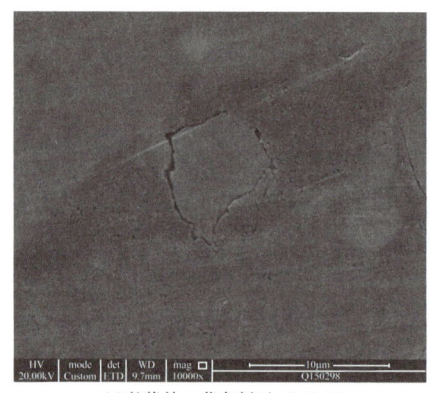
(a) 粒缘缝，落龙剖面，248.35m

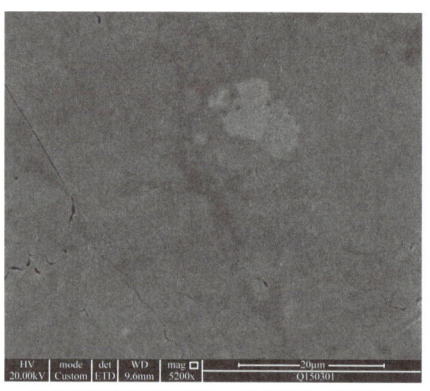
(b) 粒间微缝充填有机质，落龙剖面，246.85m

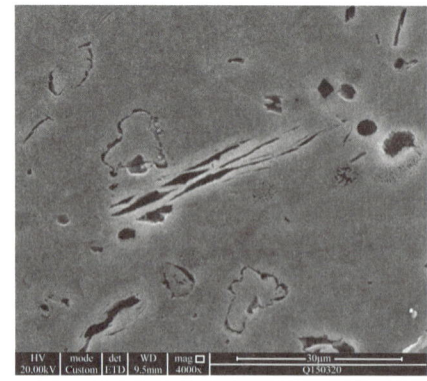
(c) 泥质碎片间微缝，隆兴剖面，262.35m

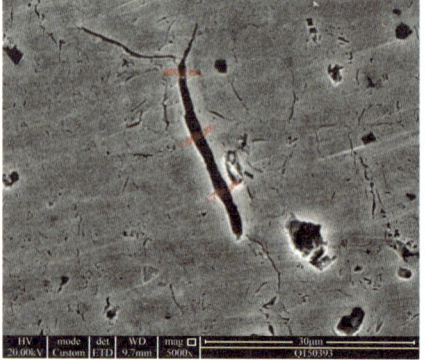
(d) 泥质微缝，金沙箐口，111.46m

图 3-19 道真地区富有机质页岩微观裂缝特征

图 3-20　正安页岩气田安场向斜五峰组—龙马溪组裂缝特征
a，b，c 为方解石脉、黄铁矿填充页理缝；d 为滑动缝；e，f 为层间缝

道真向斜龙马溪组可见两期构造缝，早期裂缝以高角度—垂直缝较为发育，缝面总体平直，方解石充填，宽度 0.5~2mm；后期裂缝高角度、低角度均可见，泥质充填或未充填，见滑动擦痕及煤镜质光泽（图 3-21）。

 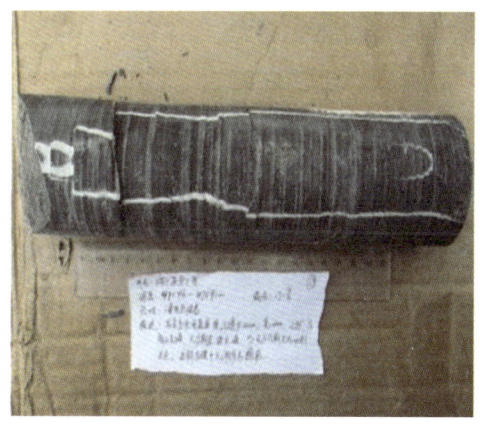

(a) 道页1井低角度缝，充填方解石，擦痕阶步　　(b) 道页1井近直立缝，缝面充填方解石

图 3-21　道真向斜富有机质页岩裂缝发育特征

狮溪向斜龙马溪组可见两期形成构造缝。早期裂缝以高角度—垂直缝较为发育，缝面总体平直，方解石充填，宽度 0.5~2mm；后期裂缝高角度、低角度均可见，泥质充填或未充填，见滑动擦痕及煤镜质光泽。通过对狮溪 1 井钻井样品分析，岩心天然裂缝发育程度整体较高，镜面擦痕全段均有发育，整个含气页岩段自上而下页理缝逐渐趋于发育。裂缝类型为低角度层理缝与高角度构造缝，构造缝呈网状，多为方解石充填（图 3-22）。

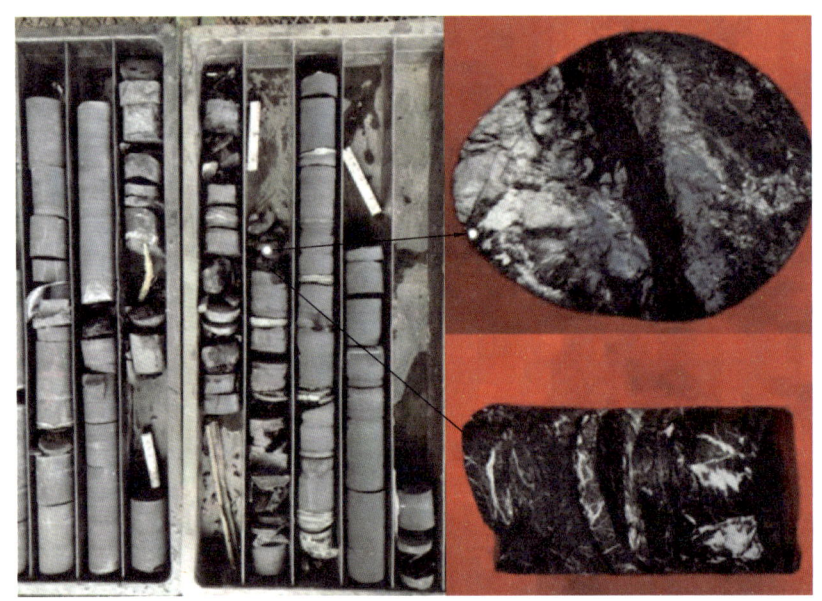

图 3-22 狮溪 1 井五峰组—龙马溪组岩心照片

3.1.4 页岩含气性特征

3.1.4.1 含气显示

贵州黔北地区五峰组—龙马溪组是一套烃源岩，龙马溪组页岩主要分布在褶皱向斜地带，包括安场向斜、斑竹向斜、桴焉向斜、道真向斜等向斜带。有机质丰度高、地层厚度大而稳定是页岩气成烃的物质基础，页岩气显示良好是页岩气藏存在的具体表现。

安场向斜含气量测井解释统计结果表明，正安区块纵向上龙一段总含气量整体相当，五峰组总含气量呈现下低上高的趋势。根据安页 1 井揭示五峰组—龙马溪组厚 28.6m，高含气碳质页岩累计厚 19.50m，岩性主要为黑色碳质页岩，整体表现为高 TOC、高气测，气测全烃最高 7.73%，C_1 最高 6.00%（图 3-23）。含气丰度整体低于涪陵常压区块典型井（4.20 m^3/t）。

道真向斜目的层段为上奥陶—下志留统龙马溪组底部富有机质页岩段。通过实测有机碳数据校正，富有机质页岩段厚 27m（TOC>1.5%）。测井曲线上富有机质页岩表现出高伽马、密度略降低的趋势。本井现场综合气测资料解释显示层共 4 层，累计钻厚 42.50m，4 层均为气测异常层。钻进过程中，龙马溪组 404~423m 气测异常，全烃最大值 2.947%，C_1 最大值 0.957%。钻至 597m 停钻 24h 测试后效，全烃最大值 1.935%（图 3-24）。

狮溪向斜钻井过程中气测同样显示较好。龙马溪组—五峰组见明显气测异常，气测升幅 3 倍以上，下部气测值明显高于上部，井段 1325.00~1356.00m 全烃值高，最高值 31.781%，C_1 最高值 30.748%（图 3-25）。

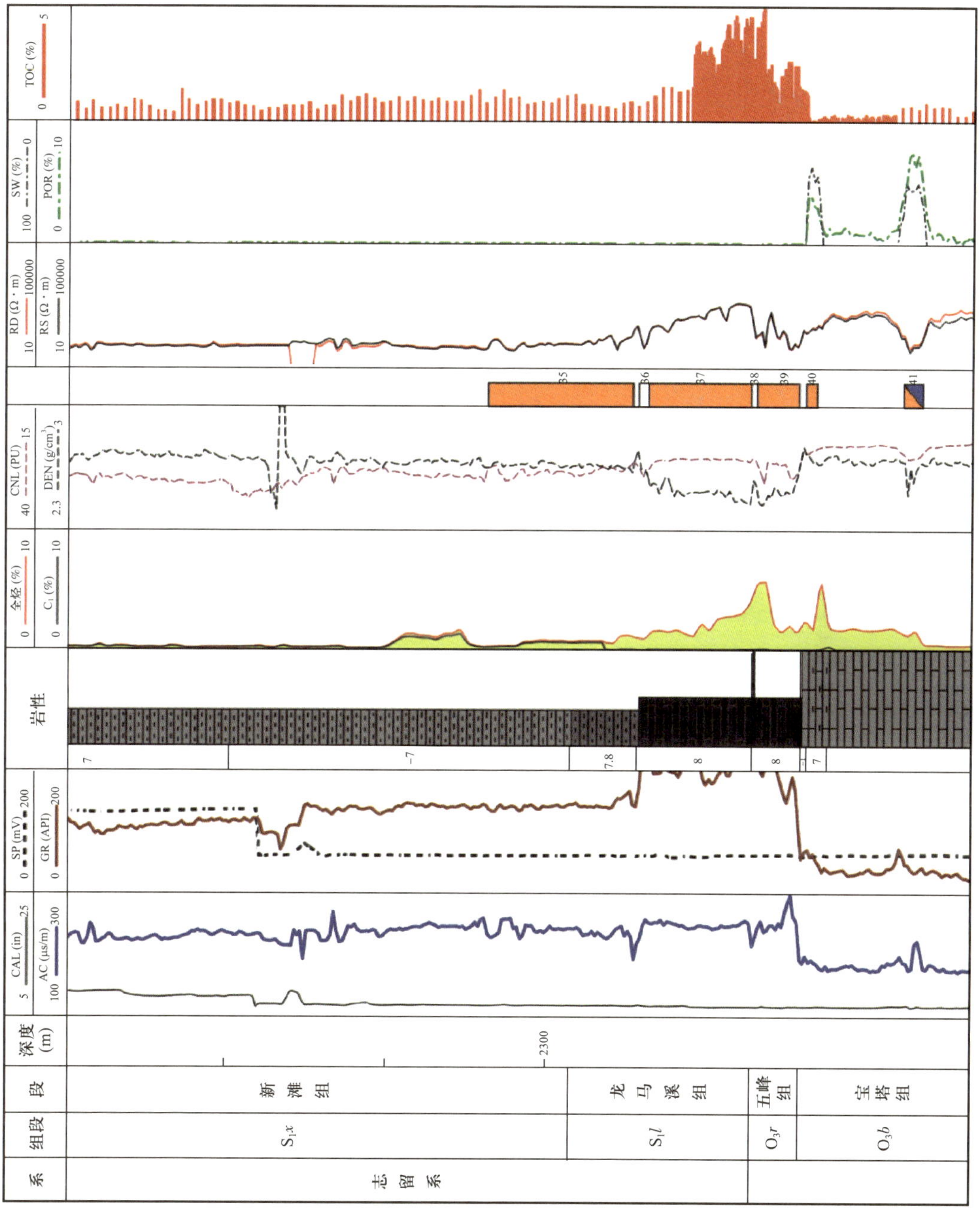

图 3-23 安页 1 井测井图

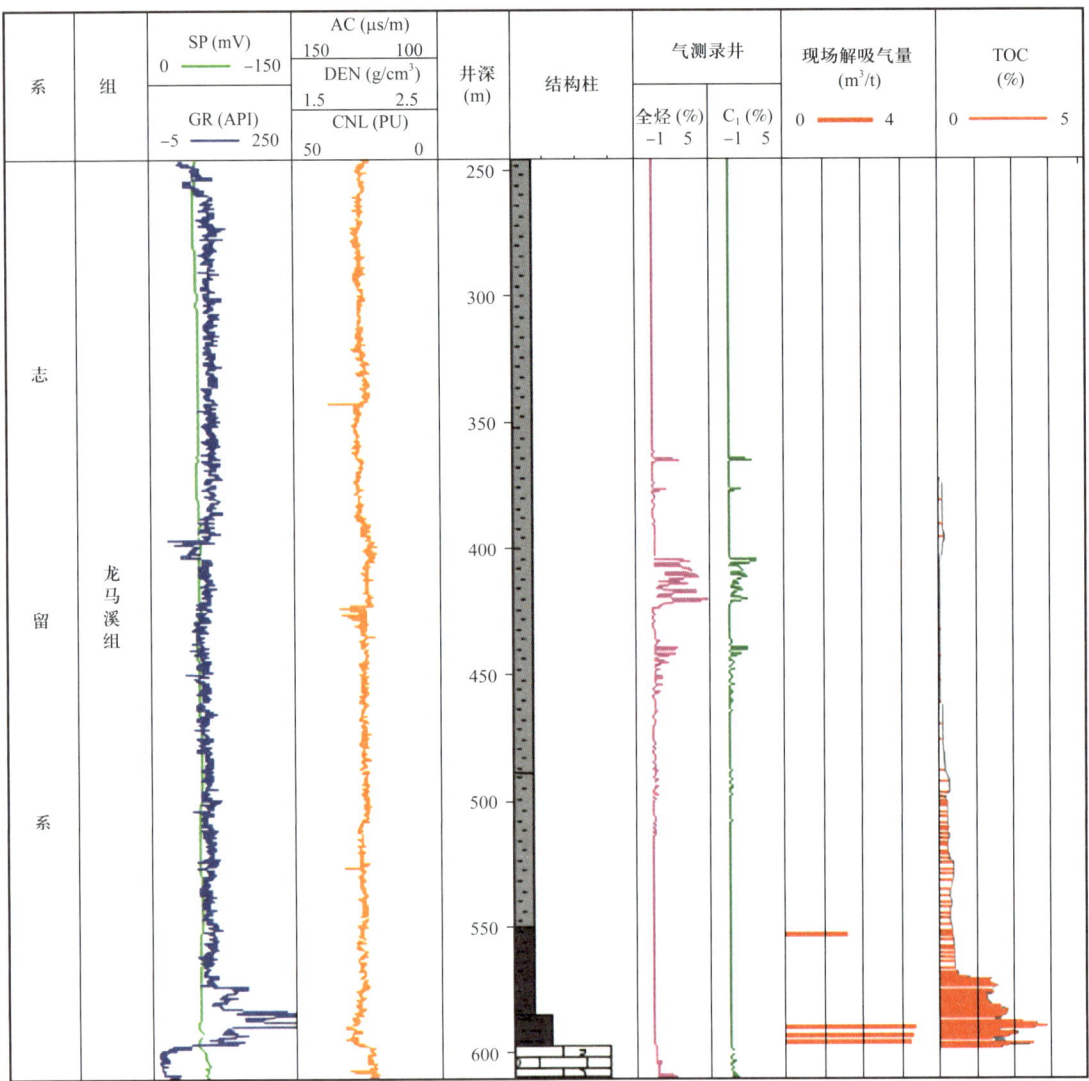

图 3-24 道页 1 井龙马溪组富有机质页岩测井—录井响应及含气性

斑竹向斜斑竹 1 井含气段测、录井显示如图 3-26 所示。全段气测录井显示龙马溪组、五峰组为含气段，总厚度约 30m，气测录井全烃值 0.5%~3.67%，C_1 值 0.32%~3.35%；其中全烃值大于 1% 厚度为 17.5m（1103.50~1121.00m）。另外，本井在新滩组底部发现微弱气测异常显示。

新滩组底部属微含气层，厚度约 4m，全烃数值在 0.3%~0.8% 之间，局部超过 1.0%，但气测数据不具稳定性。龙马溪组黑色页岩厚 25m，全段全烃数值 0.5%~1.8%，稳定值大于 1%；C_1 最大值 1.4%。从气测录井数据上看（图 3-27），该页岩段含气性可分为两段，微含气段（1091.00~1116.00m）全烃数值相比新滩组的微含气层相对稳定，均在 0.5% 以上。钻井液停滞于井底 34min 后，后效峰值上升至 1.8%。根据现场解吸的情况来看，含气量明显上升；含气段（1103.50~1116.00m），全烃数值大于

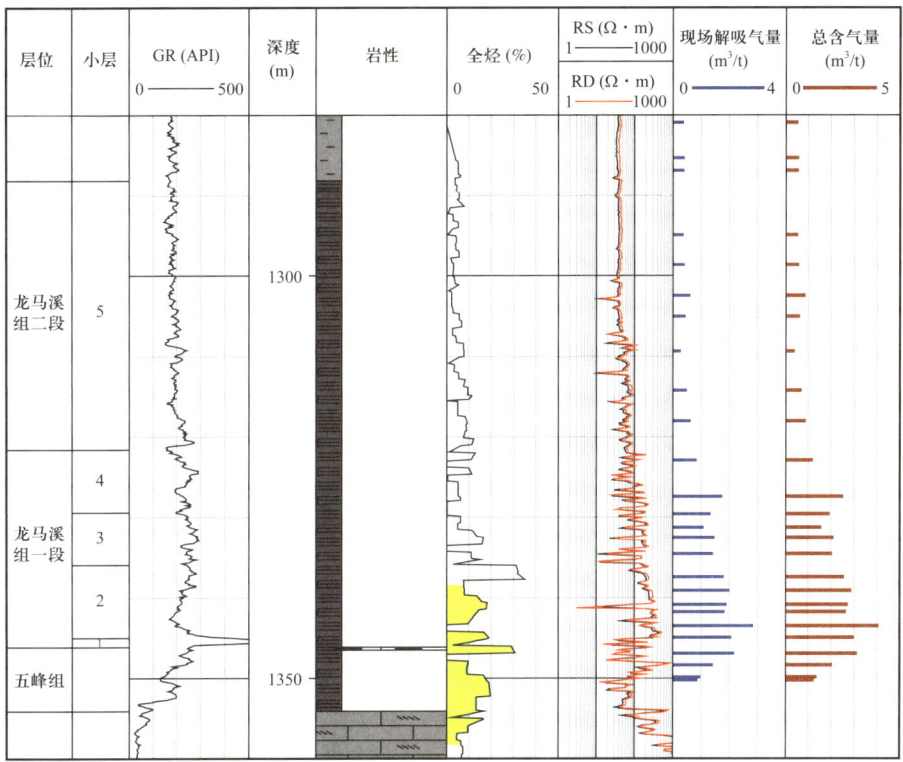

图 3-25 狮溪 1 井五峰组—龙马溪组页岩气含气量柱状图

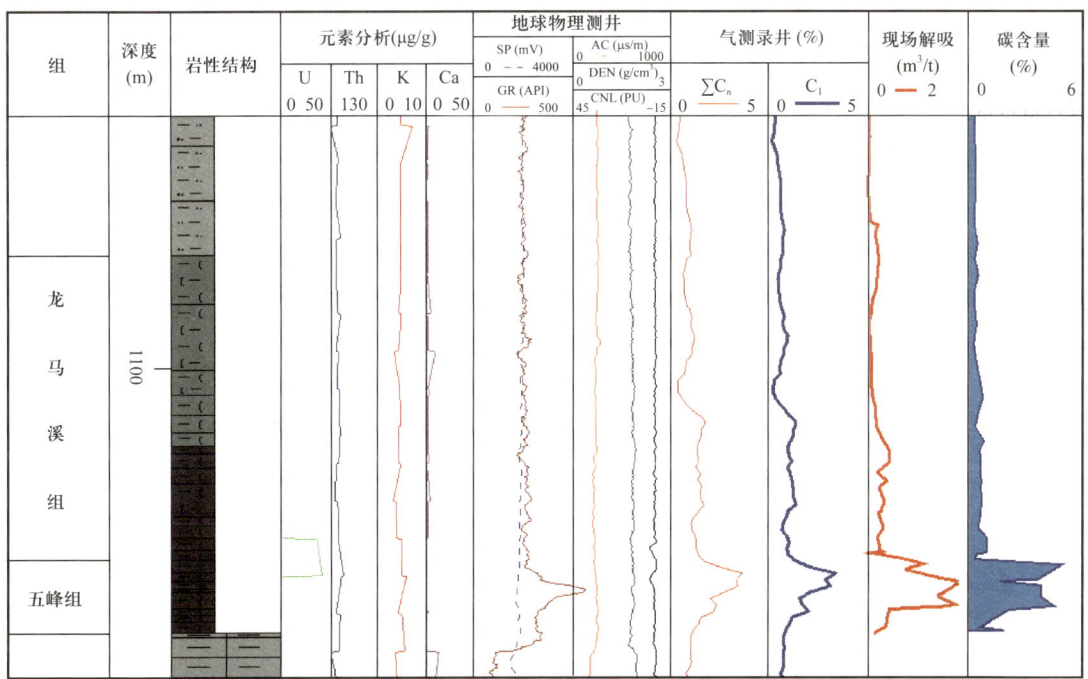

图 3-26 斑竹 1 井黑色页岩层测、录井柱状图

1%，较稳定，最大值为 1.8%，C_1 最大值 1.4%；微含气层与含气层之间有一段长约 3m（1100.50～1103.50m）的异常段，消除上部微含气层持续解吸造成的基线抬升影响，全烃数值最低时下降至 0.35%。

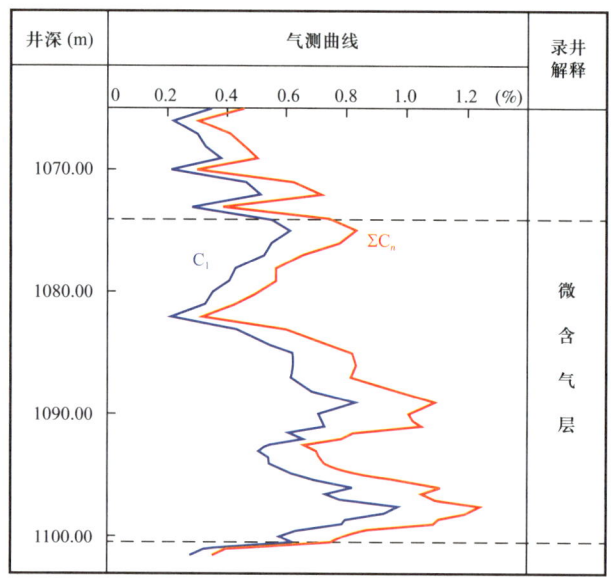

图 3-27　新滩组（1075～1090m）气测录井曲线

五峰组黑色页岩厚 4.9m，全段均为含气层（图 3-28）。全烃值 1.1%～3.67%，稳定值均大于 3.0%；C_1 值 0.70%～3.35%，稳定值均值大于 2%。现场解吸数据和现场简单试验表明，该段为斑竹 1 井页岩气高富集岩段。

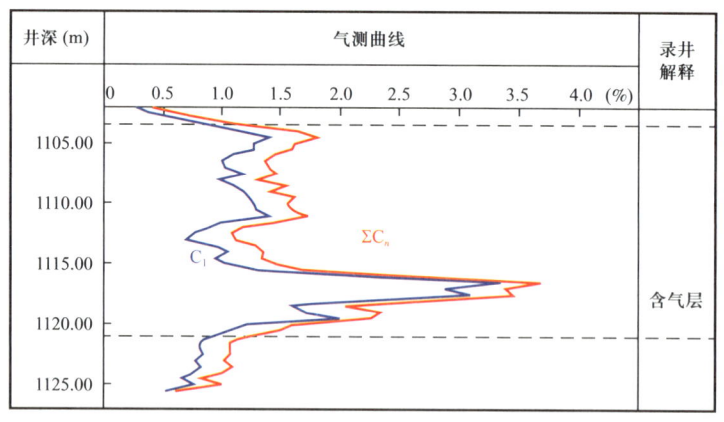

图 3-28　龙马溪组、五峰组气测录井曲线

地球物理测井显示，新滩组底部（1064.00～1065.00m）自然伽马测值为 221.82～232.33API；深、浅侧向电阻率值分别为 41.16～43.89Ω·m、44.93～47.36Ω·m；补偿声波时差值为 243.42～247.28μs/m；补偿密度值为 2.31～2.57g/cm³；补偿中子值为 9.57～12.02PU；自然电位 1955.32～1957.07mV；测井曲线特征反映该层页岩电阻率

相对上下段变化不大，自然伽马一般，反映地层有机碳含量不丰富；计算的泥质含量为35.76%~49.91%，孔隙度为3.04%~8.28%；渗透率为0.12~9.93mD；总有机碳含量、吸附气平均含量无。综合评价解释为异常层。

龙马溪组黑色页岩段（1098.00~1116.28m）自然伽马测值为214.59~294.14API；深、浅侧向电阻率值分别为41.59~122.70Ω·m、53.66~159.43Ω·m；补偿声波时差值为193.02~274.48μs/m；补偿密度值为2.35~2.61g/cm³；补偿中子值为6.58~9.81PU；自然电位1764.67~1944.14mV；泥质含量为33.10%~96.59%，孔隙度为2.80%~7.46%；渗透率为0.10~5.81mD；总有机碳含量平均为2.09%~6.00%，吸附气平均含量1.43~5.11m³/t，综合解释为含气层。

五峰组黑色页岩段自然伽马测值为204.22~557.47API；深、浅侧向电阻率值分别为35.85~141.26Ω·m、52.67~178.74Ω·m；补偿声波时差值为217.54~258.27μs/m；补偿密度值为2.37~2.55g/cm³；补偿中子值为7.37~10.70PU；自然电位1701.71~1878.37mV；计算的泥质含量为24.86%~99.93%，孔隙度为0.06%~7.05%；渗透率为0.10~4.68mD；总有机碳含量平均为2.25%~5.73%，吸附气平均含量2.33~4.86m³/t，综合解释为含气层。

3.1.4.2 现场解吸气

基于页岩气的特点，页岩层现场解吸和现场浸水实验是最直观观察页岩气存在的证据。贵州黔北地区五峰组—龙马溪组受地质构造等因素的影响。下志留统龙马溪组富有机质页岩主体分布于道真以北地区，往南页岩厚度则逐渐减薄，往湄潭地区富有机质页岩层甚至消失。通过对安页1井、道页1井、斑竹1井三口井的现场解吸分析，龙马溪组富有机质页岩含气量范围为1.84~4.0m³/t。结合录井、测井、现场解吸和等温吸附等含气量评价方法并参考区内地质条件综合研究认为，贵州地区龙马溪组页岩气富集区位于道真和安场地区。

安场向斜5口导眼取心井五峰组—龙马溪组一段进行了现场解吸气量测定。含气页岩段解吸气量主要分布在0.7~3.1m³/t之间，平均为1.54m³/t。安页1-6井现场解吸气测试结果显示，纵向上含气页岩段中部实测解吸气量高于上、下段（图3-29）。

道真向斜钻井揭示龙马溪组富有机质页岩段厚度约48m。目的层段含气性显示惊人，4组有效数据计算总含气量1.84~2.69m³/t（表3-16）。解吸气体组分以CH_4为主，少量C_2—C_4气体及微量CO_2和N_2。CH_4含量较高，峰值可达99.3%（表3-17）。气源即为龙马溪组烃源岩，有机质热演化程度较高，其成因为油性裂解气。

斑竹向斜五峰组—龙马溪组进行了现场解吸，共采集解吸气样品83件。现场解吸气含量如图3-30所示。从图3-30可以看出，斑竹1井现场解吸气含量总体表现出随着深度的增加先增加后降低的特点。从解吸数据上看，含气量最大值位于五峰组中上部（1117.64m），含气量约为2.86m³/t；含气量大于1m³/t的层厚约3.34m（1115.79~1119.13m）；含气量大于2m³/t的层厚约2m（1117.13~1119.13m）。龙马溪组含气性相对较好，含气量0.2~0.8m³/t，平均值约0.5m³/t，向下含气量表现出先降低后增加的变化趋势。五峰组含气性较好，含气量 0.6~2.88m³/t，平均值约 1.8m³/t，中上部含气量较好，均大于 1m³/t，底部含气量较差。

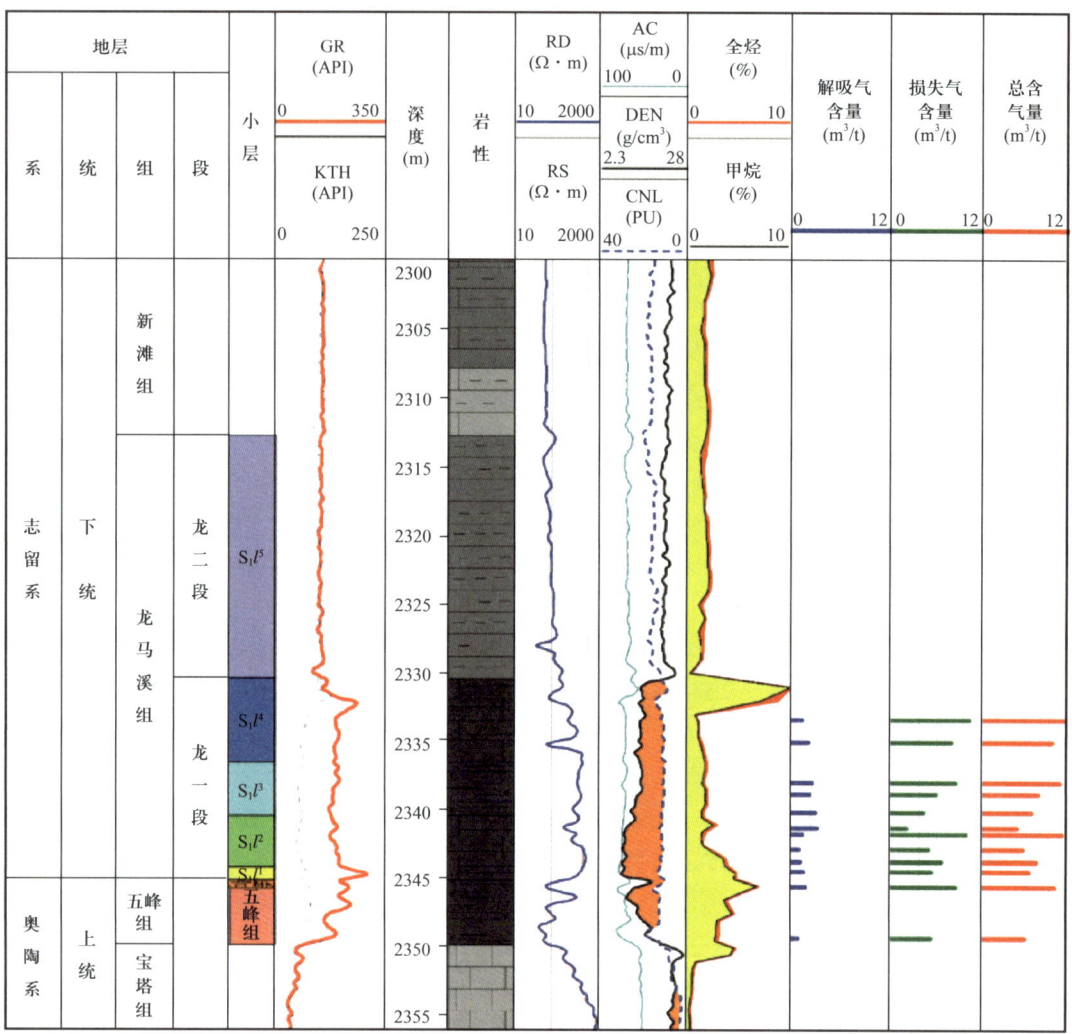

图 3-29 安页 1-6 井五峰组—龙马溪组一段页岩气层岩心总含气量柱状图

表 3-16 道页 1 井含气性现场解吸气量汇总

样品	井深 （m）	损失气量+解吸气量 （m³/t）	总含气量 （m³/t）	TOC （%）
1	553.56	1.32	1.84	0.97
4	589.90	1.28	2.20	4.87
5	592.70	1.48	2.69	4.60
6	595.80	1.63	2.03	4.63

表 3-17　道页 1 井页岩气组分分析汇总（已扣除空气组分）

样品	井深（m）	CH_4（%）	C_2—C_4	CO_2（%）	N_2（%）	备注
1	553.56	98.65	1.35	—	—	解吸气
4	589.90	97.40	2.60	—	—	解吸气
4	589.90	98.86	1.14	—	—	解吸气
4	589.90	95.25	4.75	—	—	解吸气
5	592.70	99.30	0.70	—	—	解吸气
6	595.80	98.23	1.77	—	—	解吸气
6	595.80	98.75	1.25	—	—	解吸气

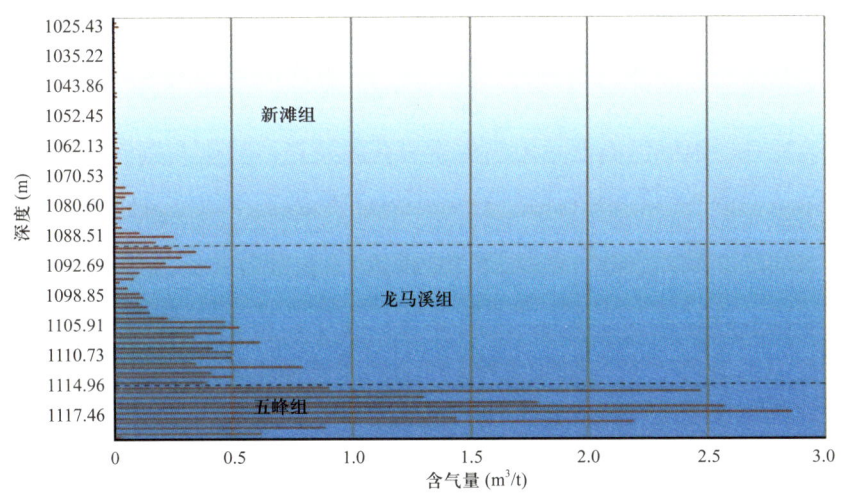

图 3-30　斑竹 1 井五峰组—龙马溪组现场解吸气

大地 1 井五峰组—龙马溪组气测全烃 0.24%~5.27%，甲烷 0.21%~5.08%，①—③小层气测全烃平均 3.64%，甲烷 3.48%；五峰组气测全烃平均 3.52%，甲烷 2.87%（表 3-18）；现场含气性测试共 49 个点，总含气量在 0.55%~4.83% 之间。其中①—③小层实测总含气量平均 1.58~4.84m^3/t（11 个样），平均 3.32m^3/t；五峰组上部实测总含气量平均 0.92~2.12m^3/t（2 个样）；①—③小层测井解释含气量 3.35m^3/t，五峰组测井解释含气量 2.85m^3/t。

表 3-18　大地 1 井五峰组—龙马溪组各小层气测统计表

小层	全烃（%）			甲烷（%）		
	最小值	最大值	平均值	最小值	最大值	平均值
龙二段	0.24	5.15	1.22	0.21	4.73	1.12
④	0.57	1.36	0.80	0.50	1.27	0.73

续表

小层	全烃（%）			甲烷（%）		
	最小值	最大值	平均值	最小值	最大值	平均值
③	0.93	4.65	3.39	0.91	4.39	3.20
②	2.77	5.28	3.88	2.50	5.08	3.82
①	3.33	4.98	3.66	2.68	4.71	3.42
五峰组	3.49	3.55	3.52	2.70	3.04	2.87

3.1.4.3 含气主控因素

页岩气含气具有原地自生自储藏的特点，其含气性受多方面因素影响。根据前人研究，其受有机质碳含量、矿物成分及裂缝发育程度等影响较大。五峰组—龙马溪组烃源岩类型以黑色泥页岩为主，有机质类型以Ⅰ型、Ⅱ型为主，总有机碳（TOC）含量在1.5%～4.0%之间。R_o在2.0%～3.0%之间，处于过成熟早期—晚期阶段，岩性表现为黑色碳质页岩。龙马溪组绿泥石严重限制泥质岩孔隙发育，与比表面负相关性很强，蒙皂石和伊利石与比表面正相关但含量较低，总体上五峰组—龙马溪组泥质岩的黏土矿物不利于孔隙发育。

（1）有机地化与含气性关系。

根据前期国内外学者专家研究，有机碳含量（TOC）与含气性呈正相关关系。一方面有机质页岩TOC越大，页岩的生气潜力就大，则单位体积页岩的含气率就高；另一方面有机质具有多微孔的特征，并且随有机碳含量的增大，各种微孔隙类型增多、微孔隙度增大，所以可供天然气吸附的比表面也增大，页岩吸附气含量随之增加。从斑竹1井的分析数据上看，TOC与含气性具有较为明显的线性正相关关系，通过线性回归，拟合方程为$y=0.437x+0.086$，其中相关性$R_2=0.61$（图3-31）。

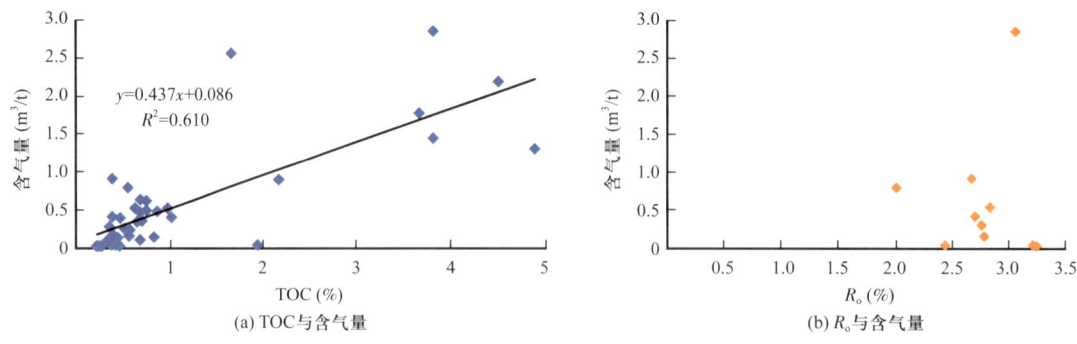

图3-31 斑竹1井TOC、R_o与含气量相关关系图

有机质热成熟度是判别烃源岩不同演化阶段特征产物的关键因素。按照前人研究，页岩的含气性必须具备一定的热成熟度（一般$R_o>1.2$），才能裂解出现部分气态烃，当有

机质页岩成熟度过高（$R_o>3.2\%$），页岩有机质的生烃潜力已接近或达到枯竭。斑竹 1 井有机质热演化程度在 2.0%～3.5%，其与含气量之间的关系如图 3-31b 所示。总体上看，表现出以下特征：R_o 在 2.0%～3.0% 之间，含气量与 R_o 值略显正相关；R_o 在 3.0%～3.5% 之间，含气量与 R_o 值略显负相关。

（2）物性与含气性关系。

孔体积和比表面主要受有机质丰度控制，均与 TOC 值呈正相关关系，且主要是微孔体积和微孔比表面均与之正相关；其次孔体积和比表面受矿物组分控制，均与黏土含量正相关；含钙泥质岩则均与石英含量正相关，均与黏土负相关；由此有机碳含量和石英含量有利于孔体积和比表面发育，有机质微孔主要控制黑色页岩的孔隙发育，石英矿物本身孔隙性极弱，但大量石英碎屑颗粒支撑形成大量粒间孔，以及石英自身也可发育少量粒内孔，两者共同作用使黑色页岩具有良好孔隙性。绿泥石严重限制泥质岩孔隙发育，与比表面负相关性很强，蒙皂石和伊利石与比表面正相关但含量较低，总体上五峰组—龙马溪组泥质岩的黏土矿物不利于孔隙发育（图 3-32）。

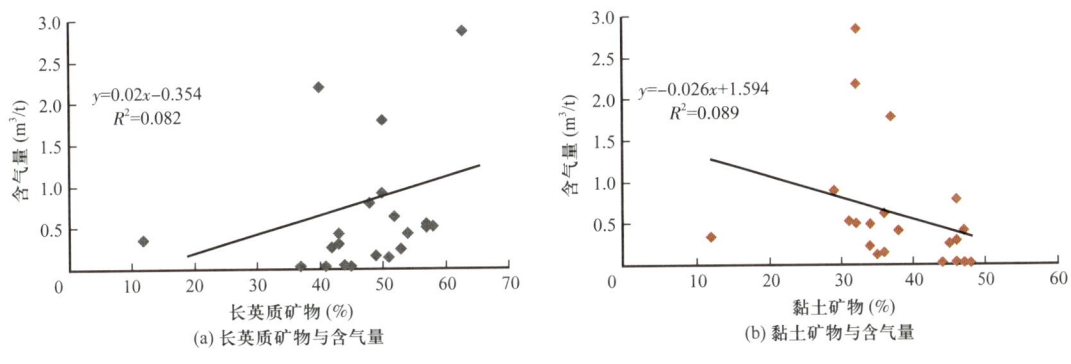

图 3-32　长英质矿物、黏土矿物含量与含气量相关关系图

3.1.5　页岩岩石力学性质

3.1.5.1　岩石力学特征

（1）储层岩石力学性质。

因页岩层理发育，取心较为破碎，制样不易且制样过程易导致岩石力学性质产生改变，因此本次研究采用实验测试（静态岩石力学参数）与测井解释（动态岩石力学参数）相结合的方式获取储层的岩石力学参数。综合杨氏模量、泊松比等几项岩石力学参数来分析岩石的可压性。

与美国主要产气页岩层系的矿物组成对比显示，黔北龙马溪组与 Barnett、Woodford 页岩具有相似的矿物组成及脆性矿物含量（图 3-33）。相关研究表明石英、长石、黄铁矿等矿物含量越高，页岩的脆性越大，在相同构造应力作用下，容易形成天然裂缝和诱导裂缝，造成页岩层段裂缝发育，有利于游离气的解吸、渗流和聚集成藏，而牛蹄塘组石英含量较龙马溪组稍低，黏土含量较龙马溪组变多。

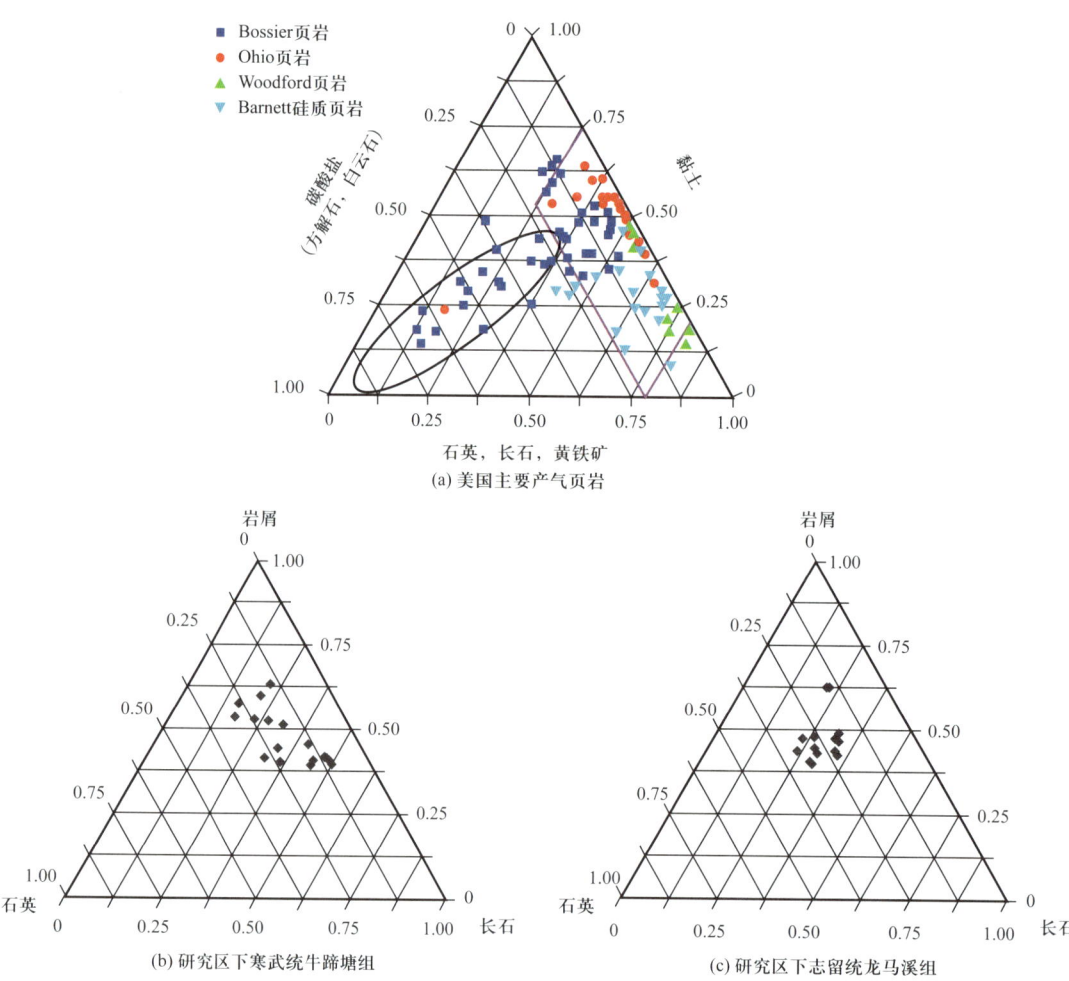

图 3-33 古生界海相页岩储层岩石矿物组成三角图

岩石力学分析主要是根据区域构造和地层岩性层序，利用声波测井、密度、伽马射线和其他测井资料，建立岩石力学模型，该模型包括岩石的弹性参数、强度参数和地层的应力及孔隙压力等数据，并结合室内岩心实验结果，以及实际钻、完井资料，对模型进行更新和修正。目前岩石力学已广泛应用于石油工程的许多领域，是油气藏工程、油气勘探、钻井、完井等方案设计不可缺少的基础数据，在开发井网部署、钻井过程井壁稳定性分析、水力压裂等方面起着重要作用。

（2）岩石抗压、抗张强度。

常温、常压条件下，富有机质页岩抗压强度在 28.97~153.73MPa 之间，抗张强度在 3.11~9.70MPa 之间（表 3-19，表 3-20）。

在岩石矿物组成差异不大的情况下，抗压强度、抗张强度差异较大，与岩石密度无明显对应关系，推测与样品微裂缝发育程度有关。当岩石发生破坏时，裂缝将成为受力薄弱面。饱和水的条件下，岩石抗压强度仍较高，如绥页 1 井 SY1-54 样品为 153.73MPa。湄页 1 井、道页 1 井，对比天然条件与饱和水条件的抗张强度差异不大。总体表明，水介质对岩石强度的影响不大，"软化作用"不明显。

表 3-19 常温常压条件下岩石抗压强度测试结果

井名	样品	测试内容	岩石密度（g/cm³）	抗压强度（MPa）
湄页 1 井	MY1-YL2	天然抗压	2.69	28.97
正页 1 井	ZY1-38	天然抗压	2.60	106.20
道页 1 井	DY1-11	天然抗压	2.68	40.22
正页 1 井	ZY1-14	天然抗压	2.61	85.86
绥页 1 井	SY1-14	天然抗压	2.72	104.92
湄页 1 井	MY1-YL1	天然抗压	2.51	65.65
绥页 1 井	SY1-54	饱和抗压	2.53	153.73
湄页 1 井	MY1-YL1	饱和抗压	2.55	82.84
道页 1 井	DY1-11	饱和抗压	2.56	19.09

表 3-20 常温常压条件下岩石抗张强度测试结果

井名	样品	测试内容	岩石密度（g/cm³）	抗张强度（MPa）
湄页 1 井	MY1-YL2	天然抗拉	2.53	5.49
道页 1 井	DY1-3	天然抗拉	2.69	4.98
湄页 1 井	MY1-YL1	天然抗拉	2.51	9.70
湄页 1 井	MY1-YL2	饱和抗拉	2.58	3.11
道页 1 井	DY1-3	饱和抗拉	2.65	4.92
湄页 1 井	MY1-YL1	饱和抗拉	2.52	5.42

（3）岩石弹性模量、泊松比。

安场向斜安页 1 井正交多级子阵列声波测井解释五峰组—龙马溪组页岩段杨氏模量平均 39.8GPa，泊松比平均 0.21，最大主应力 50.3MPa，最小主应力 43.7MPa，各小层岩石力学参数见表 3-21。综合页岩矿物组分及岩石力学参数，认为正安地区安场向斜五峰组—龙马溪组页岩具有较好的可压性，具备形成复杂缝网条件（图 3-34）。

道真向斜真页 1 井各小层单轴、三轴岩石力学参数测试结果见表 3-21，1～5 号层杨氏模量 19011～28559MPa，平均 24370MPa；泊松比 0.18～0.28，平均 0.24。综合页岩矿物组分及岩石力学参数，道真地区页岩储层具有高杨氏模量、低泊松比，页岩脆性较大，有利于水力压裂产生人工裂缝。

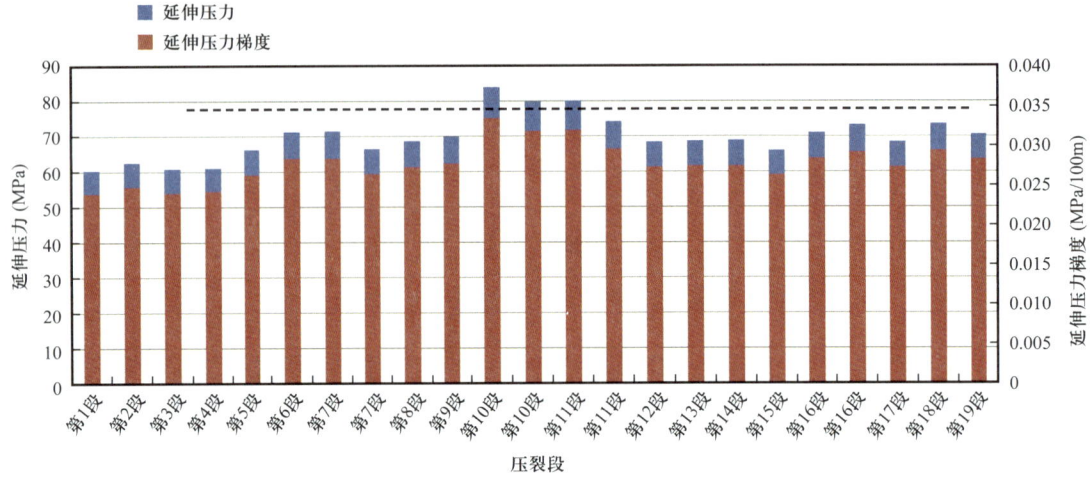

图 3-34 安页 3HF 井延伸压力梯度分析图

表 3-21 岩石力学参数测试数据

层位	样品编号	取样深度(m)	检测条件				压缩测试结果			
			围压(MPa)	孔隙压力(MPa)	温度(℃)	饱和状态	抗压强度(MPa)	杨氏模量(MPa)	泊松比	黏聚力(MPa)	内摩擦角(°)
5	zy1-5-25-196-cz1	3143.21~3143.38	0	0	25	干燥	42.67	19011	0.21	10.0	42.8
	zy1-5-25-196-cz4		20	0	25	干燥	180.66	26374	0.24		
	zy1-5-25-196-cz3		40	0	25	干燥	211.61	28215	0.27		
	zy1-5-25-196-sp0		0	0	25	干燥	22.26	19011	0.18	—	—
	zy1-5-25-196-sp45		20	0	25	干燥	161.51	25302	0.23	—	—
	zy1-5-25-196-sp90		20	0	25	干燥	172.44	25678	0.24	—	—
4	zy1-5-99-196-sp0	3150.80~3150.92	20	0	25	干燥	132.68	24546	0.26	—	—
	zy1-5-99-196-sp45		20	0	25	干燥	147.30	24905	0.26	—	—
	zy1-5-99-196-sp90		20	0	25	干燥	159.89	25411	0.26	—	—
	zy1-5-127-196-cz1	3152.84~3152.94	0	0	25	干燥	52.11	21598	0.21	11.2	47.6
	zy1-5-127-196-cz2		40	0	25	干燥	279.96	28109	0.28		
3	zy1-6-37-157-sp0	3163.04~3163.23	0	0	25	干燥	41.82	22770	0.21	—	—
	zy1-6-37-157-sp45		0	0	25	干燥	18.10	21625	0.19	—	—
	zy1-6-37-157-sp90		20	0	25	干燥	194.09	25271	0.23	—	—

续表

层位	样品编号	取样深度（m）	检测条件				压缩测试结果				
			围压（MPa）	孔隙压力（MPa）	温度（℃）	饱和状态	抗压强度（MPa）	杨氏模量（MPa）	泊松比	黏聚力（MPa）	内摩擦角（°）
3	zy1-6-44-157-cz1	3164.07~3164.23	0	0	25	干燥	104.25	21172	0.22	22.0	43.5
	zy1-6-44-157-cz2		20	0	25	干燥	225.32	26553	0.24		
	zy1-6-44-157-cz3		40	0	25	干燥	279.96	28559	0.28		
2	zy1-6-54-157-sp0	3165.31~3165.46	20	0	25	干燥	191.33	26543	0.24	—	—
	zy1-6-54-157-sp45		20	0	25	干燥	151.34	25632	0.24		
	zy1-6-54-157-sp90		20	0	25	干燥	138.55	24440	0.23		
	zy1-6-63-157-cz1	3166.38~3166.55	0	0	25	干燥	56.61	21087	0.20	12.0	46.4
	zy1-6-63-157-cz2		20	0	25	干燥	182.52	25262	0.25		
	zy1-6-63-157-cz3		40	0	25	干燥	265.84	28276	0.28		
1	zy1-6-81-157-sp0	3168.33~3168.42	0	0	25	干燥	95.29	22675	0.21	—	—
	zy1-6-81-157-sp45		0	0	25	干燥	90.71	22228	0.21	—	—
	zy1-6-81-157-sp90		0	0	25	干燥	35.49	20906	0.20	—	—
	zy1-6-83-157-cz2	3168.5~3168.6	0	0	25	干燥	107.32	20615	0.22	24.0	42.3
	zy1-6-83-157-cz3		20	0	25	干燥	189.05	26729	0.25		
	zy1-6-83-157-cz4		40	0	25	干燥	274.32	28233	0.28	24.0	42.3

3.1.5.2 地应力特征

地层结构和地层应力分布是决定储层力学性质的重要因素。黔北地区五峰组—龙马溪组储层处于复杂的构造地貌之中，其中地层倾角和地层节理等因素将对地层应力分布产生明显的影响。通过对凤冈向斜永新1井分析，黔北地区最大水平主应力方向总体表现为近东西向。

研究表明，黔北地区共经历6期构造运动，其中最强的两期为燕山运动和喜马拉雅运动，燕山期地应力可达到130~160MPa，喜马拉雅期地应力为100~130MPa（图3-35）。根据对相关文献资料的研究，黔北地区燕山期最大主应力方向为北西—北西西向；喜马拉雅期最大主应力方向为北东—北东东向，黔北地区在左旋挤压的大构造背景下表现出板块内局部的右旋挤压。

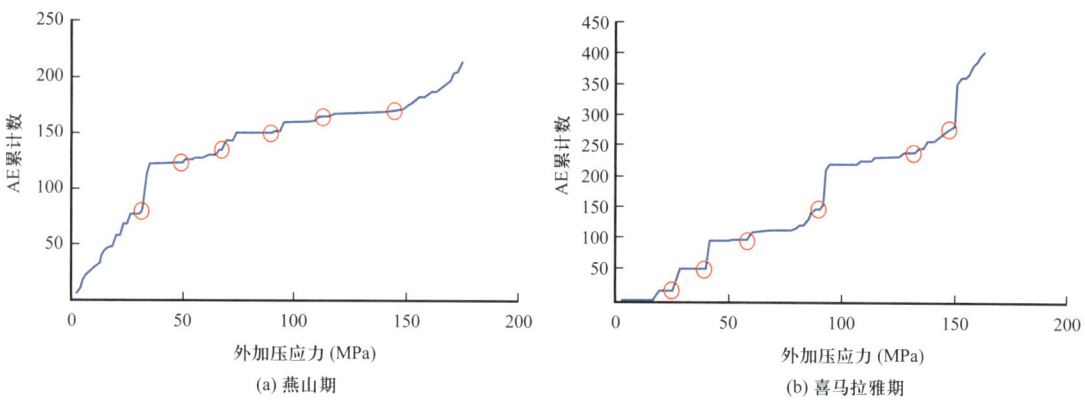

图 3-35 岩石声发射 AE 累计数与外加应力响应曲线图

安页 2 井、安页 3 井、安页 4 井、安页 5 井地应力大小测试结果显示（表 3-22），正安区块内最小水平主应力为 36.8～63.1MPa，平均值为 50.0MPa；最大水平主应力为 45.8～80.8MPa，平均值为 65.2MPa。水平地应力差异系数在 0.245～0.355 之间，向核部应力差有增大的趋势，不利于形成复杂裂缝或复杂缝网。

表 3-22 正安区块五峰组—龙马溪组页岩地应力大小测试结果表

井号	井深均值（m）	最大水平主应力（MPa）	最小水平主应力（MPa）	应力差（MPa）	差异系数（%）
安页 2 井	1966.41	45.84	36.82	9.02	24.50
安页 3 井	2477.43	64.96	47.95	17.01	35.47
安页 3 井	2486.07	71.39	55.82	15.57	27.89
安页 4 井	2998.37	73.73	55.08	18.65	33.86
安页 4 井	2998.96	80.84	63.08	17.76	28.15
安页 5 井	2275.65	54.66	41.07	13.59	33.09
平均		65.20	50.00	15.20	30.49

地应力测试数据见表 3-23，1～5 号层最大水平主应力 75.9～76.7MPa，平均 76.4MPa；1～5 号层最小水平主应力 65.7～66.3MPa，平均 66.1MPa；1～5 号层垂向应力 77.4～78.1MPa，平均 77.8MPa；根据测井数据计算了导眼井应力剖面。优质页岩最大水平主应力：74.1～84.7MPa，均值 78MPa，梯度 2.4MPa/100m；优质页岩最小水平主应力：62.9～71.6MPa，均值 66MPa，梯度 2.1MPa/100m；上覆应力：77.6～85.7MPa，均值 80.72MPa；三向应力关系：$\sigma_{up} > \sigma_H > \sigma_h$；应力差：12MPa（图 3-36）。

表 3-23 地应力测试数据

层位	样品编号	深度（m）	检测条件			Kaiser 点对应的应力值（MPa）					地应力大小检测结果		
			围压（MPa）	孔压（MPa）	温度（℃）	垂直	0°	45°	90°		垂直应力	水平最大主应力	水平最小主应力
												三主应力大小（MPa）	
5	5-25-196（sp0.45.90）	3143.21~3143.38	20	0	25	41.34	39.52	42.60	30.00		77.41	75.93	65.72
	5-25-196-cz4												
4	5-99-196（sp0.45.90）	3150.80~3150.92	20	0	25	41.42	39.65	42.70	30.11		77.58	76.16	65.93
	5-127-196-cz1	3152.84~3152.94											
3	6-37-157（sp0.45.90）	3163.04~3163.23	0	0	25	41.63	39.84	42.80	30.21		77.93	76.49	66.16
	6-44-157-cz1	3164.07~3164.23											
2	6-54-157（sp0.45.90）	3165.31~3165.46	20	0	25	41.65	39.92	43.20	30.25		77.97	76.59	66.23
	6-63-157-cz2	3166.38~3166.55											
1	6-81-157（sp0.45.90）	3168.33~3168.42	0	0	25	41.72	39.96	43.40	30.27		78.07	76.66	66.28
	6-83-157-cz2	3168.50~3168.60											

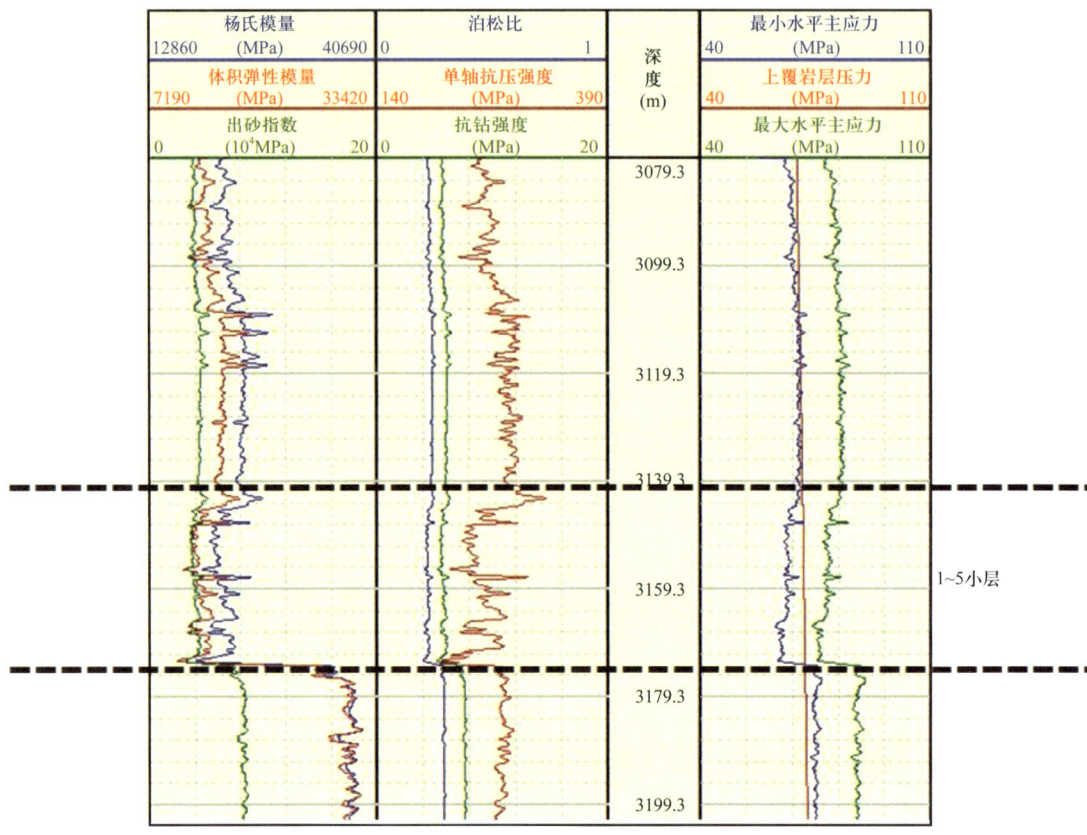

图 3-36　真页 1HF 井导眼井地应力计算结果

3.2　贵州北部页岩气保存条件分析

对于中国南方盆外复杂构造区来说，页岩气的保存条件研究尤为重要，特别是经历了加里东、海西、印支和喜马拉雅等多期构造运动，褶皱和断裂的发育均会造成页岩气藏的破坏。良好的保存条件是海相页岩气富集与高产的关键因素，同时保存条件对页岩气储层中孔隙结构、地层压力及页岩气气体组分等均有明显的影响。保存条件的好坏通常是多因素共同作用的结果，需要将保存条件多个方面综合起来进行判断，不能以一个指标的好坏而肯定或否定一个地区或区域。

3.2.1　黔北页岩气保存条件表征参数

3.2.1.1　地层压力系数

地层压力系数是表征页岩气储层保存条件好坏、含气量丰富程度的直接参数（郭彤楼等，2020；刘义生等，2023）。由于其数据在钻井的基础上获得，在进行区域保存条件评价时还需结合地层剥蚀、断裂、抬升时间及沉积演化等保存因素综合分析。一般按压力系数将保存条件划分为三类：好（压力系数不小于1.2），中等（0.8≤压力系数＜1.2），差（压力系数小于0.8）。

胡东风（2014）指出页岩气藏为源储一体的地质体，作为烃源岩的页岩生烃会造成孔隙压力增大而形成异常高压，如果气藏封闭性不好，页岩气排出过快造成压力大幅降低，甚至形成低压；反之则会保持较高的地层压力。因此，地层压力系数对页岩气的保存条件具有良好的指示作用（图3-37）。勘探实践证明，四川盆地内高压—超高压页岩气层，如JY1井、DYS1井、DY4井等压力系数均在1.5以上，页岩气日产量均在$10×10^4m^3$以上，意味着页岩气保存条件好。低产井和微含气井一般都为常压或异常低压页岩气层，如PY1井、LY1井等，压力系数普遍低于1.2，泄压导致大部分气体散失，含气量普遍较低（冯动军等，2021）。

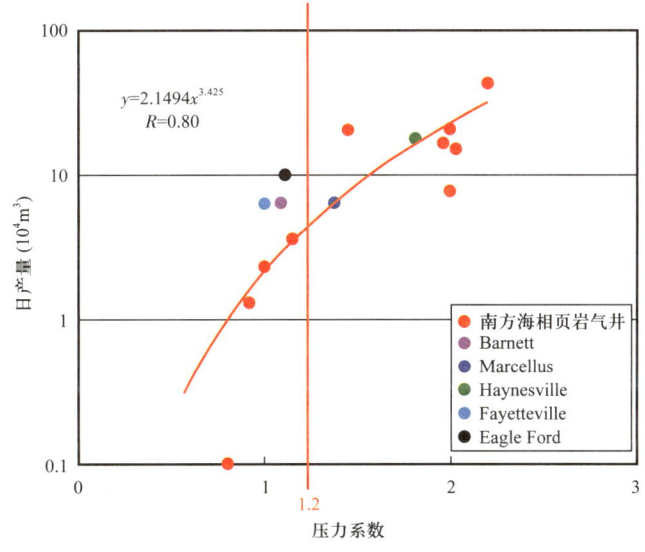

图3-37 压力系数与页岩气产量关系图

黔北地区页岩层埋深多为500～3200m，道真向斜真页1井埋深3267m，地层压力系数为0.96（林瑞钦等，2023；辛云路等，2023）；安页1井埋深2320m，地层压力系数为1.10；安页5井埋深2250m，地层压力系数为1.12，整体为常压，其中，安页2井助排试气最大测试产量$4.6×10^4m^3/d$，安页4井自喷试气最大测试产量达$5.3×10^4m^3/d$，页岩气产量中等（图3-38、图3-39）。根据中国页岩层有利勘探深度和地层压力系数划分标准，黔北地区向斜型气田龙马溪组页岩层埋深相对较浅，不利于异常高压的形成，地层压力系数基本都小于1.2，气体在成藏后期遭受了抬升逸散，造成日产气量相对不高，王濡岳（2016）研究了常压与超压页岩气藏认为，地层压力对页岩的含气量并无明显影响，而对页岩气初期产量有显著的影响，这点在盆外向斜区比较明显，岩心解吸往往能获得较好的含气量，压裂试气产量通常不高。表明了黔北地区向斜型页岩气藏地层压力系数对保存条件只具有一定的表征作用，并不起决定作用。

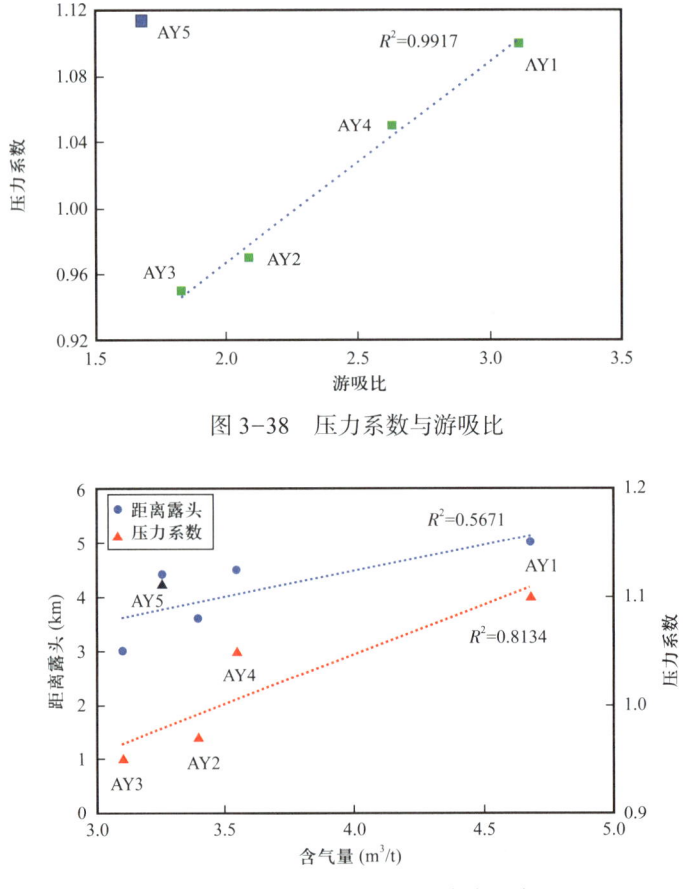

图 3-38 压力系数与游吸比

图 3-39 距离露头、压力系数与含气量

3.2.1.2 页岩孔隙结构

页岩气储层孔隙以有机质孔、黏土矿物塑性孔为主，在良好物质基础上，早期保存条件好，含气量高，有机质孔的孔隙形状多呈圆状或气泡状（李贤庆等，2016）；后期随着天然气的慢慢逸散，进而导致页岩孔隙内流体压力降低，在压实作用下有机孔、黏土矿物孔等塑性孔隙将发生变形甚至被破坏，页岩的结构发生变化，进而发生页岩气散失，页岩气测试产量低（刘树根等，2020；魏祥峰等，2017）。因此，页岩孔隙结构的差异变化对页岩气的保存具有较好的表征作用。

安场气田 AY2 井和 SY1 井为龙马溪组，TY1 井为牛蹄塘组，三口井同处于向斜区内。AY2 井和 SY1 井具有较相似的储集特征和地质构造—演化过程，二者下部黑色页岩的有机质含量均在 3.0% 以上（大多集中在 3.5% 以上），有机质类型均为Ⅰ型或Ⅱ$_1$型，热演化均达到过成熟阶段，均经历了印支期快速沉降和燕山期大规模抬升剥蚀，具有较相似的地质构造—演化过程。但 AY2 井、SY1 井有机质孔隙发育，面孔率平均在 10% 以上，有机质孔的孔径、比表面积和孔隙度都比 TY1 井大，并且 AY2 井与 SY1 井的页岩孔隙形状更接近形成初期的形态，多呈圆状—次圆状或气泡状；而 TY1 井页岩有机质孔发育较差，且孔隙形态多呈扁平状、次椭圆状，有机质孔中溶蚀孔较发育，二者显示出了较大的孔隙结构特征差异（图3-40）。

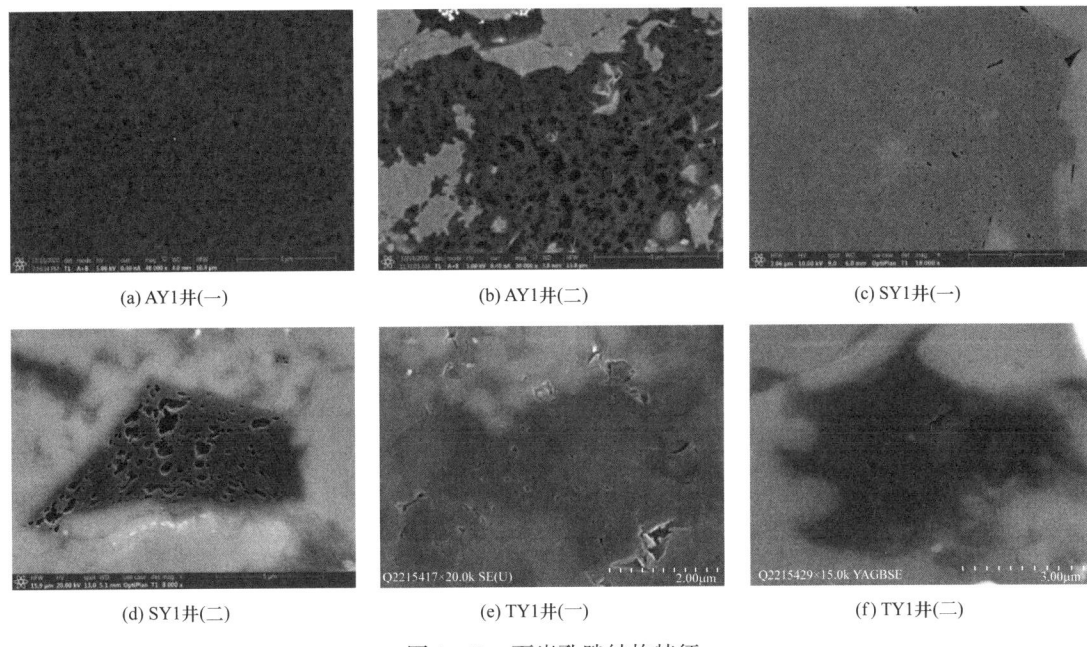

图3-40 页岩孔隙结构特征

除了有机质的形态变化能较好表征页岩保存外，页岩孔隙中溶蚀孔的形成与演化同样能够很好地表征页岩的保存条件（刘苗苗等，2023；孙龙德等，2023）。溶蚀孔的形成主要是后期构造抬升过程中，成岩流体进入页岩储层，石英颗粒发生溶蚀作用形成粒内溶蚀孔，或者是页岩中的方解石在酸性流体的作用下形成的颗粒溶蚀孔，页岩发育无沥青充填的溶蚀孔，表明在页岩气保存过程中，构造活动频繁，页岩气保存条件差。页岩层中溶蚀孔发育较少（甚至不发育），表明地下水活跃程度减弱，页岩气的保存条件逐渐变好。

TY1井页岩孔隙以无机孔为主，其次为有机质孔，无机孔中以粒内溶孔最发育，可见长石粒内不规则溶孔、黄铁矿颗粒晶内溶孔，石英及黏土矿物颗粒均存在不同程度的溶蚀现象，溶蚀形成的粒内孔、粒间孔等以圆状或椭圆状为主，孔径在几十纳米到几微米之间（图3-41）。粒内溶蚀孔的发育与页岩的成岩环境有关外，还与大气淡水的渗滤有关，TY1井微观孔隙中溶蚀孔发育，局部孔径较大，可达微米级，溶蚀孔一般具椭圆状、长条状，孔内未充填，说明这些孔的形成主要还是以地下水的渗滤溶蚀为主，页岩气的保存条件较差。

测井解释正安区块主力气层段平均孔隙度为3.21%（表3-24）。正安区块纵向上龙一段孔隙度整体相当，五峰组呈现上低下高的趋势。其中五峰组—龙一段孔隙度介于2.64%~3.61%之间，均值3.17%（图3-42、图3-43）。总体来看，安场向斜北部孔隙度略优于南部。

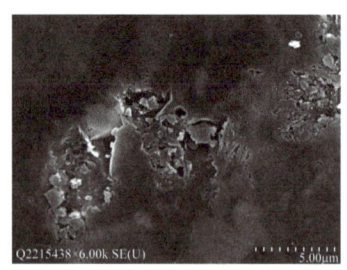 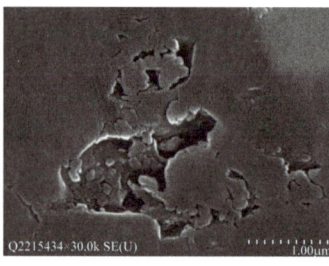 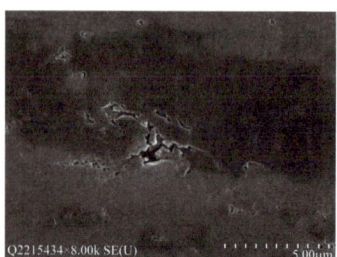

(a) 不规则状溶蚀孔隙，1994m，TOC：7.56%　　(b) 黏土矿物颗粒中溶蚀孔，1986m，TOC：3.36%　　(c) 有机质中见不规则溶蚀孔，1986m，TOC：3.36%

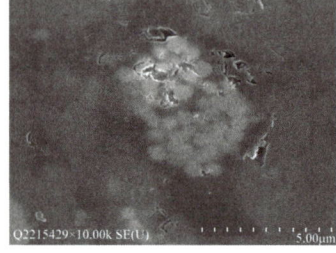 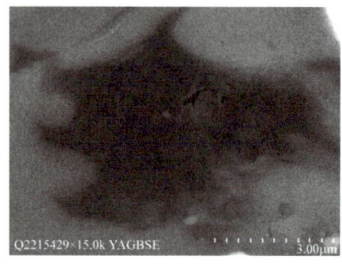 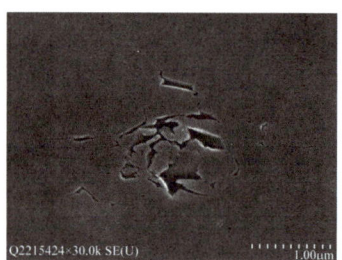

(d) 黄铁矿集合体内见溶蚀孔隙，1976.25m，TOC：4.78%　　(e) 粒间孔隙被有机质充填，见不规则溶蚀孔隙，1976.25m，TOC：4.78%　　(f) 斜长石中发育溶蚀孔隙，1965.7m，TOC：2.57%

图 3-41　页岩孔隙结构中溶蚀孔特征

表 3-24　安页 2 井—安页 5 井、安页 1-6 井测井解释孔隙度分层统计数据表　　单位：%

层位	安页 2 井	安页 3 井	安页 4 井	安页 5 井	安页 1-6 井
S_1l^4	2.50	4.06	3.62	2.48	2.57
S_1l^3	2.46	3.57	3.08	2.69	2.84
S_1l^2	3.27	4.47	3.05	2.69	4.36
S_1l^1	2.29	3.49	2.20	2.14	4.17
五峰组	2.16	1.97	5.03	3.99	3.23
五峰组—龙马溪组	2.63	3.70	3.56	2.96	3.21

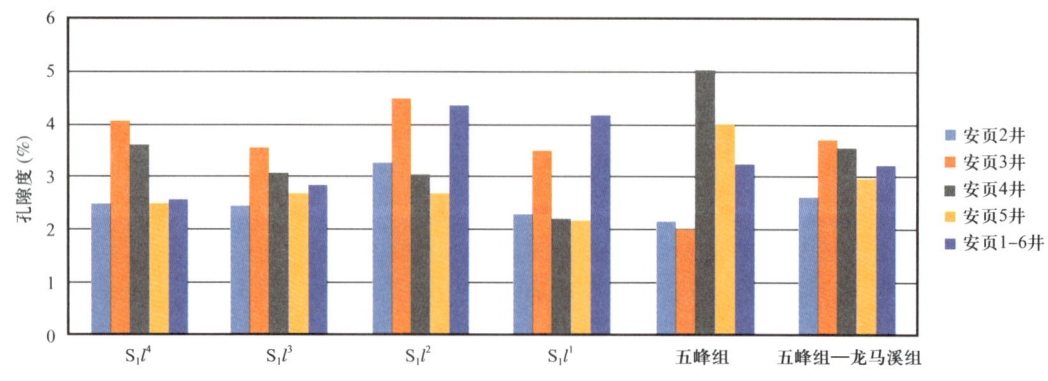

图 3-42　安页 2 井—安页 5 井、安页 1-6 井测井解释孔隙度分小层统计直方图

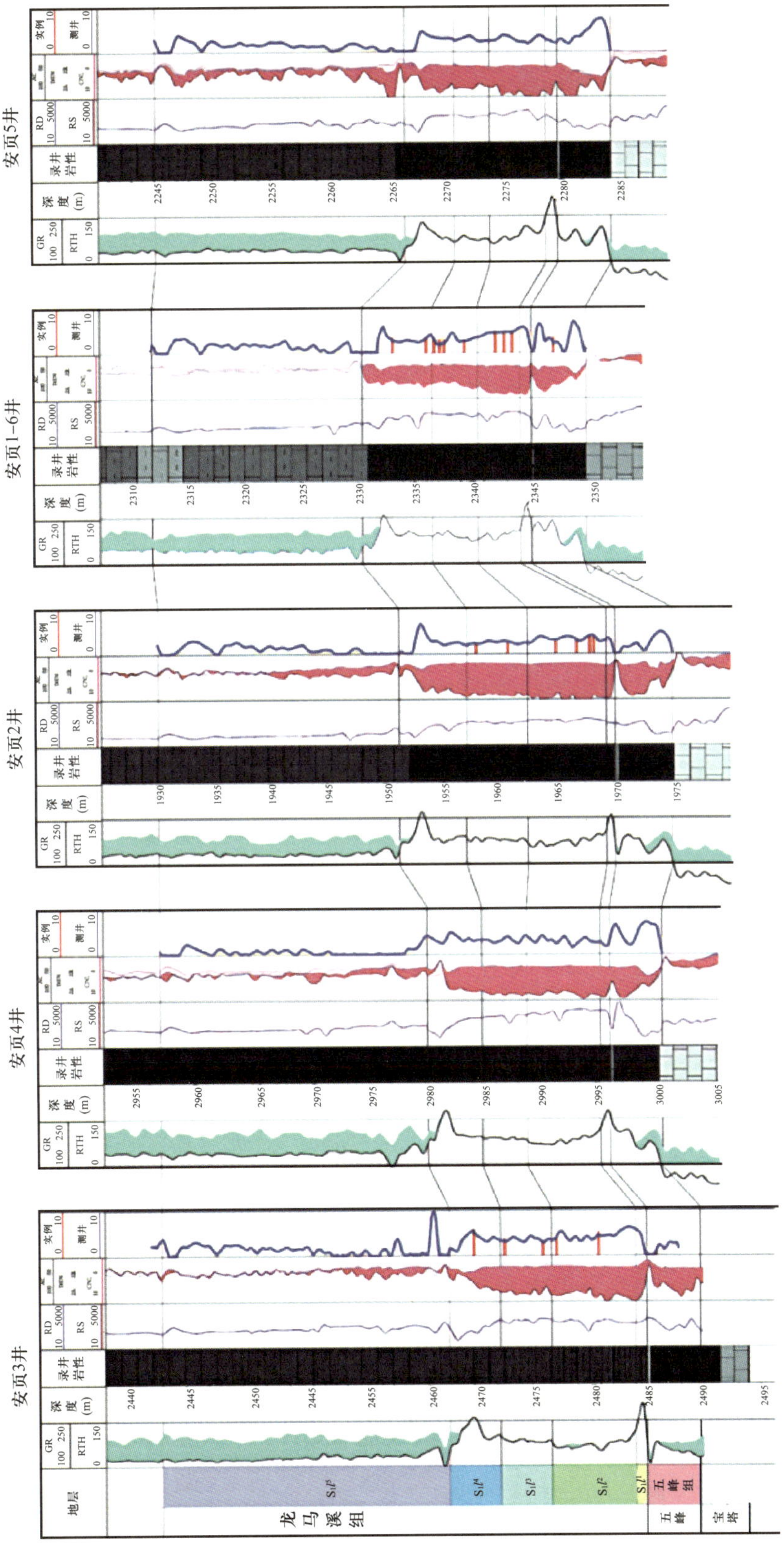

图 3-43 安页 2 井—安页 5 井、安页 1-6 井测井解释孔隙度连井对比图

核磁共振孔隙度测试，龙马溪组总孔隙度处于相同区间，介于2.11%～7.618%，平均4.36%（表3-25）。岩石中裂缝所占比例较低，推测裂缝孔隙度一般小于1.0%。

表3-25　黔北勘查试验区富有机质页岩核磁共振孔隙度测试结果统计

钻井	地层	样品	核磁孔隙度（%）	裂缝孔隙度（%）	备注
道页1井	龙马溪组	DY1-18	3.920	0.127	对比样
道页1井	龙马溪组	DY1-22	6.879	—	
道页1井	龙马溪组	DY1-25	7.618	—	

利用脉冲法测试富有机质页岩孔隙度、渗透率，结果表明道页1井龙马溪组有效孔隙度介于0.67%～1.76%，平均1.27%，渗透率0.0049～0.6912mD，平均0.1528mD，其中DY1-2、DY1-7、DY1-16微裂缝较发育，测试时破裂，扣除三者之后平均渗透率为0.0126mD（表3-26）。

表3-26　道页1井龙马溪组脉冲法测定孔—渗物性结果

钻井	样品	地层	孔隙度（%）	渗透率（mD）	备注
道页1井	DY1-1	S_1l	0.67	0.0065	脉冲法
道页1井	DY1-2	S_1l	1.71	—	破裂
道页1井	DY1-3	S_1l	1.35	0.0049	脉冲法
道页1井	DY1-4	S_1l	1.04	0.0067	脉冲法
道页1井	DY1-6	S_1l	1.46	0.5960	脉冲法
道页1井	DY1-7	S_1l	1.11	—	破裂
道页1井	DY1-8	S_1l	1.43	0.0092	脉冲法
道页1井	DY1-9	S_1l	1.18	—	脉冲法
道页1井	DY1-13	S_1l	1.76	0.0283	脉冲法
道页1井	DY1-16	S_1l	0.84	—	破裂
道页1井	DY1-21	S_1l	1.46	0.0142	脉冲法
道页1井	DY1-23	O_3w	1.27	0.6912	脉冲法
道页1井	DY1-24	O_3w	1.16	0.0181	脉冲法
平均			1.27	0.1528（0.0126）	

桴地1井龙马溪—五峰组泥页岩孔隙类型主要包括晶间孔、溶蚀孔、有机孔及微裂缝；有机孔自上而下逐渐发育，孔隙呈圆形—椭圆形，反映受构造挤压较弱（图3-44）。

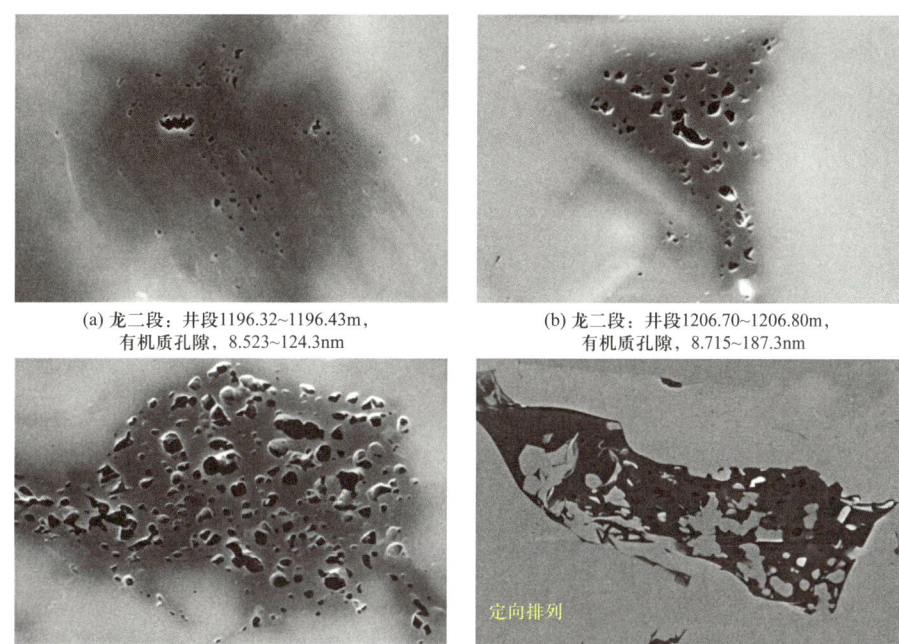

(a) 龙二段：井段1196.32~1196.43m，有机质孔隙，8.523~124.3nm

(b) 龙二段：井段1206.70~1206.80m，有机质孔隙，8.715~187.3nm

(c) 小层底：井段1220.44~1220.64m，有机质孔隙，5.847~388.7nm

(d) AY3井，压力系数0.95

图 3-44 桴地 1 井龙马溪组孔隙类型图

基于扫描电镜和氩离子抛光技术，分类采用 Loucks 分类方案，斑竹 1 井五峰组—龙马溪组主要发育粒内孔、粒间孔、裂缝和有机质孔四种孔隙类型，而粒间（晶间）微孔、黏土矿物层间微孔缝均较为发育，但微裂缝总体不发育，缺乏较好的渗流通道（图 3-45）。

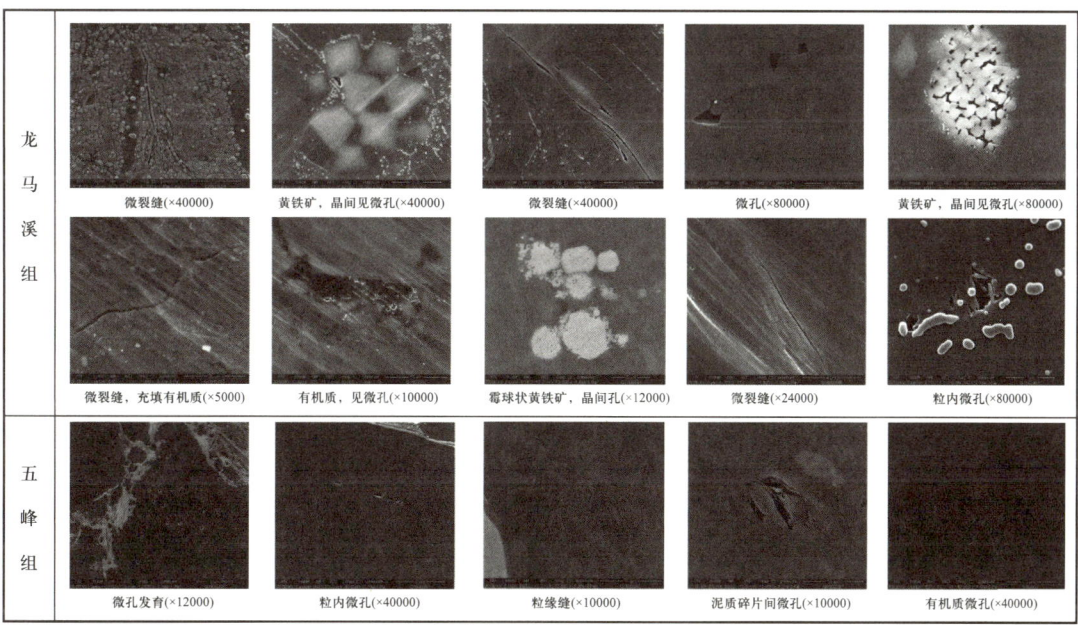

图 3-45 斑竹 1 井五峰组—龙马溪组孔隙类型

3.2.1.3 宏观裂缝和微观微裂缝发育特征

裂缝是天然气储层中的一种储集空间，可以增加气体的存储容量。在页岩气开发中，由于裂缝的存在，气体可以在微小的裂隙中储存和流动，提高了储层的有效储气容量。页岩层的渗透率和孔隙度通常很低，限制了天然气的流动和释放。而裂缝的存在可以显著改善页岩层的渗透性，使页岩气能够更容易地从岩石中释放和流动。

观察统计安场向斜周缘9处剖面裂缝发育情况，五峰组—龙马溪组底部易发育两种类型：一是因底部发育若干层塑性斑脱岩而导致揉皱滑脱产生顺层面分布的层间滑脱缝，二是因底部硅质岩含量高、脆性大而产生近直立的高角度裂缝，部分缝面被方解石、黄铁矿充填（图3-46）。

(a) 龙马溪组底部碳质硅质泥岩发育成组系裂缝

(b) 五峰组—龙马溪组底部地层揉皱变形

(c) 五峰组—龙马溪组层间裂缝及高角度近垂直立缝

(d) 缝面充填方解石薄膜

图3-46 安场向斜周缘五峰组—龙马溪组底部富有机质页岩裂缝发育特征

安页1-6井岩心观察表明，天然裂缝发育程度整体较高，镜面擦痕全段均有发育。整个含气页岩段自上而下页理缝逐渐趋于发育（图3-47）。高角度裂缝多为平直的构造成因裂缝，往往为方解石全充填（图3-48）。从电成像测井解释成果来看，正安区块安页1井—安页5井层理缝整体较为发育，高导缝在安页2井、安页4井欠发育，安页1井、安页3井和安页5井井区较发育。高阻缝在安页1井—安页3井不发育，安页4井、安页5井顶板发育（图3-49）。

通过 3 口井岩心观察，水平缝较为发育，主要为镜面构造产生的水平缝；纵向上，自上而下水平缝发育程度增加，平面上，安页 3HF 井最为发育，其次为安页 2HF 井，安页 1 井、安页 5HF 井、安页 4HF 井岩心较为整装（图 3-50）。

图 3-47　岩心观察面裂缝发育程度图

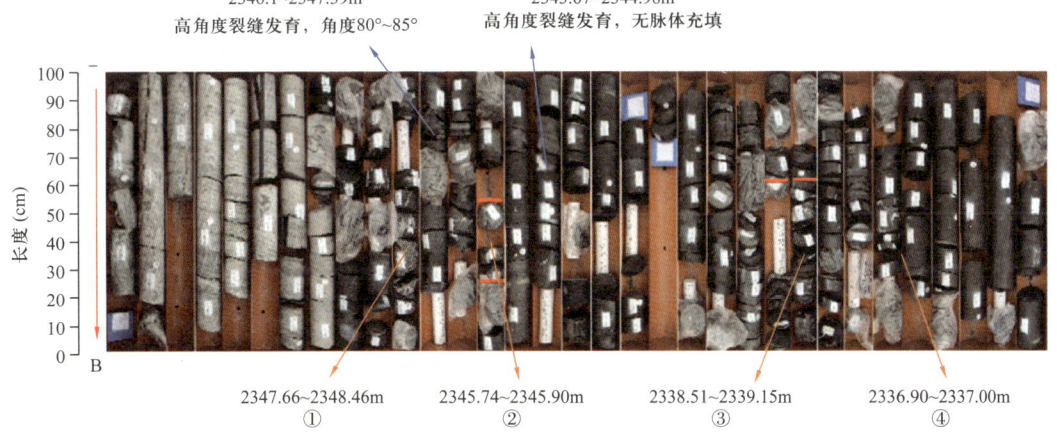

图 3-48　构造成因裂缝图

安页 1 井成像测井解释高导缝相对集中发育段为 2318~2350m（3 小层—宝塔组），图像上高导缝表现为暗色正弦曲线，裂缝倾角范围 10°~80°之间，倾向以东为主，走向以南北为主（图 3-51）。

通过地震属性裂缝预测，工区龙马溪组大尺度裂缝主要位于向斜核部及向斜翼端，与工区构造基本吻合；3 口探井井旁大尺度裂缝均不发育，小尺度裂缝安页 2HF 井、安页 3HF 井较为发育，安页 1 井不发育（图 3-52、图 3-53）。

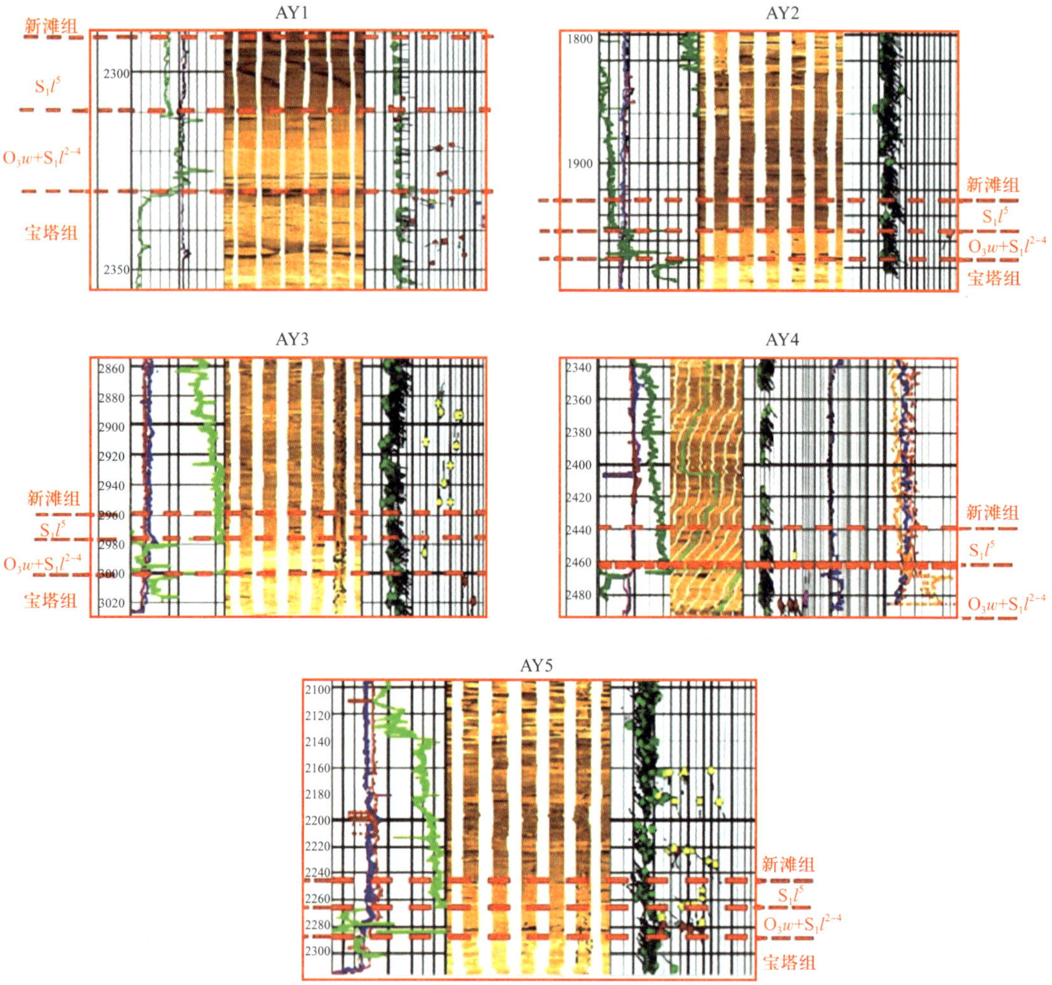

图 3-49 安页 1 井—安页 5 井含气页岩段电成像裂缝解释图

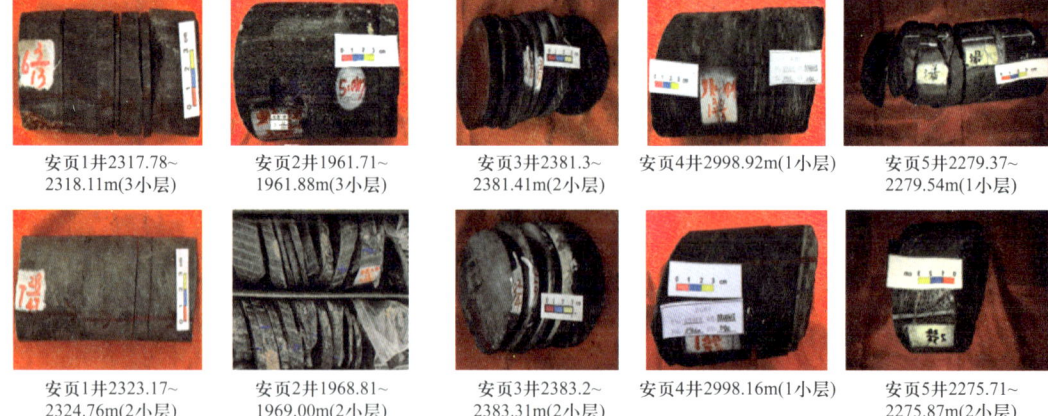

图 3-50 龙马溪组岩心观察图

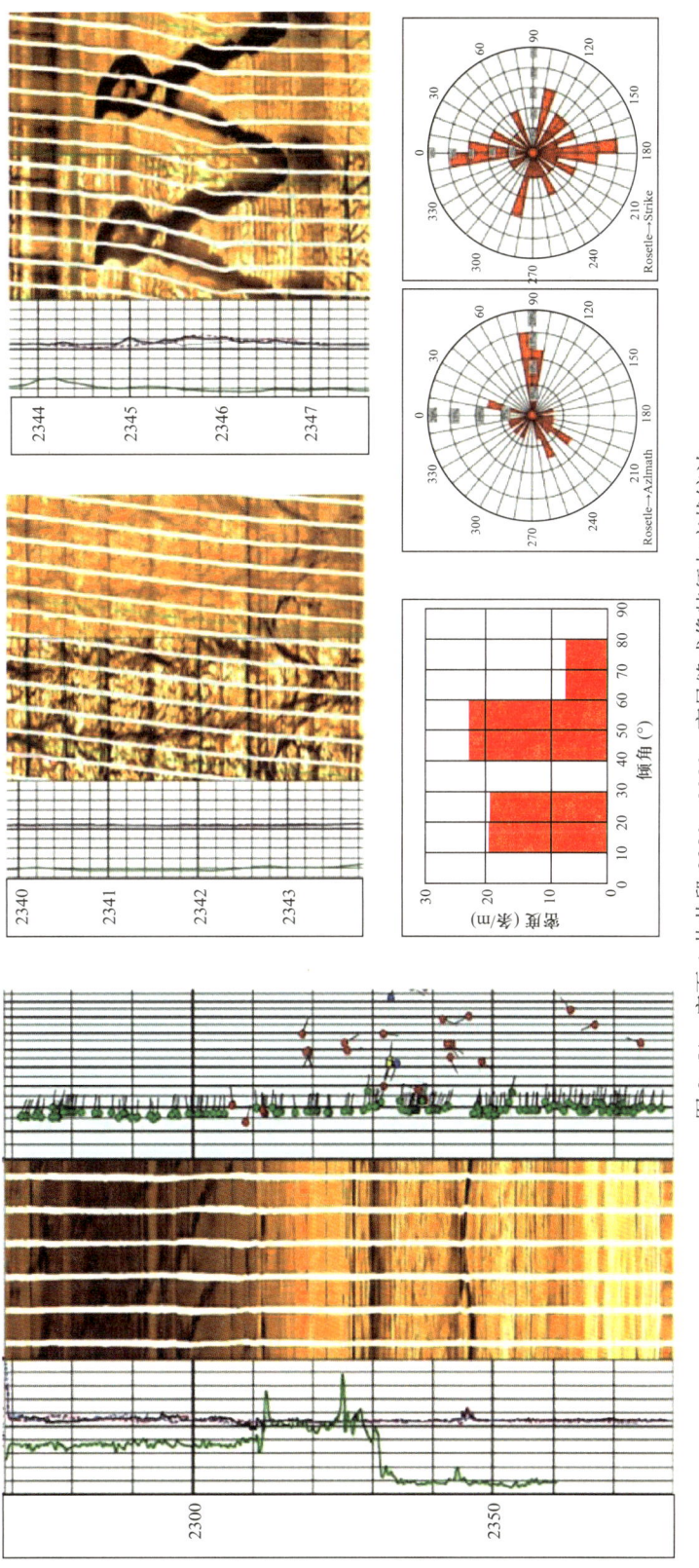

图 3-51 安页 1 井井段 2280~2380m 高导缝成像特征与产状统计

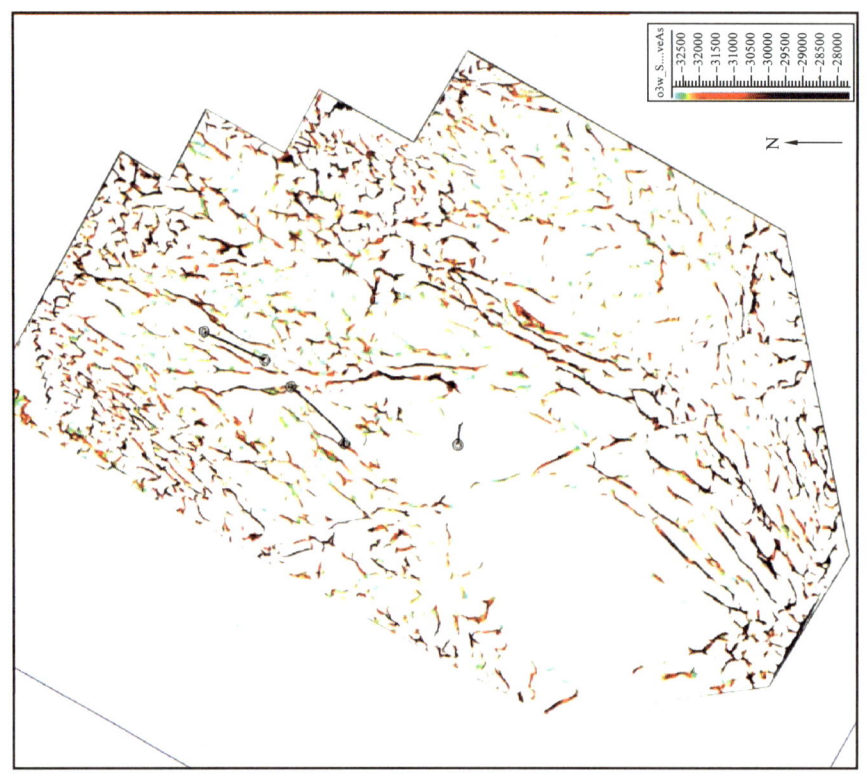

图 3-53 龙马溪组小尺度裂缝平面展布图

图 3-52 龙马溪组大尺度裂缝平面展布图

微观上孔隙包括矿物颗粒间孔（晶间孔）、微孔缝（骨架颗粒间原生微孔、自生矿物晶间微孔、黏土伊利石化层间微缝）、矿物颗粒溶蚀微孔隙、基质溶蚀孔隙、有机质生烃形成的微孔隙等，其中粒间（晶间）微孔、黏土矿物层间微孔缝较为发育。工作区目标层系上奥陶统五峰组—下志留统龙马溪组富有机质页岩电镜及背散射观察，黏土矿物以层间微孔缝为主，粒间（晶间）微孔次之，不同宽度裂缝较发育。主缝、微缝、黏土矿物层间孔缝形成错综复杂的网络，形成了理想的解吸—渗流通道。微裂缝中，主缝近顺层方向，延伸较长，可超过薄片的范围，常成组出现，宽度最大可达 10～20μm。缝内充填沥青质，沥青质与基质之间仍存在残留空间。脆性矿物与黏土矿物间同样可见微裂缝，微裂缝面绕脆性矿物而弯曲，无充填，宽度一般 0.5～5μm。综上可见，方解石充填裂缝工作区比较发育，野外露头、井下岩心及显微镜下均可见；而碳泥质充填裂缝见缝面镜质光泽，并有滑动擦痕，这类裂缝多为后期构造控制，裂缝提供了油气运移的通道，对页岩气储、渗都具有一定的意义（图 3-54）。

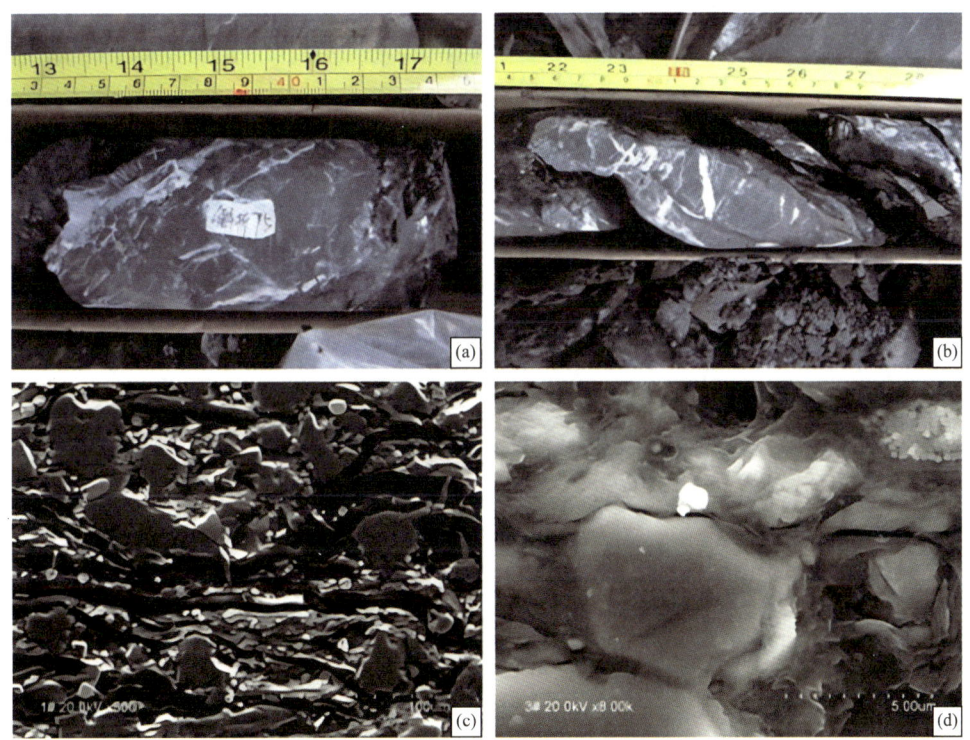

图 3-54 黔北地区五峰组—龙马溪组宏观、微观裂缝发育特征
a，b—斑竹 1 井五峰组宏观裂隙特征；c，d—道页 1 井五峰组显微结构特征

斑页 1 井岩心观察表明五峰组—龙马溪组页岩裂缝以构造裂缝和成岩形成的层间微裂缝为主，构造裂缝较发育，野外露头、井下岩心和显微镜下均能见到，以高角度裂缝为主，少见低角度裂缝，局部见两组高角度裂缝相切。通过对斑页 1 井的岩心观察，可见层间裂缝和斜交裂缝发育，裂缝中大多数被方解石和少量的黄铁矿充填（图 3-55）。

(a) 节理裂缝　　　　　　　　　　　(b) 高角度节理裂缝

(c) 层间裂缝　　　　　　　　　　　(d) 层间裂缝(据斑页1井)

(e) 构造裂缝(据斑页1井)　　　　　(f) 裂缝中充填方解石脉(据斑页1井)

图 3-55　调查区五峰组—龙马溪组裂缝特征

3.2.2　黔北页岩气保存条件分析

保存条件一直是困扰南方常规油气勘探的主要问题之一（Sam et al.，2014；梁兴等，2023）。对于页岩气的保存，鉴于其富集岩性特征和成藏机理，页岩气对保存的要求比常规油气较低（聂海宽等，2023）。但是这并不意味着页岩气的保存条件是无条件的，纵观中国南方近几年来页岩气的勘探实践及最终成效来看，保存条件是页岩气存在与否的关键因素，特别是南方海相页岩在复杂构造条件及高成熟度下的保存条件更是控制页岩气赋存状态及含气丰度的关键因素。黔北试验区构造复杂，早古生代地层裸露程度高，局部发育隔挡隔槽式构造，页岩气保存条件分析显得尤其重要（Sun，2020）。本节从黔北地区盖层条件、断裂发育特征及水文地质条件等对保存条件进行探讨。

3.2.2.1 构造条件

（1）构造单元划分。

黔北页岩气综合勘查试验区位于武陵—湘鄂西褶皱带南段，属侏罗山式褶皱带。据《贵州省区域地质志》，试验区属扬子准地台—黔北台地隆起—遵义断凸—凤冈北北东向构造变形区（表3-27）。主干构造线方向主要为北东—北北东向，次为南北向。区内主要受加里东期及燕山期两大构造旋回影响，构造形迹相互叠加、限制和改造。

表3-27 勘查试验区构造单元划分表

一级构造单元	二级构造单元	三级构造单元	四级构造单元
扬子准地台（Ⅰ）	黔北台地隆起（Ⅰ$_1$）	遵义断凸（Ⅰ$_1$A）	Ⅰ$_1$A$_1$ 毕节北东向构造变形区
			Ⅰ$_1$A$_2$ 凤冈北北东向构造变形区
			Ⅰ$_1$A$_3$ 贵阳复杂构造变形区

（2）主要构造形迹。

勘查试验区总体构造复杂，褶皱和断裂均较发育，构造形迹的展布方向主要为北东向、次为近南北向，另有少量北西向构造。区内经多期次构造运动，其中，加里东期及燕山期两大构造旋回影响最甚。试验区褶皱属侏罗山式褶皱，以隔槽式或隔挡隔槽过渡式褶皱最为发育，由一系列的紧密向斜和平缓背斜相间平行排列而成，在平面上和剖面上呈雁形排列。其中，斑竹向斜及以东区域向斜紧闭、背斜宽缓，为典型隔槽式褶皱；安场向斜及以西区域背向斜均相对宽缓，为隔挡隔槽过渡区宽缓向斜带。区内普遍发育有与褶皱轴（主要是背斜轴）平行的冲断层，与上述褶皱一起构成褶皱推覆构造，同时，发育走滑（平移）断层与上述褶皱和冲断层斜交，并与前述的冲断层构成复杂的断裂网络。这种不同构造展布方向共存发育的特征，反映了测区不同构造期次形成的构造相互叠加、限制和改造的结果。

黔北地区构造复杂，褶皱及断裂发育，白垩系及其之下所有地层均发生褶皱变形，主干构造线方向主要为北东向、近南北向，是经历了多期构造运动后而形成的。区内主要受加里东期及印支—燕山期两大构造旋回的影响，由于应力方向不同，后期的构造变形改造、破坏或叠加于早期形成的褶皱、断裂，且后期的构造运动会受到早期构造的制约。贵州地区的褶皱、断裂构造非常发育，因岩性差异、古构造背景、边界条件等影响，各期褶皱分布不均。总的来说，燕山期对其形成和影响最大，褶皱的形态以线状褶皱为主。此外，燕山期—喜马拉雅期多期褶皱叠加、干扰造成区内褶皱构造形态复杂。按褶皱的发育特征及力学成因可以分为：近东西向和南北向挤压型褶皱，北西向、北东向和北北东向直扭型褶皱，以及旋扭型褶皱等多种褶皱类型。

3.2.2.2 沉积条件

相是"沉积环境下的古代产物"，为一个"沉积环境"中所有的原生沉积特征的总和,包括岩石、古生物和地球化学特征等。按照沉积环境的不同,常划分为大陆相组、海陆过渡相组及海洋相组,在每个环境内根据次一级的地貌特征分为亚环境。

贵州省地层发育齐全,古生物化石丰富,自中—新元古界至第四系均有出露,厚50000m,其中以发育海相沉积岩为主要特色。中—新元古界沉积地层以海相陆源碎屑岩为主,夹火山碎屑岩及碳酸盐岩;古生代—晚三叠世中期以海相碳酸盐夹碎屑岩沉积为主;晚三叠世中期以后几乎全为陆相碎屑岩沉积地层,下面是关于五峰组—龙马溪组沉积相特征介绍。

(1)沉积相类型。

综合岩石组合、沉积构造、剖面序列、生物组合等因素,对黔北勘查试验区及周边五峰组—龙马溪组的沉积相进行划分(表3-28)。

表3-28 黔北勘查试验区及周边沉积相划分方案(五峰组—龙马溪组)

沉积相组	沉积相	沉积亚相	沉积微相	地层
海洋相组	滨海	滨岸	前滨	含平行层理、交错层理的钙质细砂岩	龙马溪组顶部
			近滨	含丰富层面遗迹钙质粉砂岩、砂岩	龙马溪组上部
			远滨	钙质粉砂质泥岩夹薄层—条带钙质、泥质粉砂岩	龙马溪组上部
	浅海	陆棚或局限海	浅水陆棚	瘤状、条带、薄层含碎屑灰泥质灰岩	龙马溪组中上部
				含笔石含粉砂泥岩及条带—纹层状粉砂岩	龙马溪组中上部
				(含笔石)黏土质泥岩	五峰组底部
			深水陆棚	笔石含粉砂—粉砂质含碳黏土质泥岩	龙马溪组下部
				笔石含粉砂—粉砂质碳质黏土质泥岩	五峰组、龙马溪组底部
				含放射虫、海绵骨针的硅质岩及硅质泥岩	五峰组中上部

(2)滨岸相。

① 前滨亚相。属高能环境沉积。中—厚层结构,砂质为主,成分成熟度及结构成熟度均较高。典型沉积微相为含平行层理、交错层理的钙质细砂岩,伴随波痕、层面遗迹等沉积构造。勘查试验区内前滨亚相仅发育于龙马溪组顶部,厚数米不等,如绥阳太白、正安城北(图3-56)。

② 近滨亚相。前滨亚相的靠海一侧,粉砂含量增加。典型沉积微相为含丰富层面遗迹钙质粉砂岩、砂岩,发育沙纹层理,层面遗迹化石丰富。勘查试验区近滨亚相主要发育于龙马溪组上部,如务川北、正安土坪(图3-57)。

③ 远滨亚相。远滨亚相为滨岸相低能环境沉积,泥质含量明显增加,粉砂常见为薄层—条带结构。典型沉积微相为钙质粉砂质泥岩夹薄层—条带钙质、泥质粉砂岩,沉积构造见粉砂岩夹层发育沙纹层理、层面少量遗迹化石。勘查试验区远滨亚相主要发育于

龙马溪组上部，纵向相序演化位于近滨亚相之下（图3-58）。向浅水陆棚亚相过渡，体现在颜色加深，出现笔石，粉砂减薄为条带—条纹结构。

(a) 钙质细砂岩对称波痕，绥阳太白

(b) 钙质细砂岩浪成交错层理，正安城北

图3-56 黔北勘查试验区五峰组—龙马溪组前滨亚相典型特征

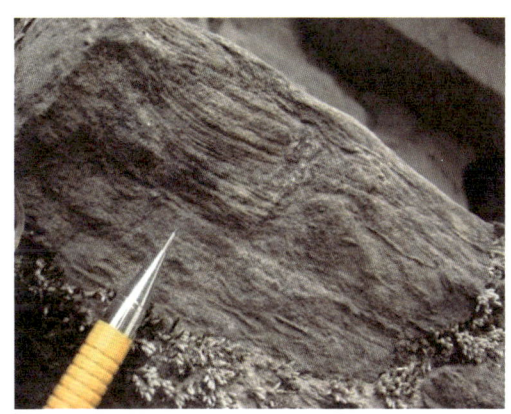
(a) 钙质泥质粉砂岩沙纹层理，务川北

(b) 钙质泥质粉砂岩显微结构，务川北

(c) 薄层钙质粉砂岩沙纹层理，正安土坪

(d) 薄层钙质粉砂岩层面遗迹化石，正安土坪

图3-57 黔北勘查试验区五峰组—龙马溪组近滨亚相典型特征

(a) 钙质粉砂质泥岩夹薄层粉砂岩，绥阳太白　　　　(b) 钙质粉砂质泥岩夹薄层粉砂岩，正安尖山

图 3-58　黔北勘查试验区五峰组—龙马溪组远滨亚相典型特征

（3）陆棚或局限海相。

陆棚相通常指正常浪基面以下至坡折带之间，水深不大于200m的较平坦的广阔陆表海域。晚奥陶世—早志留世，上扬子克拉通边缘在挤压背景下多处隆升为陆，形成黔中古隆起、乐山—龙女寺古隆起、汉南古陆、康滇古陆等围限的局限浅海。这样的沉积背景赋予了陆棚相特殊的含义，区别于被动大陆边缘沉积模式下的陆棚相。根据勘查试验区及邻区调查，以岩性组合、水动力条件及其横向变化为依据，划分出浅水陆棚亚相、深水陆棚亚相。

① 浅水陆棚亚相。陆棚的浅水沉积区域。勘查试验区典型沉积微相为：

a. 瘤状、条带、薄层含碎屑灰泥质灰岩，主要发育于龙马溪组中上部，可见层面遗迹化石，局部夹钙质粉砂岩、瘤状生屑灰岩，如正安庙堂、桴焉、尖山、道真隆兴等地（图3-59a、图3-59b）。

b. 含笔石含粉砂泥岩及条带—纹层状粉砂岩，颜色灰—深灰，泥岩中含笔石—微含笔石，粉砂条带常发育沙纹层理。勘查试验区南部主要发育于龙马溪组中部，如正安尖山；北部发育于龙马溪组中上部，如沿河新景、道页1井等地（图3-59c、图3-59d）。

c. 黏土质泥岩，颜色灰—深灰，质软，黏土质含量高。泥岩中微含—不含笔石，偶见瓣鳃类。勘查试验区主要发育于五峰组底部，厚度一般数十厘米不等，如务川北、正安三江、道真隆兴及道真巴渔等地（图3-59e、图3-59f）。

② 深水陆棚亚相。陆棚的深水沉积区域，水深相对较大，能量低，水体安静，常见笔石等浮游生物悬浮沉积于黑色岩系中，为勘查试验区五峰组—龙马溪组富有机质页岩主要分布相带。典型沉积微相有：

a. 笔石含粉砂—粉砂质含碳黏土质泥岩，笔石含粉砂—粉砂质碳质黏土质泥岩。富有机质页岩典型沉积微相，碎屑粒度具泥—细粉砂级，笔石丰富，富含有机质。勘查试验区龙马溪组底部普遍发育，如安场落龙（图3-60a、图3-60b）。从纵向相序演化特征来看，龙马溪组自下而上有机质含量降低，是沉积环境还原性减弱的体现。

b. 含放射虫、海绵骨针的硅质岩及硅质泥岩。该岩石微相主要发育于五峰组，所占地层厚度比例不高。宏观具薄层结构，岩石致密硬脆。勘查试验区五峰组以薄层硅质泥岩为主，硅质含量80%～90%，含少量硅质矿物碎屑及硅质生物，如正安落龙、道真三江、秀山大田坝等地（图3-60c、图3-60d）。

(a) 薄层含碎屑灰泥质灰岩，道真隆兴

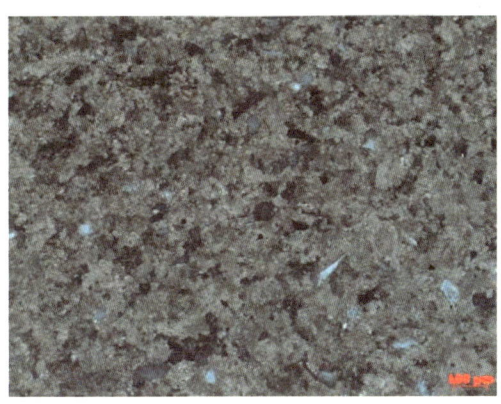
(b) 含碎屑灰泥质灰岩显微特征，道真隆兴

(c) 含粉砂泥岩中石英粉砂岩夹层，正安尖山

(d) 含粉砂泥岩，沿河新景

(e) 五峰组底部含笔石黏土质泥岩，正安落龙

(f) 五峰组底部含笔石黏土质泥岩，道真巴渔

图3-59 黔北勘查试验区五峰组—龙马溪组浅水陆棚亚相典型特征

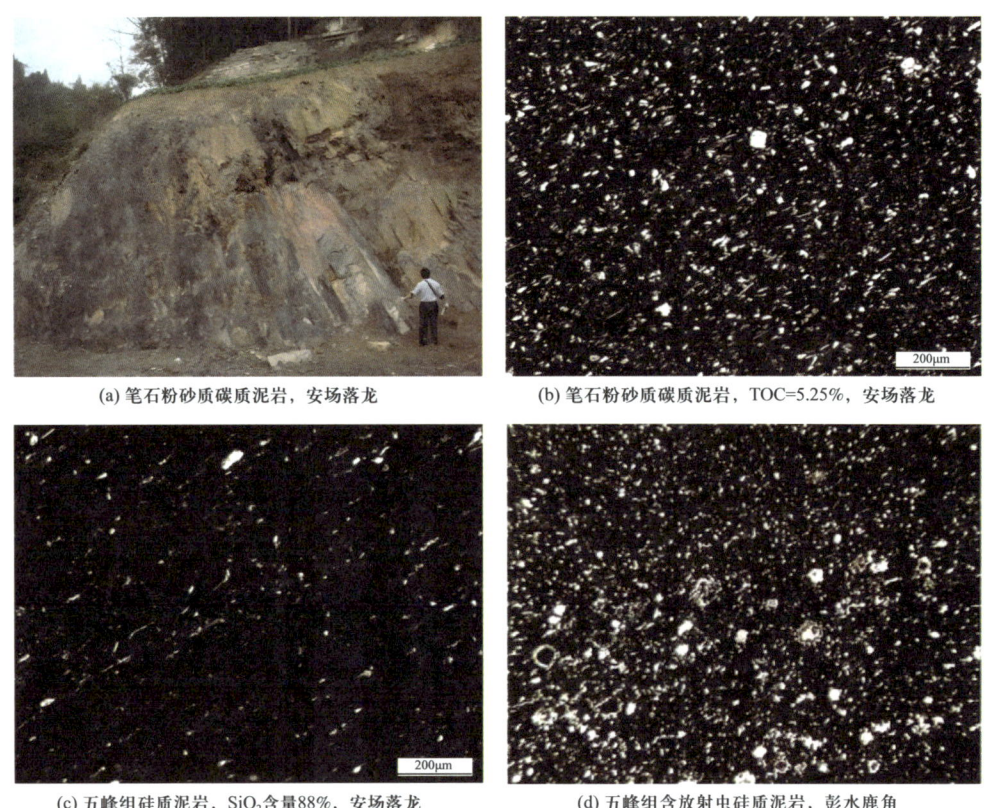

(a) 笔石粉砂质碳质泥岩，安场落龙　　(b) 笔石粉砂质碳质泥岩，TOC=5.25%，安场落龙

(c) 五峰组硅质泥岩，SiO_2含量88%，安场落龙　　(d) 五峰组含放射虫硅质泥岩，彭水鹿角

图3-60　黔北勘查试验区五峰组—龙马溪组深水陆棚亚相典型特征

（4）沉积相带展布。

① 沉积相剖面对比。在单剖面/钻井纵向相序识别清理的基础上，对五峰组—龙马溪组开展沉积相区域对比分析。对比表明，黔北勘查试验区五峰组—龙马溪组相带展布总体为南北向（图3-61）。

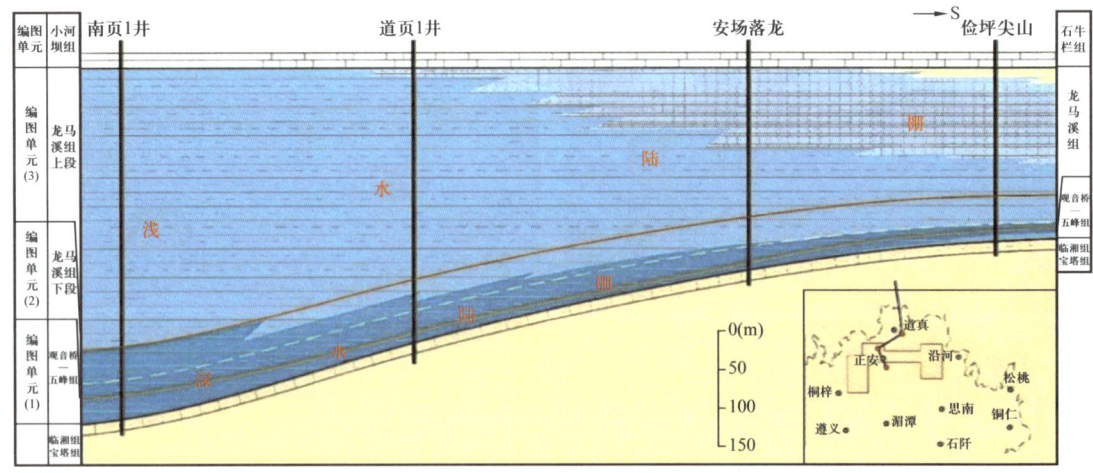

图3-61　勘查试验区五峰组—龙马溪组南北向沉积相剖面图（含拟定编图单元）

如图 3-61 所示，五峰组—龙马溪组底部，勘查试验区属深水陆棚亚相，岩石微相相似，仅沉积厚度向北增大，如南页 1 井 29m，道页 1 井 27m，安场落龙 25.85m，正安尖山 16.12m（TOC≥2.0%）。

龙马溪组中段为泥质浅水陆棚亚相，但上段微相呈现较明显分带性。南部太白水坝岩石组合具滨岸相特征，向北至安场落龙、道真隆兴等地为灰泥质浅水陆棚，至道页 1 井、南页 1 井、沿河新景等地，以深灰—灰色泥质浅水陆棚亚相为特征。

② 沉积微相展布。五峰组—龙马溪组纵向分解为三段，分别编制对应时期沉积微相古地理图：五峰组、龙马溪组下段及龙马溪组上段，编图单元如图 3-61 所示。由于区内尚无生物地层的精确标定，各编图单元的等时性较难保证，故采用优势沉积微相组合及相带展布趋势进行控制。

a. 五峰组。五峰组沉积时期受都匀运动构造挤压背景控制，上扬子宽缓局限海的大格局下形成了次级的隆—坳相间格局（图 3-62）。勘查试验区东部务川—德江一带海底隆升变浅，形成浅水陆棚相区。沉积微相以含笔石黏土质泥岩、笔石含粉砂碳质泥岩为优势组合（局部地区岩石地层可能受剥蚀而不完整）。浅水陆棚相区向周边沉积水体变深，过渡为深水陆棚区。沉积厚度增大，安场向斜西部—栲栳向斜—黄杨向斜等地较为突出。沉积微相以笔石粉砂质碳质黏土质泥岩为主体，次为笔石含粉砂碳质黏土质泥岩、硅质泥岩。

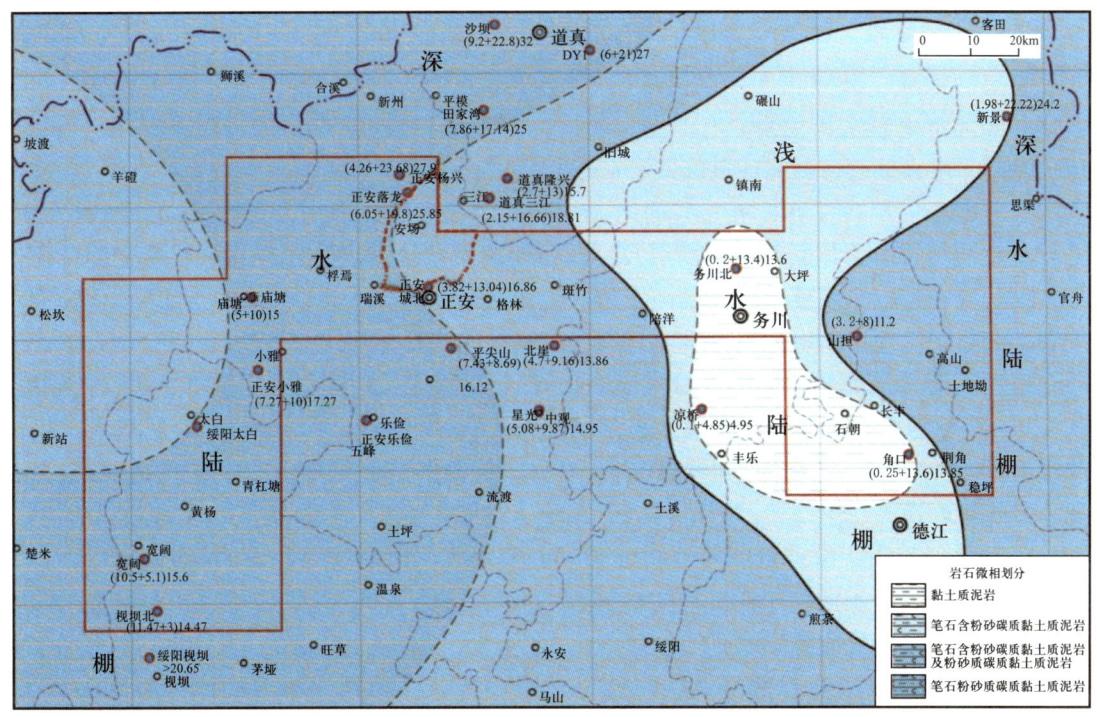

图 3-62 黔北勘查试验区五峰组沉积微相图（秦川等，2016）

总体上，勘查试验区中西部五峰组深水陆棚相区为富有机质页岩有利分布相带，体现在页岩厚度大、有机质丰度高、脆性矿物或硅质含量高。

b. 龙马溪组下段。龙马溪组南北向的相带展布趋势及富有机质页岩的厚度变化趋势，反馈出古地势（古地貌）高点在南侧，海进过程自北向南。区内正安—务川一带以南为浅水陆棚相区，以北为深水陆棚相区。浅水陆棚相区，笔石含粉砂—粉砂含碳质黏土质泥岩微相厚仅底部数米，向上渐变为含钙粉砂质泥岩及薄层粉砂岩微相。深水陆棚相区，以笔石含粉砂—粉砂含碳质黏土质泥岩微相、笔石含粉砂—粉砂碳质黏土质泥岩微相为主。

总体上，龙马溪组下段在勘查试验区北部深水陆棚相区为富有机质页岩有利分布相带，体现在页岩厚度大、有机质丰度高、脆性矿物含量高，且厚度呈现向北增大的趋势。

c. 龙马溪组上段。龙马溪组沉积晚期，总体继承了早期沉积格局。随着相对海平面下降，勘查区南部粗碎屑沉积渐多。自南向北表现为滨岸相近滨亚相—浅水陆棚的过渡，代表弱还原—氧化环境。枧坝—乐俭—务川—荆角以南区域主要沉积粉砂、泥质粉砂条带，优势相为近滨亚相；太白—斑竹—镇南以南区域主要沉积钙质粉砂质泥岩夹钙质粉砂岩条带，优势相为远滨亚相；以北区域龙马溪组上段为浅水陆棚亚相，主要沉积条带—薄层灰泥质灰岩、含笔石含粉砂泥岩等。

总体上，龙马溪组上段在勘查试验区及周边滨岸相—浅水陆棚相未沉积富有机质页岩，却沉积了页岩气保存较有利的隔挡层，体现在厚度大，泥质比例高。

3.2.2.3 断层条件

断层的性质、破碎程度，以及断层面两侧岩性组合间的接触关系，对天然气运移、聚集和破坏都有着密切关系。有时同一断层，在深部和浅部所起的作用不同；在不同的历史时期，也可能起着封闭或破坏两种截然相反的作用。

黔北地区断层较发育，展布方向以北东向为主，次为北西向及近南北向。按其性质可分为逆冲断层、剪切断层、正断层及性质不明断层。区内以发育逆冲断层为主要特征，常具带状分布特点。主要断层由西向东依次为1级断层遵义—贵阳断层、2级断层正安断层和德江断层。现按断层性质择重要者进行简要描述，具体断层信息见表3-32。

遵义断裂为南北向延伸的区域大断裂，延长240km。主要经历了三期活动，主燕山期（J_3—K_1）为主要活动期，表现为强烈的高角度自西向东兼左行剪切，断裂基本定型；燕山晚期（K_2—E），表现为正断层兼右行平移，控制K_2—E红盆沉积；喜马拉雅期，表现为自西向东逆冲。

正安断裂带主要沿黄鱼江复背斜分布，由多条北东向断层组合而成。形成于燕山—喜马拉雅期。断层走向北东向，区内延伸90km，沿北东方向与彭水—建始断裂相连。断裂内见温泉，局部有低温热液矿物分布。

德江断裂带分布在德江—凤冈一线，是由多条北东向断层组合而成。形成于燕山期—喜马拉雅期。断层呈北东向，伴生北西向、南北向断裂，区内延伸50km。带内温泉发育，低温热液矿物分布较为普遍。

表 3-29 黔北地区及邻区断层要素简表

名称	编号	走向	断面倾向	断距（m）	延伸长度（km）	性质	断层特征
杨兴断层	1	NW 330°	北东	200~1800	12	剪切平移	两盘为娄山关组－韩家店组，破碎带宽1~4m；断层南段具有平移性质，北段具正断层性质，主为错断断北东向构造形迹
平模断层	2	NNE 10°	北西	80~150	5	挤压逆冲	上盘地层为奥陶系桐梓组－湄潭组，下盘地层为奥陶系湄潭组－志留系龙马溪组；断层主要造成地层发生缺失，断层附近偶见牵引褶曲；断层破碎带宽2~6m
王城坝－回龙场断层	3	NE 20°~30°	南东，倾角约55°	50~600	26	逆冲	两盘出露地层为寒武系娄山关组－志留系，出露断层破碎带宽5~12m，带内具寒武系娄山关角砾岩，断层附近牵引小褶曲发育
瑞溪断层	4	NS 355°	西，倾角约40°	100~500	20	挤压逆冲	上盘出露地层为寒武系娄山关组－志留系韩家店组，下盘地层为娄山关组－二叠系栖霞组
青岗坝断层	5	NW 340°	北东	50~200	9	剪性	两盘地层为娄山关组－韩家店组，破碎特征不详
葛藤坝断层	6	NEE 80°	北	50~100	4	逆冲	两盘为娄山关组，破碎带宽2m，具断层角砾岩；断层附近具牵引特征
李家塘断层	7	NE 约35°	南东，倾角近60°	100~1200	8	剪切逆冲	北东盘为娄山关组－湄潭组，南西盘为娄山关组－石牛栏组，破碎带宽2~5m，具断层角砾岩，断层附近具牵引特征
俭平断层	8	NEE 约70°	西北，倾角40°~50°	最大可超1000m	40	逆冲	上盘为娄山关组－红花园组，下盘为娄山关组－韩家店组，破碎带宽10m余
园子湾断层	9	SE 150°	南西，倾角51°	100	3	正降	上盘为娄山关组，下盘为娄山关组－红花园组，破碎带宽2m，具断层角砾岩
洺潭断层	10	NE	东	500~1000	25	右行平移	断层符切西南不远，在断层两盘因挤压常形成北东向褶曲
黄都断层	11	NE 10°~25°	东	500	50	右行平移	断层两盘大多是娄山关组厚白云岩，故破碎显著，断层角砾岩发育，断层依次穿过奥陶系－三叠系

续表

名称	编号	走向	断面倾向	断距（m）	延伸长度（km）	性质	断层特征
新面断层	12	NWW	断面倾角陡	约800	13.4		断层两盘均为娄山关组，它们与北北东向褶曲、冲断层共同构成"多"字形构造
马柳坝断层	13	NWW	断面倾角陡	270	5.2	压扭	断层两盘均为娄山关组，切割断层F_{11}
仁老山断层	14	NE	倾向南东	300	3.5	压扭	位于一组雁行斜列背斜的北端
黄银洞断层	15	NE		80	4.6	正降	略呈弧形，向南收敛
丝棉乡断层	16	NE		300	14.6	正降	断层切穿寒武系清虚洞组和高台组
德龙断层	17	NNE		800	6.2	压扭	沿湖坝背斜发育，未见显著挤压擦痕
流渡—谢坝同扭断层	18	NNW	流渡附近倾向东南，倾角35°，向南倾向西北，倾角60°~70°	1000	20	压扭	"人"字形构造主干断层，断层两盘石灰岩中网状方解石很发育，破碎带宽30余米，倾向东的羽状小断层和南北向陡倾角的密集节理分布
岩岗断层	19	NEE	北，倾角60°~80°	1000	4.6	左行平移	断层两盘地层主要为奥陶系桐梓—红花园组，沿断层偶见方解石脉
流渡断层	20	NEE	北，倾角60°~80°	150~1500	6	左行平移	沿断层偶见方解石脉，将平乡向斜茅毛坝一带错断
双龙断层	21	NNE		230~700	24.6	正降	发育于双龙背斜轴部，常见糜棱岩及平行断层走向的小褶曲，但一般挤压现象不明显
辽原断层	22	NNE		6200	22	正降	发育于辽原向斜南端，常见糜棱岩及平行断层走向的小褶曲，挤压现象不明显
旺草断层	23	NW		200~1000	17.3	逆冲	西南盘下奥陶统、白云岩因受挤压倒转
茅垭断层	24	NEE		2300	11	压扭	发育于黄江复背斜一带，断层穿过上奥陶统和下志留统
簸箕断层	25	NEE		娄山关组内，断距不清	11.9	压扭	断层两盘地层为娄山关组

— 124 —

续表

名称	编号	走向	断面倾向	断距（m）	延伸长度（km）	性质	断层特征
刺林—岩坪断层	26	NE	西北，倾角50°~60°	200~700	5.2	正降	破碎带宽30~50m，断层角砾岩发育
桑树坝—荀家坝断层	27	NEE	西北，倾陡	5300	35.95	正降兼左行平移	
庙堂断层	28	NE	西北，倾角30°~70°	209~932	43.3	逆冲	下盘地层因受挤压常形成倒转褶皱，甚至平卧
木油厂断层	29	NE	东南，倾角55°	水平断距300m；最大垂直断距120m	9.3	压扭	斜切金鸡岭背斜，破碎带宽0.5~5.5m，角砾成分主要为白云岩破碎带中有白云石脉，方解石脉充填，断层面上常见倾斜及垂直擦痕
务川断层	30	NE	西北，倾角45°	未见明显断距	4.5	正降	下盘为下三叠统茅草铺组厚层白云岩，上盘为中三叠统松子坎组页岩
石盆断层	31	NE 20°	东，断层北段倾角40°，南段倾角10°~20°		6.6	逆冲	断层下盘向东倒转，形成叠瓦状构造
新岗园断层	32	NNE			13	压扭	断层西北盘向斜轴面近于直立，垂直位移：断层东南盘，向斜轴面微东倾
七和坝断层	33	NE 30°	南东，倾角78°	200~400	17	正降	两盘地层均为寒武系，倾角平缓约5°，断层附近仅见局部角砾岩化
桶井坝断层	34	NE 10°	南东，倾角70°	100~200	37	逆冲	断层两盘岩层均受牵引而褶皱，局部倒转，使下三叠统推覆于三叠系之上
红丝断层	35	NE 20°~30°	东，倾角陡	50	18.44	逆冲	断层东盘寒武系高台组及奥陶系倾角直立，部分倒转，西盘志留系平缓，该断层使倒转之宝塔组推覆于下志留统之上
宽坪断层	36	NE	南东，倾角50°~80°	最大达千余米	>50	正降	德江断裂的一级断层，规模大，同组其他次级断裂性质亦相似，多为高角度正断层

— 125 —

断层对油气的破坏作用则表现在"通天"断层可断穿上部区域盖层,成为天然气散失的通道,造成气藏被破坏(Xiaofei et al.,2013)。同时,由于"通天"断层开启程度高,可使地表水下渗引起水洗作用,加剧了对气藏的破坏。如邻区昭101井、方深1井钻探失利原因就是因为有深大断裂通过目的层位,破坏了目的层牛蹄塘组的保存系统。

研究区断裂系统较发育,以北东向、北北东向及南北向断裂为主,其次派生一些北西西向断裂。根据断裂深度及影响因素分级认为,本区发育一条一级断裂:遵义—贵阳断裂;二级断裂两条:正安—桐梓断裂、德江—湄潭断裂;其余的均为次一级的断裂。一级断裂深达基底,具有区域性控相的特征;二级断裂可深达寒武系牛蹄塘组,对区域牛蹄塘组页岩气的保存具有破坏作用。

本区内4口页岩气钻孔表现出不同的含气性特征,绥页1井、正页1井和德页1井在地层岩心中均能见到断裂破碎带,平面上绥页1井靠近正安—桐梓断裂,德页1井靠近德江—湄潭断裂,正页1井位于背斜核部,张性断裂发育,这些特征使得现场解吸含气性较差。

目前,对于断裂对页岩地层含气性影响范围尚无有效的评价方法,从焦石坝和彭水页岩气藏勘探观察,页岩气钻孔至少远离断裂5km以上,且目的层系应位于断裂的下盘。

3.2.2.4 低温热液矿物分布

贵州地区热液矿床分布较广,对页岩层系的影响仅存在于下寒武统牛蹄塘组和上二叠统龙潭组。热液矿床是地下热液沿较大的断裂上升,热液中的矿物质沉淀在次级小型断裂和节理裂隙中。黔北地区热液矿床多分布在碳酸盐岩中,少量分布在砂岩及泥岩中(Singleton and Criss,2002)。由于碳酸盐岩脆性较高,易于断裂,使地层纵横向上都有较好的连通性,具备热液矿物沉淀的物理空间。从页岩气保存条件来分析,能够构成热液矿的导矿构造断裂,反映了该断裂具有较高的开启程度。在汞矿、铅锌矿和砷矿分布的背斜区,断裂对牛蹄塘组开启程度较高,保存条件一般。

黔北地区热液矿床类型包括汞矿、铅锌矿和砷矿,初步统计约有13个矿床点,其中以铅锌矿和汞矿较多(表3-30)。

表3-30 黔北热液矿床一览表

编号	地理位置	热液矿床	层位	岩性
1	绥阳野茶乡	铅锌矿	中—上寒武统	白云岩
2	务川木油厂	汞矿	下寒武统	石灰岩、白云岩
3	沿河铺子边	铅锌矿	下寒武统	石灰岩、白云岩
4	沿河银池乡	铅锌矿	中—上寒武统	白云岩
5	思南雄黄沟	砷矿	下奥陶统	石灰岩
6	凤冈茶花坪	铀矿	中—上寒武统	白云岩
7	正安德龙	铅锌矿	下寒武统	石灰岩、白云岩

续表

编号	地理位置	热液矿床	层位	岩性
8	松桃粑粑寨	铅锌矿	下寒武统	石灰岩、白云岩
9	松桃盘信	铅锌矿	下寒武统	石灰岩、白云岩
10	松桃团塘	铅锌矿	中—上寒武统	白云岩
11	铜仁广龙坡	铅锌矿	下寒武统	石灰岩、白云岩
12	铜仁塘边坡	铅锌矿	下寒武统	石灰岩、白云岩
13	铜仁洋寨	铅锌矿	中—上寒武统	白云岩

研究区热液矿床包括铅锌矿、砷矿和汞矿等矿化点，其中以汞矿、铅锌矿和萤石矿为主。区域上，铅锌矿主要分布于务川思渠和正安梓焉；汞矿主要分布在务川以北的大坪—镇南地区。产出层位主要为中—下寒武统石灰岩、白云岩地层，砷矿主要为下奥陶统石灰岩层。

铅锌矿主要分布于务川、印江、松桃、铜仁等地，产出层位以寒武系金顶山组、清虚洞组、高台组、娄山关组为主，偶见奥陶系桐梓组、震旦系陡山沱组和灯影组中。构造上多位于背斜核部区域。砷矿仅在思南县雄黄沟湄潭组下部生屑灰岩中产出。

3.2.2.5 保存条件综合评价

综合区内构造演化、盖层分布及断裂、水文地质条件等资料综合分析，结合黔北地区及附近下古生界页岩气显示井数据，认为盆缘褶皱区以构造宽缓的向斜区域保存条件较好，高陡构造带较不利。构造相对宽缓的背斜带，由于张应力作用，构造带核部常发育张性断裂，保存条件略差。

黔北地区下志留统龙马溪组富有机质页岩为页岩气勘探目的层，地表覆盖有二叠—三叠系为保存条件有利区域，下志留统石牛栏组—韩家店组覆盖区保存条件一般；以牛蹄塘组富有机质泥页岩为页岩气勘探目的层，志留系—二叠系覆盖区为保存条件有利区，中—上寒武统覆盖区断裂发育，保存条件较差。

综上分析，黔北地区保存条件较好区域分布在梓焉、安场、斑竹等向斜带，其次是茅垭背斜地区，该地区地表断裂不发育，以出露上寒武统为主，封盖条件相对较弱。

3.2.3 黔北页岩气保存条件主控因素

3.2.3.1 构造演化对页岩气保存影响

扬子地区经历多期构造演化，具有构造作用复杂的特点，后期的构造变动决定了页岩现今的宏观分布，构造对页岩层系的控制作用不可忽略（刘树根等，2018；唐大卿等，2009；朱炎铭等，2010）。在四川盆地外部盆缘"槽—挡"转换带，由于强烈的构造运动导致地层剥蚀及断层开启致使盆缘地区页岩气藏压力系统被破坏调整而失去高效建产的潜力（何贵松等，2020；何希鹏等，2017；聂海宽等，2019），黔北地区作为雪峰隆起西缘侏罗山式断褶构造发育区，自古生代地层沉积以来，经历了加里东、海西—印支、燕山、喜马拉雅等多期构造运动的叠加改造，表现为多期次埋藏—抬升、剥蚀和变形。加里东—印支期升降与拉张作用下形成了早期隆坳相间的构造格局，燕山期受NW—SE应力及东西向应力的叠加改造作用，形成复杂的隔挡式构造样式（图3-63）。各期次构造运动所引发的一系列改造作用对研究区页岩气的保存条件产生重大影响。

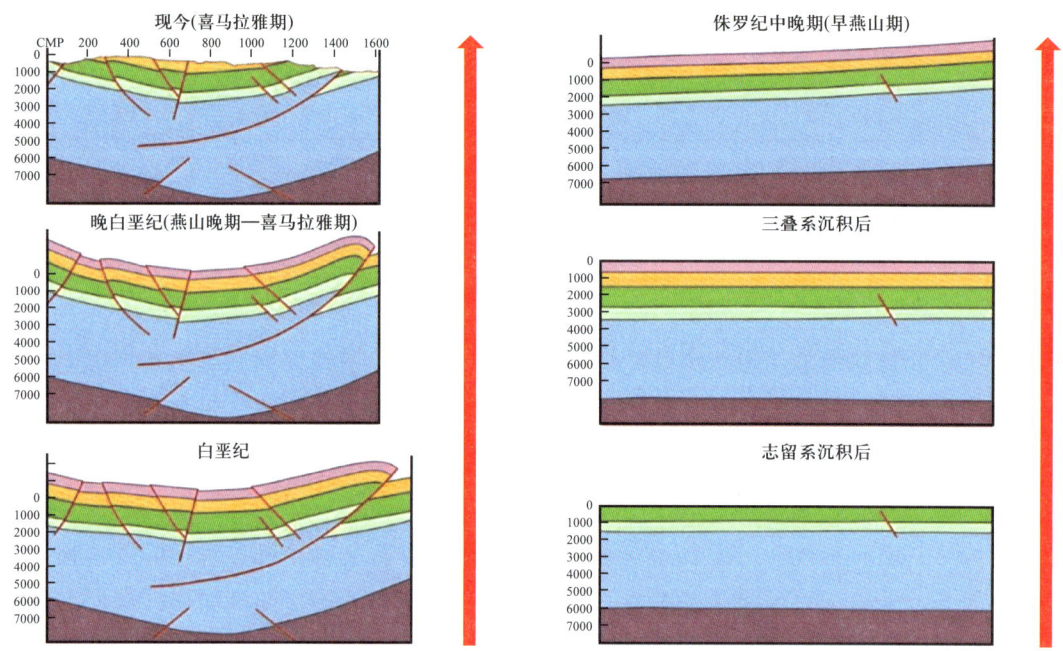

图3-63 黔北地区构造与沉积演化模式图（以狮溪向斜为例）

（1）黔北地区龙马溪组生烃演化史。

黔北地区遭受北西—东南向大规模前展式的滑脱、挤压隆升，形成隔槽式的断褶体系，该作用一直持续到喜马拉雅期改造，以及第四系隆升剥蚀作用，形成现今残留向斜型构造。龙马溪组总体经历了继承性盆地沉降—生烃阶段和构造抬升—气藏调整阶段，以安场地区为例，安页1井五峰组—龙马溪组生烃史分析表明（图3-64），自早志留世沉积开始，受到加里东运动的影响，龙马溪组页岩埋深较浅，有机质演化较为缓慢。直到二叠纪晚期至早白垩世，长期处于持续深埋阶段，大约于早泥盆世开始进入生烃窗口，在中二叠世开始进入生油高峰期，在早侏罗世开始进入生气高峰期，并于晚侏罗世开始，有机质热演化进入过成熟阶段，到早白垩世最大埋深可达6000m（翟刚毅等，2017a）。

区域上狮溪向斜中狮溪1井、宽阔—太白复向斜中瑞溪1井、瑞溪2井龙马溪组烃源岩演化史（图3-65）和安页1井相似，页岩气成藏过程主要为四个阶段：

① 早期常压缓慢生油阶段（志留纪晚期—二叠纪中期），龙马溪组沉积后埋深达到1000~2000m，此阶段地层温度最高可达100℃，有机质进入低成熟阶段，干酪根以生油为主伴随少量生气，加里东—海西期导致地层缓慢剥蚀抬升，地层压力为常压。

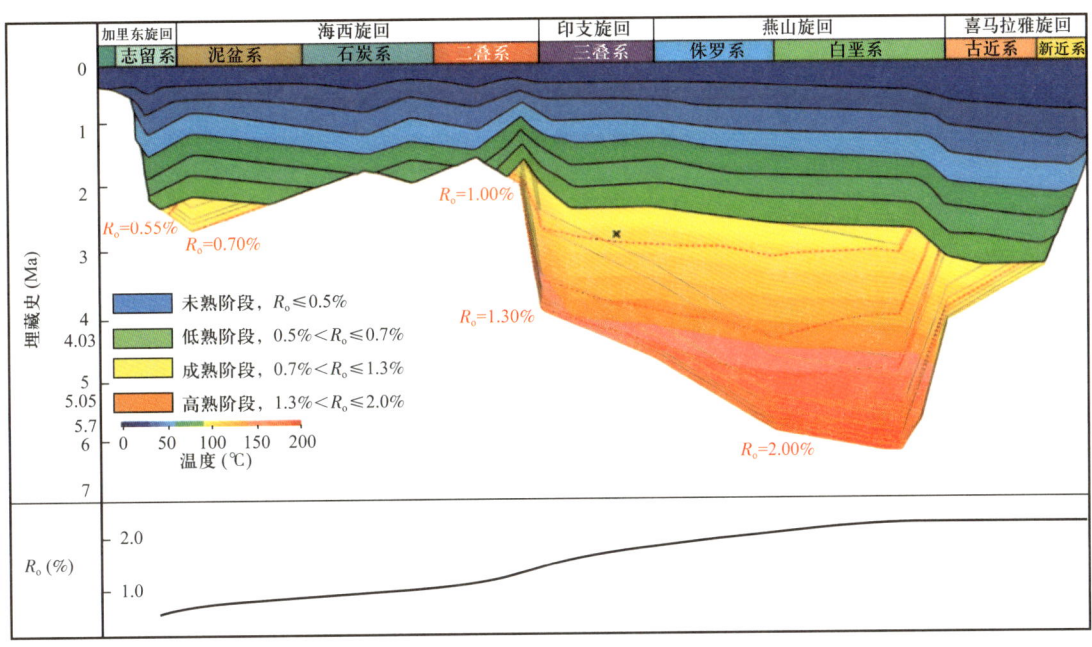

图 3-64 安页 1 井五峰组—龙马溪组生烃演化图

② 早期高压生油生气阶段（二叠纪晚期—侏罗纪中期），海西期持续隆升运动结束后地层快速沉降时期，二叠纪晚期有机质进入成熟阶段，生油量达到高峰，随着地层继续沉降，迅速进入高成熟阶段，到侏罗纪早、中期结束，此阶段地层温度介于 50～150℃，生油基本停滞，干酪根以生湿气为主，地层保持为弱超压状态。

③ 中期深埋生气超压阶段（侏罗纪晚期—白垩纪晚期），此阶段地层埋深达到最大值，可达 6000m 左右，有机质演化进入过成熟阶段，地层温度超过 100℃，最大接近 200℃，此阶段液态烃大量二次裂解生成干气，流体环境保持为超压，页岩气保存条件较好。

④ 后期抬升破坏调整阶段（白垩纪晚期至今），燕山—喜马拉雅期的褶皱造山运动强烈的构造叠加改造，递进变形与多期构造抬升作用机制，使地层大范围抬升并遭受剥蚀，气藏进入破坏调整阶段，受构造运动、断裂活动、抬升卸载等构造因素使区域页岩气地层的保存条件遭受严重破坏，导致了天然气泄漏，主要表现为沿断裂破碎带垂向逸散和沿出露区侧向逸散。同时地层大范围抬升剥蚀，地层温度不再升高，此时生气停滞，新近纪以来构造活动加剧，地层抬升加快，流体的超压环境遭到破坏，残留向斜以常压、微超压为主，在此阶段页岩气藏富集受限于最终残留向斜构造形态及内部断裂改造的程度。

（2）区域构造演化与页岩气保存耦合关系。

加里东运动导致区域性整体抬升，奥陶纪末的都匀运动控制了本区的大型隆坳构造沉积格局，形成了黔中古隆起，整体构造活动微弱，有利于海相富有机质泥页岩的发育，有机碳含量高（蔡周荣等，2015；付景龙，2016）。黔北地区五峰组—龙马溪组富有机质页岩的有效厚度和展布规律受黔中隆起的约束，分布在毕节—遵义一线以北地区，呈近

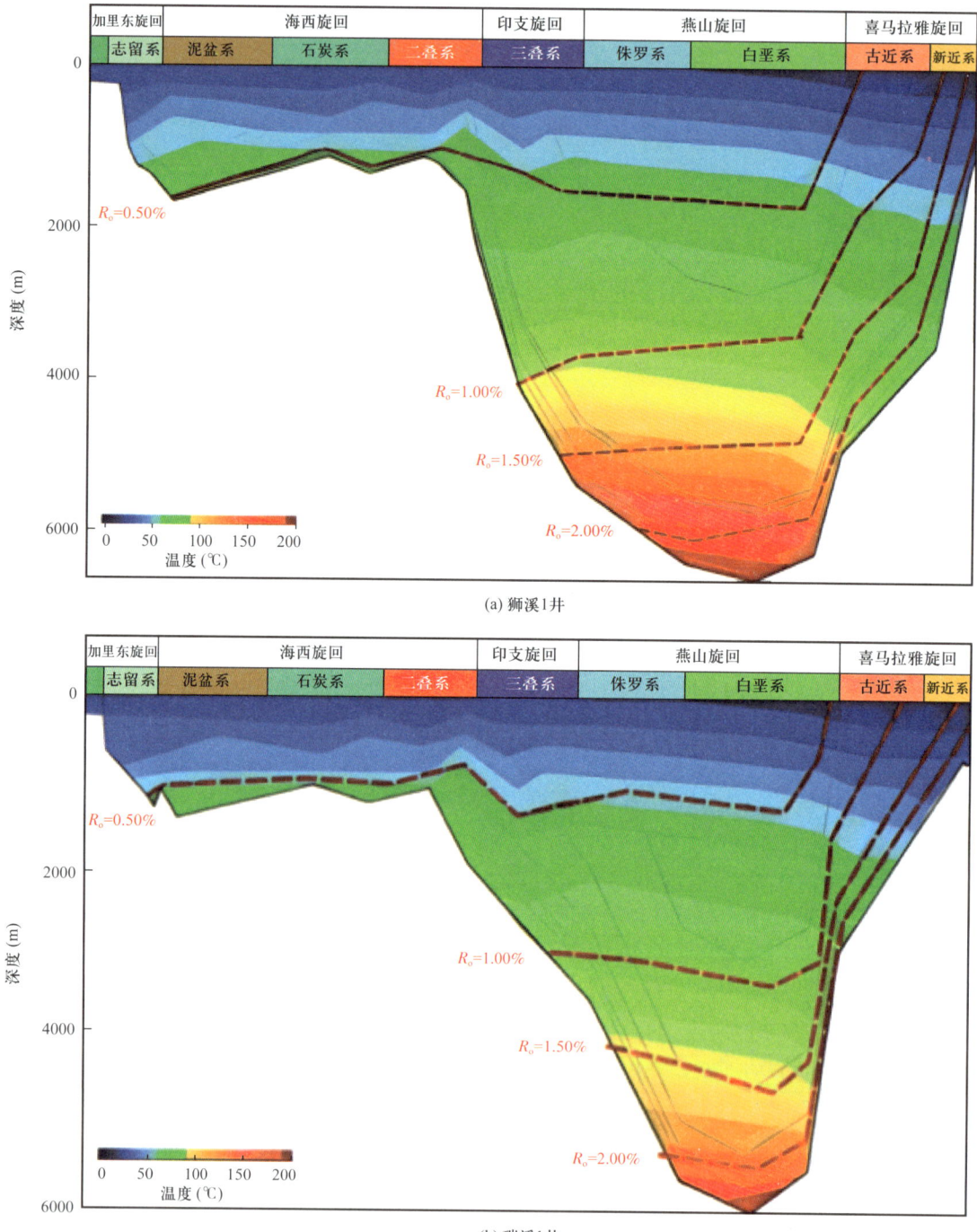

图 3-65 黔北地区典型页岩气井埋藏史图

EW 向展布。志留纪末的广西运动造成的区域性不均衡抬升，先期志留系沉积地层遭受剥蚀，大部分地区缺失泥盆纪—石炭纪地层，表现为上覆二叠系与下伏不同地层平行不整合接触。仅都匀运动中对奥陶系所造成的剥蚀幅度就可达 100～200m，最大幅度可达 400m 左右（余开富和王守德，1995）。加里东运动期区域性不均衡抬升，控制了龙马溪组形成页岩气物质基础的分布。同时 O—S 事件沉积后火山活动影响下冰期活动的加剧导致龙马溪组沉积期海平面频繁升降使得海水缺氧，对川南地区龙马溪组页岩有机质的富集与保存具有重要影响（梁霄等，2021）。后期广西运动造成大量盖层的剥蚀，减缓了热演化，导致烃源岩的生烃延迟，龙马溪组尚未达到生烃门限，仅在黔中隆起边缘区遭受剥蚀，对黔北地区页岩气的保存影响较小，有利于页岩的再次生烃。

海西—印支运动地壳沉降幅度小，未形成大的油气聚集与油藏破坏。海西期总体表现出轻微波动性深埋和小范围抬升为主，有机质逐渐进入生油阶段；受区域性缓慢抬升控制，龙马溪组以抬升作用为主，泥盆纪—石炭纪地层未沉积或局部沉积之后遭受剥蚀，直到中二叠世抬升作用结束地壳再次下降继续接受沉积，龙马溪组有机质热演化过程得以继续。印支运动早期区域性海进、地壳沉降，三叠系快速沉积，随着上覆地层的不断沉积，龙马溪组埋深不断增加，深埋作用致使有机质持续熟化，生烃量逐渐增加，由早期的生油阶段开始进入湿气阶段。印支运动后期地壳抬升，海水向西南方向退出，黔北地区结束了海相沉积历史。该期运动对龙马溪组二次生烃起到至关重要的作用，对早古生代页岩保存影响较小，生成的少量液态烃和天然气在页岩中成藏。

燕山—喜马拉雅运动是影响页岩气保存的重要构造运动，伴随着区域地层的抬升和埋藏，有机质热演化进一步增强。在燕山期，龙马溪组页岩层系达到最大埋深，大量生气。燕山早—中期，受江南—雪峰造山带的影响，应力呈 NW—SE 方向，形成近 NE 走向构造；燕山中期—喜马拉雅早期，受到青藏高原隆升、太平洋板块 NWW 向俯冲等构造的影响，形成近 NS 走向构造，与先期构造相互限制、叠加形成复杂的构造形态，同时构造挤压及持续抬升隆起，地层遭受剥蚀，形成了如今残留背斜、向斜交替分布的隔槽式格局，构造变形为挤压兼具走滑的性质，以北东、近南北走向为主，主要发育北东、近南北、北西三组走向的断裂。喜马拉雅期进一步延续燕山期褶皱断裂及推覆挤压作用，部分古生代及以上沉积地层受到抬升并强烈剥蚀，背斜区龙马溪组及上覆地层剥蚀殆尽，导致原本连续分布的页岩层系被分割、抬升，导致目的层压力释放，具有较高压力的烃源岩中的游离气快速释放，通过断层和储层微裂缝构成的网络排出，造成页岩气成藏后再调整、分配。此阶段形成多条北东向深断裂，深断裂将原本深埋地下的页岩气系统与地表相连通，形成开放系统，导致局部页岩气散失，不利于页岩气保存，这也是黔北地区牛蹄塘组页岩气勘探不利的主要原因。仅在残留向斜中保留了三叠系及其以下地层，残留向斜的埋藏深度在 1500～3000m 之间，储层处于超压或者常压状态，页岩气藏仍具备相对较好的保存条件，但局部在断裂影响下形成网状裂缝，对页岩气储集具有破坏作用。据王奕松等（2023）对黔北地区安页 1 井和斑竹 1 井中脉体包裹体研究表明，晚白垩世末期—古近纪地层抬升过程中存在页岩气的快速泄漏、地层泄压。说明该地区新生代以来构造抬升对区域油气保存条件有重要影响，抬升剥蚀也导致页岩气扩散加快，对页岩气保存不利。

3.2.3.2 封盖层对页岩气保存影响

页岩气的储集虽然具有生储盖三位一体的性质，理论上本身就具有良好的相对封闭性（李海等，2014），即使经历一定的构造运动，也可能有吸附态的天然气赋存。但对于构造运动期次较多、强度较大的构造复杂区，多期构造叠加而较为复杂的储层特征等，使页岩气盖层的研究变得尤为重要。盖层能够阻止游离气的向上逸散。中上扬子地区页岩气盖层主要是由两套主要页岩层系之上的各种泥页岩、膏盐层或致密砂岩地层组成，对页岩气藏的保存起关键作用，同时也对压力系统起积极作用。封盖层所起的作用主要是阻止游离气的向上逸散，由此可见，对页岩气盖层条件的研究不可轻视。聂海宽等（2012）引用常规油气盖层的研究成果，将页岩气的盖层分为直接盖层和间接盖层，其中直接盖层是指页岩层及其上下岩层，这些岩层的岩性、物性，以及物性之间的差异性决定着页岩盖层的封闭能力；间接盖层主要是两套目的页岩层系之上的各种泥页岩、膏盐岩层，近年来随着对页岩气勘探评价的不断深入，间接盖层常作为区域盖层来研究，主要评价其对目的层压力体系的作用。

（1）直接盖层。

页岩自身的非均质性是页岩封闭天然气的先决条件，致密的硅质层或石灰岩层可以把天然气封闭在相对较软弱的碳质页岩层内。两套页岩层的下部页岩段具有较好的页岩气发育条件，该段页岩之上的页岩（一般为灰色、灰绿色页岩、粉砂质页岩）在页岩气藏中充当了盖层的作用，上部页岩的封闭能力决定了页岩气藏的质量，而通过页岩的孔隙度、排驱压力等来定量地分析其封闭能力，从而表征这些页岩只有在其下部的黑色页岩大量排气期之前形成封闭能力最有效，否则生成的天然气可能散失。而随着剖面向上，石英含量减少和黏土矿物含量增加，增加了这些灰色、灰绿色页岩、粉砂质页岩的塑性，在同样受力的情况下，不容易产生裂缝，对下部页岩气的保存较为有利。

近年来随着昭通太阳地区浅层页岩气勘探的突破，广泛引起了对直接盖层研究的重视，太阳背斜构造顶部核心区出露志留系，主要目的层龙一 1 亚段上覆地层残余厚度仅 500m 左右，由背斜顶部向翼部为石牛栏组+韩家店组构成的盖层（累计厚 500~600m），除龙一 1 亚段页岩气层顶底板致密、厚度大，突破压力高，封隔性能好以外，页岩气层之上所累计的厚度较大的直接盖层，对页岩含气层的封盖及保存稳定的温度与压力场起到了关键作用，表明盖层封闭对保存条件的至关重要性。

据黔北地区的富有机质页岩盖层微孔隙结构分析表明，以贵州省瓮安县永和下寒武统剖面为例，在该页岩层剖面下部的突破压力和中值压力较小、突破半径和中值半径较大，向上突破压力和中值压力变大，突破半径和中值半径变小，且这种变化在该剖面共有 3 个旋回。类似的变化特征在贵州省金沙县岩孔镇井口村下寒武统页岩剖面和重庆市綦江观音桥上奥陶统五峰组—下志留统龙马溪组页岩有相同表现。黔北地区下志留统龙马溪组之上的志留系下统小河坝组（石牛栏组）的泥页岩和志留系中统韩家店组的泥页岩是较好的盖层，其孔隙度 0.59%，渗透率为 0.0026mD，突破压力为 76.1MPa，可以有效阻止页岩气的垂向逸散，对封闭龙马溪组页岩层系的天然气、减缓其散失十分有利，有利于龙马溪组页岩气保存。

（2）区域盖层（间接盖层）。

区域盖层的存在维持了其下页岩层系的压力体系，尤其是寒武系和三叠系的几套膏盐岩层。这几套膏盐岩层作为区域盖层对其下的油气聚集起到了重要作用。中寒武统膏盐岩层对威远气田的保护起到了关键作用，其气水界面与背斜北翼中寒武统盐岩尖灭处在同一高程就是证据。笔者认为，这可能也是下寒武统页岩气勘探在威远气田获得突破的关键。这套区域上的膏盐岩层对维持下寒武统页岩气藏的压力系统起到了积极作用。在研究区的鄂西渝东、川南和黔中等地区均不同程度地发育这两套膏盐岩层，在露头和钻井中均可见到。如黄页 1 井在钻井过程中，钻遇中、上寒武统多套膏盐岩层，正是由于该套膏盐岩层的封闭，使得在钻遇该井下寒武统黑色页岩时气显强烈，在测试时也有一定的产量。

区内主要研究目的层为寒武系牛蹄塘组和志留系龙马溪组，受其残留地层分布范围的限制，每套目的层相对的盖层分布区域也具有不同的特征。

残留牛蹄塘组在研究区内分布广、厚度大，除了在金沙岩孔、遵义松林、沿河甘溪、湄潭黄莲坝、息烽—开阳、瓮安—余庆、镇远—岑巩—江口—松桃暴露剥蚀外，其他地方均有分布。牛蹄塘组上部覆盖有中—上寒武系、奥陶系、志留系、二叠系和三叠系，其中对下伏牛蹄塘组页岩气具有封盖能力的地层有寒武系明心寺组（变马冲组）页岩、金顶山组（杷榔组）页岩，奥陶系湄潭组页岩、龙马溪组页岩、韩家店组页岩。受构造抬升和风化剥蚀作用影响，研究区残留盖层以下寒武统为主，除基底出露区域外，分布面积广，厚度大。奥陶系湄潭组页岩残留范围比下寒武统小，主要分布在开阳—瓮安以北、石迁—沿河以西地区，沉积厚度普遍大于 200m，尤以桐梓—道真一线厚度较大，是区域性较好的盖层。志留系龙马溪组、韩家店组残留地层分布受区域构造控制，主要分布在呈北东向展布的向斜条带区域。

因此在中国南方下古生界的页岩气勘探中，下寒武统黑色页岩要寻找有志留系及其以上地层覆盖的区域，而下志留统黑色页岩要寻找二叠系及其以上地层覆盖的区域，尤其是在中寒武统高台组和中三叠统雷口坡组膏盐发育的区域，膏盐发育的区域能形成一定范围内的压力封闭，有利于页岩气成藏和保存。

3.2.3.3 断裂对页岩气保存影响

黔北地区受多期构造运动作用，特别是燕山期构造旋回叠加改造，断裂非常发育，以北东向、北北东向、南北向断裂为主，断层相互交错，形态复杂。复杂的构造形态是由于不同期次的构造运动长期的相互干扰和叠加导致的（尚福华等，2016）。从相互切割和限定关系分析，NE 向断裂形成时间最早，多为加里东期发育的压性断裂，且在燕山期复活，发生左行走滑，并牵制燕山期构造变形（翟刚毅等，2017b）。从黔北龙马溪组生烃—成藏史及构造演化分析，燕山晚期—喜马拉雅期活动断裂是页岩气散失的主控因素，断层对油气的破坏作用主要表现为开启程度高，加剧了对页岩气藏的破坏。

区域内深大断裂多位于背斜伴生或发育于背斜核部，如遵义断裂、德江—湄潭断层、正安—桐梓断层带等，主要于燕山期及以前形成，具有区域性特征，受燕山晚期—喜马拉雅期不同程度地构造运动活化，在中更新世和晚更新世均有活动。正安—桐梓断裂带在1855年彭水曾发生过4级左右双震型地震，而其东南一侧与区域邻近的黔江断裂曾发生过6级左右地震（小南海1856年），沿断裂线亦有数次3级以上地震分布。区域性大断裂多是由深部向浅部扩展，由于多期次、长时间的活动，通常微裂缝比较发育，断层切穿目的层，而其向浅部扩展所伴生的断裂或裂缝切穿盖层，且存在大气水下渗的影响，对区域保存条件具有破坏性作用。根据区域上勘探资料分析，方深1井、方地1井、底1井距赫章—遵义断裂较近，断裂致使目的层（牛蹄塘组）与地表连通构成了开放系统，天然气发生逸散。绥页1井距正安—桐梓断层较近，湄页1井受德江—湄潭断层的制约，且牛蹄塘组上段见多组断层泥，经现场解吸其含气性一般，表明其保存条件较差。

残留向斜内（龙马溪组分布区），断裂总体规模较小，无深大断裂分布。不同向斜及向斜内不同部位的构造改造强弱差异控制了五峰组—龙马溪组页岩的含气量高低，如SX1井、RX1井、RX2井、LY1井、DY1井、AY1井和TY1井等钻井之间的含气性存在很大的差异，主要原因除了残留向斜周边目的层系暴露侧向顺层逸散外，还因为断裂体系发育，地层水循环深度大，特别是局部的通天断裂造成页岩层与地表连通，形成开放系统，天然气散失。同一构造单元，DY1井位于道真宽缓向斜带，地势平坦，断裂不发育，以一些小型断裂为主，对富有机质页岩层的保存影响不大，页岩气气测显示好，解吸气含量也相对较高。以狮溪向斜和安场向斜为例：

狮溪向斜在二维地震剖面显示整体为一残留宽缓向斜，东翼地层倾角较缓，东翼内部断层以高角度逆断层为主，断裂走向主要为北东向，断距分布在60～300m之间不等（图3-66）。其中F_2与F_3逆断层向上切穿二叠系，向下切穿目的层，受遵义断裂带影

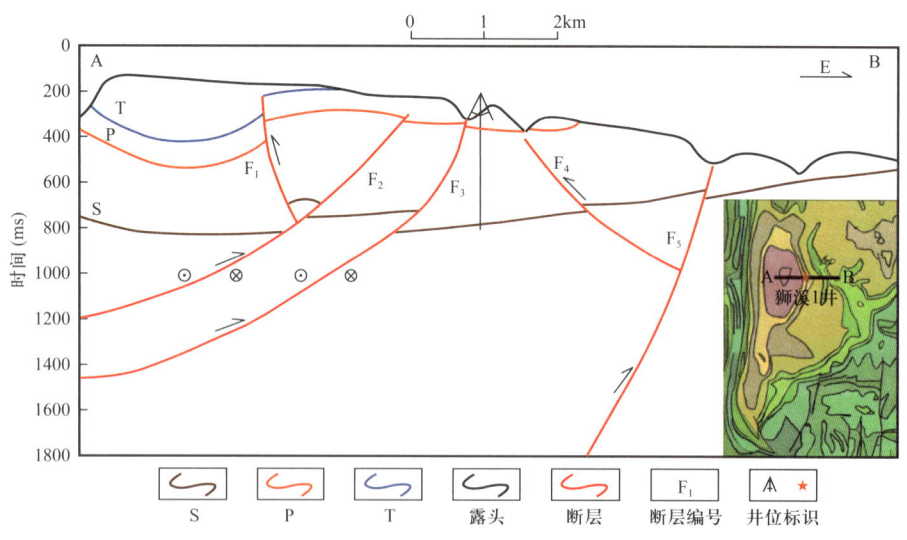

图3-66　狮溪向斜过狮溪1井东西向二维地震解释成果图

响，具左行走滑性质；F_5 为通天断层，活动期开启具垂向散逸破坏性。F_1 未切穿目的层，F_4 仅切割志留系，对页岩气保存影响微弱。狮溪 1 井处于 F_3、F_4 断层下盘，钻井揭示此部位五峰组—龙马溪组平缓，页岩裂缝不发育，距离 F_3 与 F_4 的距离分别约为 1070m 和 1490m，有良好的含气性显示。而向斜西部受遵义断裂带的影响较大，构造改造强度大，断裂多且具有多期活动性、走滑性质（图 3-67），页岩气逸散作用会更加严重。

图 3-67　狮溪向斜近核部发育的系列小型走滑断裂

3.2.3.4　地下水对页岩气保存影响

（1）地层水对页岩气保存的影响。

地层水作为一种广泛存在的地质流体，直接参与了沉积物的成岩、后生、成油等过程，其自身的性质往往是多种地质作用的结果和记录，具有良好的指示意义，是油气保存条件的综合反映（计曙东等，2013；银燕，2011）。因此，通过分析地层水所保留的一些特征，可以分析油气保存条件是否完好，进而确定流体封闭性。地层水主要受抬升幅度、盖层条件、目的层埋深、断裂活动和大气水下渗深度等影响。一般情况下，地下水越靠近地表，与地表水联系越密切；相反，埋藏越深，和地表水联系越差。在纵向上，地层水活动带可以划分为自由交替带、交替阻滞带和交替停止带（楼章华和朱蓉，2006；马永生等，2006），不同的地层水区带，地层水的矿化度不同，钠氯系数、脱硫系数等参数也不同，对页岩气的保存影响也不同。在自由交替带内，由于地表水的大量渗入，使得地表水与地下水基本自由沟通，地下水的化学性质与地表水相似，矿化度较低，多数属 Na_2SO_4 型水，成为活跃的开启的氧化环境，油气藏往往受渗入水的"冲刷"破坏而难以保存；交替停止带则因埋深相对较大、上覆岩层透水性能差而与地面隔离，地表水难以渗入，含水层没有直接的泄水区，泄水方式主要为缓慢的地层压实离心流，致使地下水的矿化度高，通常属 $CaCl_2$ 型水，从而成为油气藏保存条件的有利封闭环境；交替阻滞带则介于自由交替带和交替停止带之间，其上部通常为 Na_2SO_4 型水，下部主要为 $CaCl_2$、$MgCl_2$ 水型，故在该带的下部具备一定的油气保存条件（表 3-31）。

表 3-31　海相油气保存条件的水文地质地球化学综合判别指标体系（楼章华和朱蓉，2006）

保存条件	成因	矿化度（g/L）	变质系数	脱硫系数	盐化系数	水型		水文地质分带
						苏林	苏哈列夫	
很好（Ⅰ类）	沉积埋藏水	>40	<0.87	<8.5	>20.0	$CaCl_2$ 为主，$MgCl_2$ 次之	Cl–Na	交替停止带
好（Ⅱ类）	短暂受大气水下渗影响	30~40	0.87~0.95	8.5~15.0	1.0~20.0	$CaCl_2$ 为主，$MgCl_2$ 次之	Cl–Na	交替停止带
中等（Ⅲ类）	较长受大气水下渗影响	20~30	0.95~1.00	15.0~30.0	0.2~1.0	$CaCl_2$ 为主，常见 Na_2SO_4	Cl–Na 为主，Cl–Na·Ca 次之	交替阻滞带
差（Ⅳ类）	长期受大气水下渗影响	<20	>1.00	>30.0	<0.2	$NaHCO_3$，Na_2SO_4	Cl–Na，Cl·HCO_3–Na，Cl·SO_4–Na 等	自由交替带

由此可见，高矿化度、高 Na^+、Cl^- 浓度特点的沉积埋藏水，不仅是油气保存条件的重要指标，也是油气可能在储层中发生有一定规模生成、运移、聚集的重要指标。

研究区相邻方深 1 井和底 1 井的地层水化学资料，涉及地层达震旦系。方深 1 井 2410m 处上震旦统灯影组地层水的矿化度为 3.981g/L，氯离子含量更低，只有 0.26g/L，水型为 $NaHCO_3$ 型，具自由交替带水文地质特征。底 1 井矿化度总体上不超过 3g/L，所测地层水水型全为 Na_2SO_4 型，在上震旦统灯影组之上有 800m 的 $\epsilon_1 n$—$\epsilon_1 j$ 砂泥岩作隔盖层，但仍产淡水，具自由交替带水文地质特征。结合区域地质与断层分布分析，两口井所在地区受赫章—遵义断裂影响，使得地表水与地下水处于自由交替带，保存条件较差。

（2）温泉对页岩气保存的影响。

黔北试验区温泉主要集中在大断裂附近，或两组断裂交切处（表 3-32）。平面上主要分布于遵义—贵阳断裂以东，镇远—贵阳断裂以北区域，且以中温温泉为主（水温为 40~70℃），占 56.2%，少量为低温温泉（水温小于 40℃），未见高温温泉（水温大于 75℃）。温泉最高温度为 57℃，最低温度 22℃。温泉主要集中分布在早古生代地层中，尤其以下奥陶统和中—上寒武统为主，震旦系灯影组也见温泉点分布。

表 3-32　黔北试验区温泉点一览表

编号	地理位置	出露层位	水温（℃）	循环深度（m）
1	沿河洪渡淇滩	$O_1 t$	4.0	1599
2	绥阳温泉区	$O_1 t$–h	33.0	908
3	务川官坝乡池坪	$O_1 t$–h	55.0~56.5	2514
4	思南英武溪乡安家寨	$O_1 t$–h	53.0	2309
5	印江甲山镇仙米洞	$O_1 t$–h	23.0	537
6	金沙岩孔水口寺	$Z_2 dy$	28.0	603

续表

编号	地理位置	出露层位	水温（℃）	循环深度（m）
7	桐梓小坝乡楠木园	$\epsilon_{2-3}ls$	22.0	388
8	遵义县松林区芭蕉乡	Z_2dy	29.5	666
9	息烽温泉	Z_2dy	57.0	2040
10	石阡本庄镇永和乡	O_1t-h	45.0	1430
11	开阳翁昭	Z_2dy	42.0	1387
12	江口罗江乡平寨	$\epsilon_{2-3}ls$	40.0	1540
13	瓮安玉华乡钻背岩	Z_2dy	33.0~34.5	1216
14	镇远县涌溪乡抛瓜村	$\epsilon_{2-3}ls$	21.5	255

温泉是地表水下渗增温后回流地面的结果，因此温泉水的水温也反映了它的循环深度，也就是水文地质开启程度。在某个区域地温场一定的情况下，水温高反映了地层水循环深度大，水文地质开启程度高，反之则低。根据温泉水循环深度公式，初步对黔北试验区各温泉进行循环温度计算。黔北试验区温泉点循环深度普遍大于1500m，务川池坪娄山关组白云岩温泉循环深度达2514m。根据黔北试验区地层厚度特征，温泉点循环深度大部分均已进入牛蹄塘组。由此认为，在黔北试验区，温泉点附近的断层，一般开启程度高，牛蹄塘组保存条件较差。

3.3 典型向斜气藏页岩气储层特征对比

3.3.1 黔北典型向斜基本特征

贵州黔北地层发育较齐全，以海相为主（Luo et al., 2017）。其中以奥陶系、志留系、二叠系分布最广，且发育完整。中寒武统—中三叠统主要为碳酸盐岩，夹黏土岩、砂岩；上三叠统上部为砂岩、粉砂岩、黏土岩夹少量煤线；第四系主要为冲洪积、坡残积黏土、亚黏土、砾石等松散堆积层。

自西向东依次为狮溪向斜、桴焉复向斜、安场向斜、道真向斜、斑竹向斜、务川向斜和斜和高山—石朝向斜（图3-68）。西侧向斜相对宽缓、东侧向斜相对紧闭，构造形态以北东向向斜和背斜相间分布为主。向斜核部主要出露二叠系—三叠系，背斜核部主要出露奥陶系—寒武系。其中相对宽缓的向斜构造，有利于页岩气保存成藏。其他褶皱规模较小，影响范围有限。

3.3.1.1 狮溪向斜

狮溪向斜构造形态完整，西翼断层较为发育，东翼从西南向东北呈单斜构造形态，埋深受地表影响，落差较大，埋深范围360～1900m之间。构造线方向为近南北向，略显向西突出的弧状。工区最北部湾里附近该向斜核部出露了本测区最新的嘉陵江组，沿轴向向南地层逐渐变老，主要为下三叠统、二叠系、志留系和奥陶系。褶皱向两翼地层逐渐变老，分别出露三叠系、二叠系、志留系，其中东翼地层产状为西倾40°~65°，西翼地层产状为东倾15°~35°，明显具西陡东缓特征，轴面倾向西，轴迹向西倾伏突出。向斜轴迹呈波状起伏，为轴面向西倾斜的不对称褶皱，北段表现尤为明显。

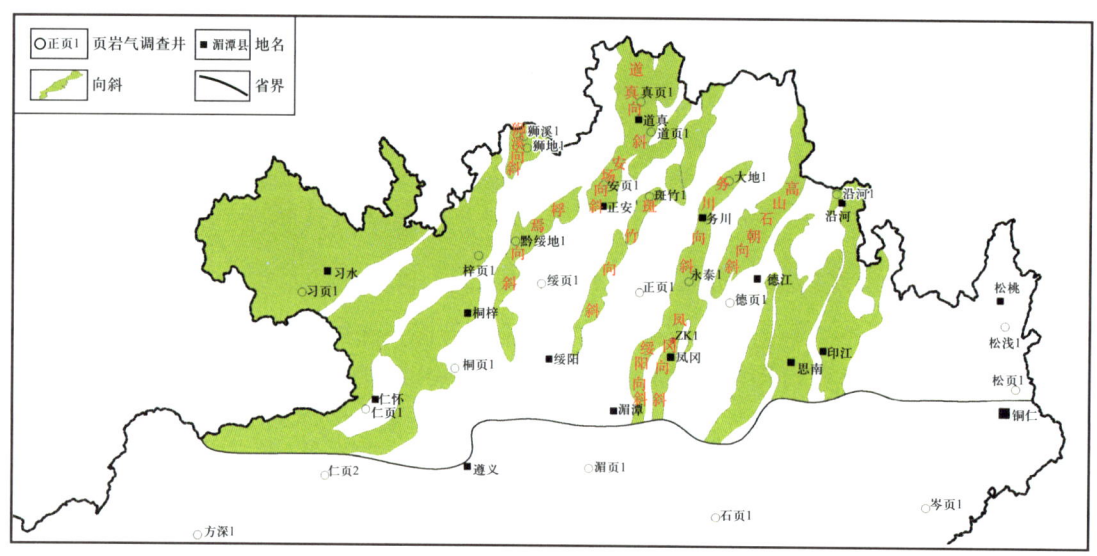

图 3-68 黔北地区向斜分布图

3.3.1.2 梓焉复向斜

位于梓焉—太白—宽阔地区，由奥陶系封闭，包括梓焉向斜及黄杨向斜，自北向南呈雁列排列。梓焉复向斜总体由南部的宽缓开阔变为北部相对紧闭，内部断裂不发育，局部可见层间错动。其中，黄杨向斜轴向近南北，延伸长度约30km，核部主要出露三叠系，西翼地层倾角较陡，达70°~80°，局部倒转，东翼地层较缓，倾角10°~20°，具不对称状。梓焉向斜轴向为北30°~45°东向，延伸长度约40km，核部主要由三叠—二叠系构成，枢纽呈凹凸不平波状起伏，地层平缓开阔，具有短轴褶曲特点。如梓焉向斜构造路线投影剖面显示，轴面近于直立或微向南东倾斜，西翼奥陶系宽缓、平坦，地层倾角10°~20°，二叠系—志留系产状相对较陡，20°~35°，东翼二叠系—志留系产状较缓，但奥陶系—寒武系较陡，并受挤压形成倒转褶曲，寒武系内发育一条平移兼正降断层。黄杨向斜三叠系覆盖面积约56km^2，二叠系底界封闭区面积约100km^2；梓焉向斜三叠系底界封闭区面积约10.7km^2，二叠系覆盖区面积约201km^2。

3.3.1.3 安场向斜

位于群乐—安场—瑞豪一带，由奥陶系封闭，总体由北东紧闭向南西撒开，轴迹清晰，微呈"S"形弯曲。轴向北北东20°~30°，延伸长度约30km，核部出露侏罗系—三叠系，翼部为志留系—奥陶系。如安场向斜构造路线投影剖面显示，地层自核部向两端均有扬起趋势,东翼岩层倾角相对较陡,其倾角一般在50°左右,局部地带具陡缓变化;北西翼接近核部附近地层倾角一般在25°~35°,向翼部志留系产状变陡至60°~70°,局部可达近80°,岩层倾角由核部向翼部由缓变陡;向斜南部宽缓、地层倾角为10°~25°;北部略收敛、紧闭,地层倾角为30°~60°。向斜枢纽起伏呈波状,轴迹具两端下凹、中部上隆的特点,轴面微向北西倾斜,倾角约80°,微显不对称褶皱形态。向斜周缘寒武系断裂较发育,对地层展布有一定的影响,内部断裂不发育,地层发育较稳定。向斜二叠系底界封闭区面积94km², 三叠系底界封闭区面积约50km²。

3.3.1.4 道真向斜

道真向斜位于渝东南地区彭水区块南部,受二级断裂——茶园断裂的控制,分为道真次凹和洛龙构造,志留系页岩埋深1000~4000m的面积692km²,其中断层下盘最大埋深4000m。洛龙向斜位于茶园断层上盘,最大埋深1500m,北西剖面为一"背斜",南北方向为一向斜,南部与剥蚀区相连,北部与武隆向斜相连。道真次凹位于茶园断层下盘,受三级断裂沙坝子断裂的影响,可划分为东翼和西翼,西翼北西向剖面显示为一斜坡;东翼北部北西向剖面显示为一"断洼",南部为一斜坡。

3.3.1.5 斑竹向斜

主体分布于斑竹—上坝一带,由志留系封闭,轴向北北东向,勘查试验区内延伸长度15km,核部为三叠系茅草铺组和夜郎组,翼部主要为志留系。向斜地层总体较平缓,西翼地层较陡,西南翼部地层相对平缓。地形地貌可见三个明显的陡坎,分别为中—上寒武统白云岩、中—上奥陶统瘤状石灰岩及二叠系石灰岩层。向斜内部构造稳定,断裂不发育,翼部奥陶系—寒武系出露区断裂较发育,北东东向断层具有左行平移性质的特征。二叠系底界封闭区面积约140km²,三叠系底界封闭区面积约29km²。

3.3.1.6 务川向斜

区内主体位于三水坎—务川—黄郎坪一带,由志留系封闭,轴向为北20°东,略具"S"形,区内延伸长度30km,核部出露二叠—三叠系,翼部为志留—二叠系。向斜紧闭,地层倾角较陡,达40°~60°,在务川县城西侧发生局部倒转。向斜核部发育北东向断层,东翼发育北东向断层,西翼发育北西向断层,断距较小,但延伸长度具一定规模。向斜二叠系底界封闭区面积约130km²,三叠系底界封闭区面积约70km²。

3.3.1.7 高山—石朝向斜

主体位于高山—石朝一线,主要由高山向斜、石朝向斜组成,由志留系封闭,轴向北东20°~30°,呈长条状展布,区内延长45km左右,核部出露三叠系、二叠系,翼部主要为奥陶—志留系。向斜核部较紧闭,右翼地层倾角较大,左翼地层倾角略小,为10°~15°。高山向斜区北部、石朝向斜区南部断裂相对发育,主要为寒武系内部大断裂,如宽平一级断层,延长达几十千米,断距大,倾角为50°~80°。区内三叠系底界封闭区面积为45km²,二叠系底界封闭区面积为196km²,志留系底界封闭区面积约519.7km²,

奥陶系底界封闭区面积约699.1km²。

3.3.2 页岩气富集条件对比

通过对黔北典型向斜特别是安场向斜主要页岩气藏解剖认为,黔北地区页岩气藏的富集条件主要包括页岩物性、含气量、固体有机质含量、储层厚度等。本节拟从地层发育情况、地球化学特征、微观孔隙特征和保存特征等几方面对黔北试验区页岩气富集条件进行分析(Han et al., 2013)。

3.3.2.1 储集条件对比

页岩地层致密,页岩气主要储集于纳米级孔隙及微裂缝中,而且裂缝对页岩气的运移和聚集有着重要的影响,储集条件的好坏直接决定了气藏的规模。

(1)狮溪向斜。

狮溪1井五峰组—龙马溪组一段烃源岩共分析6个样品,有机碳含量最小1.78%,最大4.60%,平均3.61%;自下而上总体呈逐渐减小的趋势。纵向上,S_1l_2有机碳含量最高,平均有机碳含量为4.18%,综合评价为Ⅰ类;五峰组、S_1l_3和S_1l_4平均有机碳含量分别为1.78%、3.84%、3.51%,综合评价为Ⅱ—Ⅲ类。桐梓区块TOC以小于2%为主,约占总样品数的46.7%,其次是2%～4%,约占总样品数的40.0%,TOC≥4%,约占总样品数的13.3%,综合评价以Ⅰ—Ⅱ类为主。狮溪地区龙马溪组—五峰组有机碳含量与正安地区相似,S_1l_2有机碳含量最高;与桐梓地区略有差异,桐梓地区五峰组有机碳含量最高。

(2)梓焉复向斜。

梓焉区块地理位置位于正安县境内,区块面积297.78km²。梓地1井取心分析,孔隙度3.25%～4.85%,平均4.01%;渗透率0.001～0.074mD,平均0.011mD;梓地1井龙马溪—五峰组泥页岩孔喉半径主要分布于25～150nm之间,频率占60%以上。纵向上孔隙度变化较小,五峰组中上部相对略好,渗透率上下高,中间低;孔隙度与TOC具有良好的正相关关系。

(3)安场向斜。

安场向斜页岩储层孔隙度低,渗透性小,大量的天然气以吸附态和自由态的形式存在于岩石内部,为有效储层。有效孔隙度介于0.67%～1.76%,平均1.27%,渗透率0.0049～0.6912mD,平均0.1528mD,渗透率以0～0.01mD区间为主,占总体的58.2%。龙马溪组核磁共振孔隙度测试样品3个,孔隙度最低3.92%,最高7.618%,平均4.36%,有效孔隙度与渗透率呈半对数线性趋势。孔隙类型主要包括有机质孔、矿物颗粒间微孔、晶间孔、次生溶蚀孔缝等,具良好的储集空间。

(4)道真向斜。

道真向斜页岩层物性优良,孔隙度低,渗透性差。有效孔隙度介于0.67%～1.76%,平均1.27%,渗透率0.0049～0.6912mD,平均0.1528mD,微裂缝较发育,测试时样品破裂,扣除破裂样品平均渗透率为0.0126mD。

(5)斑竹向斜。

该地区页岩储层具有孔隙度低、渗透率较小、压缩性较小等特点。岩石孔隙度一般在2.03%～3.89%之间，平均值为2.80%，渗透率一般在0.0035～0.0186mD之间，平均0.0091mD；总体单剖面纵向自下而上略有增加，可能与向上水体变浅，碎屑粒度增加，粒间孔增大有关。基于扫描电镜和氩离子抛光技术，分类采用Loucks分类方案，五峰组—龙马溪组主要发育粒内孔、粒间孔、裂缝和有机质孔四种孔隙类型，而粒间（晶间）微孔、黏土矿物层间微孔缝均较为发育，但微裂缝总体不发育，缺乏较好的渗流通道。

3.3.2.2 物质条件对比

富有机质页岩的厚度和面积是保证页岩气藏有足够有机质及充足的储集空间的重要条件。页岩厚度对储存空间、有机质生成、孔隙率及矿物组成有着一定的影响（Chen et al., 2016）。富有机质页岩厚度越大，储存空间越大，有机质含量越多，孔隙率越低，矿物组成越复杂。

（1）狮溪向斜。

狮溪地区五峰组—龙马溪组页岩厚度普遍分布在65～70m，厚度相对稳定，与正安相当，整体呈现北厚南薄趋势；狮溪1井五峰组—龙马溪组一段烃源岩共分析6个样品，有机碳含量最小1.78%，最大4.60%，平均3.61%；纵向上，S_1l_2有机碳含量最高；狮地1井五峰组—龙马溪组一段烃源岩共分析11个样品，有机碳含量最小2.12%，最大4.77%，平均3.74%；纵向上，S_1l_1有机碳含量最高；狮溪工区五峰组—龙马溪组有机质类型综合评价以Ⅰ—Ⅱ类为主，TOC略有差异，但总体生烃潜力较好。

（2）桴焉复向斜。

桴焉地区五峰组—龙马溪组页岩厚度普遍分布在30～50m，厚度相对稳定，与正安相当，整体呈现北厚南薄趋势：桴焉一区块大部分二叠系出露，二叠系出露区内，根据时深关系拟合曲线，预测龙马溪组埋深范围为550～1650m，其中北部次洼埋深范围为858～1527m，中部次洼埋深范围为760～1607m，南部次洼埋深范围为582～1862m。区块五峰组—龙马溪组平均TOC在2.0%～3.5%之间，北部高于南部；页岩厚度在16～22m之间，整体为北厚南薄的变化趋势。桴焉二区块五峰组—龙马溪组页岩气成藏有利区面积110km²，北部优于南部。区块内五峰组—龙马溪组优质页岩厚度在14～18m之间，整体为南北厚中间薄的变化趋势。

（3）安场向斜。

安场向斜页岩厚度较大，大多处于50～100m之间，个别地区可达200m以上，为页岩气储存提供了充足的储存空间。有机碳含量大于2.0%的页岩厚度平均为14m，最大在26m左右。安场落龙剖面TOC最大值6.214%，最小值1.358%，平均值4.6，TOC集中分布在4%～6%。

（4）道真向斜。

具有较厚的页岩层，厚度一般在50～100m范围内，且厚度较均匀，为页岩气提供了充足的储存空间。北部隆兴剖面TOC最大值6.77%，最小值0.69%，平均值3.46%，TOC集中分布在4%～7%。

(5)斑竹向斜。

页岩层厚度在 30~80m 之间,部分地区可达到百余米,其良好的岩石厚度能够提供充足的储集空间。有机碳含量最低为 0.30%,最高为 4.88%,平均为 1.46%。纵向上,有机碳含量五峰组较高,整体具从下向上降低的趋势特征,总体受沉积相演变影响明显。

3.3.2.3 矿物组成对比

矿物成分的合理组成对甲烷的吸附能力有较大的影响(Li et al., 2019)。美国页岩气勘探实践表明,页岩中的矿物质会影响页岩成岩作用的程度和类型,进而影响岩石的物性、孔隙度、渗透性等特征,从而影响页岩气和页岩油的形成和保存(Peng et al., 2020)。如蒙皂石和伊利石等黏土矿物能促进页岩的成岩作用,而含量较高的方解石和白云石等矿物质则能抑制页岩的成岩作用,影响页岩气开采压裂过程中天然裂缝及渗导裂缝。

(1)狮溪向斜。

实验表明五峰组—龙马溪组页岩矿物组成以脆性矿物为主,黏土矿物次之。脆性矿物含量分布在 38%~79.9% 之间,平均含量约为 61.05%,纵向上随着深度的增加而逐渐增加。黏土矿物含量分布在 16%~53.4% 之间,平均值约为 30.75%,与脆性矿物相反,黏土矿物含量与埋藏深度呈负相关关系。除了脆性矿物与黏土矿物之外,页岩样品中还含有少量的黄铁矿,含量分布在 0.6%~5.2%。

(2)梓焉复向斜。

梓地 1 井五峰组—龙一段页岩矿物包含石英、黏土、长石、方解石(少量白云石)、黄铁矿等,以硅质矿物和黏土矿物为主。硅质矿物含量介于 36.3%~76.4%,平均 59.2%;黏土矿物含量介于 15.5%~46.4%,平均 25.3%;碳酸盐矿物含量介于 0.3%~4.4%,平均 2.9%。

(3)安场向斜。

实验分析表明,五峰组—龙马溪组黑色页岩以石英为主(32%~65%),黏土矿物含量为 22%~54%,其次为碳酸盐岩,含量为 2%~11%。部分样品含有少量黄铁矿。从黏土矿物类型及变化上看,五峰组—龙马溪组黏土矿物主要为伊利石、伊/蒙混层及绿泥石 3 种。黏土矿物中伊/蒙混层为主要矿物类型,含量 43%~58%;次为伊利石,含量 37%~50%;绿泥石矿物含量较少。

(4)道真向斜。

全岩 X 衍射显示:石英、长石等脆性矿物含量为 58%~92%,黏土矿物含量 13%~27%,硅质矿物含量与 TOC 并不是简单的线性关系,具有明显的二分性,纵向上五峰组 TOC 与硅质矿物含量呈反相关;而龙马溪组底部富有机质页岩段 TOC 与硅质含量呈正相关。

(5)斑竹向斜。

X 衍射全岩分析,检测出五峰组碎屑矿物含量为 51%~77%(长石 + 石英);自生矿物主要为方解石和少量白云石及黄铁矿,含量为 4%~20%;黏土矿物 22%~34%,以伊利石为主,其次为绿泥石。龙马溪组碎屑矿物 47.7%~77.6%;自生碎屑矿物主要是方解石和黄铁矿,含量在 0~10%;黏土矿物平均 22.4%~35.6%,以伊利石为主,其次为绿泥石。

第 4 章　贵州北部页岩气成藏模式与富集规律

作为烃源岩残余烃类的主要产物，页岩气的存在具有广泛的意义，页岩气为天然气在烃源岩层系内就近聚集的结果，表现为典型的"原地"成藏模式（聂海宽等，2010；杨振恒等，2013）。对自生自储的页岩气来说，其聚集成藏在本质上属于原生型，即有机质生烃后一直处于封闭环境下并保存至今，对页岩气成藏模式的讨论便集中到对其气藏保存模式的讨论上。良好的生烃基础和储层条件是含气量的基础，但并不一定能实现页岩气的工业聚集。黔北地区构造处于黔北台地隆起—遵义断凸—凤冈北北东向构造变形区，受加里东期、海西期、燕山—喜马拉雅期等多期大构造运动影响（吴松等，2023），导致地层强烈褶皱形变、抬升、剥蚀，页岩气的保存条件变得极其复杂，构造的形迹相互叠加、限制和改造，形成了一系列向斜群，不同构造单元向斜构造特征及页岩气保存条件千差万别，造成了不同位置上典型向斜内的页岩气成藏模式各具特色。

本章旨在对贵州北部地区发育的五峰组—龙马溪组页岩气藏的特征及模式进行总结和探讨，以便能对盆外复杂构造区向斜型页岩气勘探有所启示和帮助。通过梳理现有地质成果认识，共提出了四种典型的盆外向斜型海相页岩气成藏模式。

4.1　窄陡型向斜页岩气成藏模式

黔北地区向斜群呈条带状分布，长轴走向基本一致，方位为19°～48°，长轴长40～105km，短轴长度较短，最窄处仅3.5km，最宽处也不到20km，长轴与短轴长度比值基本都大于4，最大达到14，充分体现了窄陡型向斜"窄"的特征，窄陡型向斜形态统计表见表4-1。

表 4-1　黔北地区窄陡型向斜形态统计表

向斜名称	长轴		短轴		长轴/短轴比
	方位（°）	轴长（km）	方位（°）	轴长（km）	
安场向斜	35	25.0	125	5.4～7.2	4.1
斑竹向斜	33	105.0	123	3.5～11.5	14.0
务川向斜	19	85.8	109	5.5～16.5	7.8
高山—石朝向斜	28	79.0	118	3.5～14.5	8.8

"陡"要体现在地表与地下两个方面，贵州省地表"地无三尺平"，地表海拔147～2800m，平面变化较大。黔北地区地形同样不断起伏，以安场向斜为例，该地区地

表海拔 500～1400m 之间,向斜东西两侧较高。而各地层构造与地貌特征具有一定的继承性,向斜核部地层产状变化较缓,向东西两侧产状明显变陡,地层倾角达到 30°以上。

黔北地区主要位于五峰组—龙马溪组页岩深水—浅水陆棚沉积区,沉积了大量的优质页岩,但受到多期的构造作用,导致地层抬升、剥蚀,页岩仅残留在"窄陡型"向斜中,通过近几年在安场、务川等窄陡型向斜页岩气成藏规律的研究,得到了一定的认识,为黔北地区"窄陡型"向斜提供了理论支撑。

4.1.1 成藏主控因素分析

通过对"窄陡型"向斜页岩气富集成藏规律研究,结合黔北复杂构造区开发实践,认为在页岩气勘探开发过程中,窄陡型向斜页岩气成藏的主要因素有以下几个方面。

4.1.1.1 地层岩性组合

地层岩性组合是控制天然气运移与分布的关键因素,黔北地区五峰组—龙马溪组岩性组合为泥质灰岩—硅质页岩—泥质页岩。龙马溪组为灰—灰黑色碳质页岩、黏土页岩、粉砂质页岩,上段为粉砂泥岩,下段为碳质硅质页岩;龙马溪组下部富有机质硅质页岩储层中的天然气,页岩基质中形成的天然气一部分吸附于基质表面和游离于基质孔隙,另一部分通过生烃膨胀形成的裂缝、层理裂缝进入到构造裂缝,形成自生自储的页岩气聚集。

五峰组—龙马溪组有机质丰富、有机质类型好、演化程度适中,具备较好的生烃能力,同时自身具有孔隙度低、渗透率极低的特征,自身发育的孔隙和裂缝有利于天然气的储存,同时在热演化过程中生产的大量微孔隙可有效增加对天然气储集和吸附能力(邹才能等,2010),加上黏土矿物的吸附作用,可以有效防止自身生成的天然气发生逸散,形成典型的自生自储的天然气富集模式(图 4-1)。

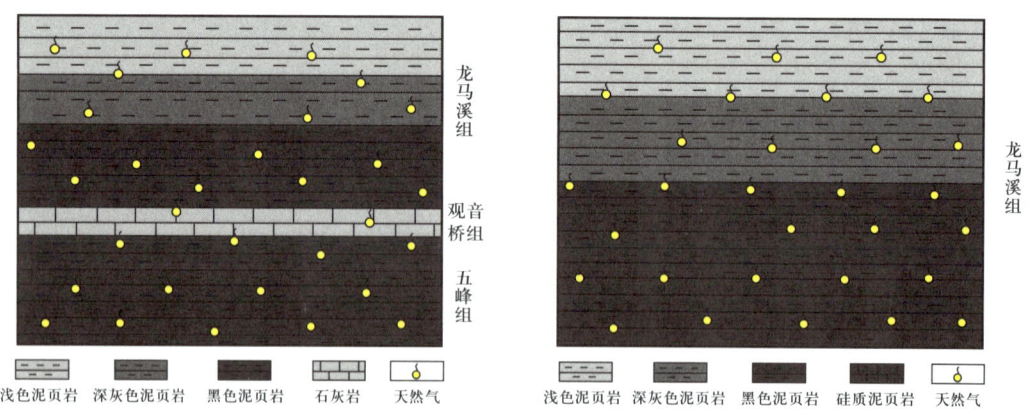

图 4-1 五峰组—观音桥组—龙马溪组页岩气富集模式

4.1.1.2 厚度

厚度是高产的基础,五峰组—龙马溪组页岩沉积时环境相对闭塞,形成滞流缺氧硫化环境，有利于有机质保存（赵建华等，2016）。沉积充填以悬浮沉积为主，沉积一套缺氧环境的富有机质黑色岩系，其中腐泥型有机质富含氢组分，是良好的生烃母质。五峰组沉积早期，由于黔中隆起加剧（都匀运动），海平面相对下降，沉积区域向北推移，有利沉积环境位于正安以北区域。龙马溪组沉积初期，海进加剧，有利沉积区域迅速向南扩大，在安场向斜沉积了15m左右的富有机质页岩，为页岩生烃提供了基础保障。

通过道真向斜、安场向斜、务川向斜、桴焉向斜等向斜内钻井的产量评估，将直井、不同水平段长度的水平井产量归一化至水平段1500m后（图4-2），单井日产气量与页岩地层厚度规律一致。

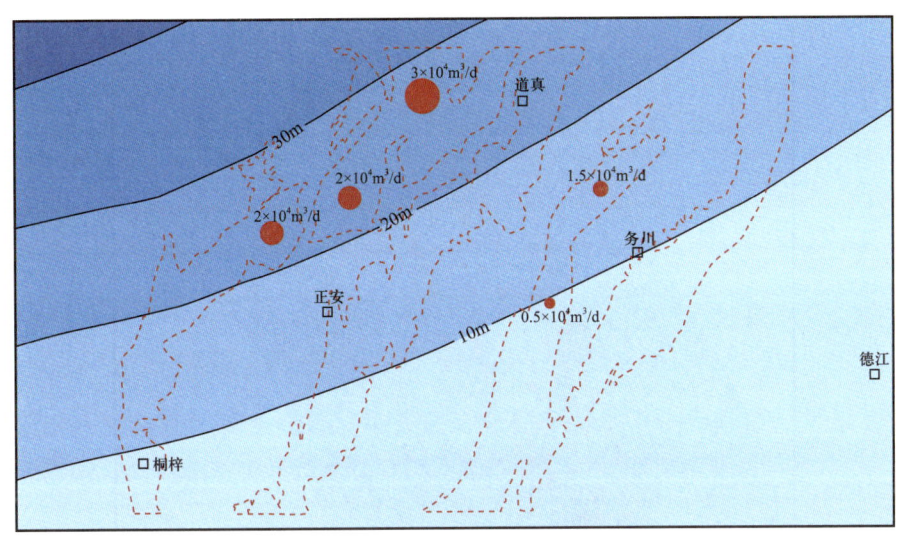

图 4-2　页岩厚度与产量评估叠合图

4.1.1.3　有机孔

五峰组—龙马溪组页岩有机质中大量发育有机质孔隙，随着热演化程度的增加，达到过成熟后，有机质孔隙中充注丰富的页岩气。同时，随着演化过程中有机酸的排出，溶蚀孔和黄铁矿粒间孔隙也有一定程度发育，这些孔隙的发育有利于页岩气在储层中汇聚保存。对安场向斜龙马溪组页岩样品进行氩离子抛光处理后，再通过 XFE-SEM 扫描电镜观测安场向斜地区龙马溪组页岩样品，发现五峰组—龙马溪组页岩孔隙类型丰富，兼具有机孔和无机孔两类，其中有机孔中包含沥青孔和干酪根孔两种类型。页岩孔径与孔隙度、含气量、游离气占比、地层压力系数呈明显的正相关性，表明有机孔越发育，则储层物性越好，先期自生自储的页岩气残留含量和游离气占比越高，越利于获得高产。按照孔径大小可将孔隙分为微孔（小于2nm），中孔（2~50nm）和大孔（大于50nm），安场向斜五峰组—龙马溪组页岩孔径主要集中在5~900nm之间，以中孔为主，占比达到80%。安场向斜实验数据已表明，有机孔孔径越大，则储层物性越好，单井产量越高。

4.1.1.4　核部有利区

黔北地区五峰组—龙马溪组在白垩纪达到最大埋深，干酪根和残留油裂解生成干气，产气量达到最大,此后构造抬升,气藏进入剥蚀破坏阶段(赵建华等,2016)。安场地区大规模挤压隆升时间约为105Ma,抬升剥蚀幅度在500～3000m,五峰组—龙马溪组四周出露地表,周缘气体逸散,保存条件较差。分析发现目的层在向斜核部、远离地层露头(埋深较大)时,有机碳含量更高(图4-3),含气性通常较好。根据"窄陡型"向斜安场向斜的开发现状,核部的安页4平台是产量最高的地区,该平台平均单井产气量大于$3×10^4m^3/d$。

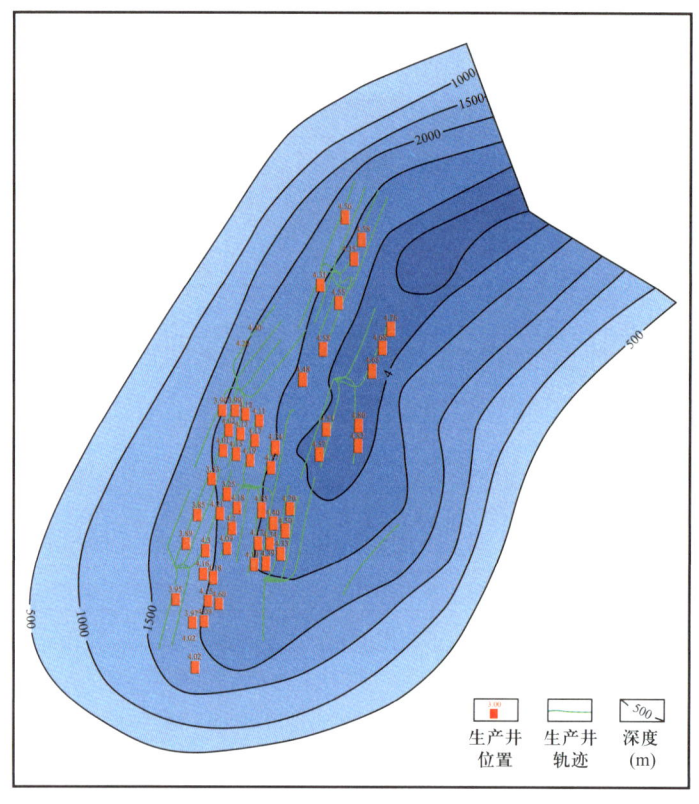

图4-3 安场向斜埋深与单井归一化日产量叠合图

4.1.1.5 逆断层封挡

安场向斜发育逆断层,断层封闭性较好,可遮挡页岩侧向渗漏,有利于页岩气保存和富集。安场向斜五峰组—龙马溪组倾角主要在20°～30°,先期形成的页岩气由于地层倾角较大的缘故发生逸散,远离盆地周缘的槽挡转换带,反向逆断层发育,逆断层下盘目的层与上盘致密隔层对接,受逆断层侧向封堵,页岩气滞留于逆断层下盘,可形成一定聚集规模,并且逆断层下盘经历燕山早期NW—SE向挤压和燕山晚期SN向走滑作用,形成多期天然缝网交切切割,节理发育,孔渗较好,有利于压裂形成复杂网缝。安场向斜核部西部发育一组逆断层,断距50～200m,核部发育一组断距为100～200m的逆断层,由于逆断层具有良好的侧向封堵性,对五峰组—龙马溪组页岩的逸散起到了很高的抑制作用,目前安场向斜主要勘探开发区域就集中在两组断裂之间。

4.1.1.6 压力系数

压力系数是反映页岩气保存条件、含气量丰富程度的直接参数。地层压力系数的高低与产量有直接关系，通常保存条件好对应的地层压力系数较大，井产气量较高（胡东风等，2014）。安场向斜开展了 1 口井的微注测试，测得向斜压力系数约为 0.994，五峰组—龙马溪组气藏为常压页岩气气藏。

在安场向斜系统开展了 Eaton 法求取了五峰组—龙马溪组地层压力系数分布。压力系数主要分布于 0.84~1.02 之间，处于常压状态。根据安场向斜压力系数分布与生产井前 3 个月平均日产气分析（图 4-4），向斜核部地层压力系数相对较高，核部的 AY4 平台水平井日产量均在 $2.8\times10^4m^3$ 以上，其中 AY4-3HF 井日产气量长期稳定在 $4\times10^4m^3$ 以上，压力和产量稳定，证实了压力系数是单井产量的主控因素。

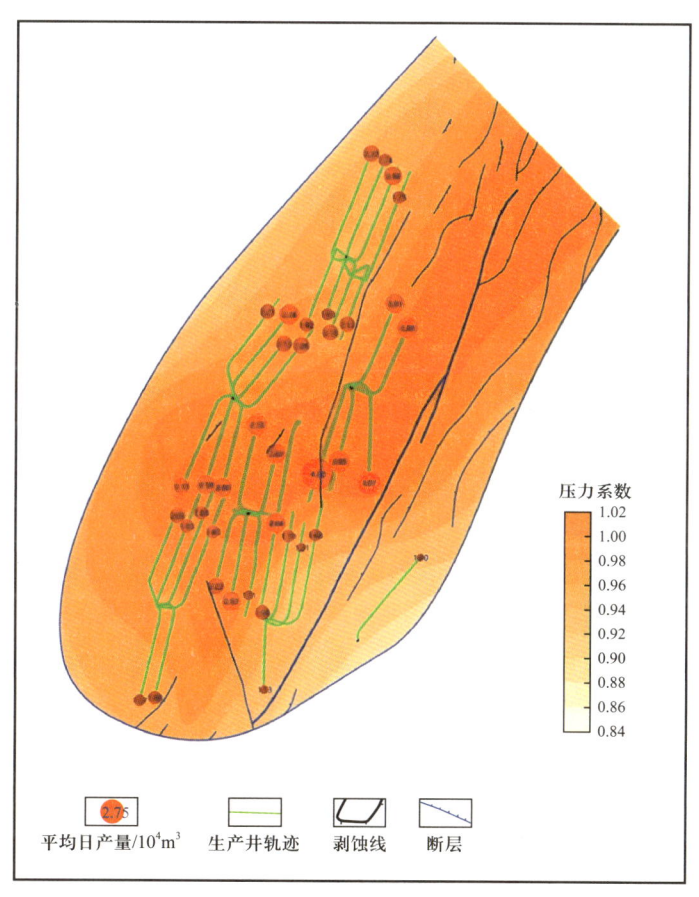

图 4-4 初期日产气量与压力系数叠合图

4.1.2 成藏机理阐述

4.1.2.1 优质的储层品质

五峰组—龙马溪组发育富有机质页岩、有利的沉积相、较好的构造条件和较为优质的储层品质，为页岩气富集成藏奠定了基础。

"窄陡型"向斜里五峰组—龙马溪组页岩具有过渡陆棚、斜坡沉积、改造残留、向斜浅埋的独特地质背景。上奥陶统五峰组和下志留统龙马溪组分属于深水陆棚亚相碳质泥棚微相和深水陆棚亚相粉砂质碳质泥棚微相—浅水陆棚亚相灰质粉砂质泥棚微相，为富有机质泥岩发育相对较好的沉积微相带。安场向斜保存完整，内部深大断裂不发育且形成于目的层主生烃期之前，浅层断裂形成于燕山期，但其未出露地表，多组断裂相互交切形成裂缝发育带，对储层改善起到一定的积极作用。沉积和构造的良好耦合促成了安场向斜五峰组—龙马溪组页岩有利的成藏条件和资源禀赋条件。

4.1.2.2 页岩储层物性条件优越

页岩储层条件优越，具有有机质条件良好、孔缝发育、含气性好、游吸比偏高、脆性强等优势。

五峰组—龙马溪组页岩厚度分布较稳定，埋深适中（小于3000m），有机质类型以Ⅰ型和Ⅱ$_1$型为主，有机碳含量高（介于0.1%～9.15%，平均4.1%）且分布范围广，R_o热演化适中（介于1.87%～3.11%，平均2.37%），黏土矿物含量低（介于10%～24%，平均14.7%），脆性矿物含量高（介于61%～88%，平均75.5%），岩相以硅质页岩为主，各类型孔缝发育，微裂缝多被充填，含气量高（平均3.9m^3/t），游吸比较高（不小于1），为典型的常压储层。区内各井间页岩气储层条件差异较大，垂向上小层储层参数变化不一。与焦石坝高（超）压及川东南盆缘常压储层相比，除优质页岩厚度和孔隙度略逊外，安场页岩其他参数与之相当或者好于上述地区。

4.1.2.3 页岩气保存较好

构造条件、火山活动、封盖性、地下水活动和储层微观性质共同控制"窄陡型向斜"页岩气的运聚和保存。在页岩目的层沉积过程中，上升洋流和火山灰促进了有机质富集，而"早期小幅抬升，长期稳定沉降，后期抬升保存"的多期构造事件造成了地层抬升剥蚀和挤压破裂（图4-5），页岩气部分散失。地下水活动在导致页岩气逸散的同时，也促成了向斜核部页岩气的汇聚，有利的封盖条件和储层微观性质保障了储层较高的含气丰度。研究表明，五峰组页岩从下往上，龙马溪组页岩从上往下，平面上从向斜东侧陡翼、西侧缓翼到向斜轴部，页岩含气性逐渐变优。

4.1.2.4 "差异聚集、核部富集"的常压页岩气分布模式

页岩气主要富集于向斜核部，两翼断层对页岩气的富集具有积极的控制作用（图4-6）。燕山期断裂和挤压运动对页岩气逸散具有重要的调控作用，该时期形成的断裂对储层压力分布具有明显影响，是页岩气差异聚集的关键控制因素。后期的构造抬升、地下水渗滤，以及封盖—夹层条件（新滩组、宝塔组和观音桥段的岩性和厚度）对地层压力保持和储层含气性起到了一定的影响作用。

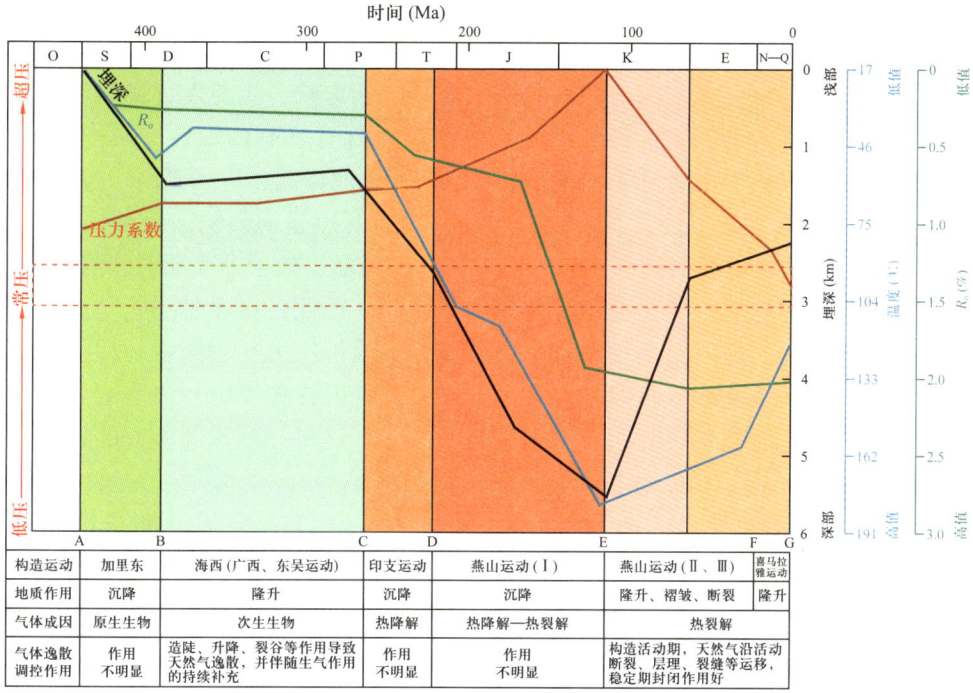

图 4-5 安场地区构造运动对页岩气逸散的调控模式

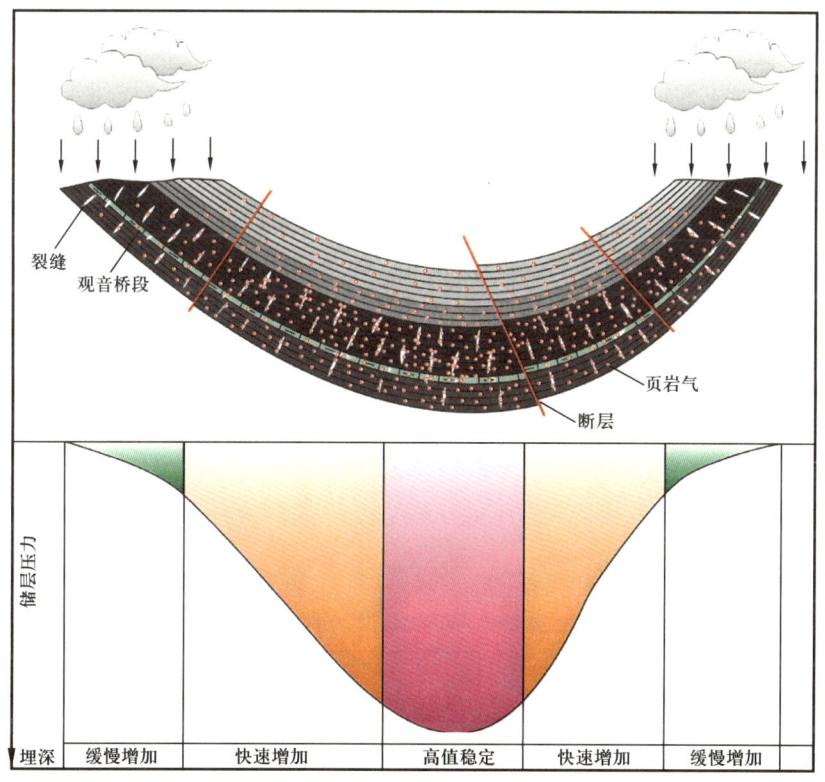

图 4-6 安场地区页岩储层压力模式图

4.1.3 成藏模式构建

安场向斜断层主要发育于燕山期，受挤压应力作用影响，主要发育逆断层，断层主要位于向斜翼部边缘和转折端，断层的发育对油气的保存具有两面性。从构造发育史、储层埋藏史来看，在晚三叠世到早侏罗世，储层发生快速深埋，进入到高、过成熟阶段，在有机质热解作用下大量生烃，而侏罗纪—白垩纪同时也是向斜构造及断层形成时期，生烃作用与断层活动在时间上具有一定的匹配关系。当断层处于活动期时，封闭性能差，可以沟通深部和浅部地层，成为油气纵向运移的通道，因此，在该时期龙马溪组页岩气可以通过断层沟通向上进入石牛栏组。特别地，由于核部应力相对集中，在受到区域构造挤压时，其断裂—裂缝形成时间会早于翼部。即研究区在侏罗纪—白垩纪大量形成裂缝之前，核部可能已经发育裂缝，且由于处于开启期，这将导致核部形成的烃类物质发生运移和逸散，表现为核部的AY1井沥青含量相对较低。

在白垩纪中晚期，研究区进入抬升—改造阶段，其上覆盖层新滩组埋深2204～2213m，地层厚99m，其孔隙度大于1%，渗透率小于0.006mD，考虑到突破压力的变化区间，前人认为具有一定的封盖能力、但却是封盖能力有限的Ⅲ类盖层，会有相当一部分气体通过盖层向上逸散（冯动军等，2021）。此外，研究区在抬升—改造阶段处于快速隆升，覆压的快速卸载及地层滑脱形成了大量的断裂—裂缝和镜面特征，页岩气可以通过断层及层理缝发生逸散。特别地，安场向斜东翼构造作用最为强烈的地区，地层倾角较大，断层最为发育，不利于页岩气保存。但是，向斜西翼构造作用相对较稳定，页岩气主要通过开启的层理缝进行运移，顶底板条件较好，可以形成一定规模的页岩气藏，总体概括为"向斜控藏、环核聚集、逆断控逸、核部富集"的页岩气富集模式（图4-7）。

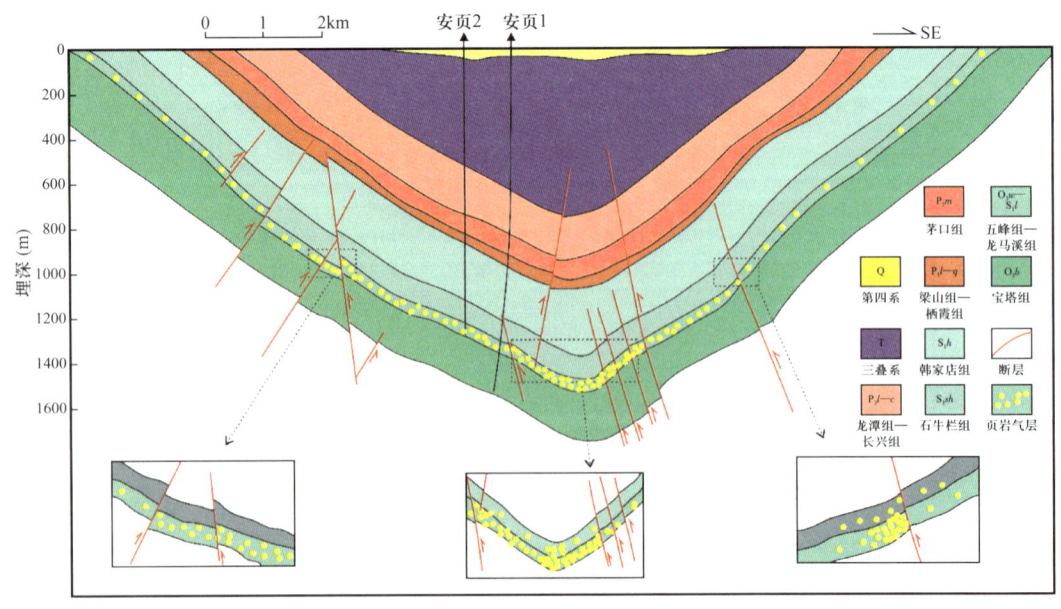

图4-7 安场向斜上奥陶统—下志留统五峰组—龙马溪组页岩气差异富集模式

4.2 缓坡型向斜页岩气成藏模式

单翼缓坡型向斜是贵州北部地区另一种典型的向斜构造样式，向斜两翼不对称，缓翼倾角在 10°～20°，地层连续且变形弱，断裂相对不发育；陡翼倾角在 20°～40°，断裂较发育，地层挤压破碎严重。页岩气保存状态因受两翼断裂发育程度影响而呈现较大差异。该类向斜以狮溪向斜最为典型。狮溪向斜位于贵州省遵义市桐梓县狮溪镇高席子东，北接重庆南川区，东邻道真县，东南为正安县，西与重庆市綦江区接壤。构造位于黔北隆起凤冈构造变形区（图 4-8）。

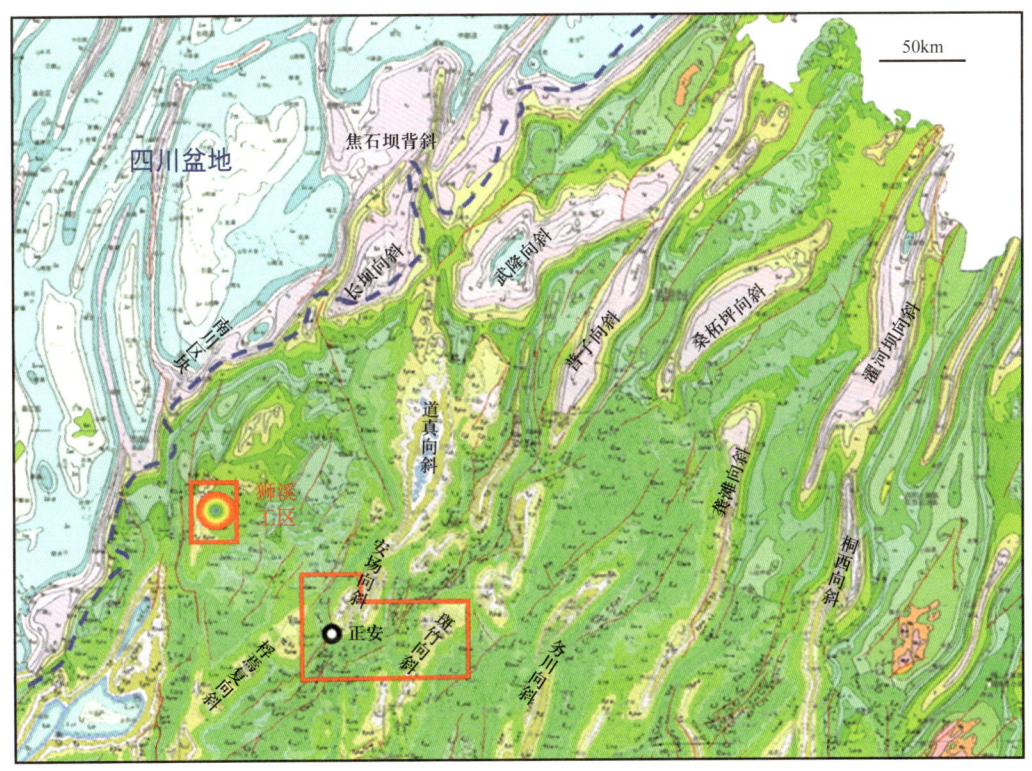

图 4-8 狮溪向斜工区位置图

4.2.1 成藏主控因素分析

页岩气的保存条件受到地层产状、顶底板条件、构造运动等因素的制约。狮溪向斜整体为近南北走向、向南收窄的向斜构造形态，向斜核部、东翼平缓，西翼陡峭，发育大型逆冲断裂；向斜中心北北东走向，位于工区西南侧狮溪断裂西侧。狮溪向斜五峰组—龙马溪组整体埋藏较浅。部署在向斜东翼的狮溪 1-1HF 井埋深在 1300～1350m 之间，水平段长 1250m，压裂试气日产 $2.5 \times 10^4 m^3$，落实了向斜东翼页岩气保存条件相对较好，具备富集成藏的资源潜力。

4.2.1.1 埋藏深度

狮溪向斜五峰组—龙马溪组页岩地层整体埋深较浅，最大埋深约3000m，位于向斜西南。狮溪断裂以西埋深普遍超过2200m，地表为三叠系。狮溪断裂以东为埋深小于2000m，工区东部地层在构造抬升中大量剥蚀，埋深小于1000m，现有完钻井狮地1井（埋深大于510m），现场平均解吸气0.3m³/t，未能成藏。依据周边区块的实钻经验，埋深越大，页岩的封闭性越好。结合效益开发角度，选取埋深1000～1500m为本区块页岩气成藏富集的关键因素。

4.2.1.2 地层倾角

狮溪向斜东翼地层平缓，地层倾角多小于20°，页岩气顺层理方向逸散难度大，有利于页岩气的保存；而西翼地层倾角多大于20°，且发育大规模断裂，加剧了页岩气的散失。因此，在埋深相当时，页岩层倾角越小，则保存条件相对越好。

4.2.1.3 断层

狮溪向斜发育38条断裂，以Ⅳ级断裂为主，发育少量Ⅲ级、Ⅴ级断裂（图4-9）。北

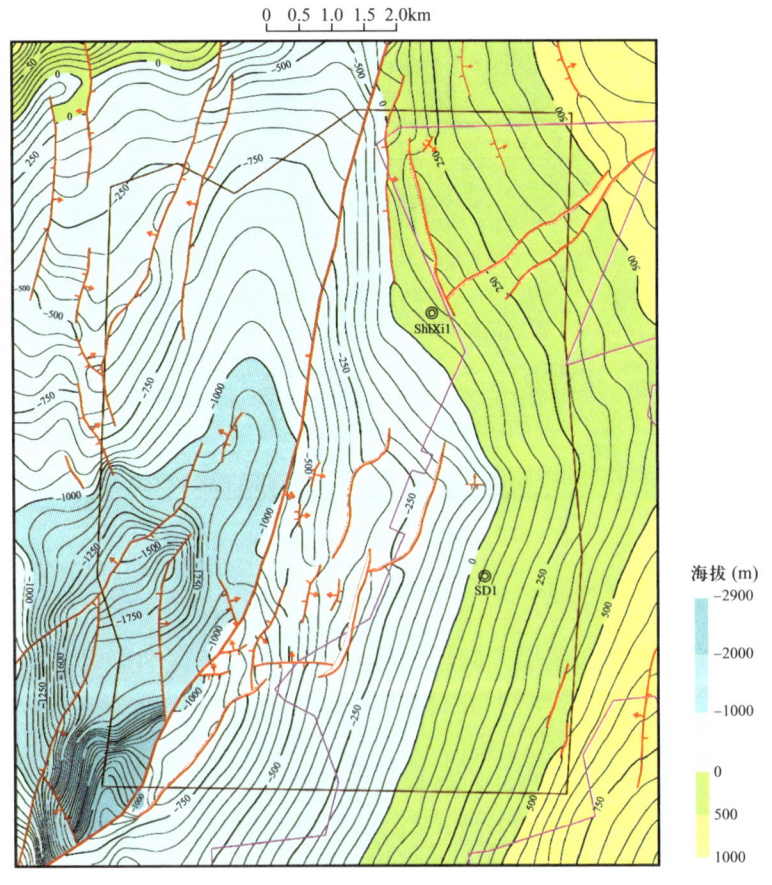

图4-9 狮溪地区断层分布图

北东走向的狮溪断裂贯穿整个工区，断距最大处达 1000m，直通地表；以狮溪断裂为界，工区分为两个较独立的单元，东部地层表现为一个西倾的单斜，西南部为向斜中心区；断裂组合多为平行和"Y"字形特征。东部地层平缓，构造简单，断裂规模较小，目的层埋深较浅；西部埋深变大，构造变复杂，断裂规模相对较大，以Ⅳ级断裂为主。依据黔北页岩气开发经验，页岩气更容易沿着井旁断裂顺层散失，因此井位部署距离可识别四级以上断层应大于 300m，由此导致井位部署空间受限。

4.2.2 成藏机理阐述

4.2.2.1 构造特征

狮溪向斜构造形态完整，西翼断层较为发育，东翼从西南向东北呈单斜构造形态，埋深受地表影响，落差较大，埋深范围 360~1900m 之间。构造线方向为近南北向，略显向西突出的弧状。工区最北部湾里附近该向斜核部出露了本测区最新的嘉陵江组，沿轴向向南地层逐渐变老，主要为下三叠统、二叠系、志留系和奥陶系。褶皱向两翼地层逐渐变老，分别出露三叠系、二叠系、志留系，其中东翼地层产状为西倾 40°~65°，西翼地层产状为东倾 15°~35°，明显具西陡东缓特征，轴面倾向西，轴迹向西倾伏突出。向斜轴迹呈波状起伏，为轴面向西倾斜的不对称褶皱，北段表现尤为明显。

4.2.2.2 构造过程

研究区在漫长的地质演化过程中，页岩总体经历了先深埋后抬升的埋藏史，对应经历了压实—成岩—生烃及抬升和构造变形的复杂演化历程。将研究区的五峰组—龙马溪组页岩的裂缝发育和流体运移的演化概括为三个阶段：

从目的层沉积直到生烃作用之前（二叠纪早期），该阶段与早成岩阶段相对应，在该阶段沉积的地层没有角度不整合面，研究区域内未发生水平构造变形。页岩储层孔隙中的流体由于压实作用而逐渐排出，且未出现因不平衡压实和大规模水平构造挤压而引起的储层超压，流体压力系数接近 1，部分裂缝可能在早成岩作用过程中形成。该阶段形成的裂缝规模小、连通性差，且发育于规模生烃作用之前，对页岩气的成藏影响有限。

二叠纪—白垩纪晚期，有机质热成熟度进入生油窗后，开始大量生烃。黑色页岩的有机质含量较高，生成的烃类增加了孔隙流体压力，储层在高流体压力下破裂。烃类与地层水一起通过裂缝网络排出，出现幕式排烃活动（解习农等，1998）。该阶段产生的流体超压张破裂对应大规模排烃活动，其本质是在页岩有限储集空间限制下，生烃量远小于可容纳量的动力学调整过程。这一阶段在奠定了页岩气成藏的含气基础的同时也形成了排烃通道，在后期强构造改造下可能被再次激活而为页岩气规模逸散作用埋下伏笔。

从古近纪开始直到现今，区域在强烈的水平构造挤压下白垩纪和早期地层发生强烈的褶皱和隆升。页岩储层裂缝发育受构造样式控制，在不同的构造应力环境下具有较大差异。该阶段是页岩气保存的关键时期。在构造简单的区域，例如弱构造改造的向斜的核部区域，相对较低的裂缝密度未能形成横穿各层的裂缝网络系统，页岩气逸散作用较弱，仅发生在储层抬升过程中因温压条件变化而发生气体赋存状态的转化。在残余向斜的翼部靠近剥蚀线区域或规模断裂附近区域，页岩气通过由地层抬升和构造变形产生的规模连通裂缝网络迅速逸散，这些区域的页岩气保存条件较差。

4.2.3 成藏模式构建

根据复杂构造区页岩气富集主控因素的详细解剖（图4-10），认为狮溪向斜页岩气富集成藏模式可概括为"沉积相供烃控储、构造运动控保定富、地应力场控缝控产、反向逆断层遮挡成藏"。

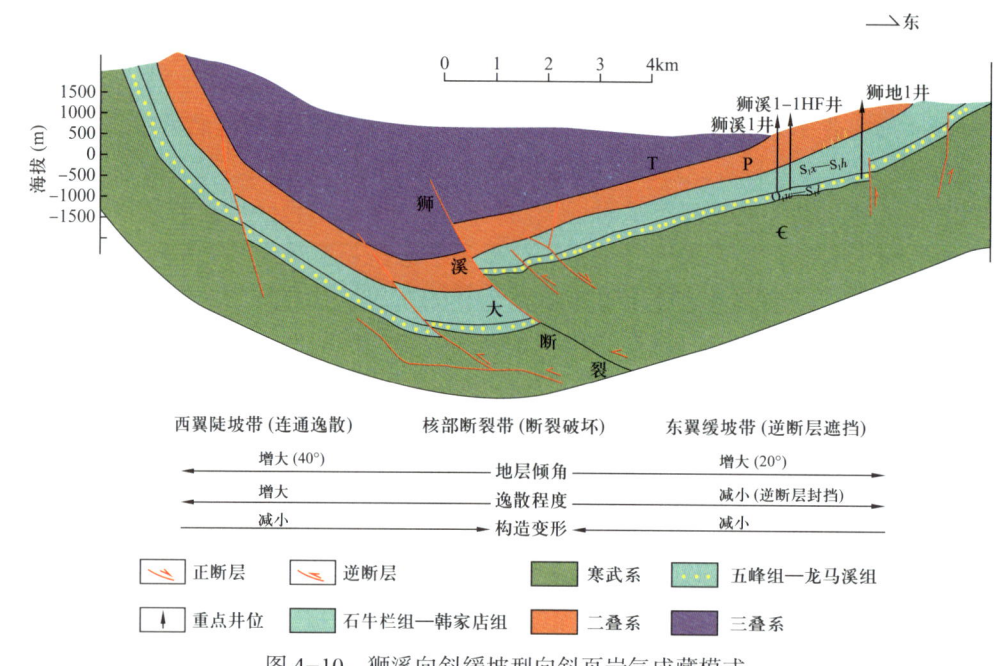

图4-10 狮溪向斜缓坡型向斜页岩气成藏模式

4.2.3.1 沉积相供烃控储

狮溪区块处于深水陆棚相的沉积环境时间长，沉积速率中等，为形成优质页岩提供了良好的沉积环境，优质页岩厚度大，有机质丰度高，热成熟度适中，生烃强度大，为页岩气富集提供了充足的气源，同时成岩过程中产生的有机质孔隙为储层形成了良好的原始储集空间和比表面积，有利于页岩气储集和吸附。

4.2.3.2 构造运动控保定富

地表出露地层以三叠系须家河组、雷口坡组、嘉陵江组为主，地层发育较完整，区域盖层封盖性较好，顶底板封闭性强；构造稳定、结构简单、变形程度弱，无通天断层，控边断层封闭性好，上倾方向有封闭性反向逆断层侧向封堵，页岩气逸散减弱，形成了良好的封闭环境，有利于页岩气保存，页岩气富集程度较高。

4.2.3.3 地应力场控缝控产

构造抬升卸载使该构造地应力减弱，两向水平应力差值和差异系数较小，裂缝以页理缝和微裂缝为主，有利于压裂形成复杂缝网，为常压页岩气大规模高强度压裂改造提供了重要保障，是获得高产的关键地质因素。斜坡型构造埋深由浅到深，地层抬升幅度减小，构造缝减少，页理缝逐渐闭合，渗透率减小，距离剥蚀区更远，页岩气横向逸散减弱，地层压力系数和含气量增大，页岩气富集程度逐渐增高，单井产气量增高。

4.2.3.4 反向逆断层遮挡成藏

单翼缓坡型向斜构造中的陡翼一侧地层破碎、断裂发育，页岩气难以富集成藏。而缓翼一侧整体呈单斜形态。页岩气主要沿横向顺层逸散，页岩气富集主要受侧向断层封堵和目的层剥蚀边界远近控制，页岩气保存条件较好，地层压力系数中—低。受构造抬升的影响，地应力释放，层面滑动发生顺层剪切，主要发育顺层"E"字形层间缝，压裂易形成复杂缝网，产量中等—高（何希鹏等，2018）。

4.3 宽缓型向斜页岩气成藏模式

道真向斜是黔北较为典型的宽缓型向斜，处于利川—武隆复向斜，是一个复向斜中的次级向斜，具有较好的宏观保存条件，剖析道真向斜五峰组—龙马溪组下部含气特征，分析其富集成藏规律，对于黔北宽缓型向斜五峰组—龙马溪组下部页岩气的勘探开发具有深刻意义。

4.3.1 成藏主控因素分析

在道真向斜志留系页岩气形成条件分析基础上，通过对向斜内的页岩气深入解剖与对比，结合四川盆地周缘页岩气勘探实践，认为道真向斜常压页岩气富集主要受控于7个主要因素。

道真向斜五峰组—龙马溪组一段位于深水陆棚相优质页岩发育区，沉积水体由东南向西北逐渐变深，沉积厚度也由东南向西北逐渐变厚（图4-11），五峰组—龙马溪组一段发育优质页岩厚度27~35m，具高有机质丰度、高脆性矿物、高含气性特征。页岩气各项静态评价指标与四川盆地内高压区基本一致。

4.3.1.1 有机质类型

有机质类型以 I 型为主，II_1 型次之。以区内的道页1井为参考，干酪根显微组分中主要为腐泥无定形体及腐泥碎屑体（表4-2），腐泥无定形体相对含量为27%~87%，平均55.7%；腐泥碎屑体相对含量为4%~71%，平均38.8%，样品中含少量无结构镜质体和丝质体，干酪根类型指数为75~98，以 I 型为主，II_1 型为次。道真巴渔剖面黑色页岩，干酪根碳同位素值为 −29.15‰~−28.01‰，平均为 −28.7‰，干酪根类型同样以 I 型、II_1 型为主。

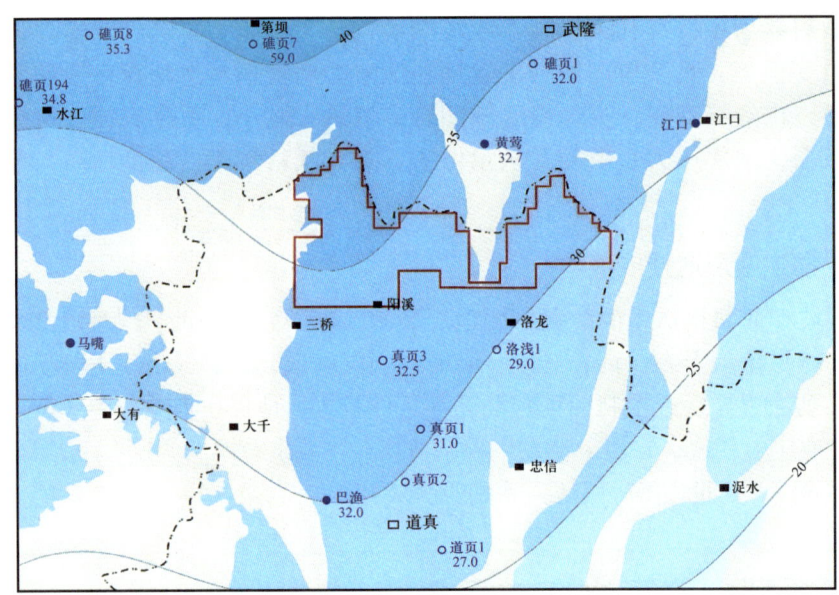

图 4-11 道真向斜五峰组—龙马溪组一段优质页岩厚度分布图

表 4-2 道页 1 井龙马溪组泥岩干酪根显微组分及类型统计

层位	荧光显示	有机显微组分相对丰度（%）				类型指数	干酪根类型
		腐泥组	壳质组	镜质组	惰质组		
S_1l	无荧光	61	35	2	2	75	II$_1$
S_1l	无荧光	96	0	4	0	93	I
S_1l	无荧光	98	0	2	0	97	I
S_1l	无荧光	97	0	1	2	94	I
S_1l	无荧光	98	0	2	0	97	I
S_1l	无荧光	99	0	1	0	98	I
S_1l	无荧光	98	0	2	0	97	I
S_1l	无荧光	97	0	2	1	95	I
S_1l	无荧光	98	0	1	1	96	I
S_1l	无荧光	96	0	3	1	93	I
S_1l	无荧光	97	0	1	2	94	I
S_1l	无荧光	94	0	2	4	89	I
S_1l	无荧光	95	0	3	2	91	I
S_1l	无荧光	99	0	0	1	98	I
S_1l	无荧光	96	0	0	4	92	I

4.3.1.2 有机质丰度

从区内的钻井和剖面特征来看，TOC 为 2.8%~4.0%，表现出了明显的向北有机质丰度增加的趋势。真页 1 井五峰组—龙一段 TOC 自上而下总体呈增加的趋势，实验分析平均为 1.7%。下部气层实测 TOC 为 2.8%~4.9%，平均为 3.4%，五峰组—龙马溪组一段 2 小层的 TOC 为 2.8%~4.9%，平均 3.5%。

道真县附近的巴渔剖面 TOC 平均值为 2.98%，道页 1 井为 3.33%，往北真页 1 井为 3.5%，真页 2 井和洛浅 1 井均为 3.6%，而区块以北的黄莺剖面和隆页 1 井则分别达到了 3.95% 和 4.36%。

4.3.1.3 有机质成熟度

结合区域上的岩相古地理特征和 R_o 演化趋势分布特征，向斜内的五峰组—龙马溪组 R_o 主要介于 2.2%~2.6%，有机质成熟度较为适中。

4.3.1.4 断层对页岩气富集的影响

北部彭水地区 PY1 井附近无断层，现场解吸含气量高于 $2m^3/t$，单井日产气量为 $2.52 \times 10^4 m^3$。西部仁怀地区 RY1 井处于北东向构造与东西向构造结合转折部位，龙马溪组距离最近断层 1.0km，该断层由寒武系延伸至三叠系上部，穿过石牛栏组、茅口组、长兴组等多套地层，造成页岩气侧向逸散，导致 RY1 井气测显示差，含气量低，RY1 井钻井岩心揭示五峰组区域性滑脱层发育，井区附近构造较为复杂。从单井钻探效果来看，距离断层越近，页岩气保存条件遭受破坏程度越强，从而造成页岩气逸散，单井产量低。勘探实践表明，距离断层 1.5km 以上保存条件变好，页岩层气测显示好，单井产量较高。

道真向斜共发育 5 条逆断层，北东向 3 条，近南北向 2 条。受茶园断裂控制，道真向斜分为道真次凹和洛龙构造；沙坝子断层将道真次凹分割成东翼和西翼，西翼北西向剖面显示为一斜坡；东翼北部北西向剖面显示为一"断洼"，南部为一斜坡（图 4-12）。

4.3.1.5 剥蚀区远近对页岩气富集的影响

道真向斜四周出露志留系、奥陶系及寒武系，页岩横向渗透率要远大于垂向渗透率，气体易发生横向逸散，目的层距离剥蚀区越远，气体逸散相对越少，越有利于页岩气富集。

北部彭水地区 3 口取心井岩心，通过气体脉冲法开展水平渗透率和垂直渗透率测试，从而进一步分析页岩气纵横向运移方式的变化规律。12 件实验样品分析测试结果表明，水平渗透率分布在 0.0004256~0.8121478mD 之间，平均 0.07516mD，垂直渗透率分布在 0.0001197~0.0022268mD 之间，平均为 0.000674mD，页岩水平渗透率远高于垂直渗透率，是垂直渗透率的 2.17~364.72 倍，平均为 40.37 倍，说明页岩层中的气体更易发生横向运移，盆外常压页岩气以横向运移为主，水平缝、层理缝是页岩气的有效逸散通道。

北部彭水地区及南部的安场向斜勘探实践也表明，页岩气井离剥蚀边界（目的层出露区）越远，含气性越好，产气量越高。

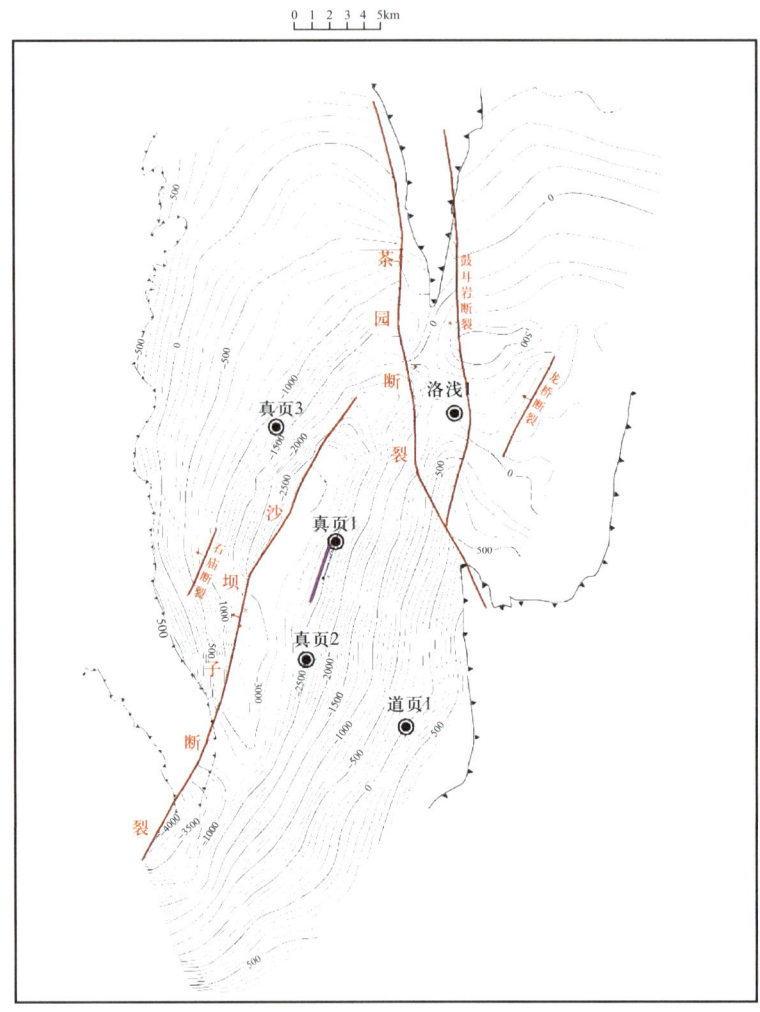

图 4-12 道真向斜五峰组—龙马溪组断裂纲要图

4.3.1.6 埋深对页岩气富集的影响

道真向斜受二级断裂—茶园断裂的控制，分为道真次凹和洛龙构造，志留系页岩埋深 1000～4000m 的面积 692km²，其中断下盘最大埋深 4000m。洛龙构造位于茶园断层上盘，最大埋深 1500m，北西剖面为一"背斜"，南北方向为一向斜，南部与剥蚀区相连，北部与武隆向斜相连。

对比分析道真向斜周缘地区页岩气井发现，埋深与页岩含气量具有一定相关性，埋深在一定程度上影响着页岩气的保存。埋深浅的井因缺乏有效的上覆盖层，气体容易逸散，富气页岩厚度变薄，埋深大的井因保存条件好，富气页岩厚度大。道页 1 井埋深 597m，含气量 2.12m³/t，真页 1 井埋深 3173m，含气量 4.08m³/t，靠近核部，埋深增大（由 600m 增大至 4000m），压力系数升高。

三轴应力卸载实验表明 1500m 埋深可能是五峰组—龙马溪组页岩气的逸散边界。通过三轴物理模拟实验，五峰组—龙马溪组页岩围压从60MPa下降至16.6MPa左右，岩石发生剪切破裂，相当于页岩埋深从5600m抬升至1500m时将发生破裂（抬升量为4100m）。PY1井埋藏史模拟表明，龙马溪组古埋深大约为5300m，现今埋深为2160m，抬升剥蚀约为3140m，对于PY1井龙马溪组黑色页岩，不管是持续沉降还是晚期抬升，都不易产生微裂隙，对保存有利，埋深大于1500m时页岩不易发生破裂，页岩气保存条件较好。

覆压脉冲渗透率实验表明，页岩渗透率随围压增加具有明显变化规律。当围压大于15MPa时（埋深约为1500m），渗透率随围压增加快速下降至0.0005mD以内；围压增大到17MPa（埋深约1700m）后页岩渗透率缓慢降低，当围压增至30～40MPa时，页岩渗透率接近于0mD，表明覆压对页岩渗透率影响程度大，页岩埋深小于1500m（15MPa）时，渗透率显著增大，气体易散失，埋深大于1500m有利于气体保存于页岩中。

对于同一勘探目标而言，寻找埋深相对较大的目的层（大于1500m），更有利于页岩气富集，龙马溪组页岩将会具有较大含气厚度和较高含气量，单井压裂改造将会获得较高产量。

4.3.1.7 顶底板条件

地表露头和钻井揭示，五峰组—龙马溪组一段具有良好的顶底板封隔条件。顶板为龙马溪组二段至龙马溪组上段泥岩、粉砂质泥岩和薄层粉砂条带，以及更上覆的石牛栏组和韩家店组，岩性致密，厚度约700m，突破压力高，气体难散失，可作为良好的顶板封盖层；下伏底板为奥陶系临湘组和宝塔组连续沉积的深灰色含泥瘤状致密灰岩，总厚度33～40m，对五峰组—龙马溪组下部含气页岩起到了良好的底部封存作用，有利于页岩气的保存。道页1井在75℃条件下，突破压力20.4MPa（表4-3），生烃高峰时若地层压力未达到顶底板岩层的突破压力，页岩气得到有效保存。

表4-3 道页1井突破压力测试表

钻井	样品编号	模拟上覆压力（MPa）	模拟温度（℃）	模拟地层压力（MPa）	模拟介质	突破压力（MPa）
道页1井	DY1-20	30	75	15	气—水	20.4

4.3.2 成藏机理阐述

页岩气藏最基本的成藏模式为原地成藏模式，但受后期改造作用影响，在向斜内部存在较大差异。道真向斜内五峰组—龙马溪组存在3种页岩气成藏模式，即：原地型、裂缝型及原地—裂缝型成藏模式（图4-13）。

原地型成藏模式在道真向斜主要分布在五峰组和龙马溪组中下部，其分布范围主要受地层总有机碳质量分数的控制：一般总有机碳质量分数大于1.5%的层段，具有较好的含气水平（约0.5m³/t）。原地型页岩气藏最大的特点是：页岩气藏的展布范围受地层总有机碳质量分数（页岩生烃能力）的控制，页岩气生成之后未发生明显的运移，主要储集在原地地层之中。A 型原地页岩气藏（图 4–13 中 a 气藏）储层内没有明显的微裂缝发育，孔隙构成游离气最主要的储集空间，由于地层孔隙度小，这类页岩气藏的游离气含量一般较小，以吸附气为主。B 型原地页岩气藏（图 4–13 中 b 气藏）是在总有机碳含量较高的层段局部发育大量的微裂缝，但这些微裂缝的延伸范围有限，主要局限在总有机碳含量较高的层段内部。

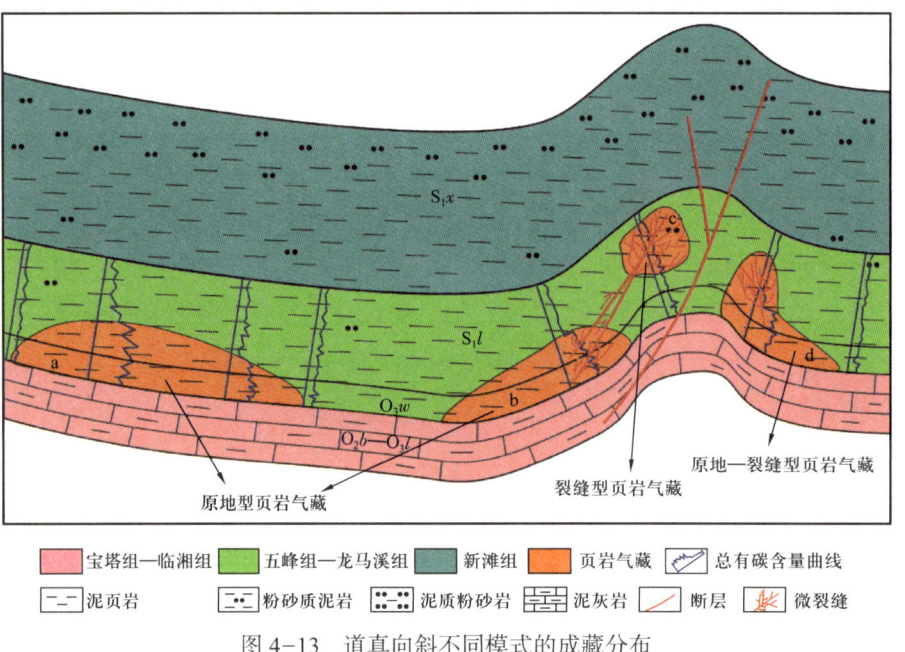

图 4–13　道真向斜不同模式的成藏分布

裂缝型成藏模式是指断层和裂缝在页岩气藏的形成过程中起决定性作用的气藏，没有断层和裂缝这类页岩气藏就不会形成；这类页岩气藏的形成过程中天然气经历了较远距离的运移；但仍然储集于页岩储层内部，微裂缝构成页岩气的主要储集空间（图 4–13 中 c 气藏）。裂缝型页岩气藏一般分布在构造应力较为集中的背斜轴部区域，在这些区域易产生较大的开启性断层和较多的微裂缝体系，从而为裂缝型页岩气藏的形成提供了条件。这类气藏主要富集在总有机碳含量较低的龙马溪组中上部（TOC 一般小于 1.5%），其原地页岩生气能力有限，页岩气并非主要来源于原地地层生成的天然气，大多是经过开启性断层的沟通，从邻近的有机质含量较高的五峰组和龙马溪组下部运移而来。裂缝型页岩气藏中断层和微裂缝将对页岩气的富集成藏起着重要和决定性的作用，开启性断层将为裂缝型页岩气藏的形成提供天然气来源的通道，微裂缝体系将有效改变页岩的储层物性，大大提高页岩的储集空间，从而为形成较大规模和较高丰度的页岩气藏提供条件。由于微裂缝构成裂缝型页岩气藏最重要的储集空间，其储层孔隙度将大大提高，另一方面微裂缝储层的总有机碳含量较低，页岩吸附能力较差，故游离气在裂缝型页岩气藏中将成为重要部分，一般超过吸附气的含量。

原地—裂缝型页岩气藏，是一种既有原地型页岩气藏成藏要素，又具有裂缝型页岩气藏成藏要素的混合成因气藏（图 4–13 中 d 气藏）。这类气藏一般发育在靠近背斜轴部、应力相对集中、易产生大量微裂缝的区域，其垂向展布范围最大，可以分布在五峰组、龙马溪组下部直至龙马溪组中上部，横向展布范围主要受有机质丰度横向变化的控制。原地—裂缝型页岩气藏中的天然气一部分是天然气运移到微裂缝储集体中形成的，有裂缝型页岩气藏的特征，但其天然气运移的距离一般较裂缝型页岩气藏短；另一部分天然气又有原地型页岩气藏的特征，天然气生成之后无明显的运移，储集在原地地层之中。这类页岩气藏的形成主要是在高有机质含量的层段（五峰组和龙马溪组下部）形成了原地型页岩气藏，同时又有微裂缝发育在与之相邻的、有机质含量较低的龙马溪组中上部地层中，且微裂缝直接沟通了原地型页岩气藏，从而形成裂缝型页岩气藏和原地型页岩气藏连为一体的情况。

4.3.3 成藏模式构建

在研究道真向斜五峰组—龙马溪组页岩气富集主控因素的基础上，提出该向斜页岩气成藏模式为"深水陆棚相控烃、保存条件控富、后期改造控藏"（图4-14）。

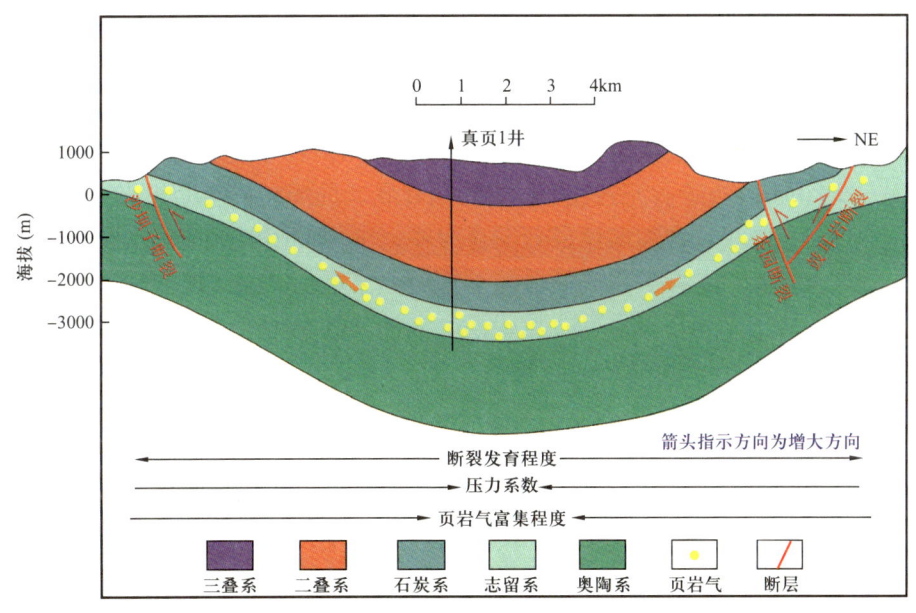

图4-14 道真向斜成藏模式图

深水陆棚相有利于生物的生长发育，沉积的优质页岩厚度大，有机质丰度高，具有较强的生气能力，同时生烃过程中产生的有机孔隙为页岩气赋存提供了储集空间和比表面，控制了页岩气富集的资源基础，即"深水陆棚相控烃"；保存条件影响页岩含气量和游离气占比，决定页岩气藏的富集程度，即"保存条件控富"；后期改造作用决定了保存条件的好坏，并且与烃源岩的热演化息息相关，同时严重影响了游离气与吸附气的含量，控制了页岩气藏的形成，即"后期改造控藏"。

4.3.3.1 深水陆棚相优质页岩

道真向斜五峰组—龙马溪组一段发育深水陆棚亚相，可细分为硅质陆棚、碳质泥棚、含粉砂质碳质泥棚等微相。

硅质陆棚：主要分布于五峰组，属于水动力条件相对较低区域，沉积物以黑色薄—中层状硅质岩、硅质泥岩为主，硅质泥岩中常见浸染状黄铁矿颗粒，水平层理发育。硅质陆棚微相地层中有机质含量丰富，有机碳含量高，脆性矿物含量较大，是最为有利的目标层段。

碳质泥棚：分布于整个五峰组与龙马溪组下段，处于深水陆棚水体能量最低的海域，水动力条件最弱，基本不受海流和风暴的影响，沉积产物以黑色碳质泥岩相、灰黑色页片状或块状碳质泥岩相为主，沉积构造以水平层理、块状层理最为发育，局部见韵律层理，结核状和浸染状黄铁矿较发育。在龙马溪组下段见大量的笔石化石，底栖生物化石较少，见少量的硅质海绵骨针和介形虫等，这些都反映了该沉积环境沉积作用极不活跃，指示了低能、贫氧，以及低速欠补偿的较深水的特征。因此，在这种持续低能环境下，海底长期稳定沉降，气候温暖湿润，大量的浮游动植物繁盛，包括龙马溪组的浮游笔石，长期的还原环境使得丰富的有机质得以顺利堆积保存，在适宜条件下向油气转化。碳质泥棚微相有机质含量丰富，有机碳含量较高，生烃潜力较大，为有利目标层段。

含粉砂质碳质泥棚：主要分布于龙马溪组下部，粉砂质碳质泥棚微相与碳质泥棚微相的沉积具有较多相似之处，都沉积于水体能量较低的海域，水动力条件较弱，基本不受海流和风暴的影响，但粉砂质泥棚微相的沉积物中粉砂质含量较高，一般在20%～40%，块状粉砂质碳质泥岩较多，少见页片状，局部夹薄层碳酸盐岩和泥岩，沉积构造以水平层理、块状层理和韵律层理发育为主，少见冲刷侵蚀面和生物扰动构造，结核状和浸染状黄铁矿较发育。这些都反映了低能、贫氧，以及低速欠补偿的较深水的沉积环境。根据X衍射结果，石英的含量较高，大部分大于35%，脆性指数较高，在页岩气开发过程中，有利于实施压裂。

4.3.3.2 保存条件

道真向斜处于四川盆地外，遭受多期构造改造作用，改造程度差异较大，部分出露于地表，页岩气逸散强烈，表现为常压地层，地层压力系数0.95～1.05。研究表明构造作用对页岩气藏保存具有重要影响，主要表现在断层、目的层离剥蚀区的距离、埋深、顶底板条件等4个方面，该方面内容在4.3.2节中已阐述。

4.3.3.3 后期改造作用控藏

后期改造对页岩气赋存、成藏和分布具有显著的影响。页岩气藏属于源储一体式。在后期改造作用下，原先成片分布的页岩层在后期的差异抬升剥蚀或断层活动的影响下而变得"支离破碎"，烃源岩无法完好保存；地层的变形、错断产生大量的断裂和裂缝，致使先期生成的游离气沿断裂或裂缝大规模逸散，同时促使吸附气提前解吸。

埋藏史和热史分析表明，道真向斜五峰组—龙马溪组于白垩纪不同时期达到最大埋深，干酪根和残留油大量裂解生成干气，原始生气量达到最大，此后构造差异抬升，气藏进入调整破坏阶段。道真向斜五峰组—龙马溪组优质页岩普遍具有较好的顶底板条件，燕山运动Ⅱ幕后期改造作用是控制页岩气保存条件优劣的关键因素，构造改造作用越强，将导致游离气大量向剥蚀区、开启性断层和裂缝带等泄压区运移散失，同时由于降压解吸，吸附气转换为游离气并同样发生逸散，致使页岩含气量进一步降低，因此，后期的构造改造作用强弱，控制了保存条件的好坏，影响页岩含气量和游离气占比，决定了页岩气藏的富集程度。

4.4 穹凹型向斜页岩气成藏模式

4.4.1 成藏主控因素分析

桴焉向斜为复向斜构造，自南西向北东方向主要由三个次一级向斜构成，形成"三凹夹两隆"的构造格局。地质图及构造图表明，受东南方向强烈挤压应力，该区表现为狭长的北东走向的复向斜带，包含三个次一级向斜。

4.4.1.1 厚度

页岩气作为自生自储的一种非常规天然气，具有一定的厚度是页岩气成藏的关键因素之一。本区域内五峰组—龙马溪组黑色碳质泥岩岩性变化整体不大，主为碳质泥岩、含砂质碳质泥（页）岩，局部地段夹薄层（或透镜体）生屑灰岩。通过研究区钻遇五峰组—龙马溪组的钻井分析，根据测井曲线及相关测试分析进行优质页岩划分，在优质页岩对比（图4-15）上显示，研究区中部的黔绥地1井的优质页岩厚度相对较薄，岩心观察中，五峰组厚度仅有1.3m，且优质页岩厚度为0m。北东部桴焉地区桴地1井、瑞溪1井及瑞溪2井五峰组—龙马溪组整体优质页岩厚度在15～18m之间，西南部宽阔等地桐页1井及梓页1井优质页岩厚度整体较高，达14～20m。研究区具有一定的优质页岩厚度，能够提供成藏的物质来源及足够的储集空间。

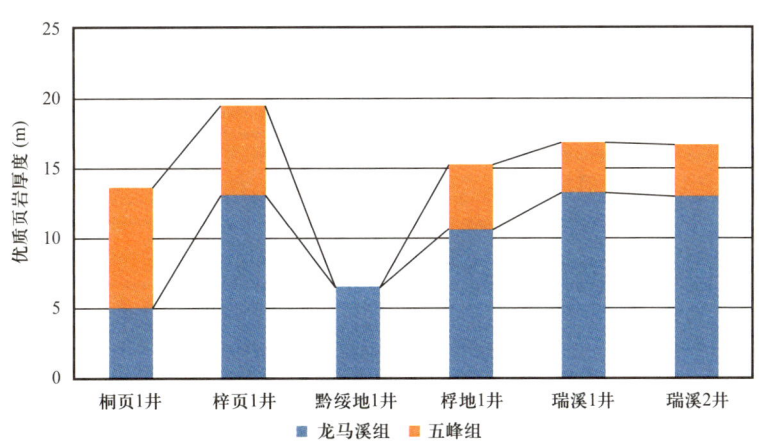

图4-15 研究区各钻井五峰组—龙马溪组优质页岩厚度统计图

桴焉地区五峰组—龙马溪组页岩厚度普遍分布在30～50m，厚度相对稳定，整体呈现北厚南薄趋势；北部页岩厚度局部大于50m，往南逐渐减薄，南部小于30m。

4.4.1.2 有机质丰度

岩石中有足够数量的有机质是形成油气的物质基础,是决定岩石生烃能力的主要因素,有机质丰度直接影响着泥页岩的生烃强度、有机质孔的发育及吸附气含量,是评价烃源岩的关键指标。

桴焉向斜有机质成熟度高,基本处于成熟—过成熟阶段,TOC 在五峰组至龙马溪组下段最大,向龙马溪组上段逐渐减小,从烃源岩热解实验结果上看,生烃潜量(PG)也在五峰组—龙马溪组下部达到最大,向上逐渐减小,TOC、有效碳含量及生烃潜量具有良好的一致性。野外露头剖面 TOC 测试结果显示,绝大部分数据大于 1%,主体在 3%~5% 之间,个别小于 1%。五峰组 TOC 均值为 3.269%,龙马溪组 TOC 均值为 3.4%,均为高碳级别。平面上,TOC 分布呈两高一低的特征,桴焉向斜 TOC 平均含量在 3.0% 以上。

4.4.1.3 有机质成熟度

页岩中,天然气的生成可来源于生物作用、热成熟作用或两者的结合。有机质成熟度只有达到一定的阶段,天然气才可以大量生成。研究区及邻区钻井五峰组—龙马溪组实测 R_o 表明,R_o 值在 2.27%~2.5% 之间,桴焉复向斜集中在 2.3%,表明五峰组—龙马溪组优质泥页岩已处于过成熟阶段。综合露头剖面 83 件样品油浸镜质组反射率(R_o)分析结果,研究区五峰组—龙马溪组暗色泥质岩 R_o 普遍较高,平均值大于 2.5%,最大值可达 3.07%,个别样品 R_o 值较低,最小值为 1.68%(图 4-16)。这些结果表明,研究区五峰组—龙马溪组暗色泥质岩有机质主要为过成熟烃源岩,极少为成熟烃源岩,达到生气窗,具较好的生气条件。

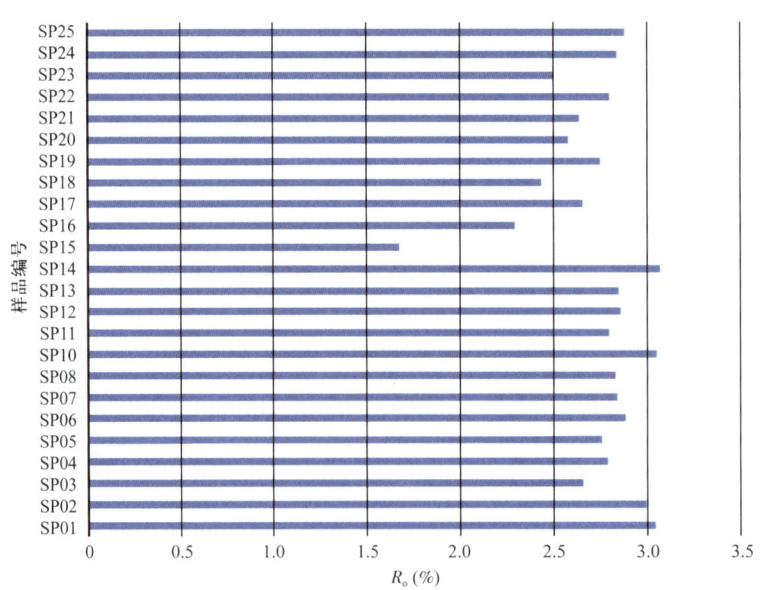

图 4-16 研究区五峰组—龙马溪组露头实测 R_o

4.4.1.4 含气性特征

研究区 3 口页岩气井瑞溪 1 井、瑞溪 2 井及桴地 1 井均为较高含气量页岩储层，表明该地区超浅层页岩气具有较大的建产潜力。

瑞溪 1 井下部富有机质页岩段解吸含气量 1.70~2.37m³/t，平均含气量 1.96m³/t，甲烷组分 91.19%~96.22%，平均甲烷含量 93.9%。吸附实验显示，在 25℃条件下总含气量在 4.49~5.22m³/t，平均为 4.78m³/t，说明研究区泥页岩具有较好的页岩气富集能力。瑞溪 2 井完井井深 470.10m，目的层埋深 410~425m；优质页岩 17.14m，TOC 均值 3.7%。现场解吸含气量 1.06~2.57m³/t，平均含气量 1.70m³/t，平均甲烷含量 93.4%。桴地 1 井完井井深 1258.00m，目的层埋深 1227.30m，优质页岩层厚 15.8m，TOC 均值 4.65%。龙马溪一段含气量 3.04~5.68m³/t，均值 4.59m³/t；五峰组含气量 3.04~5.05m³/t，均值 4.06m³/t。

桴地 1 井：（1）井段 1211.50~1221.88m，厚度 10.38m，平均总含气量 4.59m³/t，测井解释含气量为 3.60m³/t，为Ⅰ类页岩气层；（2）井段 1222.49~1227.86m，厚度 5.37m，平均总含气量 4.06m³/t，测井解释含气量为 3.60m³/t，为Ⅰ类页岩气层。

通过岩心样品现场含气性测试分析，龙马溪组一段—五峰组页岩气总含气量 0.645~5.68m³/t，平均总含气量 4.39m³/t，局部含气量略低。

4.4.1.5 埋深

根据安页 1 井、桴地 1 井钻井结果，对各地层厚度及地层累计厚度进行统计，各工区具有相同沉积背景及构造背景，各时期地层沉积厚度相对稳定，大套地层横向上厚度较为接近，根据实钻地层厚度，结合各区地质露头情况，可对龙马溪组埋深范围进行大体估计。

整体而言，五峰组—龙马溪组底界埋深变化范围为 0~1900m，最大埋深位于北部凹陷西侧。统计表明，龙马溪组底界埋深大于 1000m 总面积为 234.1km²，占工区有效面积 56.4%，其中北部凹陷面积 81.6km²，中部凹陷面积 26.5km²，南部凹陷面积 126km²，底界埋深超过 1500m 的面积仅 8.5km²。

根据区域地质调查研究，本区地表主要出露二叠系、三叠系，以及志留系韩家店组（图 4-17）。结合地层埋深分布等来看，二叠系及三叠系石灰岩可作为本区的有效盖层，盖层越厚，越有利于页岩气保存。

4.4.2 成藏机理阐述

4.4.2.1 断裂

受整体宏观构造应力作用影响，研究区断裂主要发育两期断裂体系（图 4-18），红色断裂主要受海西、印支期自南东向北西的逆冲推覆构造作用运动影响，断至基地，断裂整体以北东走向为主，蓝色断裂为燕山—喜马拉雅期受川中隆起、黔中隆起自西向东运动影响，形成一系列近南北向构造带，断裂多自奥陶系、志留系断至二叠系、三叠系，

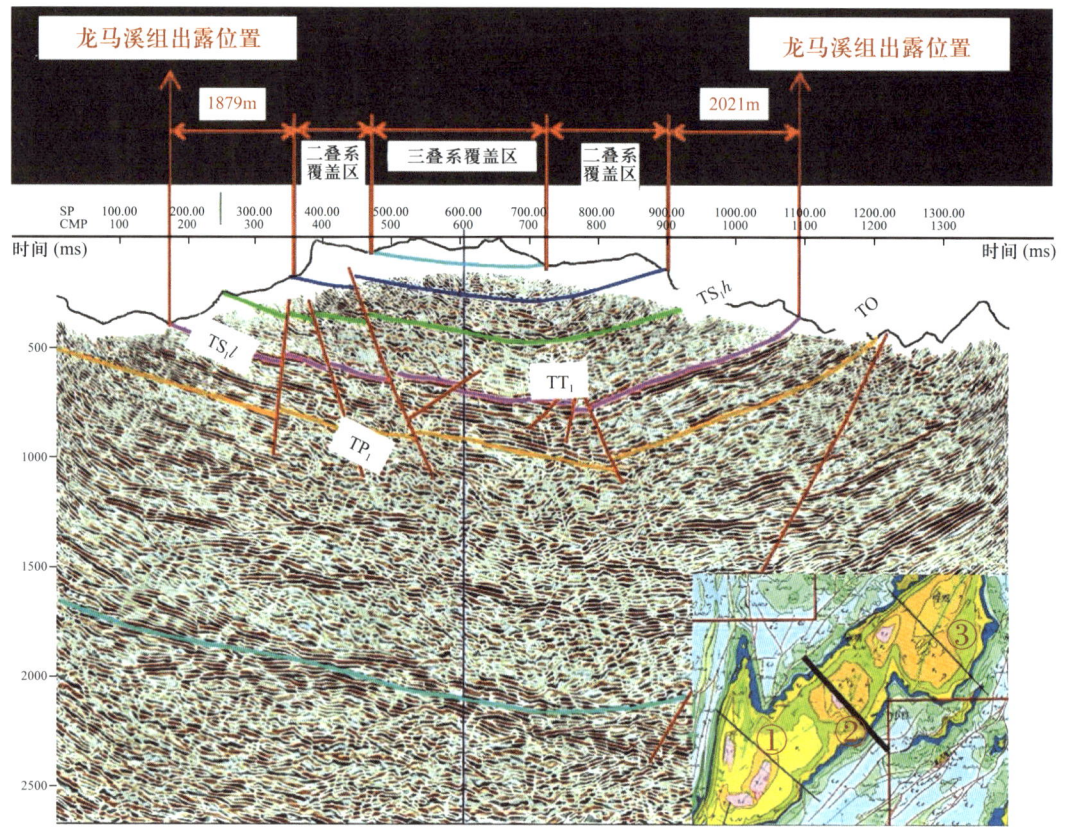

图 4-17 绥阳—枰焉向斜 FY-EW05 测线地层分布及出露地震解释图

对本区页岩气后期保存具有重要影响。

南部凹陷向斜构造特征较复杂，自西向东呈现出"两凹夹一凸"的构造样式，西部为高陡构造，地层倾角大，构造变形强烈，断层极发育，东部凹陷地层相对较缓，断层发育弱于西部。中部凹陷向斜形态完整，整体上地层倾角相对平缓，断层较发育，东翼断层相对少，断裂主要受控于燕山期及喜马拉雅期剧烈挤压造山运动，形成时期晚，该区断层以逆断层为主，断距相对较小，向斜形态及目的层没有受到剧烈破坏。北部凹陷向斜形态完整，地层倾角相对平缓，断层总体较为发育，断裂主要受控于燕山期及喜马拉雅期剧烈挤压造山运动，形成时期晚，断穿层位多，如图 4-18 所示，该区断层以逆断层为主，断距相对较小，向斜形态及目的层没有受到剧烈破坏。南北向构造以窄陡型、高陡冲断为主，地层起伏大，高陡直立深大断裂发育，对油气保存影响大。因此在断裂发育较弱的中部凹陷、北部凹陷会有更好的勘探开发潜力。

4.4.2.2 后期改造

燕山期活动形成的盖层型南北大断裂，倾角 50°~70°，位于黔中隆起东缘，贯穿黔北凹陷、黔中隆起，呈"S"形压扭形态。脉体特征、流体同位素特征均表明该断裂持续

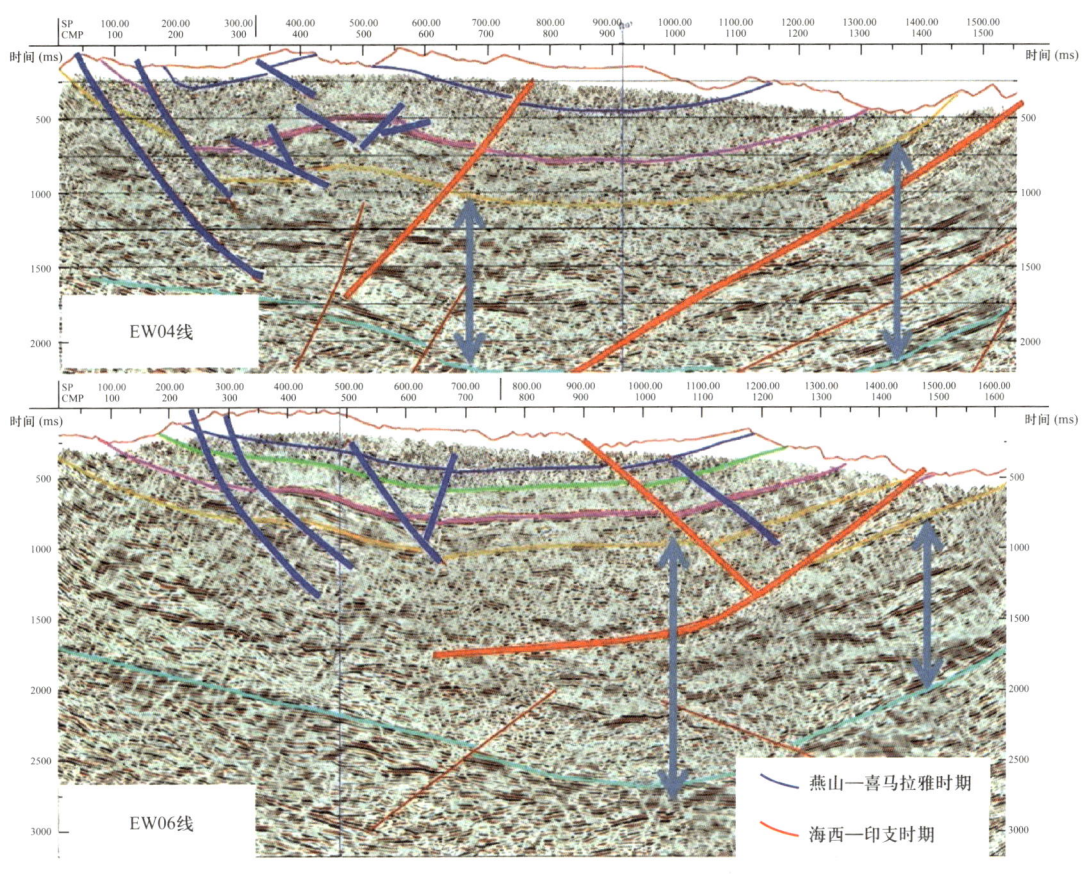

图 4-18 EW04 线及 EW06 线断裂期次解释剖面图

活动，处于开启状态，地表水及大气水大规模下渗，油气封堵性差。研究区整体抬升幅度大，二期断裂燕山—喜马拉雅期构造运动对区域构造进行二次改造，早三叠统—侏罗世—白垩世大规模剥蚀，对气藏保存条件产生破坏。

4.4.3 成藏模式构建

本研究区五峰组—龙马溪组为一套深水陆棚相地层，富有机质页岩厚度近 20m、有机质丰度高、热演化程度适中，为油气形成富集奠定了物质基础，埋深相对较浅，断裂不发育，地层倾角较缓，具备较好的保存条件（图 4-19），总体富集模式可概括为"向斜控藏、核部聚集、逆断致散、中心富集"页岩气富集模式。优质储层主要集中在向斜核部，往翼部逐渐变差，同时三个次级构造凹陷内部储层品质更好，距露头越远，埋深越大，页岩自封闭能力越强，保存条件越好，页岩气含气性越好。绥阳—枰焉向斜整体地层倾角小于 20°，其中向斜核部主体区绝大部分低于 10°，显示地层平缓，有利于页岩气的保存。

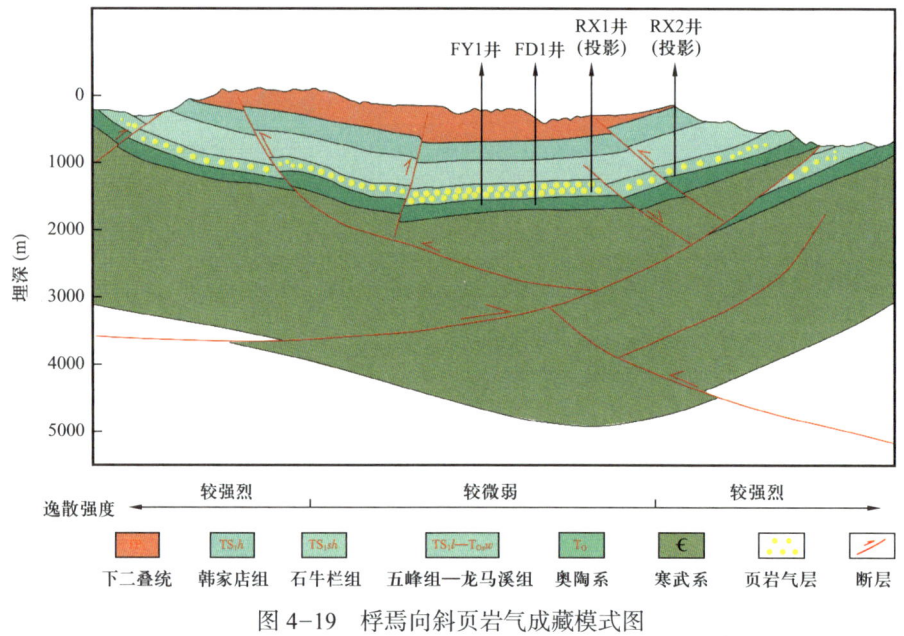

图 4-19　桴焉向斜页岩气成藏模式图

4.5　向斜型海相页岩气成藏理论与富集规律

4.5.1　向斜型页岩气成藏理论内涵

前人对于五峰组—龙马溪组页岩气富集保存方面的研究主要集中在中深层页岩气。郭旭升等（2014）基于涪陵页岩气田勘探开发实践，提出了页岩气"二元富集"理论，即深水陆棚优质页岩发育是页岩气"成烃控储"的基础，良好的保存条件是页岩气"成藏控产"关键。郭彤楼等（2013）建立了焦石坝页岩气田"阶梯运移、背斜汇聚、断滑控缝、箱状成藏"富集成藏模式；王志刚等（2015）提出了生烃条件、储集条件和保存条件为核心的页岩气"三元富集"理论，指导了焦石坝页岩气田勘探评价；何希鹏等（2020）结合渝东南常压页岩气勘探开发实践，形成了三因素控气地质认识，即深水陆棚相控烃、保存条件控富、地应力场控产；杨平等（2021）建立了四川盆地西南缘山地复杂构造区"沉积控源、成岩控储、构造控保"的页岩富集模式，认为深水陆棚沉积相带有利于形成规模储集空间和有效孔隙，不同构造样式和构造部位保存条件的差异性控制了不同孔隙演化阶段，山地复杂构造区页岩气具有水平分带、差异富集的特点，"慢热低熟"和"构造缓抬"有利于页岩气的长期富集与保存；庞河清等（2019）通过川南威荣页岩气田解剖，认为深层页岩气具有"优相控源、适演控位、良存控富"三元控藏的特点。梁兴等（2021）提出了"多场协同多元耦合"共同作用下太阳背斜区山地浅层页岩气"三维封存体系"富集成藏赋存模式，对"三维封存体系"富集模式展开了定性的论述，即沉积成岩控制源储特征、保存条件控制天然气藏、应力可压性控制人造气藏、烃储禀赋控制单井产量，但缺乏相关实测分析数据的支撑。整体上，复杂构造区向斜型页岩气富集保存机制研究相对薄弱。

传统的天然气成藏理论适用于中高渗透储层，常规天然气是以达西渗流为渗流特征的自由流动，是以浮力和圈闭为主的成藏（邹才能等，2012）。而向斜型海相页岩气成藏理论适用于低—超低渗透储层和致密储层，页岩气是以非达西渗流为渗流特征的非自由流动，常规天然气是以圈闭为主的成藏，它们的适用条件和范围不同，向斜型海相页岩气成藏理论是传统天然气成藏理论的重要发展和补充，二者合一才能构成完整的石油成藏理论。向斜成藏理论能进一步拓展油气勘探的范围，使整个成熟的生烃凹陷都成为油气勘探的现实领域。

4.5.2 典型向斜页岩气富集规律

页岩储层中超压达到排烃的重要条件是压力系数达到 1.96 或流体压力达到静态岩石压力的 90%（李明诚，2020）。由于生烃作用的持续进行，储层无法持续保持密闭而引发间歇性排烃，又称幕式排烃，其持续时间从小于 100a，或 100～200a 到近 1Ma 不等（解习农等，1998）。尽管幕式排烃通常会导致大量的页岩气损失，但在末次生烃结束后，一些构造变形较弱的区域仍可以残余并保持较高的页岩气含量。例如，位于建武向斜核部的生产井的当前压力系数约为 1.8，与焦石坝地区宽缓背斜中的压力系数值 1.7～2.0 相似。在这些构造变形较弱的地区，页岩储层在末次生烃后仍保持良好的页岩气保存条件。因此，如果忽略了后期储层抬升过程中页岩气逸散的影响，则可用气体状态方程模拟压力系数的变化。然而，对于构造变形强烈的地区，大规模连通的裂缝网络不利于页岩气的保存，甚至导致页岩气储层被完全破坏（丁文龙等，2023）。流体活动的第二阶段，被记录于均一温度范围为 160～170℃ 的盐水包裹体中，对应古近纪早期扬子板块新生代构造发生的时间（邓宾等，2013）。所采集样品位于区中部紧闭背斜轴部，发育有区域大型断裂，构造改造强烈，密集发育有高角度剪切裂缝，易于与水平层理裂缝构成网状页岩气运移通道。据此推测，页岩气已迅速逸散，页岩气储层已被完全破坏。但在宽缓弱构造改造的向斜轴部，未发育大型断层，构造裂缝没有形成穿层的裂缝网络，具有良好的页岩气保存条件。因此末次生烃之后形成的裂缝是决定页岩气保存条件的关键因素。

由前述小节可知，研究区页岩储层经历了多阶段的构造演化。因其处于盆地边缘，复杂构造改造背景下的页岩气保存条件在空间上差异巨大。山地复杂构造区页岩气存在水平分带、差异富集的特征。页岩本身作为横向扩散为主的储层，受顶底板垂向封堵作用，有些地区埋深往往数百米，距离露头区仅仅数千米，仍具有较好的页岩气显示，例如昭通太阳背斜区浅层气等（梁兴等，2019）。山地复杂构造区宽缓向斜的构造运动以缓慢抬升为主，在抬升过程中达到某一"临界深度"或者浅层断裂活动，随着地层压力的降低和流体释放页岩发生致密化，在向斜两翼或者浅层断裂两侧形成侧向"封闭带"，阻止页岩气横向扩散，因此由埋藏区到页岩出露区依次可划分为"富集带""封闭带"和"岩溶带"，页岩气"富集带"受顶底板和"封闭带"共同封存，"封闭带"形成于地层抬升过程中的页岩储层的致密化作用，页岩侧向"封闭带"是山地复杂构造区页岩气富集的关键（杨平等，2021），图 4-20 总结了向斜型海相页岩气典型富集模式。

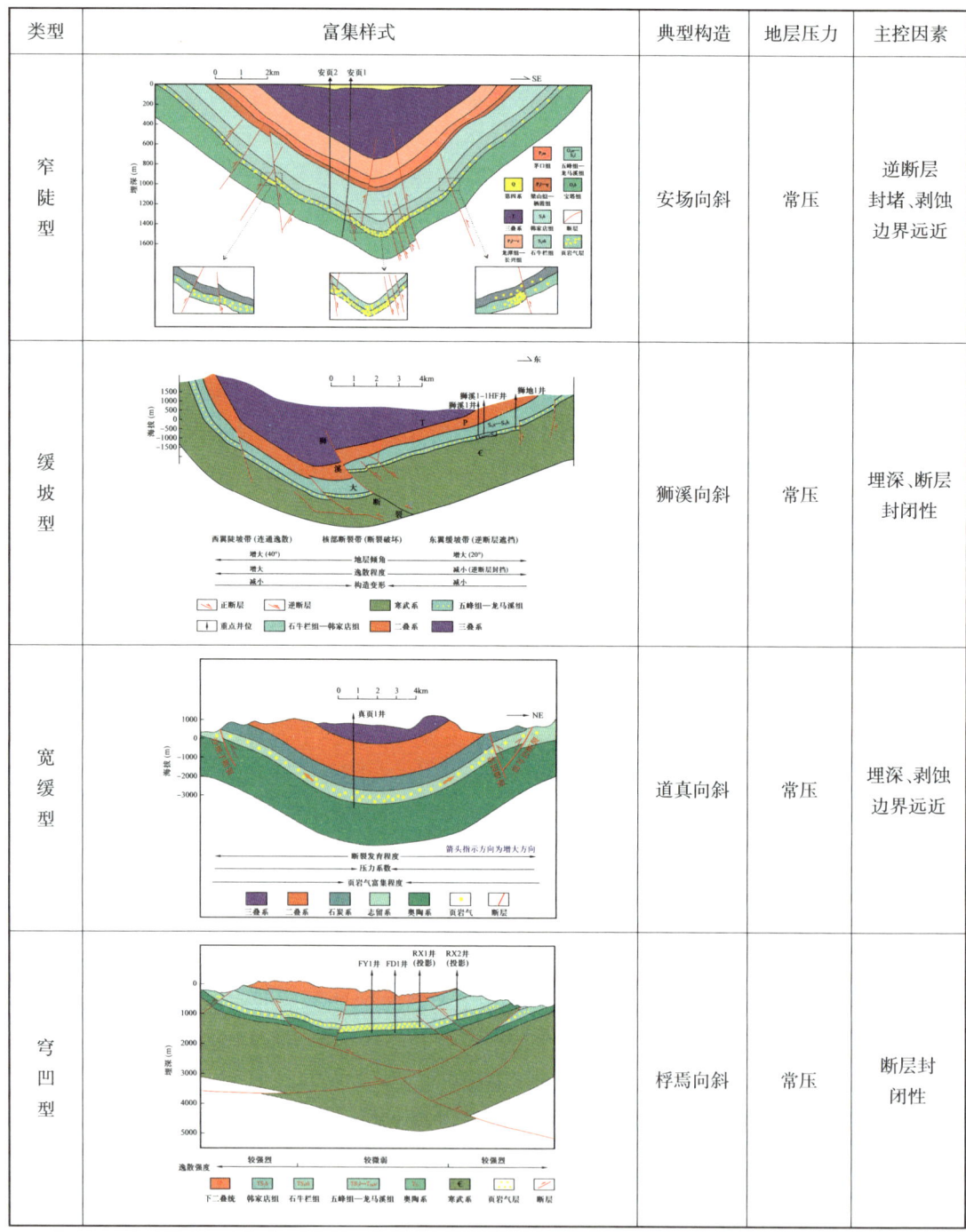

图 4-20 向斜型海相页岩气典型富集模式

向斜是盆地中页岩发育条件良好的地区，具有页岩沉积厚度大、有机质含量高、封盖及保存条件好等页岩气富集优势。较之于前者，残留向斜形成于页岩沉积后，其中的页岩厚度变化不大，页岩气成藏条件主要取决于原始的沉积环境。除了抬升和剥蚀作用外，区域挤压与掀斜作用的结果是在以四川盆地东南缘为代表的地区形成了一系列残留向斜。这些向斜保留了页岩地层的完整性和含气性，特别是在向斜两翼下部和中心处具有更高的含气量（何希鹏等，2018）。

岑页 1 井、彭页 1 井及安页 1 井等井已经证实，残留向斜是页岩气富集的有利场所（翟刚毅等，2017），页岩气含量、保存条件及资源潜力等参数与向斜规模呈正相关，向斜中心的含气条件和单井产气量都明显优于翼部。断层及其相关裂缝提供了页岩气富集的空间场所，形成了特殊的页岩气富集模式。拉张背景下的正断层及相关裂缝提供了更多的页岩气储集空间，区域挤压作用下的逆断层提高了页岩气的封闭能力，推覆性断层改善了页岩气的保存条件。当埋藏深度较浅时，断裂发育是页岩气保存的不利因素，但当断裂发生在较大深度时，断裂有可能成为页岩气富集的有利场所。进一步来说，断裂带在区域上控制了页岩气的有利分布方向。

第 5 章　盆外复杂构造区页岩气勘探实践案例

黔北地区由于多期构造运动的影响，在区内形成了复杂的地质构造格局，区内页岩气勘探有利区多为向斜构造，且向斜类型复杂多样。从贵州地质调查开始到页岩气的规模开发已经过了十几年的历程。因此本章以黔北地区中典型向斜页岩气区块的勘探实践为例，系统、全面地讲述了黔北复杂构造区十几年来页岩气的勘探开发历程与取得的研究成果。

5.1　安场向斜

5.1.1　勘探开发历程

5.1.1.1　第一阶段：地质调查期（2009—2015 年）

2009 年，国土资源部油气资源战略研究中心在黔北地区开展页岩气资源前景区域地质调查，采集典型的野外露头页岩样品，在区块周缘地区选取岑 1 井和松浅 1 井进行钻井岩心观察描述等工作，通过页岩气气样岩心分析、室内等温吸附模拟实验研究富有机质页岩层段的吸附能力，通过分析测试获取目标层段系统的页岩气资源潜力评价参数数据，为区域范围内的页岩气勘查研究奠定重要基础。

2011 年，区块内及周缘开展野外地质调查工作，从区域角度分析泥页岩沉积构造背景，编制页岩气选区评价的基础地质图件，对示范区块页岩气资源及其开发前景进行了初步评价。

2012—2013 年，在区块周缘完钻道页 1 井、绥页 1 井、德页 1 井等，并通过现场解吸实验获得了页岩含气量。地表剖面及页岩气调查井送样主要为现场解吸、气体组分、有机碳含量 TOC、薄片、矿物分析等周期较快的分析内容。其中 2012 年 3 月，重点查明了黔北地区寒武系、奥陶—志留系含气页岩发育地质特征，开展页岩气资源评价，在区块周边实施了一口页岩气调查井——正页 1 井，在附近的绥阳县实施了绥页 1 井。2013 年，优选道真向斜、安场向斜等有利区，在正安—道真—斑竹地区开展了 1∶5 万页岩气基础地质调查，部署地质测量（1000km 路线、4km 剖面）、遥感解译（1000km^2）、二维地震（50km）、重磁电（150km）、页岩气调查井（1500m）、样品测试（1000 项 / 次）等实物工作，在安场向斜部署实施第一口油气参数井—安页 1 井。安页 1 井的钻探针对龙马溪组取心并开展相关测试分析和综合研究工作，对页岩气储层状况及特征取得了一定的认识。研究区五峰组—龙马溪组页岩的各项参数与已经实现商业开发的涪陵、长宁—威远、昭通等几个页岩气示范区的页岩储层条件类似，且埋深在 3500m 以浅，具有良好的开发前景。

2014年12月，对正安—务川地区二维地震勘探，部署测线8条，满覆盖长度121.33km取得成果后，通过调研北美页岩气有利区评价标准，参考国土部页岩气有利区优选标准，结合勘察区地质特征，初步建立了黔北试验区页岩气有利区优选标准，优选出安场、俘焉、斑竹、务川和高山—石朝五个相对有利区。

2015年中国地质调查局油气资源调查中心部署在安场向斜南部的参数井安页1井获得了栖霞组致密灰岩气、石牛栏组致密气、松坎组页岩气、五峰组—龙马溪组页岩气和宝塔组石灰岩裂缝气的重大突破。在中国首次发现石牛栏组、宝塔组两个油气新层系，石牛栏组获得每日超过$10\times10^4m^3$稳定天然气产量，宝塔组钻遇13m厚高压气层，放喷火焰高达20m。此外还发现另一厚达147m的含油气地层栖霞组，是四川盆地外首次在该地层获得重要油气发现。

5.1.1.2 第二阶段：勘探评价期（2016—2020年）

2016年，贵州页岩气勘探开发有限责任公司对正安安场区块进行满覆盖三维地震勘探，通过页岩裂缝带图的绘制准确认识复杂构造、储层非均质性，为水平井的部署和提高单井产量提供良好的技术支撑。同时利用三维地震绘制页岩裂缝带图主要是通过相干分析技术、地震属性分析、层时间切片等预测泥页岩裂缝发育状况。

2017—2019年7月，贵州页岩气勘探开发有限责任公司按照探评同步的工作思路在安场向斜南部相继完成安页2井、安页3井、安页4井、安页5井等4口导眼井的钻探取心工作，先后实施了直改平安页2HF井、安页3HF井、安页4HF井和安页5HF井，共计4口探评井。通过对这些探评井的研究，发现区内五峰组—龙马溪组页岩气资源较为丰富，并优选出一个面积为67.3231km^2的核心区域。期间贵州省首次对正安页岩气勘查区块进行拍卖，最终贵州乌江能源投资有限公司以12.9亿的价格拿下正安页岩气探矿权，由此正安页岩气勘查区块安场向斜页岩气勘探开发拉开序幕。

5.1.1.3 第三阶段：开发先导试验期（2020—2021年）

2020—2021年，安场向斜完成16口井开发方案编制。其中2020年在1号、2号、4号平台共计部署实施先导性试验井8口，多平台同时开展水平井组先导性试验，主要目的是解决页岩气开发的开发方式选择、井网井距优化、技术工艺适应性、生产特征等问题，进一步落实五峰组—龙马溪组页岩气资源、产能和相关地质参数，探索勘探开发配套技术。2021年上半年，安场向斜页岩气项目已实施完成4口勘探井、4口评价井、8口先导性试验井，全部16口井正在进行测试和试采，有7口井日稳定配产超过$2\times10^4m^3$以上，其中安页1～7井日产量已达$4\times10^4m^3$，其余各井具备$(1\sim2)\times10^4m^3$的配产能力，在国内常压页岩气勘探领域处于上游水平。

5.1.1.4 第四阶段：规模开发期（2022年至今）

2022年5月，对安页7-4HF井及安页7-6HF井两口井进行压裂，压裂施工过程中，页岩气公司坚持统筹谋划、科学管理、工艺优先，以施工组织一体化部署、地质工程一体化实施、压裂液体系一体化控制、施工保障一体化推进的四个"一体化"管理方式，实现了两口井压裂施工高效、平稳、安全有序进行，这两口开发井以平均每天完成 2.82 段刷新了正安区块页岩气压裂施工纪录。同时，安页 7-4HF 井完成钻井深 4640m，水平段长 2340m，刷新了正安区块最长水平段纪录。2022 年 6 月贵州页岩气勘探开发有限责任公司于遵义市正安县安场镇，建成占地面积 200 余亩，规模为总容积 4.5 万水立方 LNG 储罐及日处理能力 $50×10^4m^3$ 的液化天然气工厂。

通过安场向斜近年来的勘探实践经验，采用"多簇割+投球暂堵"一代压裂工艺，逐轮提升加砂强度、簇间距等关键参数，试气井效果明显改善。平均日产量、自喷井数量明显增加，平均日产气量从 $1.42×10^4m^3$ 上升至 $2.64×10^4m^3$，自喷井数量从 0 上升至 6 口。2022 年年初在安场向斜北部部署实施了 5 口评价井，评价了安场向斜北部五峰组—龙马溪组页岩含气性，探索了北部复杂区钻完井配套工艺技术，为安场向斜储量扩大提供了依据，并实现了新建产能的目的。截至 2024 年 1 月，按照"整体部署、分步实施"的思路共计实施开发井 82 口，投产 59 口，累计产气 $4.22×10^8m^3$，目前平均返排率 38.12%，井位部署如图 5-1 所示。

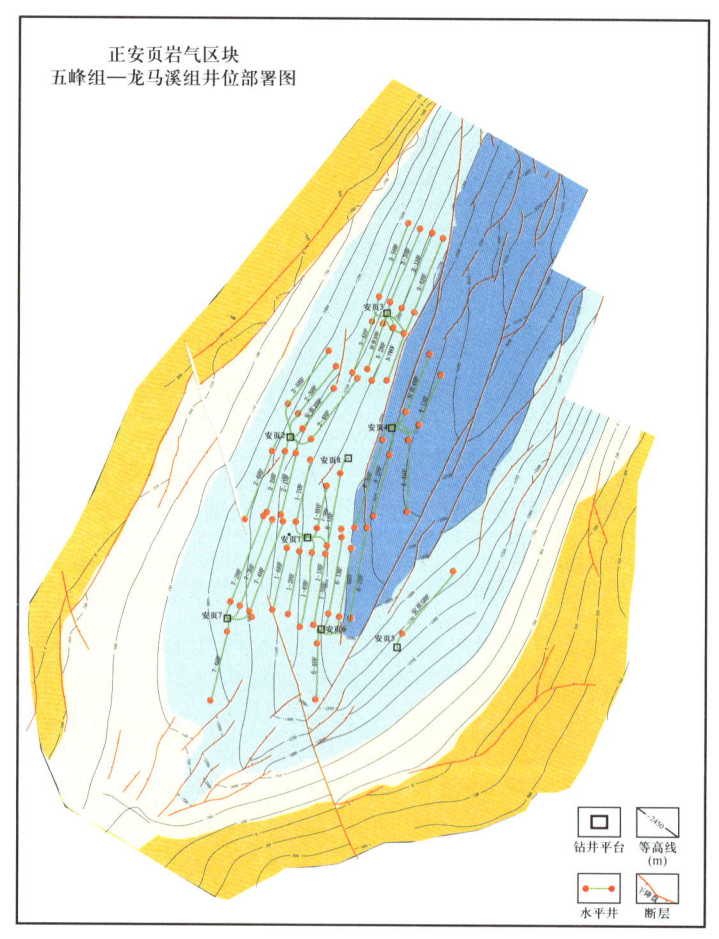

图 5-1 正安页岩气勘查区块页岩气勘探开发井位部署

5.1.2 勘探实践及成果

5.1.2.1 明确了安场向斜五峰组—龙马溪组物源背景

（1）物源分析。

稀土元素（REE）通常能够很好地保留源区的地球化学信息，相同来源的物质往往具有相似的稀土元素配分模式曲线，因此，是物源分析的重要指标（Bhatia and Taylor，1981）。对研究区样品进行北美页岩（PAAS）标准化，从稀土元素配分模式图（图5-2）中可以看出，五峰组与龙马溪组具有基本一致的稀土元素配分模式，以及存在轻微 Ce 负异常，这与上地壳来源的北美页岩的稀土元素配分特征一致，表明研究区五峰组—龙马溪组沉积时的原始物质来自上地壳。然而五峰组和龙马溪组样品之间存在差异，五峰组样品的 REE 配分曲线整体波动幅度较大，这表明五峰组沉积时存在混合物源。而龙马溪组各个样品之间的 REE 配分模式差异较小，表明其沉积时物源相对单一。

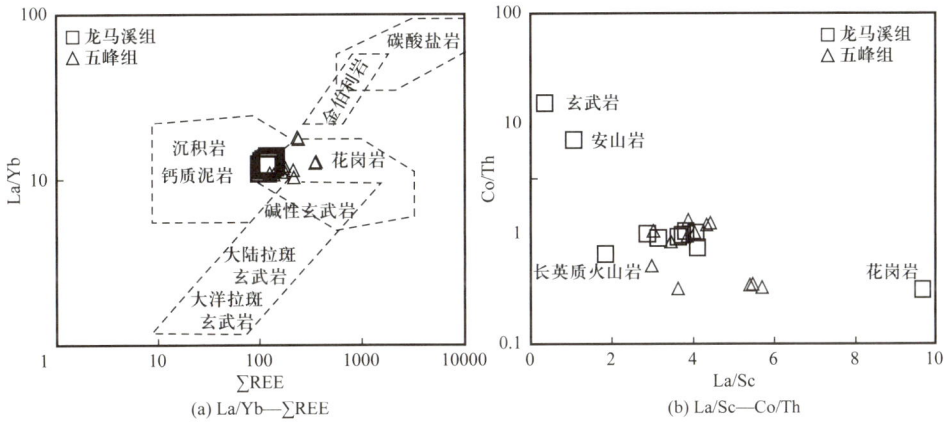

图 5-2　安页 1-6HF 井五峰组—龙马溪组页岩 La/Yb—∑REE（Allegre and Minster，1978）及 La/Sc—Co/Th 图解（Gu et al.，2002）

La/Yb—∑REE 图解可以用来判断烃源岩属性（Allegre and Minster，1978），图 5-2a 可以看出，五峰组—龙马溪组样品点落在花岗岩和沉积岩交汇区域，La/Sc—Co/Th 图解中样品多数落在长英质物源区（图 5-2b），表明研究区五峰组—龙马溪组沉积过程中存在混合物源，这与配分模式曲线反映的结论一致。总体上，烃源岩性质应为以长英质（花岗岩）为主。

海底热液对黑色岩系的沉积具有重要作用（Yu et al.，2009）。Ba/Sr 值可以作为判别海底热液活动的标志：正常海相沉积岩中 Ba/Sr 值小于 1；海底热水沉积物中 Ba/Sr 值大于 1，且 Ba/Sr 值越大表明海底热液作用越强（Peter and Scott，1988）。研究区五峰组—龙马溪组 Ba/Sr 值均大于 1，介于 3.92~12.52，暗示黑色岩系沉积时有一定海底热液活动。另外，热液沉积物 Co/Zn 值比较低，平均 0.15；其他铁锰结核一般在 2.5 左右（Toth，1980）。研究区五峰组—龙马溪组 Co/Zn 值 0.02~0.11，平均 0.05，亦反映了热水沉积作用特征。

热液的影响也可以通过 Zn—Ni—Co 三角图判定（Choi and Hariya，1992；Cronan，1980），图 5-3 中 Zn—Ni—Co 三角图表明五峰组—龙马溪组沉积时受到海底热水沉积或热液蚀变地壳的影响。Alexander 等（2008）提出用 Eu/Sm—Sm/Yb 二元混合模型来区分海水与海底热液的贡献量。图 5-3 中 Eu/Sm—Sm/Yb 图解显示五峰组—龙马溪组接近于海水与水成铁锰质地壳，表明原始溶液中海底热液所占比例尚不足 0.1%。另外，海底高温热液具有强烈的 Eu 正异常，且 Eu 正异常的高低通常用于判别高温热液的贡献量（Bau and Dulski，1999）。研究区只有观音桥段的样品表现出很弱的 Eu 正异常，同样暗示原始溶液中海底热液组分较少。

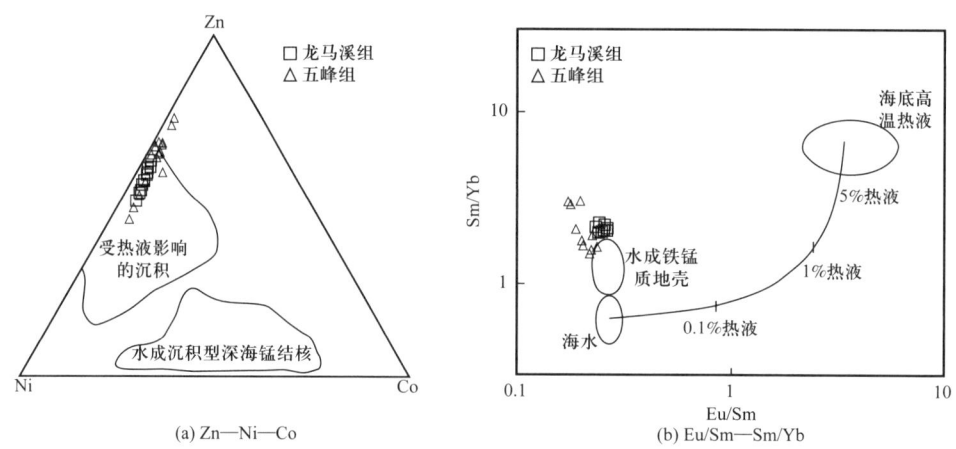

图 5-3　Zn—Ni—Co 物源判别图与五峰组—龙马溪组页岩 Eu/Sm—Sm/Yb 图（Cronan，1980；据 Alexander et al.，2008）

（2）构造背景分析。

不同构造背景下元素的地球化学特征存在差异，因此，可以利用稀土元素特征来推断当时的构造环境。研究发现泥岩样品比砂岩样品具有更高的稀土元素含量，需要将泥岩样品的稀土元素值除以 1.2 来校正，以得到同期相当于砂岩的稀土元素值（Condie，1993）。将校正后的样品的稀土元素含量与其进行对比，结果表明，研究区五峰组—龙马溪组稀土元素总量，校正后平均值为 107μg/g，与大陆岛弧的稀土元素总量最为接近；La、Ce 的校正后含量为 24μg/g 和 41μg/g，与大陆岛弧很接近；La/Yb、LREE/HREE、(La/Yb)$_N$ 值分别为 14、9 和 9，与大陆岛弧及活动大陆边缘十分相似；δEu 值平均为 0.69，与活动大陆边缘十分接近。总体上，研究区五峰组—龙马溪组稀土元素的各项指标与大陆岛弧最为接近，这可能和深部物源的影响有关（李娟等，2013）。

具有较强稳定性的稀土和微量元素（如 La、Th、Sc、Zr 等）的组合也可以用来分析判断沉积区的构造背景（Bhatia and Crook，1986），如图 5-4 所示，利用 Bhatia 建立的 La—Th—Sc、Th—Sc—Zr/10 及 Th—Co—Zr/10 图版进行构造背景分析，发现所测样品整体上表现一致，投影的结果大部分都落在或接近活动大陆边缘区域，少部分落到大陆岛弧区域。表明研究区奥陶纪—志留纪的沉积构造背景以主动大陆边缘为主，上述物源构造背景揭示了扬子板块与华夏板块在奥陶纪—志留纪仍然处于碰撞作用时限之内。

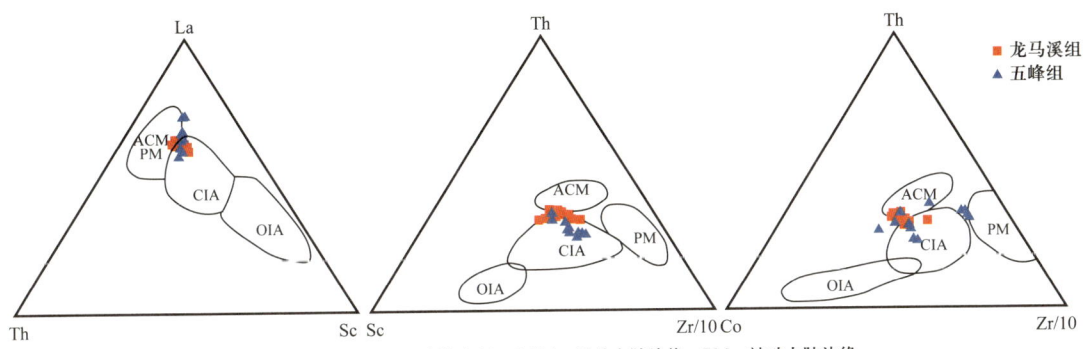

OIA：大洋岛弧　CIA：大陆岛弧　ACM：活动大陆边缘　PM：被动大陆边缘

图 5-4　安页 1-6HF 五峰组—龙马溪组页岩构造背景判别图解

（3）微量元素特征。

研究区五峰组—龙马溪组页岩样品微量元素分析结果如图 5-5 所示。从微量元素比值的垂向变化来看，龙马溪组样品中，微量元素指标较为稳定；在观音桥段微量元素显示出低值化的趋势；在五峰组样品中微量元素指标变化显著，但与 TOC 之间相关性不明显，或呈负相关关系。

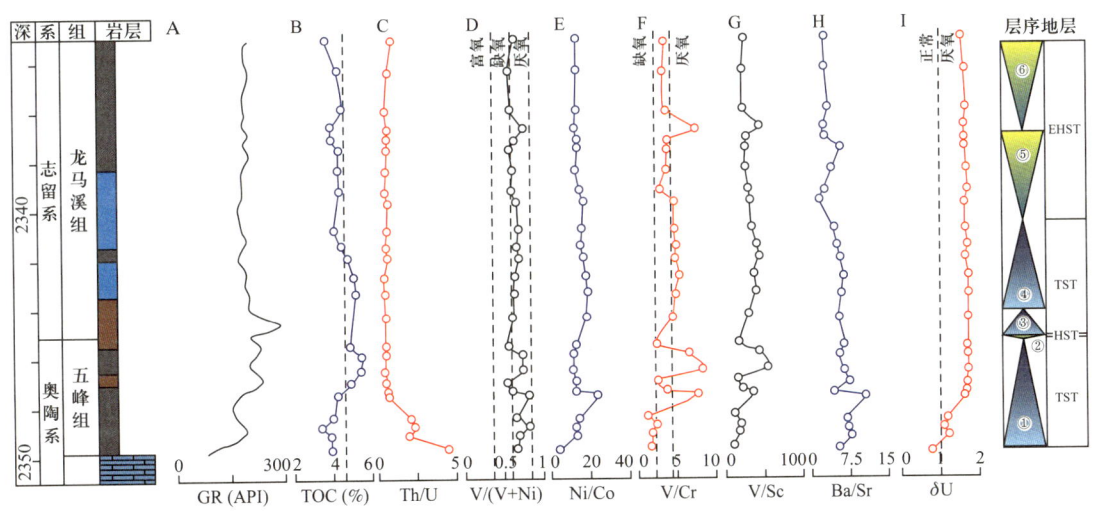

图 5-5　安页 1-6HF 井主微量元素剖面图

（4）稀土元素特征。

安页 1-6HF 井五峰组—龙马溪组页岩样品稀土元素北美页岩（PAAS）标准化配分结果如图 5-6 所示。结果表明所测样品稀土元素的含量与 PAAS 丰度相差不大，总体趋势基本一致。各类指标参数在五峰组波动较大，向上至龙马溪组参数逐渐平稳，仅在小范围内波动。

5.1.2.2　明确了安场向斜五峰组—龙马溪组页岩矿物组成与地球化学特征

（1）页岩矿物组成。

正安地区奥陶系—志留系五峰组—龙马溪组页岩矿物组成上，对比安场向斜安页

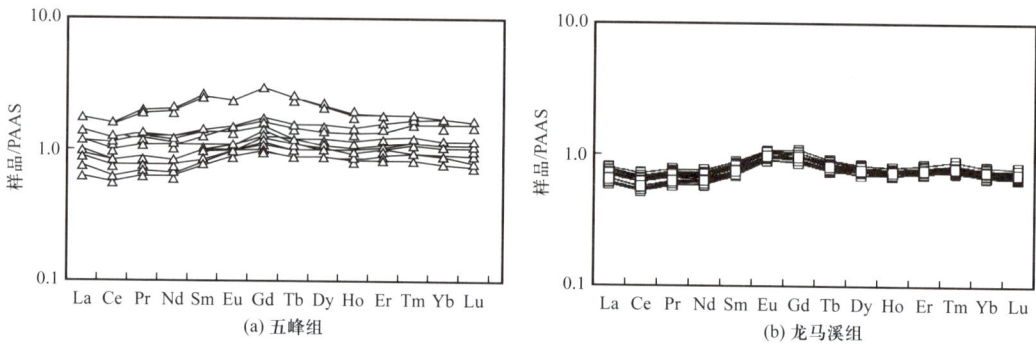

图 5-6 安页 1-6HF 井五峰组—龙马溪组页岩稀土元素北美页岩（PAAS）标准化配分图

1-6HF 井、安页 2 井、安页 3 井、安页 4 井、安页 5 井的岩性与矿物含量，其中石英和长石含量较高，为 45%～75%；黏土矿物组分次之，占 15%～45%，主要为伊/蒙混层和伊利石；碳酸盐矿物含量较少，一般小于 15%。同时，本地区不同产能井矿物组成和岩相相似，但安场向斜页岩在矿物含量与分布上与焦石坝地区相关页岩（焦页 1 井）的差异性明显，后者的黏土矿物更加发育（图 5-7）。正安地区奥陶系—志留系五峰组—龙马溪组页岩造岩矿物中的脆性矿物总体高于焦石坝地区，脆性矿物含量较高有利于压裂。

（2）有机质类型。

针对安场向斜五峰组—龙马溪组页岩有机显微组分进行分析，呈现以腐泥组为主，少量壳质组和镜质组的总特征，以Ⅰ型为主（图 5-8，表 5-1）。安页 1 井龙马溪组富有机质页岩的有机质类型以Ⅰ型到Ⅲ型为主，显微组分主要为腐泥组和惰质组，缺乏镜质组和壳质组，其中腐泥组以分散状矿物沥青基质为主；安页 2 井富有机质页岩的有机质类型为Ⅰ型，安页 3 井富有机质页岩的有机质类型也属于Ⅰ型，这两口井的显微组分以腐泥无定形体为主，壳质组以底栖藻无定形体为主，镜质组主要为正常镜质体，不含惰质组。安页 4 井和安页 5 井页岩的有机质类型均属于Ⅰ型，显微组分主要为腐泥无定形体，无壳质组和惰质组，镜质组主要为正常镜质体（表 5-1）。

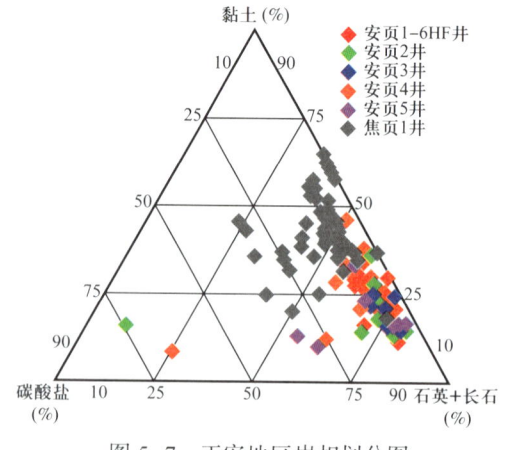

图 5-7 正安地区岩相划分图

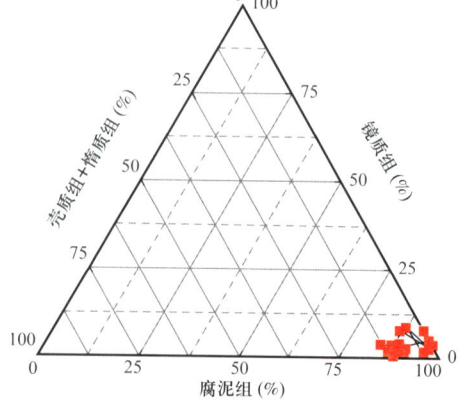

图 5-8 研究区五峰组—龙马溪组有机质显微组分三角图

表 5-1　研究区五峰组—龙马溪组泥页岩有机显微组分组成统计表

井位	腐泥组（%）	壳质组（%）	镜质组（%）	惰质组（%）	类型指数	类型
安页 1 井	86~96	0	2~9	1~6	74~93	I—II$_1$
安页 2 井	83~90	8~13	1~4	0	86.5~92.8	I
安页 3 井	82~90	7~14	2~4	0	86~92.5	I
安页 4 井	95~96	0	4~5	0	91.3~93	I
安页 5 井	92~96	0	4~8	0	86~93	I

美国页岩气开发的主力产层显示，I 型与 II 型干酪根均具有较好的生烃潜力（王玉满等，2012）。通过上述分析，研究区五峰组—龙马溪组页岩的有机质类型主要为 I 型，具有良好的生烃潜力（图 5-9）。

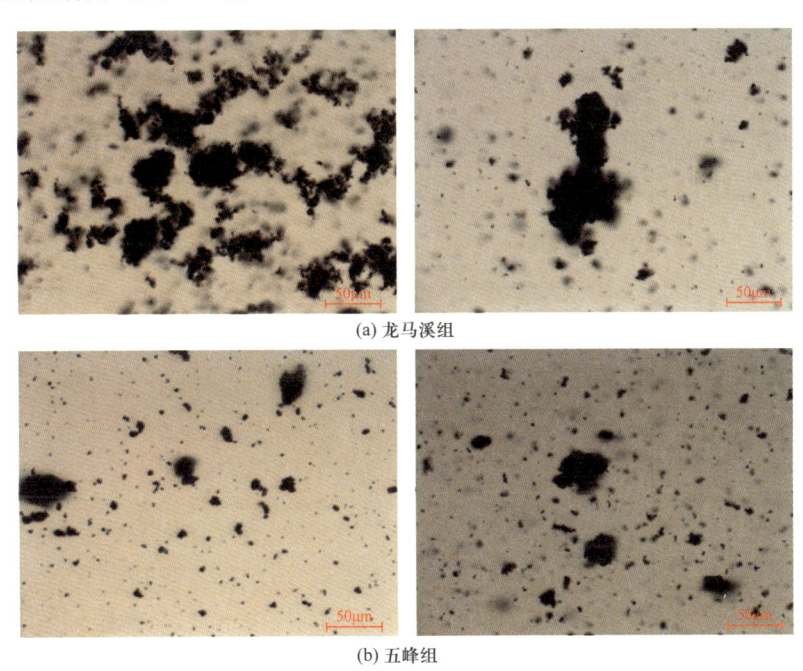

(a) 龙马溪组

(b) 五峰组

图 5-9　研究区五峰组—龙马溪组页岩干酪根镜检图

（3）有机质丰度。

研究区五峰组—龙马溪组页岩有机碳含量高，分布范围较广，主体分布在 0.1%~9.15%，平均约为 4.10%。安页 1-6HF 井五峰组—龙马溪组有机碳含量分布在 3.42%~5.51%，变化幅度较小，平均为 4.44%。有机碳含量高的层段集中在龙马溪组的碳质页岩处，明显高于上部灰色粉砂质页岩，越接近地层底部，有机碳含量越高。安页 2 井有机碳含量分布范围为 0.34%~6.65%，平均为 3.97%，其中五峰组靠近龙马溪组底部的有机碳含量明显要高；安页 3 井有机碳含量范围在 0.41%~6.12% 之间，变化幅度较大，平均为 4.14%，其中龙马溪组底部与五峰组上部有机碳含量较高；安页 4 井有机碳含量分布范围为1.32%～4.40%，平均为2.92%；安页5井有机碳含量分布范围为0.1%～9.15%，平均为4.98%，研究区五口井有机质丰度分布直方图如图5-10所示。总体TOC高低排序：安页5井＞安页1井＞安页3井＞安页2井＞安页4井。

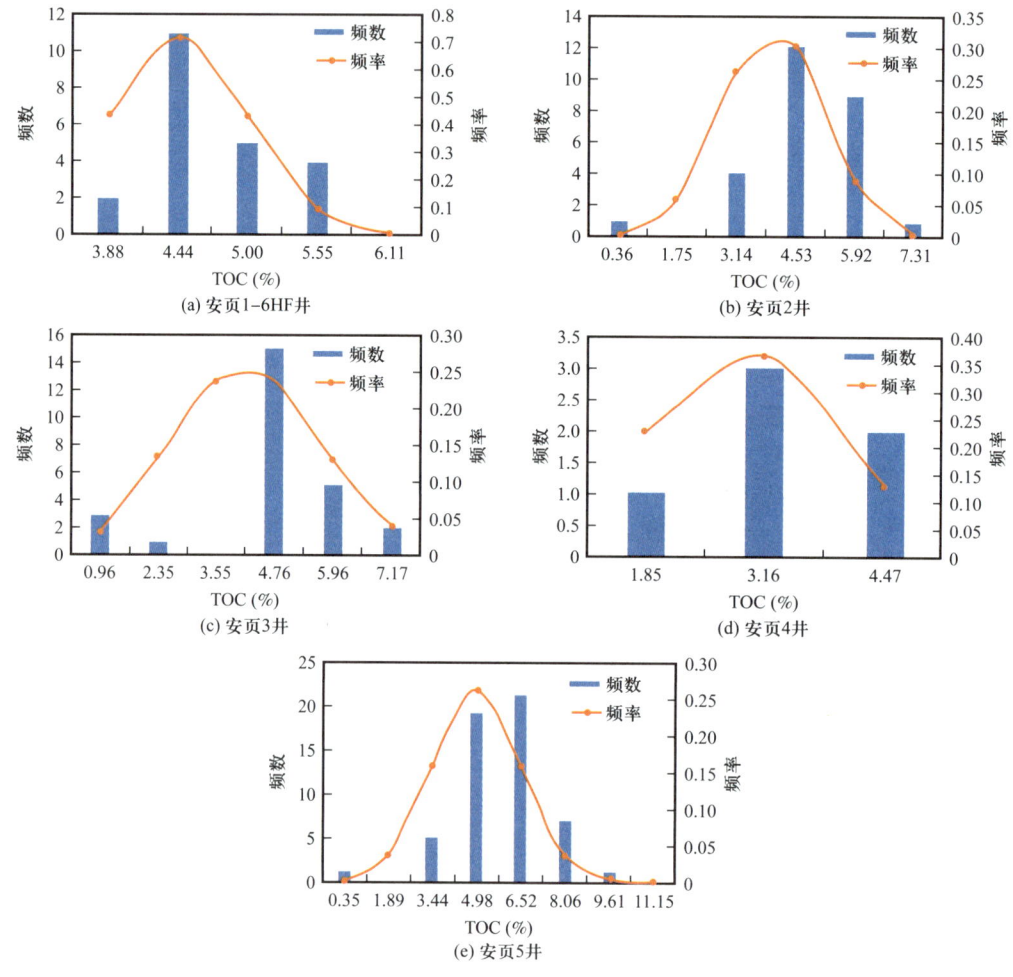

图5-10 研究区五峰组—龙马溪组页岩有机碳含量分布特征

从研究区五峰组—龙马溪组TOC等值线图来看（图5-11），五峰组—龙马溪组烃源岩整体有机质丰度高，研究区中部（向斜轴部）的TOC较高，呈环带状向四周降低，存在三个中心部位，分别位于区块北部、中部和西南部。从井间差异来看，安页3井、安页5井相较其他几口井的TOC偏高，安页4井偏低。研究区五峰组—龙马溪组沉积时期水深从东南向西北方逐渐变深，页岩厚度也呈现随之增大的趋势，这也无疑控制了有机碳含量的大小和分布。

（4）有机质成熟度。

反射率可以用来评价烃源岩成熟度，本区目的层段的实验数据均为沥青反射率值（R_b），不同学者对R_b与R_o之间的转换公式进行研究：$R_o=0.6569×R_b+0.3364$（自然演化系列）、$R_o=0.6790×R_b+0.3195$（热模拟系列）（丰国秀和陈盛吉，1988）；$R_o=0.688×R_b+$

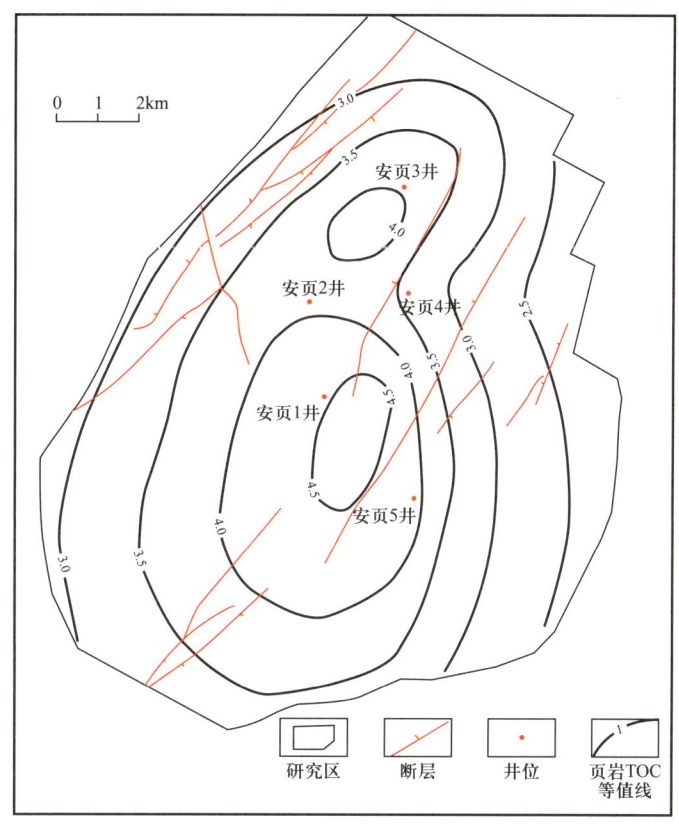

图 5-11 安场向斜五峰组—龙马溪组页岩 TOC 等值线图

0.346（刘德汉和史继扬，1994）。采用刘德汉的方法对本区 R_o 进行换算。

研究区上奥陶统—下志留统页岩有机质经过漫长而复杂的沉积埋藏热演化过程，有机质成熟度普遍较高，在 1.87%~3.11% 之间，平均为 2.37%，整体处于高成熟—过成熟阶段。

安页 1 井龙马溪组黑色页岩成熟度在 2.79%~3.32% 之间，平均 3.11%，处于过成熟阶段。安页 2 井五峰组—龙马溪组页岩成熟度在 2.24%~2.38%，平均为 2.32%，处于过成熟早期阶段；安页 3 井页岩成熟度在 2.16%~2.48%，平均为 2.35%，处于过成熟早期阶段；安页 4 井页岩成熟度在 1.93%~2.19%，平均为 2.02%，处于高成熟到过成熟早期阶段；安页 5 井页岩成熟度在 1.73%~2.10%，平均为 1.87%，处于高成熟到过成熟早期阶段。总体而言，研究区五口井 R_o 含量：安页 1 井＞安页 3 井＞安页 2 井＞安页 4 井＞安页 5 井（其中安页 4 井、安页 5 井数据较少）。

有机质成熟度与时间和温度有关，垂向上，五口井中页岩有机质成熟度均随深度的增加而增大（图 5-12），换言之，五峰组有机质成熟度普遍大于龙马溪组。

从有机质成熟度 R_o 等值线图来看（图 5-13），与有机碳含量分布类似，研究区中部成熟度高，向四周逐渐降低，总体上均达到高过成熟阶段。这与研究区向斜轴部目的层埋深大，而两翼埋深较浅有关。

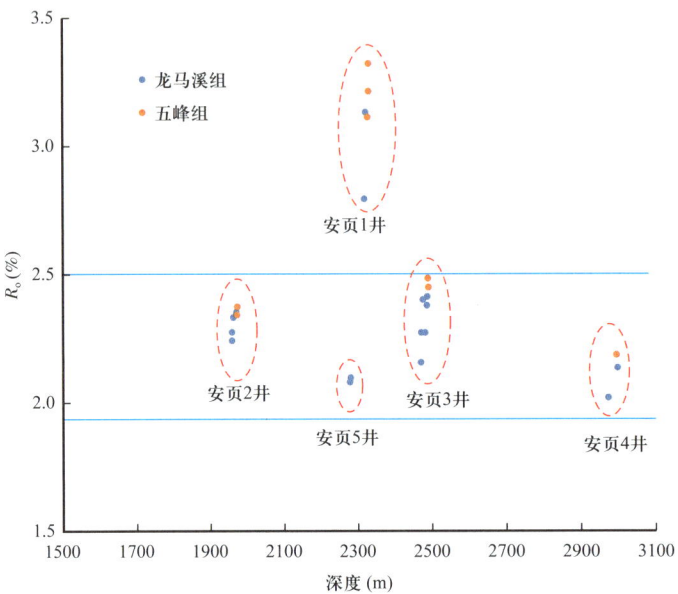

图 5-12　研究区五峰组—龙马溪组页岩 R_o 随深度变化图

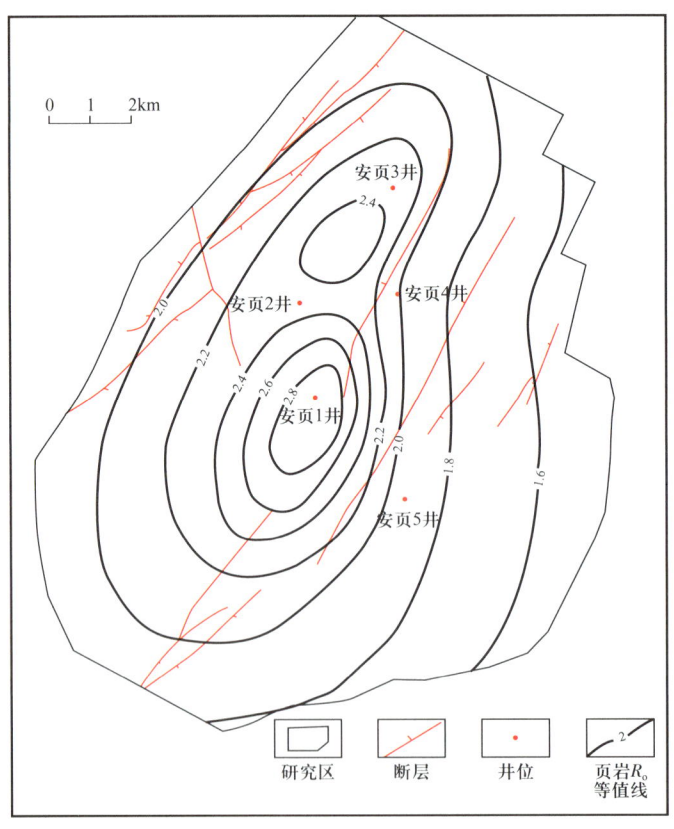

图 5-13　安场向斜五峰组—龙马溪组页岩 R_o 等值线图

5.1.2.3 明确了安场向斜五峰组—龙马溪组页岩有机质富集机理

有机质的产生和消耗，是影响有机质富集的两个主要因素（Bohacs et al.，2005）。海洋表层生产力、海底氧化还原和沉积速率等条件协同控制了这一过程。通过地球化学指标可以较好反映这些控制因素的特征。在正安地区，氧化还原条件指标（V/Cr、Ni/Co、Th/U）具有相似的变化趋势，与 TOC 具有较明显的相关关系。陆源输入指标与 TOC 也具有一定的相关关系。

（1）氧化还原条件。

氧化还原敏感微量元素在页岩中的富集程度受沉积时水体氧化还原状态的控制，从而导致其向还原性的水体和沉积物中迁移而富集（Francois，1988；Russell and Morford，2001）。确定古海洋氧化还原条件常用的是过渡元素—V、Ni、U、Th、Sc、Co 及 Cr 等氧化还原敏感元素（Abanda and Hannigan，2006）。Th 元素不受水体氧化还原条件的影响，强还原条件下有利于沉积物中 U 元素的富集，因此 Th/U 值可反映沉积氧化还原条件，一般 Th/U＜2 代表缺氧环境，2＜Th/U＜7 代表贫氧环境，Th/U＞7 代表氧化环境（Jones and Manning，1994）。研究区五峰组—龙马溪组页岩 Th/U 值多数小于 2，代表还原环境，同时，五峰组有三件样品 Th/U 值处于贫氧范围内，这表明黔北地区五峰组—龙马溪组沉积时以还原环境为主，同时贫氧环境也偶尔存在。此外，当 δU＞1 时指示缺氧环境，δU＜1 为正常海水沉积环境（Jones and Manning，1994；田巍等，2019），研究区五峰组—龙马溪组 δU 值平均 1.58，显示为缺氧环境；V/（V+Ni）比值通常用于判断沉积物沉积时底层水体分层强弱（Hatch and Leventhal，1992），高于 0.84 表明分层强，介于 0.6～0.84 之间表明分层中等，0.4～0.6 之间表明分层弱。研究区五峰组—龙马溪组 V/（V+Ni）值介于 0.52～0.82，平均 0.65（图 5-5D），表明沉积时底层水体分层中等，沉积环境为循环相对顺畅的氧化—还原的过渡环境；Jones 和 Manning（1994）提出 Ni/Co＞7.00 为厌氧环境，5.00～7.00 为贫氧环境，小于 5.00 为富氧环境。研究区五峰组—龙马溪组 Ni/Co 比值 4.96～23.76，平均 14.05，多数大于 7，指示为厌氧环境（图 5-5E）。

V/Cr 值是判别古海洋氧化还原环境的一个重要参数，V/Cr＞4.25 为厌氧或静海环境，2.00～4.25 之间为贫氧环境，V/Cr＜2.00 时为富氧环境，研究区安页 1-6HF 井五峰组—龙马溪组 V/Cr 值介于 1.240～8.564 之间，平均 4.194，其中五峰组 V/Cr 值的变化范围在 1.240～8.564，平均值为 3.900；龙马溪组 V/Cr 值的变化范围在 3.018～7.704，平均值为 4.415（图 5-5F）。安页 2 井与安页 3 井五峰组—龙马溪组 V/Cr 值介于 1.23～15.70 之间，多数大于 4.25，平均 6.72，指示为厌氧环境，安页 1-6HF 井的 V/Cr 值相对较低，反映的沉积环境相对富氧（图 5-14）。

同时 Sc 和 V 具有不可溶性，V 与 Sc 呈正相关变化，因此缺氧环境下 V/Sc 值较高，氧化环境下较低（Jones and Manning，1994），研究区五峰组—龙马溪组 V/Sc 值介于 10.12～54.56 之间，平均为 28.82，指示强还原环境（图 5-14，图 5-15）。

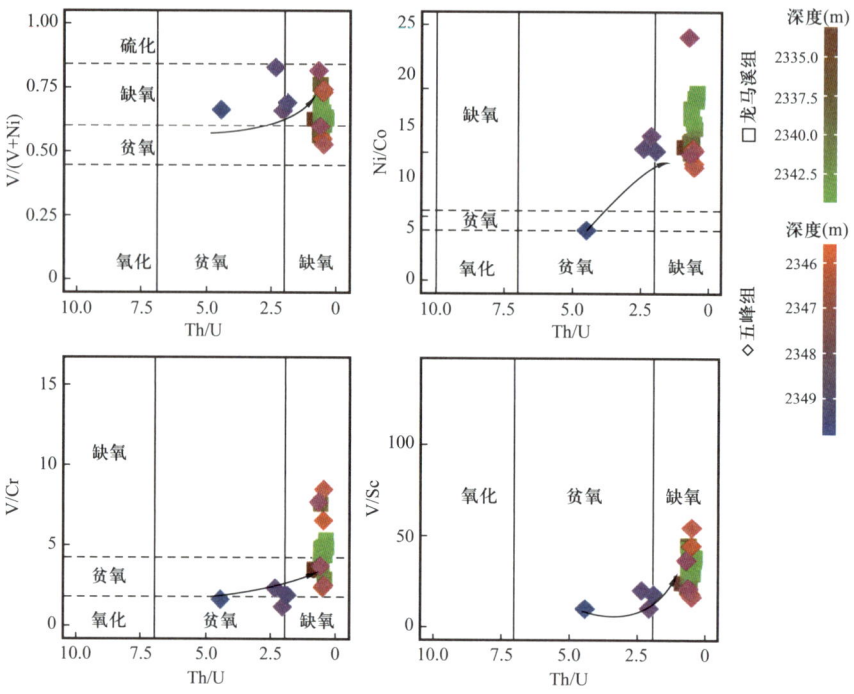

图 5-14 安场向斜五峰组—龙马溪组氧化还原环境判别指标

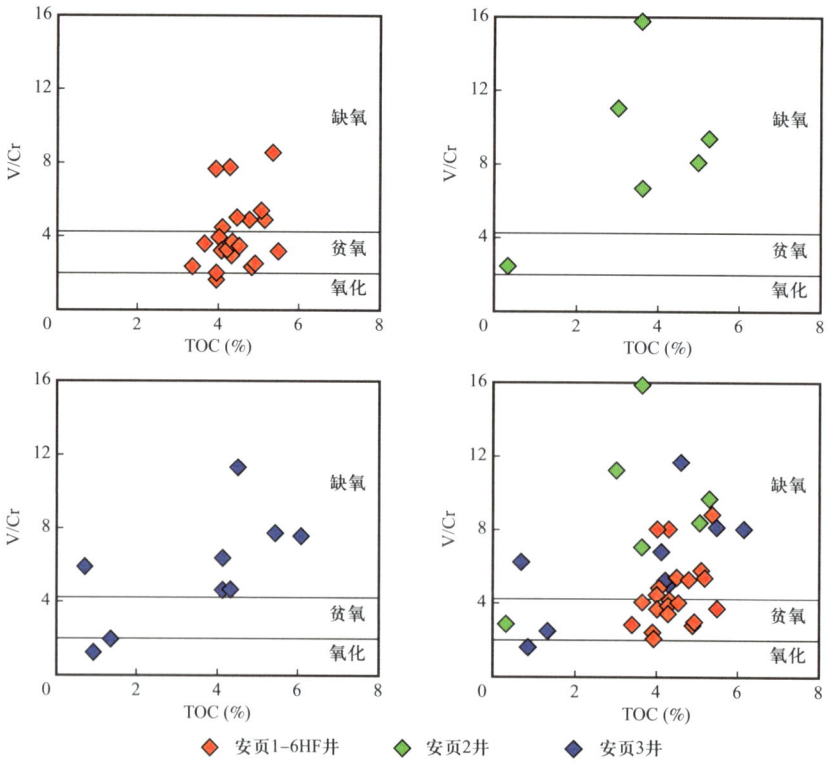

图 5-15 安页 1-6HF 井、安页 2 井、安页 3 井氧化还原指标与 TOC 相关性图

Ce 元素作为一种变价元素，可以很好地反映沉积时水体的氧化还原条件。Berry 和 Wilde（1978）认为 δCe 值 $[\delta Ce=Ce_N/(La_N\times Pr_N)_{1/2}]$ 与水体深度有关，δCe 值越小，表示沉积时水体越深、越缺氧；反之，δCe 值越大表示水体越浅、越富氧。Elderfield 和 Greaves（1982）提出的铈常指数，即 $Ce_{anom}=lg[3Ce_N/(2La_N+Nd_N)]$，可以用来判断古水质的氧化还原条件，并认为 $Ce_{anom}>-0.1$ 表示 Ce 富集，水体表现为缺氧的还原环境；$Ce_{anom}<-0.1$ 表示 Ce 亏损，水体表现为氧化环境（赵晨君等，2020）。研究区样品的 δCe 值为 0.85~0.98，平均值 0.90，显示 Ce 负异常，为缺氧的深水状态；而 Ce_{anom} 值为 -0.069~0.006，平均值 -0.048，表明沉积时期水体还原性强，有利于有机质的保存（图 5-16）。

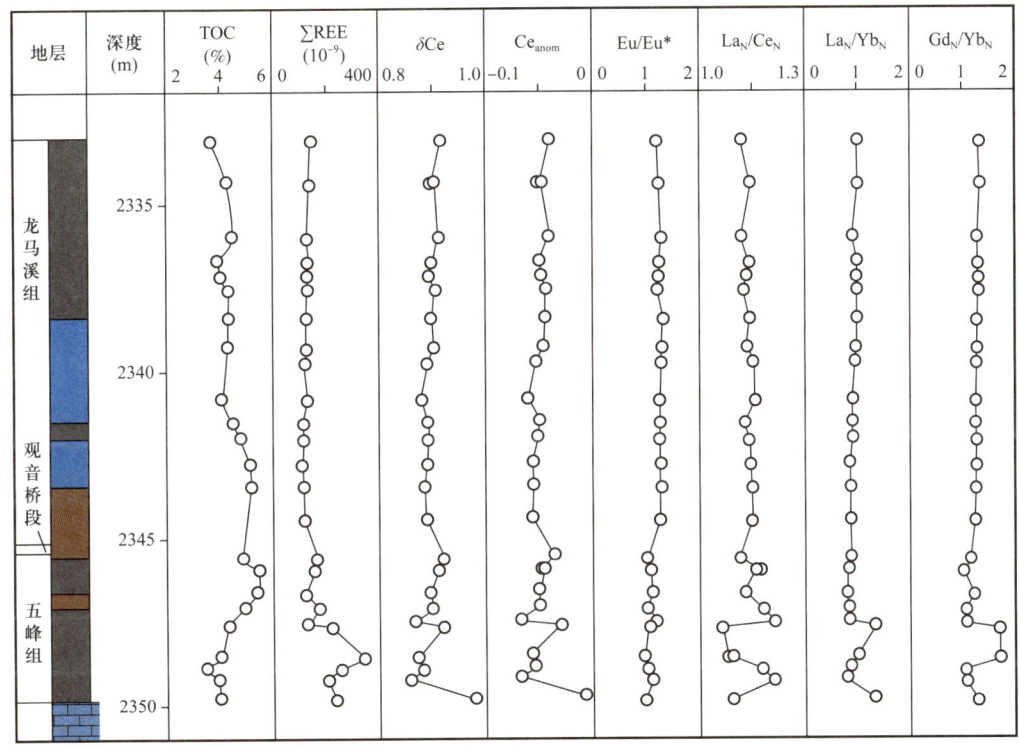

图 5-16　安页 1-6HF 井稀土元素剖面图

（2）沉积速率。

基于海（湖）水中黏土等细碎屑或悬浮物是有机质和稀土元素（REE）共同的载体，有机质又是 REE 最强的吸附剂之一，因此，细碎屑或悬浮物与有机质和 REE 往往具有共同的沉积速率（王中刚和于学元，1989）。研究表明，REE 分异程度可以作为一种指示剂来反映沉积速率（Tenger et al.，2006）。REE 分异程度可用稀土元素在球粒陨石配分曲线上的斜率来表征，分异程度越弱即斜率越小，沉积速率越快，反映在 REE 配分模式上，则表现为曲线较平缓，Ce 呈正常型或弱负异常。研究区龙马溪组样品的 La_N/Yb_N 值（经 PAAS 标准化后的比值）为 0.85~1.03，均值为 0.95；五峰组样品的 La_N/Yb_N 值为 0.78~1.37，均值 0.95，龙马溪组样品与五峰组样品的 La_N/Yb_N 值近似一致，因此沉积速率上龙马溪组与五峰组近似一致。

（3）氧化还原条件与有机质富集的关系。

利用安页1-6HF井、安页2井、安页3井页岩样品的有机碳质量分数与氧化还原参数V/Cr的关系，分析安页五峰组与龙马溪组页岩有机质富集机理。从图5-15可以看出，安页有机质页岩中TOC与V/Cr之间均存在弱的正相关性，表明古氧化还原条件直接控制了有机质的富集。

5.1.2.4 明确了安场向斜裂缝发育对页岩气储集和散失的影响

（1）不同尺度裂缝表征技术。

在非常规油气储层中，裂缝的影响因素、成因机制、分布规律，以及对油气的控制作用等均与常规油气存在一定的差异，对裂缝识别、表征等方面研究提出了更高的要求。目前，裂缝识别和表征趋向精细化、定量化方向发展，并逐渐形成了多手段、多尺度、多参数的储层裂缝综合表征的思路。

① 宏观尺度。

a. 地震分析，目前依据地震资料表征裂缝的方法大致分4类：地层构造曲率分析法、地震相干体不连续检测技术、地震属性分析与标定技术，以及地震反演技术。近年来，通过地震技术检测裂缝发育程度已经由单一技术方法发展到采用多种手段，综合识别和预测页岩裂缝的发育程度（刘振峰等，2012；商晓飞等，2021）。地层构造曲率分析法是利用地层构造曲率值来反映裂缝的相对发育程度，预测裂缝发育带。地震相干体不连续检测技术是通过相干体、方差体，以及蚂蚁体等几何属性对裂缝进行表征。地震属性分析与标定技术是利用在地震数据中的地震属性参数变化率来预测断裂带的展布。地震反演技术是基于密度和纵横波速度比等组合属性参数表征天然裂缝。

b. 成像测井成像，测井是根据钻孔中地球物理场的观测，对井壁和井周围物体进行物理参数成像的方法。成像测井资料具有比常规测井资料进行储层特征描述更为直观可靠的特点，它对裂缝、溶蚀孔等非均质性地层的描述的效果比其他常规测井资料有明显优势，它不仅能确定地层的倾角、倾向，构造特征，裂缝的几何形态，裂缝的发育程度，还能区分各种不同的地质特征，如溶洞、溶孔，并能判断其有效性。成像测井中观察到的裂缝根据应力及充填情况可以从不同方面进行解释，依据形成应力不同可分为层理缝与构造缝（图5-17），层理缝一般表现为明暗相间的正弦曲线，倾角较低，数量较多；构造缝表现为暗色或亮色的正弦曲线，一般振幅较高，两侧稍有错动，倾角较高。依据是否充填可分为高导缝与高阻缝（图5-18），高导缝表现为暗色正弦曲线，这是由于高导缝中充填钻井液不导电或弱导电引起的，裂缝处于开启状态；高阻缝表现为亮黄色正弦曲线，这是由于裂缝中充填石英或方解石导致，裂缝处于闭合状态。

c. 岩心观察描述，脆性是指材料在外力作用下（如拉伸、冲击等）仅产生很小的变形即断裂破坏的性质，广泛用在材料学科、工程领域，而在油气勘探开发领域，一般用脆性矿物（碳酸盐，石英等）占总矿物含量的比值来计算脆性指数，从而评价页岩气的储层脆性。往往在脆性区（碳酸盐、石英含量较高的区域）容易发生劈裂破坏、劈裂—

剪裂破坏；在过渡区则容易发生共轭剪切破坏和单剪切破坏；而在塑性区则常发生塑性膨胀，不易发生破裂，如图5-19所示。脆性较大的部分，裂缝容易发育且发育程度较大。基于岩心通过肉眼观察，可以直观地得到裂缝发育的组系、体积密度、产状、类型，

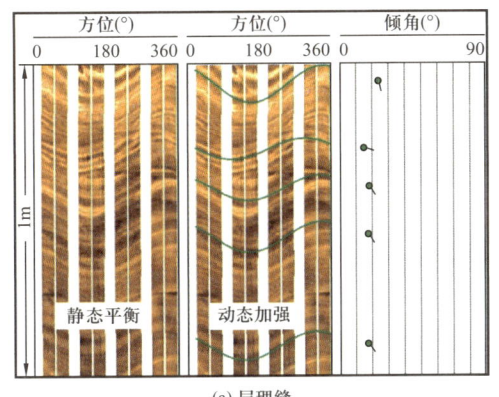
(a) 层理缝

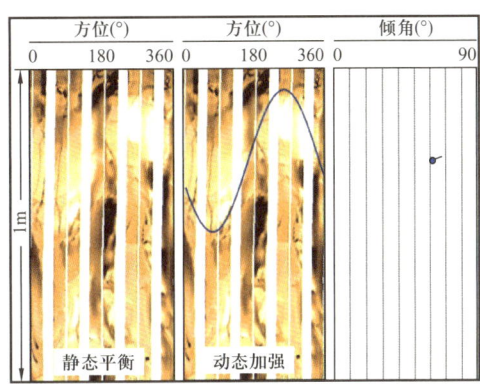
(b) 构造缝

图5-17 焦页1井层理缝与构造缝成像测井解释实例

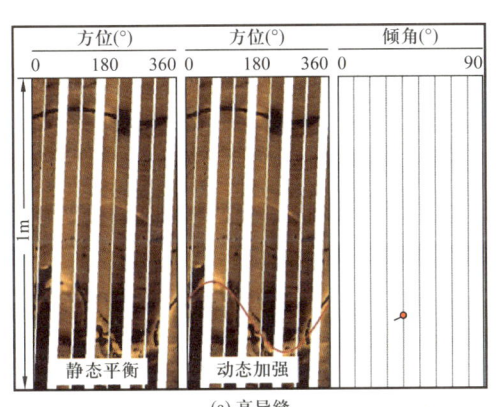
(a) 高导缝

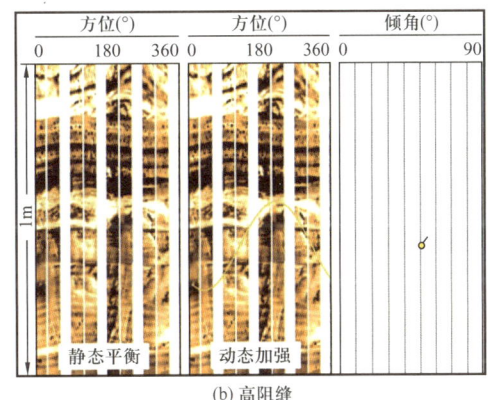
(b) 高阻缝

图5-18 焦页1井高导缝与高阻缝成像测井解释实例

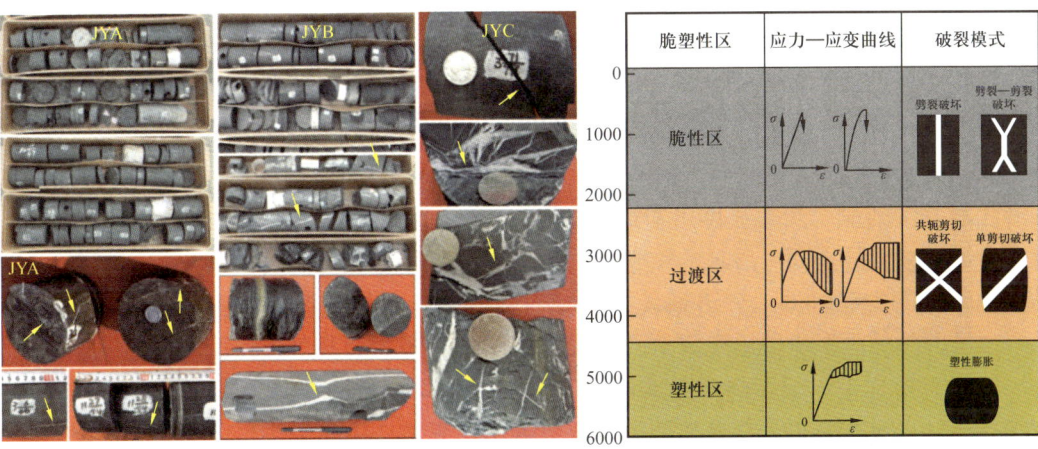

图5-19 焦页典型岩心照片与其相对应的破裂模式图

其至能够观察到裂缝内部是否被脉体所填充（商晓飞等，2021）。

② 微观尺度。微米 CT 被国内外广泛应用于生物医学、材料科学、医学研究、地质学等领域，近年来，随着石油勘探和生产中低孔、低渗透油田比例不断增加，对低渗透岩石的微观孔隙结构的研究任务愈发紧迫。恒速压汞实验结果表明，储层渗流能力不能仅依靠气测渗透率来表征，主流喉道半径是表征储层渗流能力的重要参数，本次研究可以利用微米 CT 扫描仪对样品进行无损扫描，从而对岩石孔隙结构变化进行定量分析，具体实验步骤如图 5-20 所示。

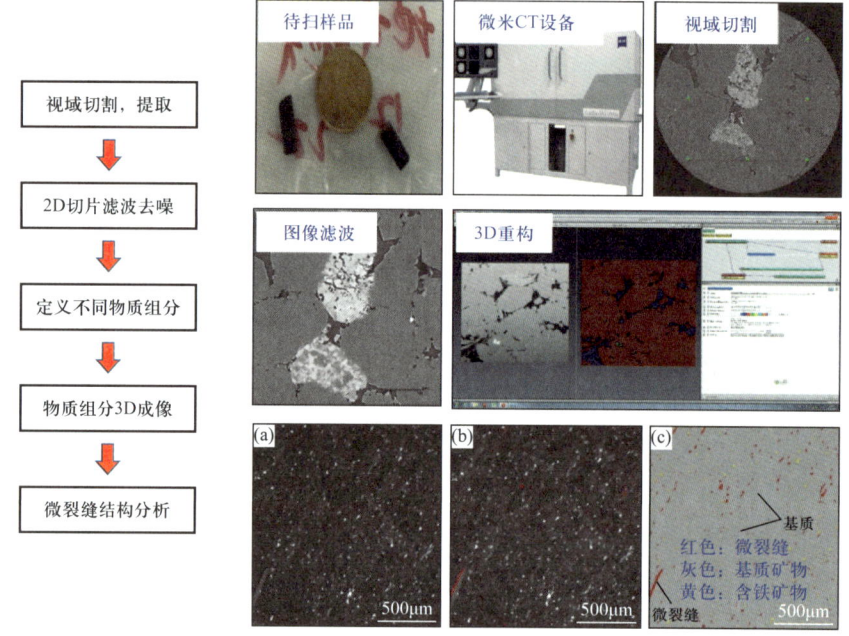

图 5-20 微米 CT 表征裂缝实验流程图

（2）裂缝发育程度与类型。

① 宏观尺度。

a. 地震剖面尺度，裂缝发育特征基于断裂剖面分布特征，识别出安场向斜主要发育北北东和北北西两组断裂（图 5-21），断距小于 80m、长度小于 9km。地层厚度相对稳定，没有严重错位变形，表明断裂发育的规模不大。基于叠前方位各向异性裂缝发育分布预测

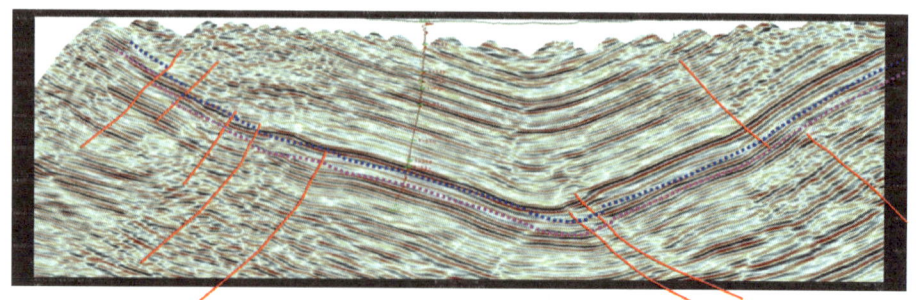

图 5-21 安场向斜断裂发育特征剖面图

和叠后相干体属性预测，识别裂缝发育程度。如图5-22所示，颜色越红，代表裂缝发育密度越大；反之，则越小。从叠前方位各向异性裂缝发育分布图分析，红色主要分布于两翼，这意味着两翼的裂缝密度发育程度较大。从叠合相干体属性平面图分析，工区内大断裂不发育，仅发育一些延伸不长、断距较小的断裂，其方向为北北东—北东向（图5-22）。

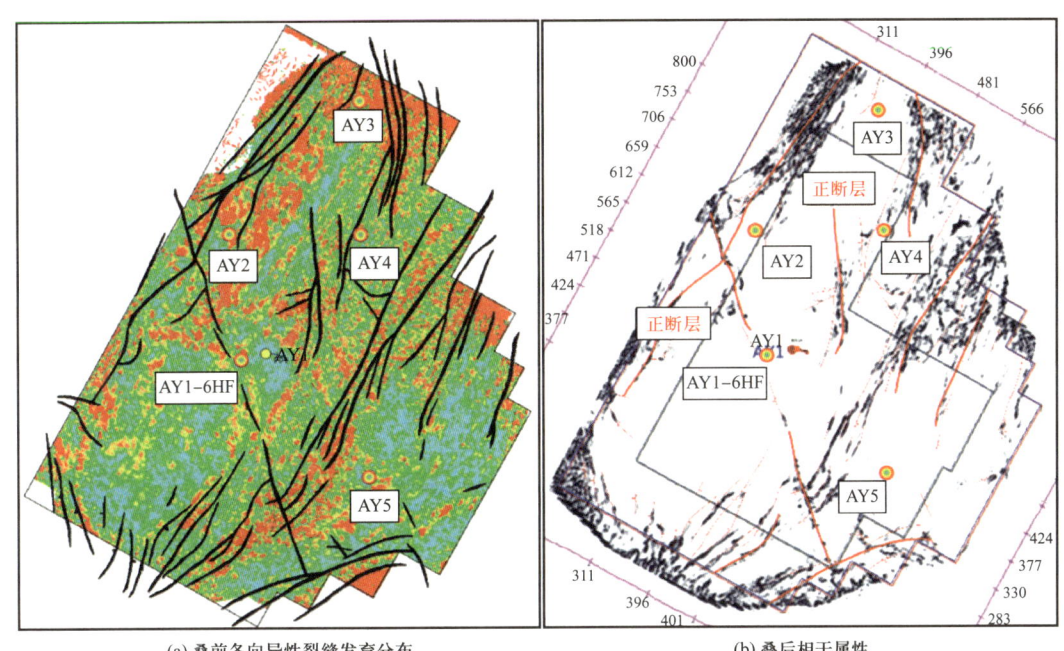

(a) 叠前各向异性裂缝发育分布　　(b) 叠后相干属性

图5-22　目的层叠前各向异性裂缝发育分布及叠后相干属性平面图

基于玫瑰图，突出了5口井的裂缝发育情况。玫瑰图中显示的线条方向代表裂缝发育方向，线条长度代表裂缝发育强度（图5-23）。安页1井、安页2井、安页3井、安页4井4口井中裂缝发育方向为北西西—南东东向，安页5井中裂缝发育方向为南西西—北东东向。其中，安页1井、安页2井、安页5井的裂缝发育强度较大，其次为安页3井和安页4井。

b. 成像测井，以安页2井为例，本区主要发育大量层理缝，高角度的构造缝不发育（图5-24）。层理缝中以高导缝为主，构造缝中主要为高阻缝（图5-25）。

成像测井资料显示，安页2井地层低角度层理缝倾角在15°～20°，占比98.29%，下部地层（①小层至④小层）相对于上部地层（⑤小层）来说地层倾角相对较小，倾向为SEE向，主要为高导缝，占比88.37%。该井高角度构造缝基本不发育，仅识别出3条，占比1.74%，倾角在40°～60°，均为高阻缝，占比13.16%（图5-26）。成像测井结果显示：低产井（安页1井、安页3井）裂缝（层理缝）发育程度明显高于中产井（安页2井、安页4井）（图5-27）。

c. 岩心观察描述，根据裂缝的成因，页岩中的裂缝可以分为构造裂缝、层间页理缝、层面滑移缝、成岩裂缝、异常压力相关裂缝等（龙鹏宇等，2011）。本研究中层间页理缝和层面滑移缝十分发育，尤其是形成镜面反射的层面滑移缝是安场向斜目的层的特色之一。

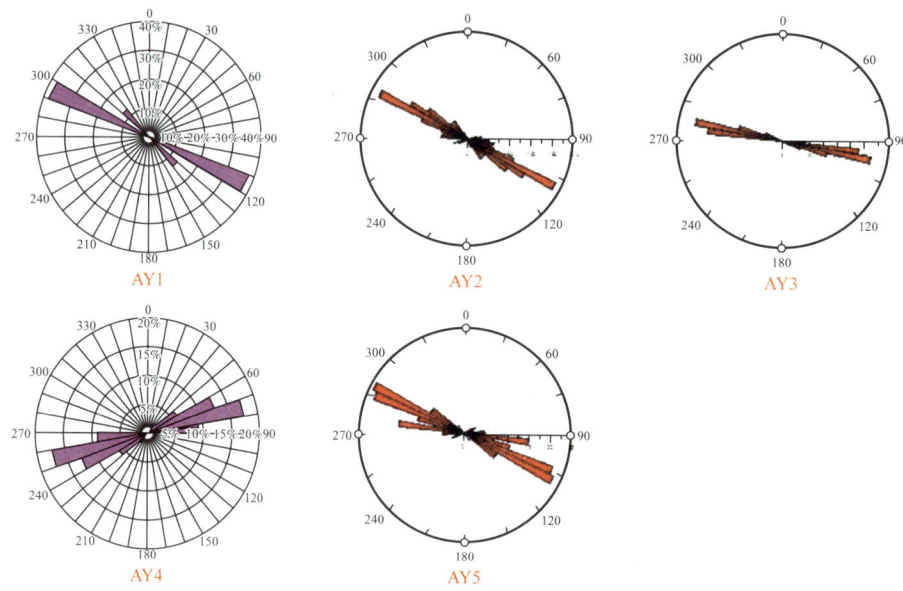

图 5-23　安场向斜五口井裂缝发育玫瑰花图

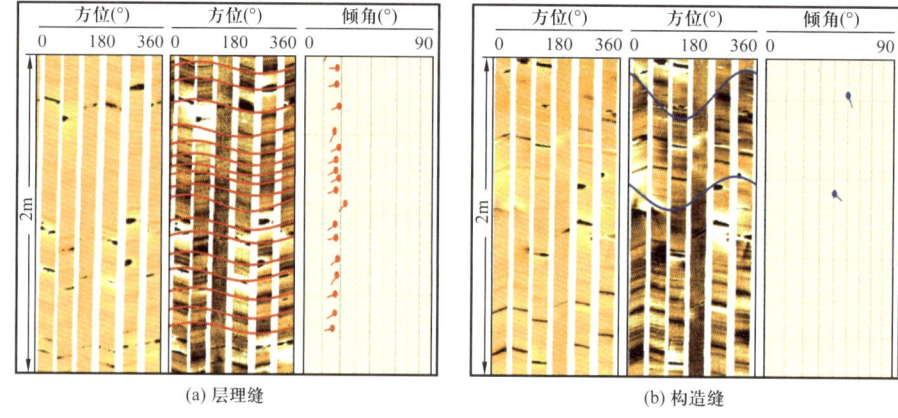

图 5-24　安页 2 井层理缝与构造缝解释实例

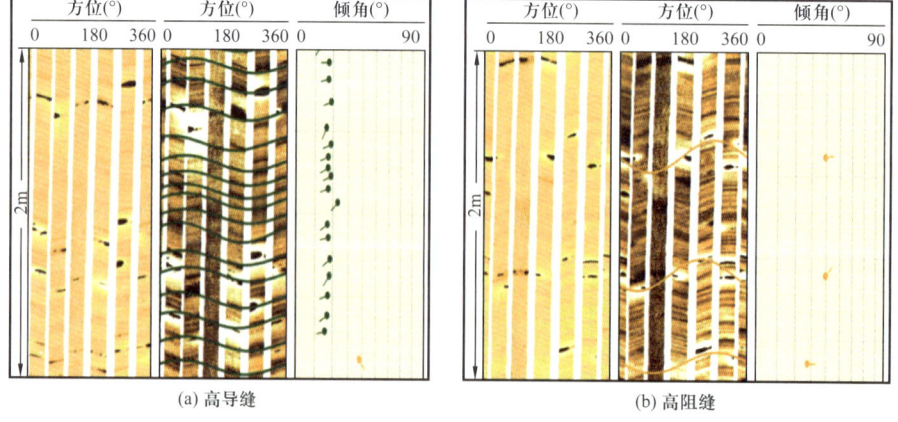

图 5-25　安页 2 井高导缝与高阻缝解释实例

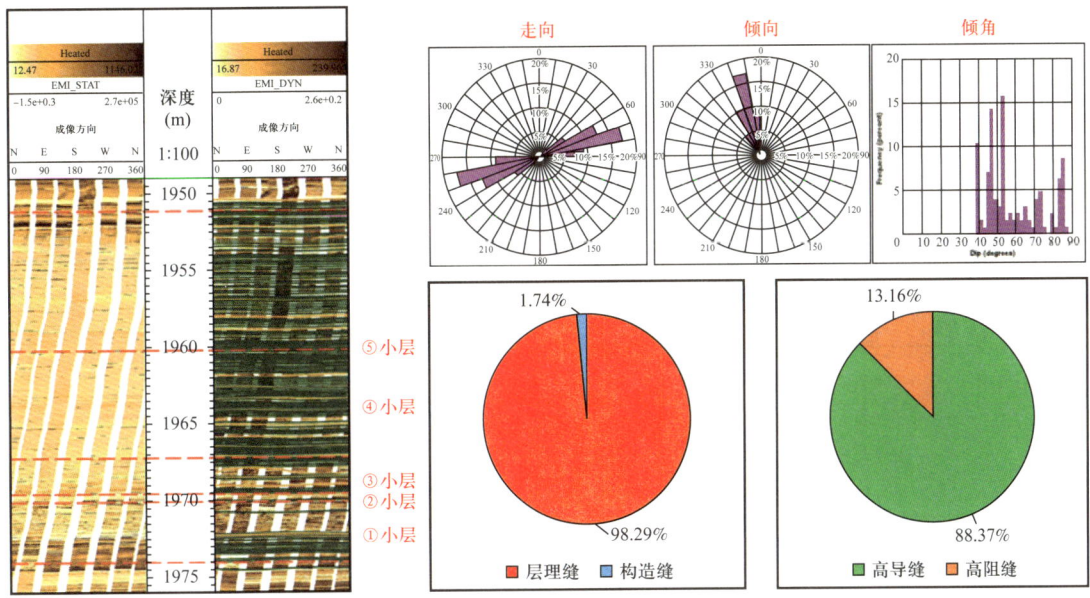

图 5-26 安页 2 井成像测井解释图

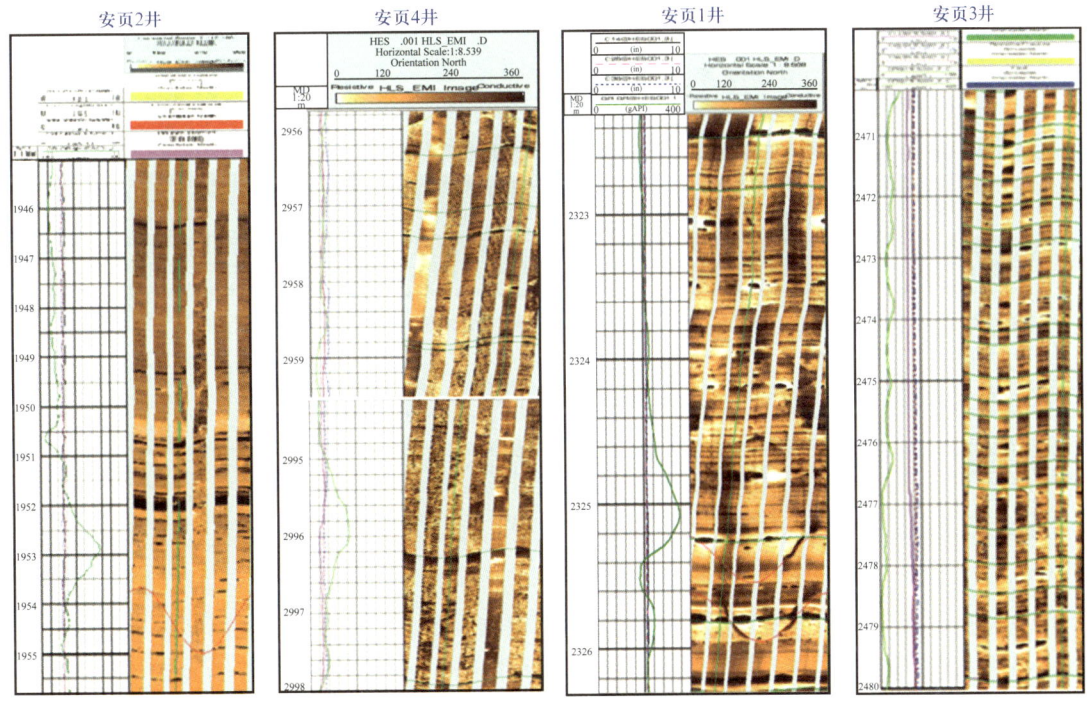

图 5-27 中—低产井裂缝发育图

依据现场岩心观察的结果，安页 3 井中的裂缝最为发育，总裂缝条数达 645 条；其中形成镜面反射的滑移缝为 466 条，占总数的 72%，正常页理缝为 179 条，占总数的 28%。安页 1-6HF 井裂缝发育程度次之，总裂缝条数达 252 条；其中形成镜面反射的滑移缝为 208 条，占比高达 82%，正常页理缝为 44 条，占比 18%。安页 2 井的裂缝发育程度最轻，裂缝总数为 229 条；其中形成镜面反射的裂缝为 103 条，占比 45%，正常页理缝为 126 条，占比 55%。由上述可知，安页 1-6HF 最为发育与镜面反射相关的滑移缝，占裂缝总数的 82%（图 5-28 至图 5-30）。

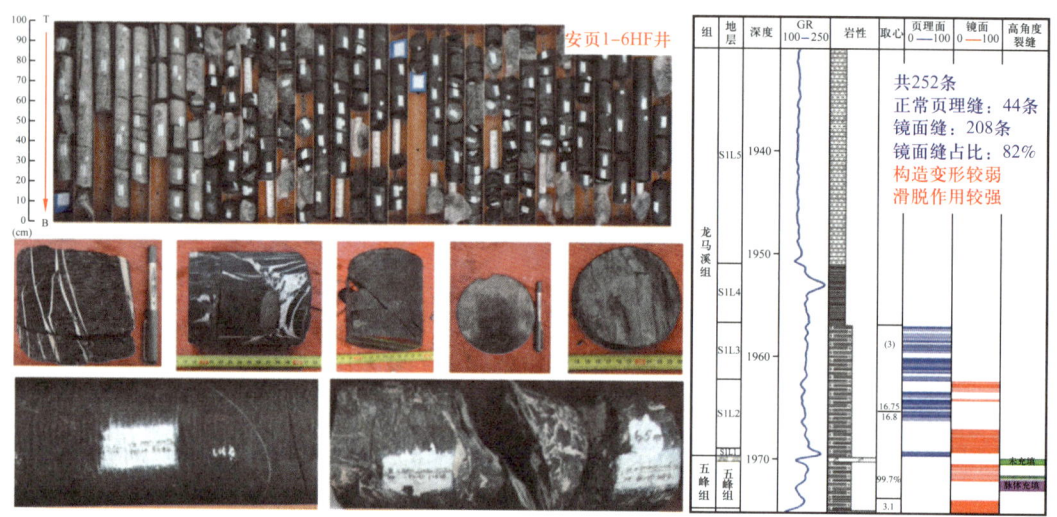

图 5-28　安页 1-6HF 井岩心与裂缝统计柱状图

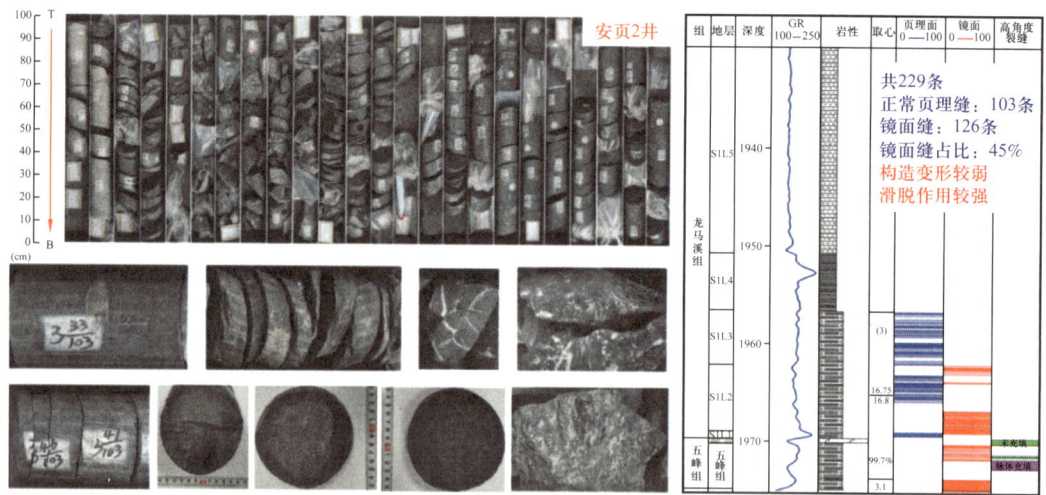

图 5-29　安页 2 井岩心与裂缝统计柱状图

从纵向上来看：（a）目的层五峰组—龙马溪组（1~4 小层）裂缝自上而下均比较发育。就滑移缝而言，安页 1-6HF 井和安页 3 井中龙马溪组第 3 小层最为发育（图 5-28、图 5-30），安页 2 井中五峰组的下部和龙马溪组第 2 小层的中下部最发育（图 5-29）。（b）3 口井均显示，层间页理缝最发育的层段主要集中在五峰组。（c）不同类型的裂缝大多被方解石脉所充填，在王芃川等（2015）所报道的内容中显示，被方解石脉所充填的裂缝常伴随有黄铁矿充填，这反映了裂缝的发育程度可能与黄铁矿/斑脱岩相关。（d）目的层段（五峰组—龙马溪组）大量的镜面的存在，说明目的层的构造作用比较强烈，结合地震剖面尺度下的大断裂不发育的情况，反映了目的层以层间的滑脱作用为主。

图 5-30 安页 3 井岩心与裂缝统计柱状图

② 微观尺度。纳米 CT 可以展现页岩孔隙的三维空间结构及孔隙喉道的连通性等，本次研究选取安页 2 井和安页 1-6HF 井样品进行纳米 CT 实验。如图 5-27 所示，实验结果表明安页 2 井（中产井）的裂缝发育程度和孔隙连通性都高于安页 1-6HF 井（图 5-31）。

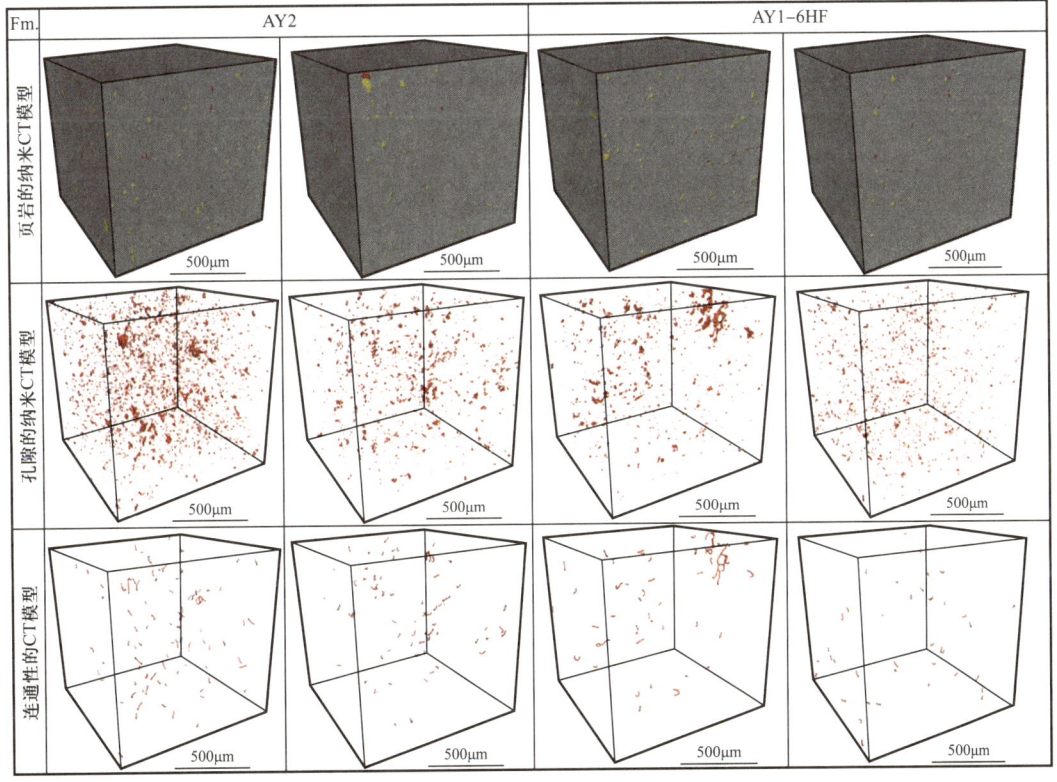

图 5-31 安场地区纳米 CT 处理结果

（3）裂缝成因。

①宏观裂缝。大量观测资料显示，从宏观到微观，从地表到井下，一般岩性分界上均显示出程度不同的层滑迹象，反映出层滑构造的普遍性和透入性特点，而层间滑动是宏观裂缝的主要原因（图5-32）。五峰组—龙马溪组发育大量的层间页理缝和层面滑移缝。层间页理缝受TOC影响，裂缝密度总体上随着TOC增加而增加（图5-33），表明高TOC促使了页理缝的发育；同时，层理缝的产生有利于页岩层之间的相互滑动，进一步促使了滑移缝的形成。

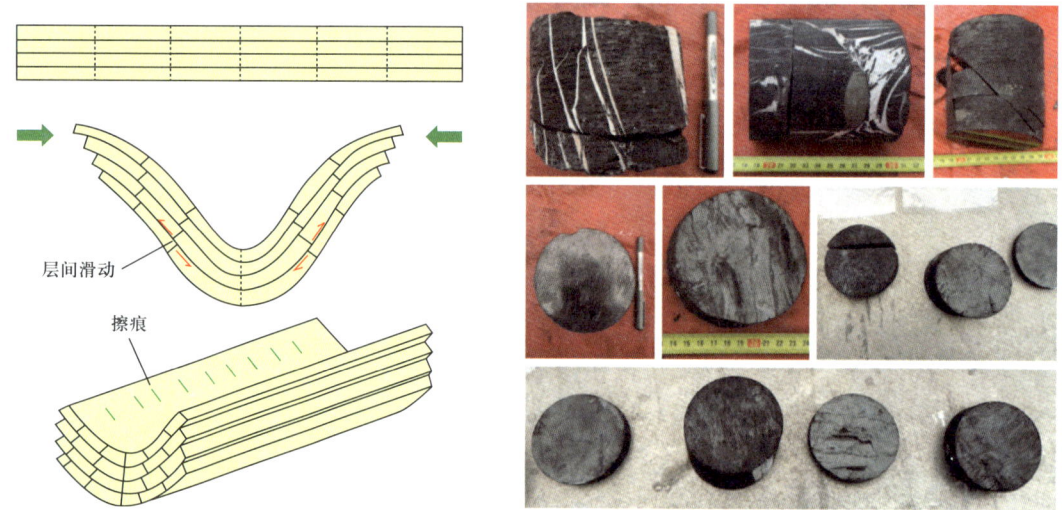

图5-32 层间滑动模式图与典型岩心镜面照片

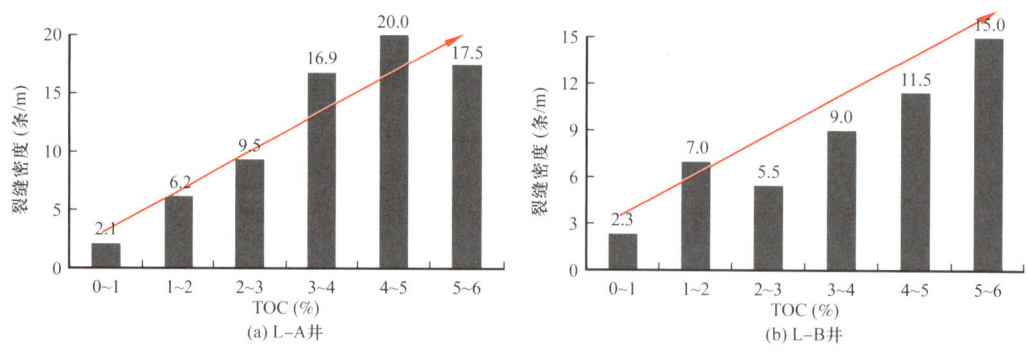

图5-33 龙马溪组页岩TOC与裂缝密度的关系

依据岩心观察，目的层发育大量镜面反射，与一般的层理缝不同，形成镜面反射的滑移缝缝壁十分光滑。通过岩心统计，五峰组—龙马溪组形成镜面反射的滑移缝占比较高。镜面反射常见于各种岩石矿物中，前人根据其发育特征得出了不同的成因。镜下微观结构显示：碳酸盐岩中的矿物颗粒能够以塑性状态紧密结合，甚至发生熔融。依据这些高温存在的现象，前人提出了高温熔融成因（Kuo et al.，2016）、颗粒超塑性成因（Verberne et al.，2014），以及动态再结晶（Smith et al.，2013；Viti et al.，2016）。赤铁矿镜面上不同方向的滑溜线指示岩层发生了多重滑动（Evans et al., 2014），滑动过程中的应力作用导致泥页岩中的黏土矿物颗粒择优排列（Laurich et al., 2014；Verberne et al., 2013）；同时，纳米颗粒的初始形成被认为促进了镜面的发展（Siman-Tov et al., 2013）。此外，一些显示出明亮反光的矿物覆盖在断层面上，也被认为是镜面反射的成因之一，例如硅酸盐中硅胶的形成（Kirkpatrick et al., 2013）。镜面的形成需要岩石矿物紧密的接触和摩擦，因此，上述成因最终都可归结于岩层的滑动，探讨岩层滑动过程中应力、滑动速率、滑移距，以及温度对镜面反射形成的影响至关重要。

a. 应力与滑动速率。应力和滑动速率组合对镜面反射形成尤为重要，在不同条件下对各种岩石矿物进行实验模拟，可以为镜面反射的形成提供可靠的约束（王焕和李海兵，2019）。低应力条件下（1.4MPa±0.2MPa），必须达到一定的滑动速率（不小于0.07m/s）才能形成镜面反射。通常随着滑动速率增加，镜面覆盖率显著增加（图5-34b）。低于临界滑动速率，不仅不会形成镜面反射，还会破坏已经形成的镜面反射（Siman-Tov et al., 2015）。形成镜面反射的临界速率并不是常量，它会随着应力的改变而发生变化。当应力增大时（50MPa），滑动速率降至微米每秒也能形成镜面反射（Verberne et al., 2013），这可能是应力的补偿作用。但这种补偿作用有可能因应力的降低，而不足以促使岩石表面形成镜面反射，例如Verberne等（2014）在高应力（50MPa）和极低的滑动速率（0.001m/s）条件下，得到了一层纳米晶方解石颗粒形成的镜面，当法向应力降至17.3MPa时，岩石表面始终没有镜面特征，仅在0.1m/s及高于此滑动速率的情况下观察到镜面反射出现（Fondriest et al., 2013）。而低速低应力条件下，即使滑动位移很大也不会有镜面反射形成（Fondriest et al., 2013）。如图5-34所示，实验S526是在高速实验（1m/s）基础上，将法向应力从17.3MPa增至26MPa，在仅0.07m的滑动后，显示出发育良好的镜面滑动面（约为表面积的40%），明显优于同等条件下法向应力为17.3MPa形成的镜面，这表明高应力与高速条件组合更容易形成良好的镜面反射。

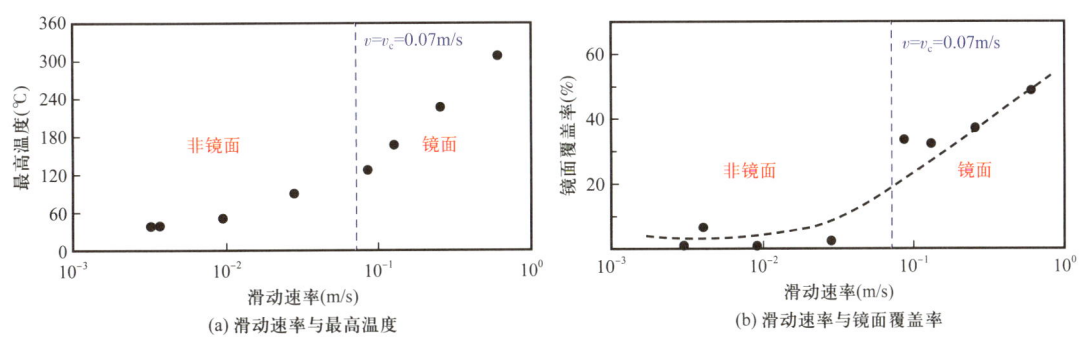

图5-34 低应力条件下滑动速率与镜面覆盖率和岩石表面最高温度的关系（Siman-Tov et al., 2015）

b. 滑移距。相同应力和滑动速率条件下，滑移距明显促进了镜面覆盖率增加，镜面覆盖率甚至能够达100%（图5-35）。岩层滑移过程中，滑动摩擦导致岩石表面的微凸体被破坏，岩石表面总是向着致密光滑的方向发展。室内摩擦实验表明：镜面形成初期阶段，带有光泽的"小岛"间隔分布于岩石表面，随着滑移距增加，这些"小岛"逐渐相

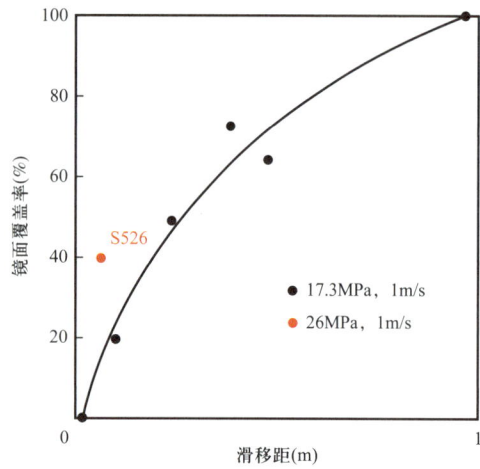

图 5-35 相同滑动速率（1m/s）条件下形成的镜面区域与滑移距的关系

S526 在 26MPa，1m/s 的条件下运行（据 Fondriest et al.，2013）

互连接，形成大块面积的镜面（Boneh et al.，2013）。

c. 温度，摩擦产生的热量是岩层滑动的主要副产品（McDermott et al., 2017; Rowe and Griffith, 2015）。大多数地壳岩石中的热扩散率较低，产生的热量仅限于滑动带内及其附近的窄带（Rice, 2006; Sibson, 2003）。因此，高温常常伴随着岩层滑动产生，并且在镜面形成过程中起到重要作用。当滑动速率增大到足够形成镜面的临界值时，裂缝表面的温度会有明显的提升（图 5-34a），并且随着滑移距的增加，温度显著增大（Smith et al., 2013）。岩心手标本的镜面反射也通常形成于高温环境，例如电气石镜面形成的过程中，伴随着针铁矿和部分电气石分解，其温度高达 900℃（Viti et al., 2016）；赤铁矿镜面的彩虹斑与铁（Fe^{3+} 转变成 Fe^{2+}）的高温还原有关，其形成温度超 300℃（Evans et al., 2014）。值得注意的是，Verberne 等（2013）在低温条件下（18～150℃）同样得到了较为光滑的方解石镜面，这可能是因为极低滑动速率导致滑动表面温升不明显。

在较高温度下，岩石颗粒由脆性转化为韧性，避免岩层发生脆性破裂，从而进行烧结，在应力作用下变得致密并硬化，促使镜面的形成（Siman-Tov et al., 2013）。温度进一步升高，一些稳定性相对较差的矿物就会发生熔融、分解（Smith et al., 2013; Viti et al., 2016）。熔融的矿物颗粒具有可塑性、延展性，更容易促使镜面反射的形成，而分解产物的形成则促使超压出现并在应力的作用下导致镜面反射的形成。

② 微观裂缝成因。基于场发射扫描电镜（FE-SEM）和微米 CT，发现目的层五峰组—龙马溪组发育大量的微裂缝（图 5-32），这种微观裂缝被认为是超压水力破裂成因。如图 5-36 所示，这些微裂缝主要是沿矿物边界发育，与黏土矿物片间相关的裂缝发育比较规则，呈"狭长型"。但沿着其他矿物边界发育的裂缝极不规则，并且曲率较大。通过微米 CT 在三维上呈现的微裂缝形态可以看到，裂缝之间的连通性比较差（图 5-37）。低密度、非定向排列裂缝—超压成因（流体压力达到地层的破裂压力），可能与生烃增压作用有关。

（4）裂缝定量表征参数与渗流能力。

前人针对裂缝渗流能力的定量表征做了大量的研究，实验证明有效压力、裂缝面粗糙程度、滑移距及裂缝开度对裂缝渗流有较为明显的影响。其中裂缝面粗糙程度主要以粗糙度系数（JRC）和分形维数（D）作为表征参数，粗糙度系数值和分形维数值越大，代表裂缝面越粗糙，流体受到的阻碍作用越大。反之，裂缝表面越光滑，渗透率越高（Zhang et al., 2019），这两个表征参数主要通过对裂缝面扫描得到（图 5-38）。

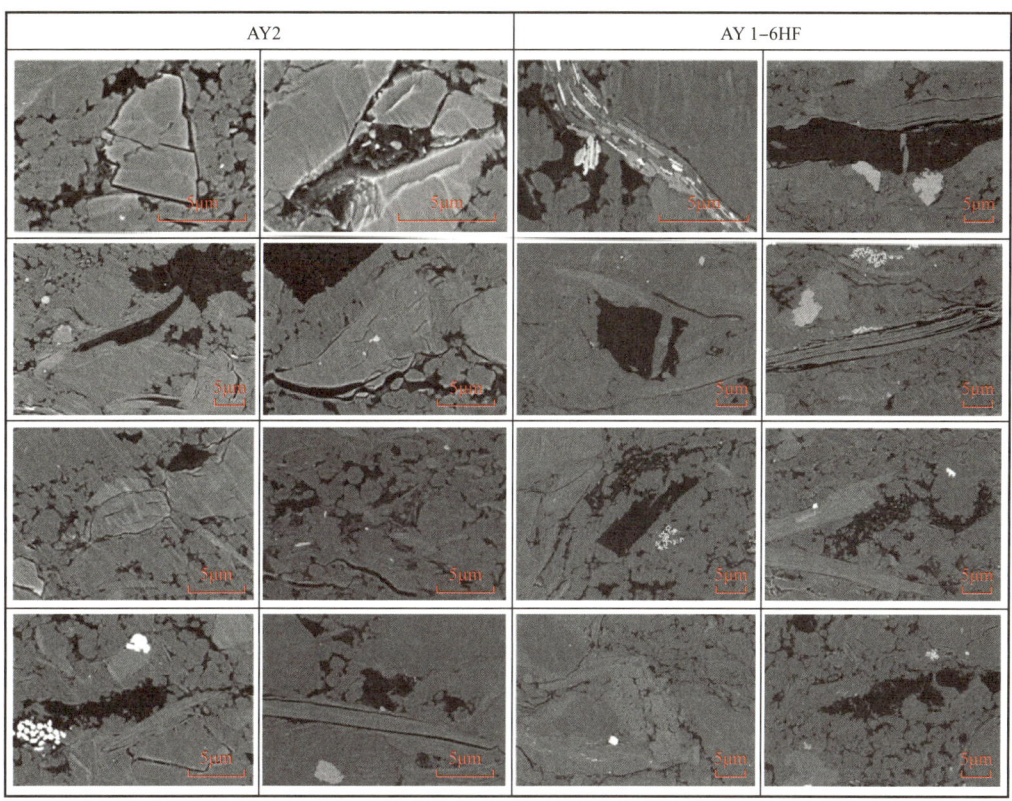

图 5-36 安场向斜五峰组—龙马溪组微裂缝场发射扫描电镜(FE-SEM)照片

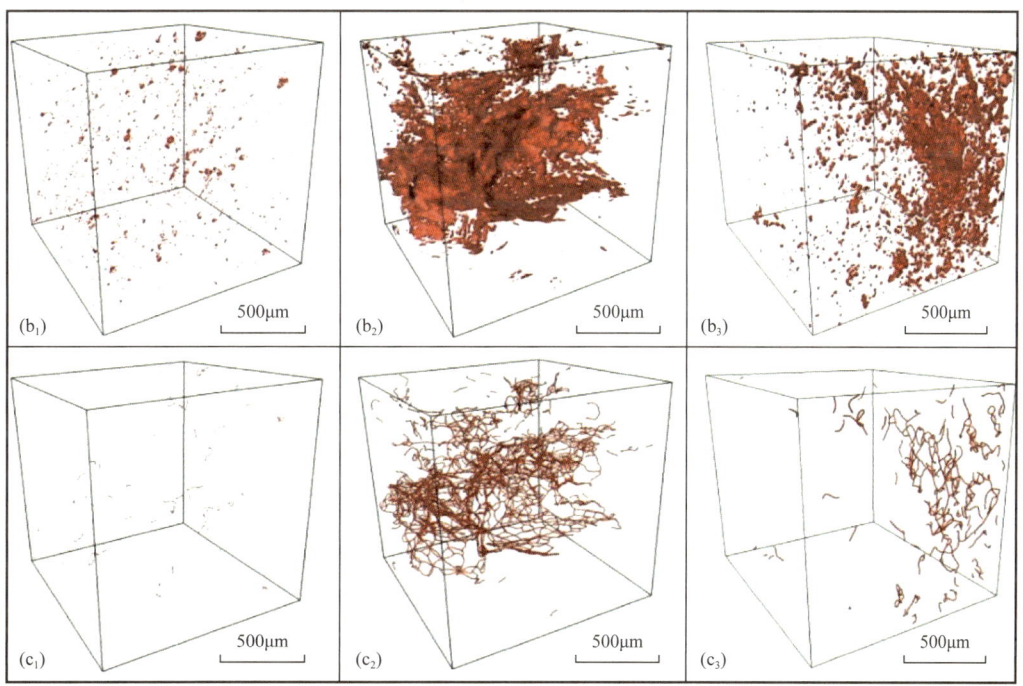

图 5-37 焦石坝地区微米 CT 在三维空间展示的微裂缝形态

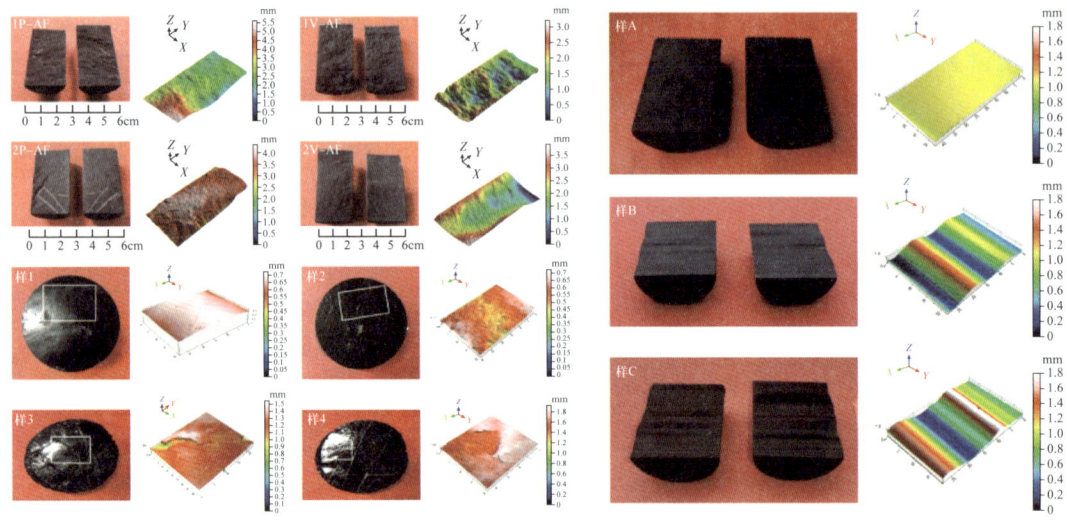

图 5-38 前人裂缝粗糙度面扫描结果图

同时前人研究表明有效压力、裂缝面粗糙程度与裂缝渗流能力存在明显的负相关关系，有效压力越大/裂缝面越粗糙，裂缝面渗透率越低，渗流能力越差。滑移距及裂缝开度与裂缝渗流能力存在明显的正相关关系，滑移距离越大/裂缝开度越大，裂缝面渗透率越高，渗流能力越好（图 5-39）。研究区目的层埋深较浅、上覆有效应力较小，裂缝开度较大、滑移距较大、粗糙程度较小，因此裂缝渗流能力较强，页岩气散失速率较大，总体表现为常压。

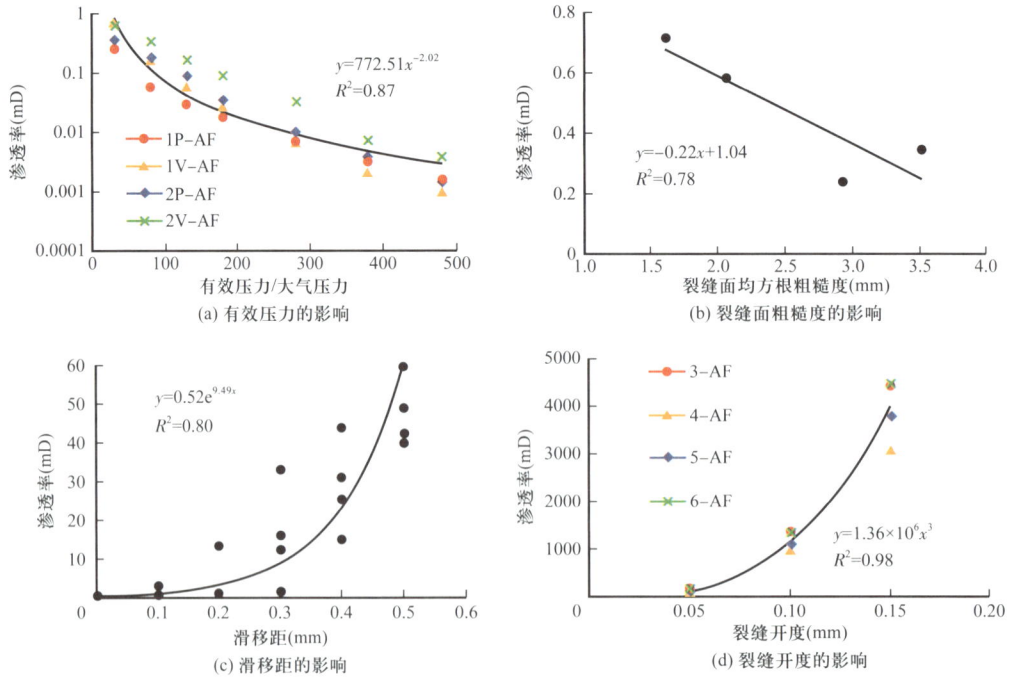

图 5-39 裂缝渗流表征参数与渗透率关系图

5.2 狮溪向斜

5.2.1 勘探开发历程

5.2.1.1 第一阶段：地质调查期（2009—2019年）

自然资源部于2009年开展《全国油气资源战略选区调查与评价国家专项（第二批）—全国页岩气资源潜力调查评价及有利区优选》和2010年《全国页岩气资源战略调查先导试验区黔北地区页岩气资源战略调查与选区》、2012年《贵州省页岩气资源调查评价》等页岩气资源调查评价工作。2017年6月至2018年6月由中国地质调查局油气资源调查中心组织实施，贵州省地质调查院承担《黔北桐梓地区1∶5万页岩气基础地质调查填图试点》项目，对黔北桐梓地区暗色泥页岩分布特征进行调查研究，认为工作区出露的两套暗色泥页岩即奥陶系五峰组、志留系龙马溪组，五峰组下部为黑色薄中层粉砂质碳质泥岩，含硅质碳质泥岩夹数层薄层凝灰岩，上部为灰黄色薄中层含生物屑灰岩、含泥质灰岩；龙马溪组下部为黑色薄中层粉砂质碳质泥岩偶夹薄层凝灰岩，中部为黑色薄层粉砂质碳质泥岩，上部为黑色—深灰色薄层含钙质碳质泥岩。五峰组—龙马溪组埋深主体集中在1000~3000m之间，埋深适中，发育稳定。五峰组沉积期区内属于深水陆棚相，总体表现出"南浅北深"的沉积特征；龙马溪组沉积期继承了五峰组沉积时期"南浅北深"的古地理格局，区内属半深水—深水陆棚相，但随着黔中隆起的程度的进一步加大，沉积环境发生了相应的变化。

5.2.1.2 第二阶段：勘探评价期（2020—2022年）

2020年贵州省油气勘查开发工程研究院在区块部署并实施了4条（3条主测线、1条联络线）二维地震测线60km，初步落实了构造格局。2021年3月贵州省油气勘查开发工程研究院部署实施狮溪1井参数井，完钻井深1456.12m，完钻层位奥陶系湄潭组。2021年12月贵州页岩气公司在桐梓狮溪部署三维地震勘查项目，历时12d，共完成79束线7568炮，设计满覆盖65.2km²，实际地震资料面积56km²（图5-40）。2022年5月在狮溪向斜外围浅部位部署了狮地1井，完钻井深617m，完钻层位奥陶系宝塔组。

5.2.1.3 第三阶段：开发先导试验期（2023年至今）

狮溪向斜东翼部署了狮溪1-1HF井，完钻井深3080m，水平段长1250m，压后获得日产$2.3 \times 10^4 m^3$的工业气流。目前研究区共有完钻井7口，其中狮地1井、狮地2井、狮溪1井、狮溪2井为直井，狮溪1-1HF井、狮溪1-2HF井、狮溪1-6HF井为水平井；正钻井4口，分别为狮溪1-3HF井、狮溪1-4HF井、狮溪1-5HF井、狮溪1-6HF井（水平井）（图5-40）。

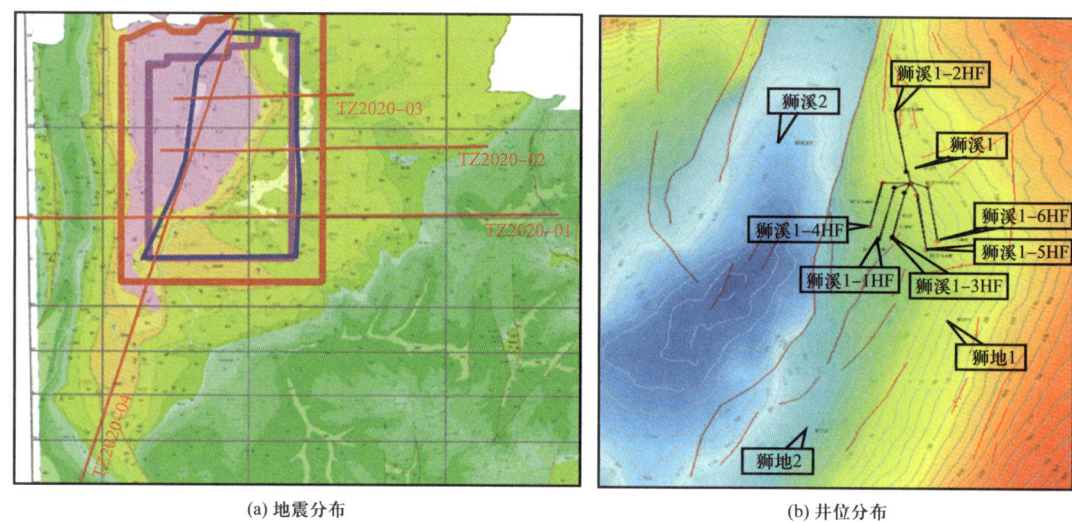

(a) 地震分布　　　　　　　　　　　　　(b) 井位分布

图 5-40　桐梓狮溪区块勘探概况

5.2.2　勘探实践及成果

5.2.2.1　明确了狮溪向斜的地质构造特征

桐梓狮溪区域内褶皱和断裂较为发育，所有出露地层几乎全部发生褶皱，褶皱多属宽缓状褶皱，仅西侧发育中等紧闭褶皱，褶皱轴迹为北东向和南北向。断层按性质划分以正断层为主，仅区块西部发育少量逆冲断层，断层走向多为北东和南北向，少部分表现为北北东及北西向。区块中东部见发育大型节理，节理走向可分为两组，分别为北东向和北西向。区块构造总体表现为西部强、东部弱的特点（图 5-41）。

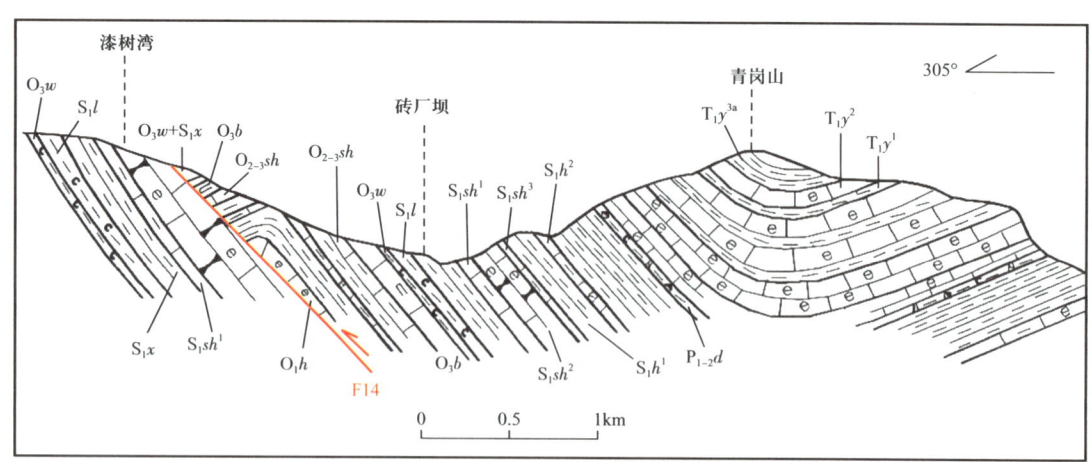

图 5-41　桐梓狮溪地区构造剖面图

狮溪向斜整体为近南北走向、向南收窄的向斜构造形态，东翼平缓，西翼陡峭，发育大型逆冲断裂，埋深较浅，属于中深—中浅层页岩气藏，构造较简单，大断裂较少，地层平缓,保存条件较为有利。向斜西陡东缓,西部倾角一般为10°~20°,东部倾角一般小于10°,垂直于向斜轴线的宽度为21km,长宽比近于1∶1,为典型的宽缓向斜特征。向斜西部目的层页岩埋深在2000~2500m,属于中深层页岩气。向斜东部目的层页岩埋深差异较大,在500~2000m,大部分属于中浅层页岩气。

据区域构造强度、构造变形特征、褶皱形态等因素进行构造分区,将区块沿湾里—子江坝向斜核部(略偏东翼)为界分为两个变形区,分别是狮溪—芭蕉变形区、三会口子江坝变形区,两变形区之间无截然边界。

5.2.2.2 明确了狮溪向斜储层物性及其发育特征

狮溪向斜五峰组—龙马溪组页岩为深水陆棚沉积,页岩有机碳、含气性、厚度等指标较高,具有较好的物质基础。岩心分析五峰组—龙马溪组页岩段TOC龙一段4小层2.63%,3小层平均3.81%,2小层平均4.16%,1小层平均3.84%,五峰组平均4.3%。根据岩电特征、气测、解吸气量、TOC等资料,纵向上将龙马溪组进一步划分为两个段(龙一段、龙二段),5个小层。其中龙一段为黑色碳质页岩,有机碳、解吸气含量较高,为优质页岩段,厚度约为24m。狮溪向斜区域地层展布稳定,各小层横向可对比性较强,与正安区块相比,五峰组—龙马溪组、1小层到4小层明显增厚。狮溪1井龙马溪组一段解吸气量主要分布在0.82~2.79m³/t之间,平均为1.62m³/t,纵向上含气页岩段下部实测解吸气量高于上部,其中龙马溪组2小层现场解吸气含量最高,主要分布在1.75~2.79m³/t之间,平均为2.03m³/t。

(1)矿物组成有机地化特征。

① 有机质类型。针对狮溪向斜五峰组—龙马溪组页岩有机显微组分进行分析,狮溪1井龙马溪组富有机质页岩的有机质类型以Ⅰ型到Ⅲ型为主,显微组分主要为腐泥组和惰质组,缺乏镜质组和壳质组,其中腐泥组以分散状矿物沥青基质为主(图5-42、图5-43),具有良好的生烃潜力。

② 有机质丰度(TOC)。有机质是页岩储层中页岩气生成的物质基础,其含量是评价烃源岩和页岩气聚集成藏的基础指标之一(陈更生等,2009;罗小平等,2015;王淑芳等,2014),不仅控制着页岩的物理化学性质(颜色、密度、抗风化能力、放射性),也在一定程度上控制着页岩微裂缝的发育程度,更重要的是控制着页岩的含气量。页岩气可以依附于有机质表

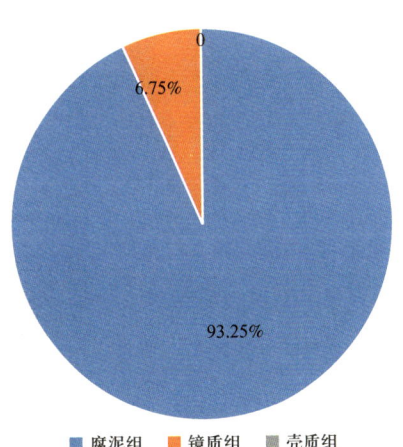

图5-42 狮溪地区五峰组—龙马溪组有机质显微组分统计饼状图

面,增加页岩孔隙中吸附气含量。除此之外,有机质随着在地质演化过程中热演化程度不断提高,可通过生排烃作用形成大量的微纳米孔隙,可为页岩气富集提供大量储集空间(李艳芳等,2015;柳波等,2018;杨瑞东等,2012)。

狮溪地区TOC分布在0.78%~4.77%,其中O_3w—$S_1l_1^3$相对较高,平均3.76%,具

有较好的生烃潜力，在五峰组和龙一3小层等不同层段变化较小，均表现出较高的特征，为页岩气生成提供了充足的物质基础，如图5-44所示。

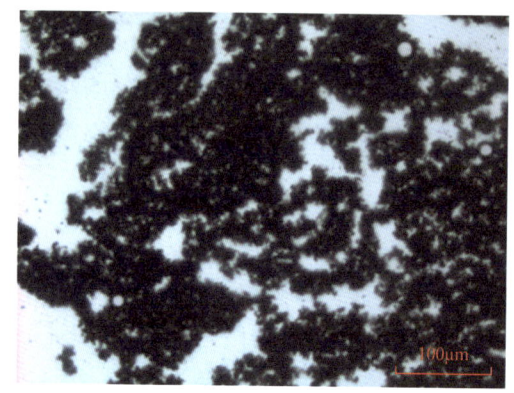

(a) 狮溪1井，龙马溪组，1339.41m　　　　(b) 狮溪1井，五峰组，1352.28m

图5-43　狮溪地区研究区五峰组—龙马溪组页岩干酪根

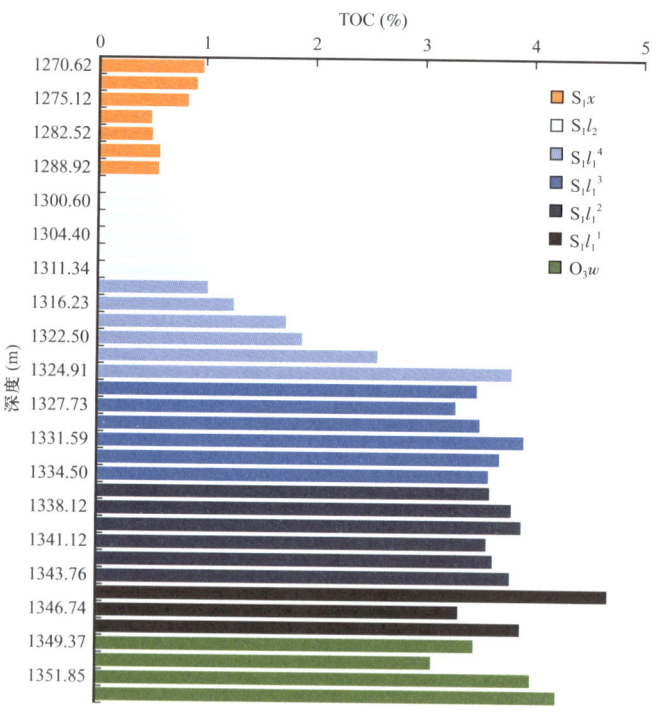

图5-44　狮溪1井TOC随深度变化图

与邻区安场向斜（普遍在4%以上）相比，研究区目的层段五峰组—龙马溪组页岩TOC略低。从黔北五峰组—龙马溪组TOC等值线图来看（图5-45），五峰组—龙马溪组烃源岩整体有机质丰度高，研究区五峰组—龙马溪组沉积时期水深从盆内到黔北逐渐变浅，页岩厚度也呈现随之减小的趋势，这也无疑控制了有机碳含量的大小和分布。

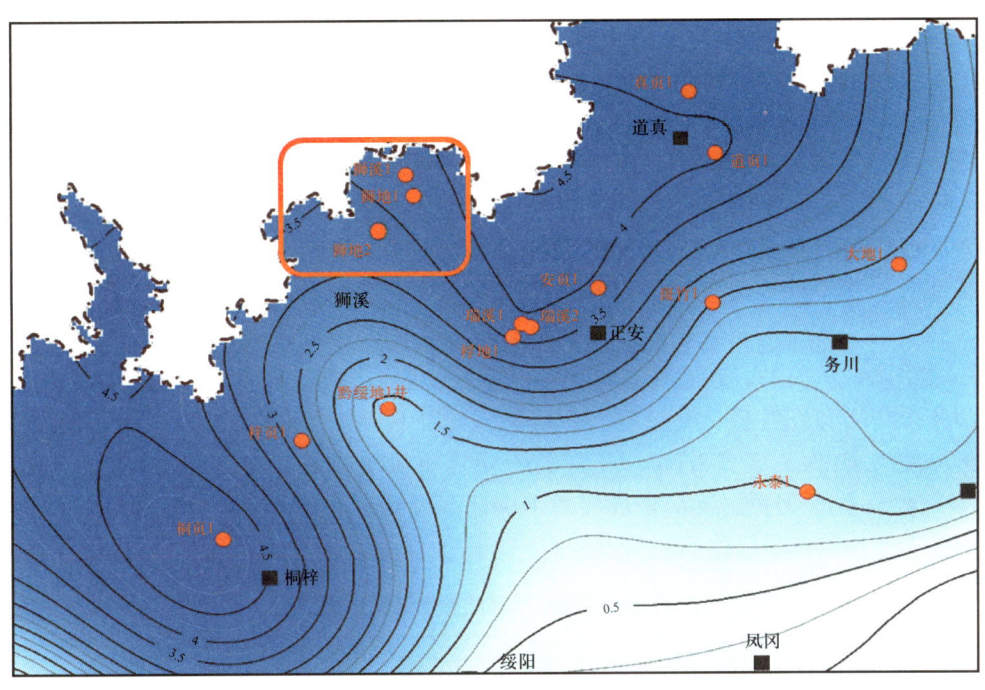

图 5-45 黔北五峰组—龙马溪组页岩 TOC 等值线图

③ 有机质成熟度（R_o）。在沉积初期页岩颗粒通常较为松散，孔隙类型一般为原生的粒间孔隙和粒内孔隙，整体具有高孔隙度特征（程顶胜，1998；程鹏和肖贤明，2013；王崇敬等，2018）。随着埋藏深度增加（未/低成熟阶段，$R_o<0.5\%$），在上覆岩层的机械压实作用和胶结作用的影响下，泥页岩逐渐固结成岩，伴随着少量有机酸和少量低成熟液态烃的生成（王玉满等，2018）。此阶段大量塑性颗粒因机械压实作用发生变形充填到刚性颗粒间的孔隙空间，加之较为强烈的胶结作用会加剧页岩中的孔隙体积快速降低，页岩孔隙度从初始孔隙度（大于40%）降低到10%以内，造成大孔径的粒间和粒内孔隙比例降低，逐渐向微孔转化（王晔等，2019；王玉满等，2018；杨树春等，2005）。

随着埋藏深度进一步增加并进入成熟阶段（$R_o>0.5\%$），该阶段受温度和黏土矿物催化作用影响，有机质开始大量生成液态烃，并伴生大量酸性流体，使得岩石孔隙中流体呈弱酸性，页岩中不稳定的矿物发生溶蚀造成次生无机孔隙增加，此时次生有机质孔隙也开始出现，这主要与生排烃过程中干酪根体积（密度）的变化有关。当 R_o 为 1.0%~1.4% 时，页岩中有机质主要产物为凝析油和湿气，生成的液态烃和大分子沥青可能会滞留在页岩中的孔隙空间（堵塞孔隙），造成孔隙体积明显降低，降低了气体的相对渗透率，阻止了生成的气态烃的运移流动。当 R_o 大于 1.4% 时，页岩孔隙中大部分滞留的液态烃和大分子可溶沥青开始裂解，生成产物主要为凝析气，同时形成了大量次生有机质孔隙，压实作用对无机孔隙的影响逐渐降低，总孔隙呈现出缓慢增加的趋势。

研究区五峰组—龙马溪组页岩中发育不规则、蜂窝状和椭圆形次生有机质孔隙。由于干酪根在分解成为烃类过程中，质量和体积均发生了明显变化，这些次生有机质孔隙的形成主要与干酪根生—排烃关系密切。据前人研究，对于Ⅰ型干酪根而言，有机质孔隙开

始形成时的 R_o 为 0.6%~0.8%，而Ⅱ型干酪根和Ⅲ型干酪根开始形成有机质孔隙分别需要 R_o 达到 0.8% 和 0.9% 以上，即液态烃开始了生/排烃过程。在未成熟阶段时（R_o<0.5%），此时以生物成因气为主，基本不发育有机孔；在低成熟阶段（R_o=0.5%~1.4%）干酪根开始进入热力学降解生烃阶段，此时开始发育少量有机孔；当有机质进入高成熟阶段时（R_o=1.4%~2%），干酪根经过大量生油阶段后，产烃能力已显著下降，此时发育少量有机孔；而过成熟阶段（R_o>2%），这个阶段主要是形成干气，有机孔开始大量发育。表明富有机质页岩在不同的热演化阶段的孔隙发育程度（特别是次生有机质孔隙）存在明显差异，在生烃过程中对页岩孔隙度增加具有重要作用。不过页岩孔隙度与热成熟度的关系并不是单调线性关系，在生气高峰（R_o=2.0%）之前，随着热演化程度增加有机质孔隙数量和体积均增大；当 R_o 大于 2.0% 或 3.6%，页岩中有机质孔隙会出现一定程度降低。

狮溪地区 R_o 为 2.2%~2.3%（表 5-2），页岩有机质成熟度处在过成熟阶段晚期的干气阶段（表 5-3），为页岩气的生成提供了保证。表明页岩中干酪根和可溶沥青裂解生气过程均已裂解结束，生烃作用几乎停止。

表 5-2 狮溪地区成熟度试验数据

井号	层位	样品数（块）	R_b（%）			换算 R_o（%）		
			最小值	最大值	平均值	最小值	最大值	平均值
狮溪1	五峰组—龙一段	7	2.86	3.12	3.00	2.17	2.33	2.26
狮地1	五峰组—龙一段	3	2.91	2.97	2.94	2.20	2.24	2.21
狮地2	五峰组—龙一段	5	2.86	3.11	3.02	2.17	2.32	2.27

表 5-3 有机质热演化阶段划分表

演化阶段	不同阶段生成物	镜质组反射率 R_o（%）	热解峰顶温度 T_{max}（℃）
未成熟	生物气，未熟重油	<0.5	<430
低成熟	低成熟油	0.5~0.7	430~440
成熟	正常原油（高峰前）	0.7~1.0	440~450
高成熟早期	轻质原油（高峰后）	1.0~1.3	450~480
高成熟晚期	凝析油—湿气	1.3~2.0	480~500
过成熟	甲烷气	>2.0	>500

（2）储集空间。

① 孔渗特征。通过对狮溪1井五峰组—龙马溪组26个页岩样品孔隙度实验分析，结果表明：研究区五峰组—龙一段孔隙度主要分布在2%~12%，平均5.41%，垂向上分布差异较大，呈现出随深度增加而增大趋势，其中在龙一1-2小层达到最高，如图5-46所示。

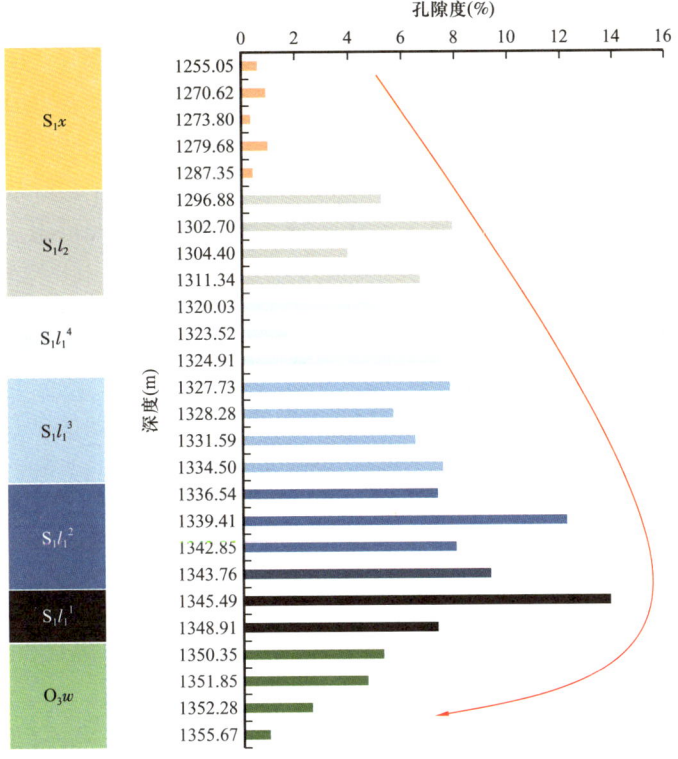

图 5-46 狮溪 1 井孔隙度随深度变化图

渗透率是表征气体运移能力的一个物理量，Javadpour 等通过实验测得的数据分析对比认为，页岩气藏渗透率远远低于常规气藏，而页岩基质渗透率是页岩流动性评价的重要参数。本报告采用非稳态渗透率测试法中的脉冲衰减法，此方法具有较高的测试效率和精度，能够测试不同围压条件下的储层渗透率（郑江韬，2016）。

通过对狮溪 1 井五峰组—龙马溪组 26 个页岩样品渗透率实验分析，结果表明：研究区五峰组—龙一段渗透率垂向上分布差异较大，主要分布在 0.5～3.5mD，平均 0.8mD，其中在龙一 1 小层达到最高（图 5-47）。推测可能是由于层理缝过度发育，导致该段页岩孔隙度和水平渗透率陡增。

平面上狮溪地区五峰组—龙一段孔隙度垂向变化较大，平均值介于 1.8%～13.2%（5.3%），其中龙一段 1-3 小层孔隙度平均值介于 4.8%～13.2%（6.8%），如表 5-4，图 5-48 所示。

② 孔隙发育特征。页岩内部孔隙类型按照组分可划分为无机孔和有机孔，无机孔按照成因又可进一步划分为粒间孔、晶间孔和溶蚀孔。页岩储层中发育大量的有机孔隙是页岩储层有别于其他储层的典型特征之一。同时，有机孔隙为游离气和吸附气的赋存提供了有效的储集空间。通过对狮溪 1 井五峰组—龙马溪组不同岩相页岩开展扫描电镜观察发现不同岩相的页岩发育的主要孔隙类型不同，主要由有机质孔、粒间孔和溶蚀孔组成。黏土质页岩主要发育溶蚀孔与黏土矿物—有机质复合孔，溶蚀孔主要发育于长石和碳酸盐等可溶矿物中。黏土质页岩具有较高的黏土矿物含量，由于经历了强烈的压实作

用，黏土矿物发生形变，同时成岩过程中形成微米级黏土矿物收缩缝，镜下可见黏土矿物—有机质复合孔，此类孔隙面孔率复杂，孔隙不规则，多呈椭球形、弯月形，少数呈不规则狭缝型（图5-49a、图5-49b）。混合质页岩中多发育粒间孔和溶蚀孔，同时矿物之间为裂缝与黏土矿物收缩缝，孔隙多呈规则圆形与狭缝型（图5-49c、图5-49d）。硅质页岩中有机质孔最为发育，多形成于有机质热演化与沥青裂解过程，孔径大小不等，多呈板片状，椭球形。由于硅质页岩多形成于缺氧环境，此环境下形成的黄铁矿与

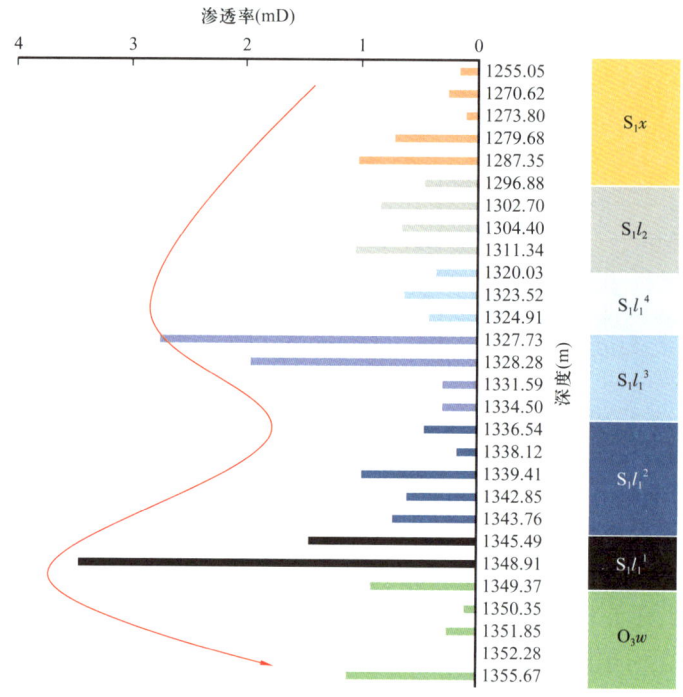

图5-47 狮溪1井渗透率随深度变化图

表5-4 狮溪地区重点井位孔隙度对比　　　　　　　　　　单位：%

层位		狮溪1		狮地1		狮地2	
		实验	测井	实验	测井	实验	测井
龙一段	4小层	3.0	3.69	—	3.38	—	3.64
	3小层	5.4	4.69	4.93（N=1）	4.36	3.37（N=7）	4.33
	2小层	7.3	4.84	4.11（N=1）	4.65	3.69（N=10）	4.66
	1小层	8.8	6.58	—	4.86	4.10（N=1）	4.58
五峰组		—	3.47	4.98（N=1）	3.69	5.20（N=6）	3.88
五峰组—龙一段		5.3	4.25	4.67	4.10	3.99	4.19
龙一段1-3小层		6.8	4.88	4.52	4.54	3.59	4.52

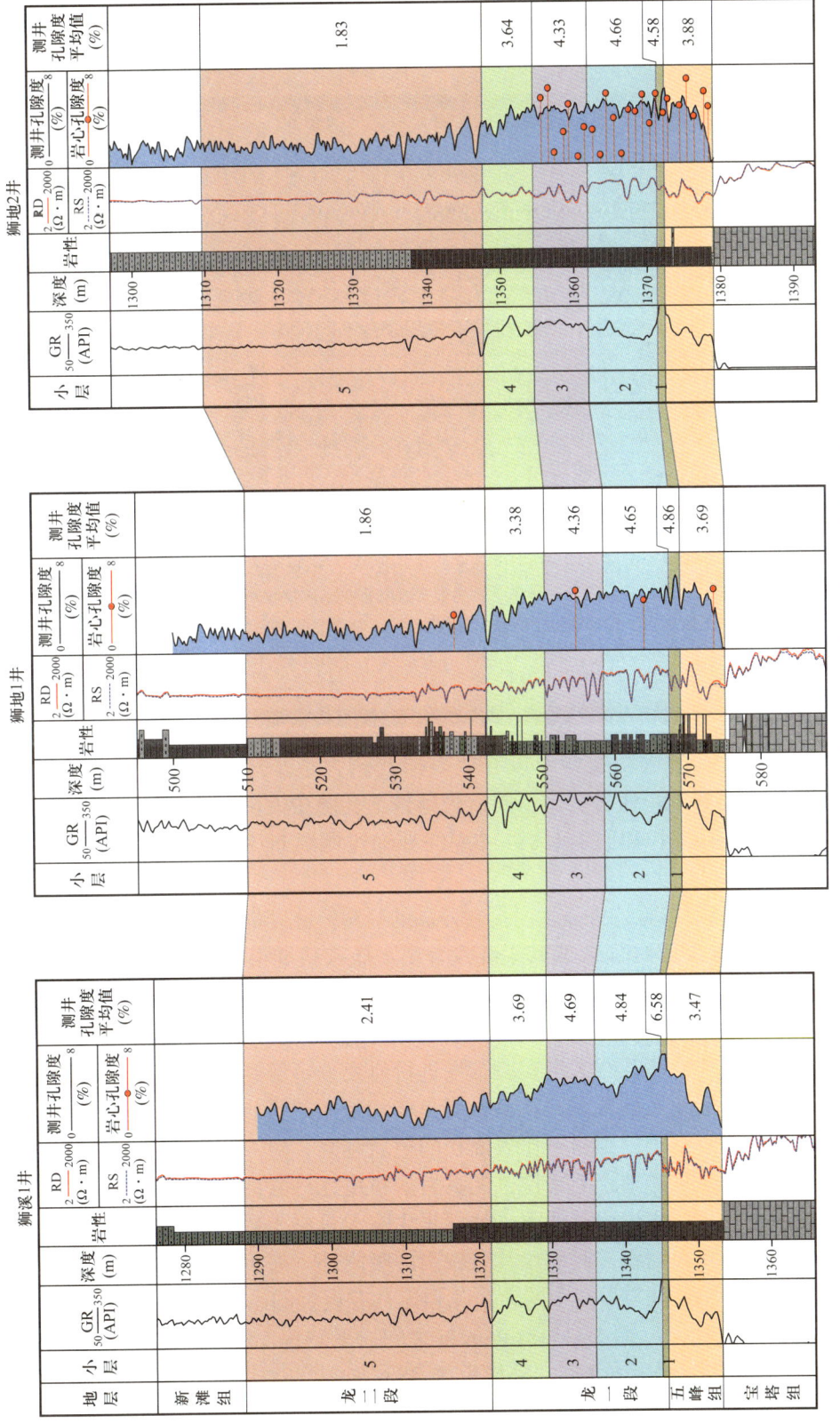

图 5-48 狮溪 1 井—狮地 1 井—狮地 2 井孔隙度对比图

有机质结合形成黄铁矿—有机质复合孔，此类孔隙多呈圆形与椭球形，偶有不规则狭缝（图5-49e、图5-49f）。

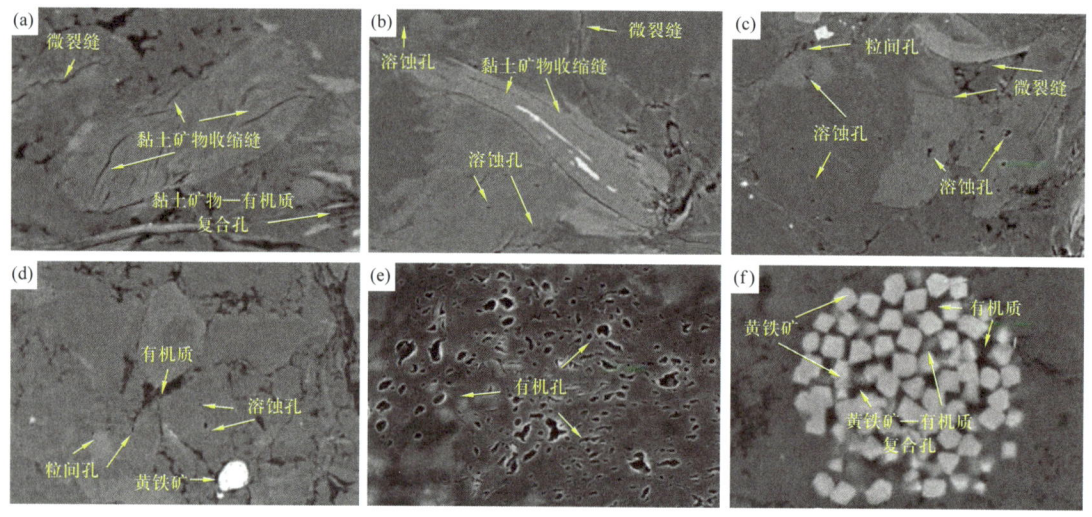

图5-49 狮溪1井五峰组—龙马溪组不同岩相页岩扫描电镜照片

(a) 1297.2m，黏土质页岩，黏土矿物在压实作用下发生形变，发育黏土矿物收缩缝、溶蚀孔与黏土矿物—有机质复合孔；(b) 1297.2m，黏土质页岩，发育黏土矿物收缩缝与溶蚀孔；(c)、(d) 1305.57m，混合质页岩，脆性矿物间发育粒间孔，见溶蚀孔与黏土矿物收缩缝；(e) 1344.97m，硅质页岩，黏土矿物因压实作用发生破裂而形成裂缝，见黏土矿物收缩缝，有机质包裹微晶石英，内部发育大量有机质孔；(f) 1344.97m，硅质页岩，黄铁矿包裹有机质形成黄铁矿—有机质复合孔，孔隙多呈不规则狭缝状与圆形、椭圆形

a. 孔隙结构。氮气吸附实验可以有效表征孔隙大小、孔隙分布范围等参数，参照IUPAC的孔隙分类标准。通过测定不同压力条件下孔隙中的液氮含量，根据BJH模型有效表征介孔和宏孔孔体积和比表面积。本章主要通过低温N_2吸附法对狮溪1井页岩储层微观孔隙进行刻画描述。

狮溪1井N_2吸附实验结果显示：页岩样品的吸附/脱附曲线整体呈明显的反"S"形态，溜回环为H_2兼少量H_3，表明其主要发育墨水瓶和狭缝型孔隙，通常而言，H_1和H_2孔隙空间决定有效孔隙储集的"上限"，H_3和H_4决定有效储集空间的"下限"，表明狮溪地区孔隙连通性相对较好，如图5-50所示。

b. 孔隙比表面积：通过对大量实验结果进行研究，了解到页岩的比表面积与甲烷吸附能力之间存在着正相关的关系；在质量或是体积相同的页岩中，页岩中的有机质颗粒或者黏土矿物颗粒越细小，则岩石比表面积的值就越高，对页岩孔隙内部或者表面石油和天然气的吸附性更强。理论上来说，泥页岩的粒度比砂岩的粒度要细一些，所以在比表面积方面，泥页岩的应该比砂岩大，特别是含有大量黏土矿物颗粒、有机质颗粒的页岩，具有很大的内比表面积，对甲烷具有较强的吸附性。泥页岩具有粒度细、喉道小的特点，而此特点又导致其与页岩中的大孔隙相比具有更大的内表面积。狮溪地区BET比表面积略小于正安地区，在$5.33 \sim 21.06 m^2/g$之间，平均为$16.64 m^2/g$，而正安地区BET比表面积在$14.36 \sim 27.18 m^2/g$之间，平均为$22.38 m^2/g$。

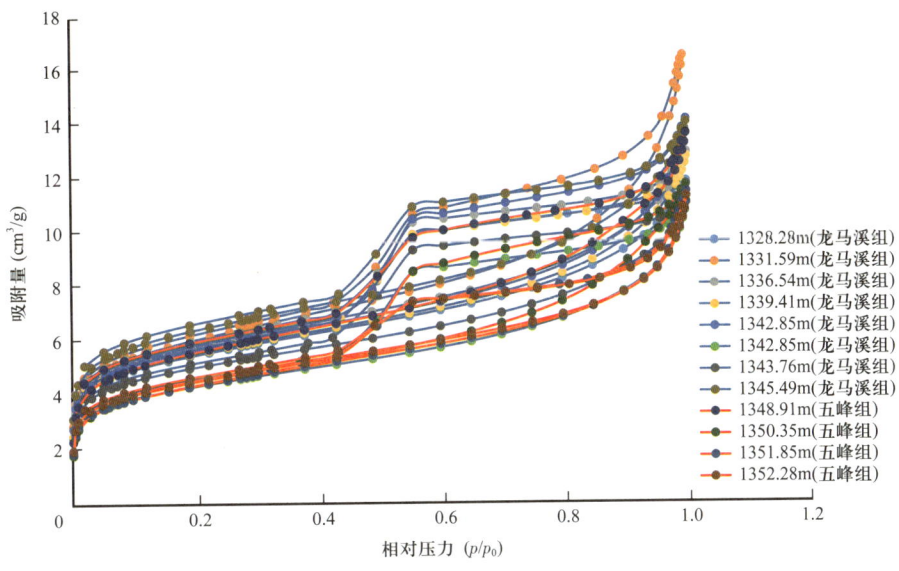

图 5-50　狮溪 1 井氮气吸附/脱附曲线

c. 孔隙体积：孔隙作为页岩气主要储集场所，其中有 50% 的页岩气都储存在孔隙中。因此页岩的储集能力受到其页岩微观孔隙结构的直接影响。页岩的孔隙包含有：有机孔、无机孔，其中无机孔直径多大于 100nm，而孔径小于 10nm 的孔隙多分布在有机质颗粒内，其中有些有机孔由于孔径太小甚至达不到扫描电镜的检测最小值而无法被观察研究。经研究表明，在孔隙体积相同的条件下，总孔隙体积越大越有利于页岩气的富集。狮溪地区 BJH 比表面积在 0.024~0.036cm^3/g 之间，平均为 0.017cm^3/g，其中正安地区 BJH 比表面积在 0.022~0.058cm^3/g 之间，平均为 0.038cm^3/g，狮溪地区孔隙体积小于正安地区。

d. 孔径分布：页岩孔隙范围分布较广，自 1~3mm 到 400~750nm 之间均有发育，复杂的孔隙结构和较大的比表面积可以通过吸附的方式储存大量气体，孔隙和微裂缝则主要是游离气的赋存场所。因此，比表面积和孔体积是页岩含气性的重要控制因素（党伟等，2015；姜振学等，2020；聂海宽等，2009）。狮溪 1 井龙一 3-4 小层黏土质页岩孔隙度分布在 0.89%~1.46% 之间，渗透率分布在 0.03~0.06mD 之间，五峰组—龙马溪组混合质页岩与硅质页岩孔隙度分布在 2.55%~4.29% 之间，孔隙度相对较高，渗透率略高于黏土质页岩，分布在 0.08~0.09mD 之间。黏土质页岩纳米级孔隙体积为（9.33~10.39）×10^{-3}mL/g，孔径在 0.4~0.7nm、1.5~4nm 和 10~100nm 存在三个峰值，其中中孔提供了 60%~65% 的孔体积；比表面积分布在 8.23~8.88m^2/g 之间，孔径在 0.4~0.7nm 和 1.5~3nm。混合质页岩孔隙度与渗透率特征与黏土质页岩相近，累计孔体积为（8.03~8.89）×10^{-3}mL/g，孔径在 0.4~0.7nm，1.5~4nm 和 10~100nm 处存在三个稳定的峰值，中孔占据主体地位（占比 72%~75%）。硅质页岩孔体积相对较大，分布在（12.26~15.08）×10^{-3}mL/g，微孔和中孔孔径范围广泛分布，孔体积主要由中孔提供（70% 左右）（图 5-51）；比表面积相对较高，分布在 13.48~13.59m^2/g 之间，主要由微孔提供（73%～75%）。狮溪区块五峰组—龙一段以介孔、微孔为主，其中介孔、微孔占80%以上，页岩孔径主要分布在2～200nm，在16nm和50nm存在峰值（图5-52）。

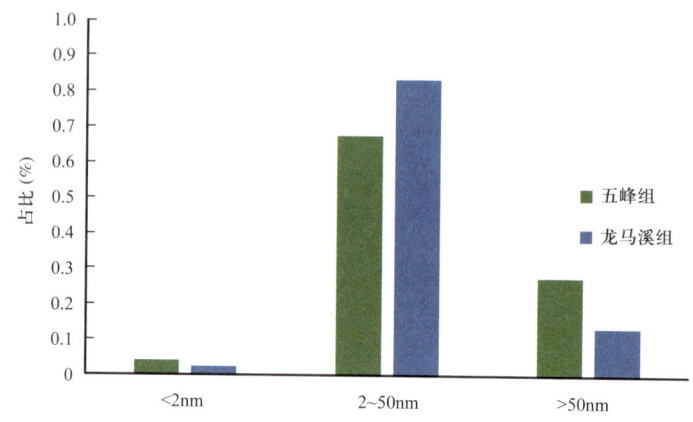

图5-51　狮溪1井微孔、介孔、宏孔分布占比图

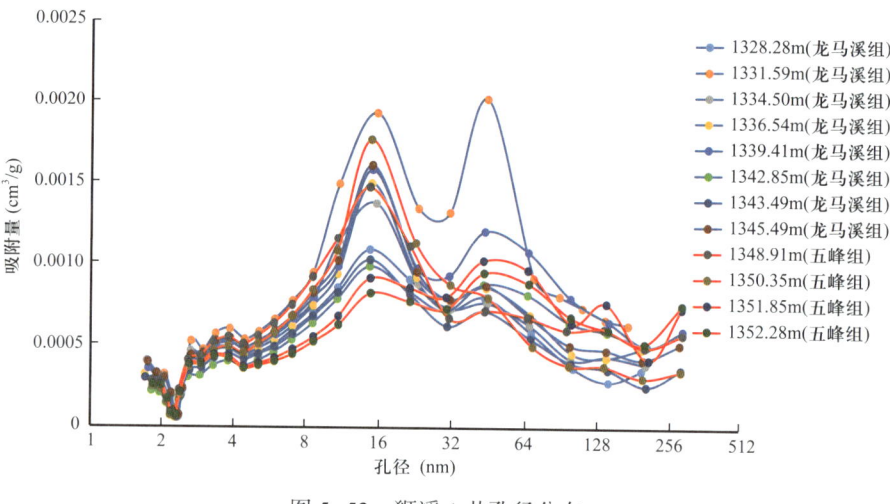

图5-52　狮溪1井孔径分布

③ 微裂缝发育特征。根据裂缝的成因，页岩中裂缝可以分为构造裂缝、层间页理缝、层面滑移缝、成岩裂缝、异常压力缝等。本次研究中层间页理缝和层面构造缝十分发育，其中层面滑移缝形成的镜面反射是正安页岩气目的层位的重要特征之一。据现场岩心观察，岩心天然裂缝发育程度整体较高，镜面擦痕全段均有发育，整个含气页岩段自上而下页理缝逐渐趋于发育（图5-53）；裂缝类型为低角度层理缝与高角度构造缝，构造缝呈网状，多为方解石充填（图5-54）。

（3）含气性特征。

① 解吸气。狮溪1井现场解吸气为0.3～2.8m³/t（平均1.0m³/t），垂向上龙一2小层现场解吸气含量最高，平均为2.03m³/t，呈现出随深度增加解吸气含量增加的趋势，如图5-55和图5-56所示。

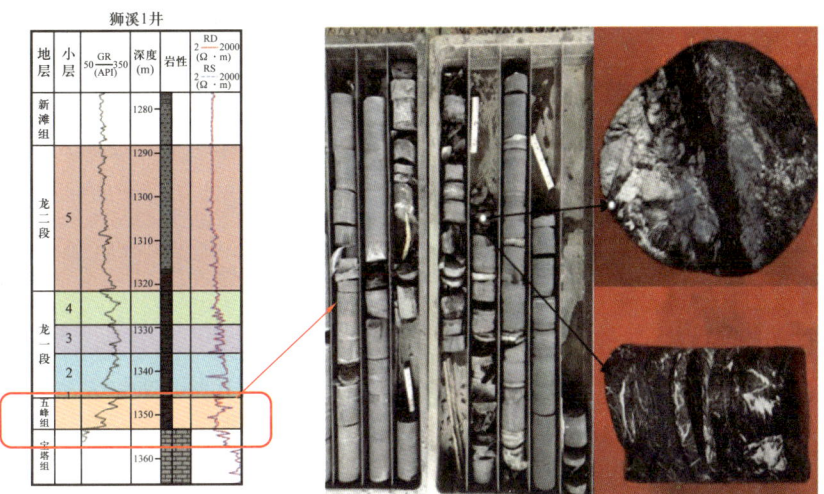

图 5-53 狮溪 1 井岩心裂缝

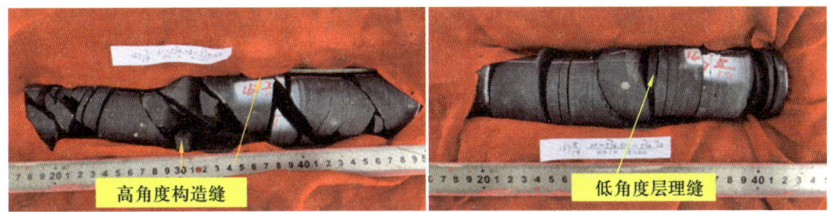

图 5-54 狮地 1 井岩心裂缝

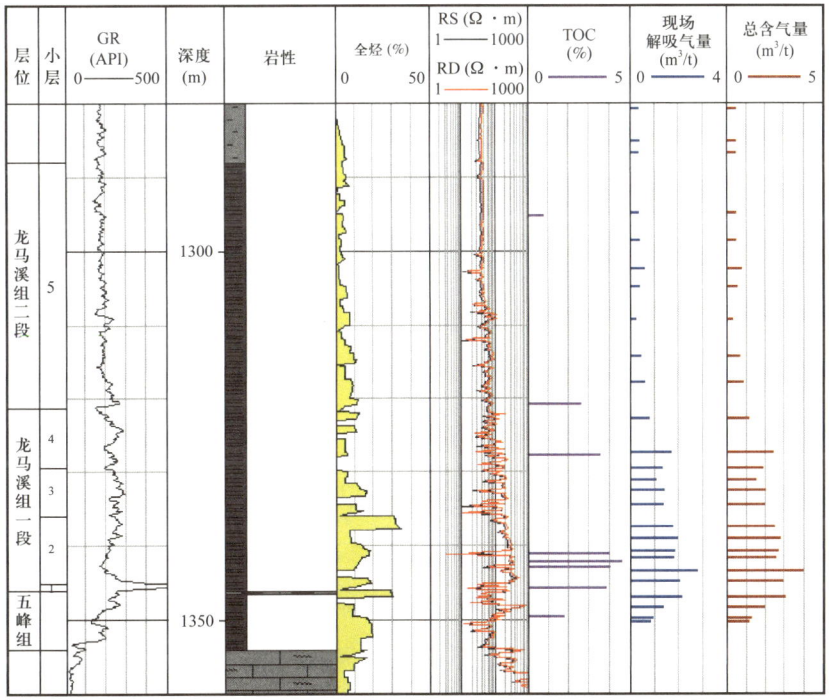

图 5-55 狮溪 1 井解吸气垂向变化图

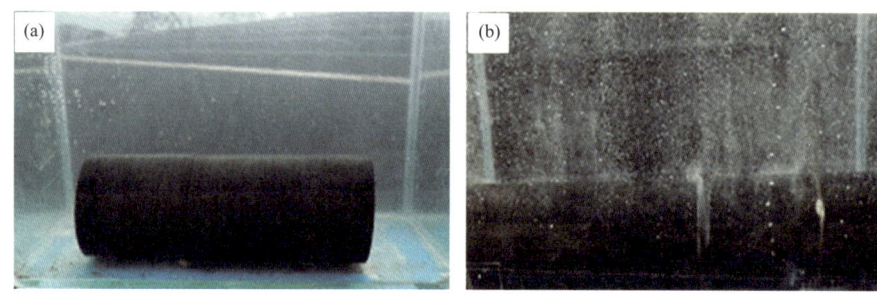

图 5-56 狮溪 1 井现场解吸实验

（a）灰黑色泥岩，1278.2～1325.17m（46.97m），浸水气泡一般，气测平均 5.2%，解吸气平均 1.62m³/t；（b）黑色碳质泥岩，1325.17～1347.2m（22.03m），浸水气泡剧烈，气测平均 11.43%，解吸气平均 2.03m³/t

狮溪 1 井现场解吸数据略好于安场向斜。其中狮溪 1 井主力产层解吸气主要分布在 2.5～3m³/t，优于安页 1 井 1～1.5m³/t，如图 5-57 所示。

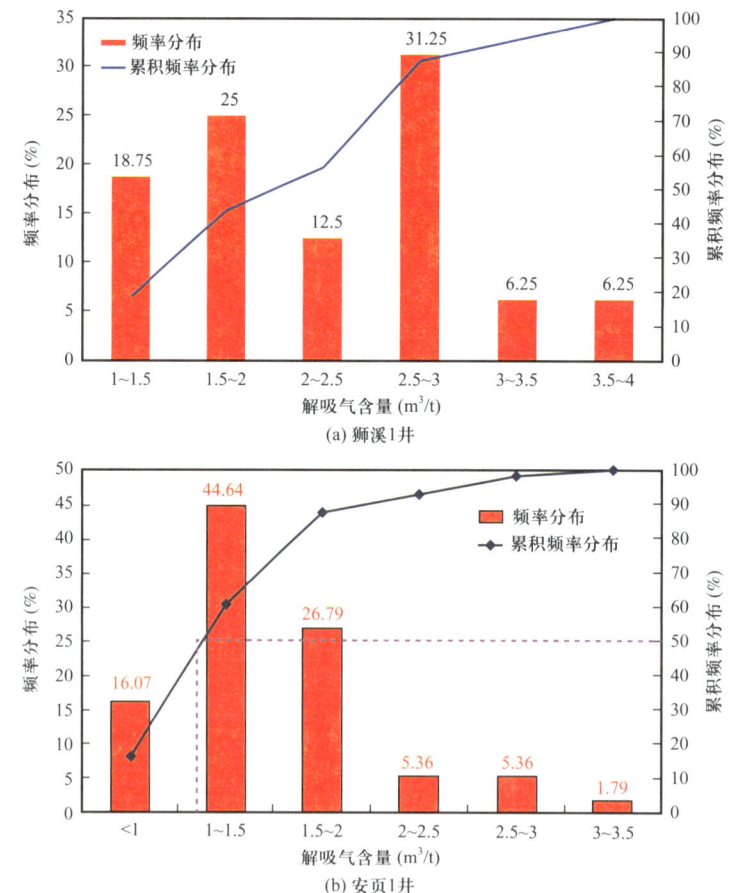

图 5-57 狮溪 1 井和安页 1 井龙一段解吸气频率分布直方图

平面上：狮溪 1 井现场含气性解吸明显好于狮地 1 井；狮地 1 井龙马溪组龙一 1 小层、龙一 2 小层现场解吸气含量比较低，仅为 0.34m³/t，如图 5-58 所示。

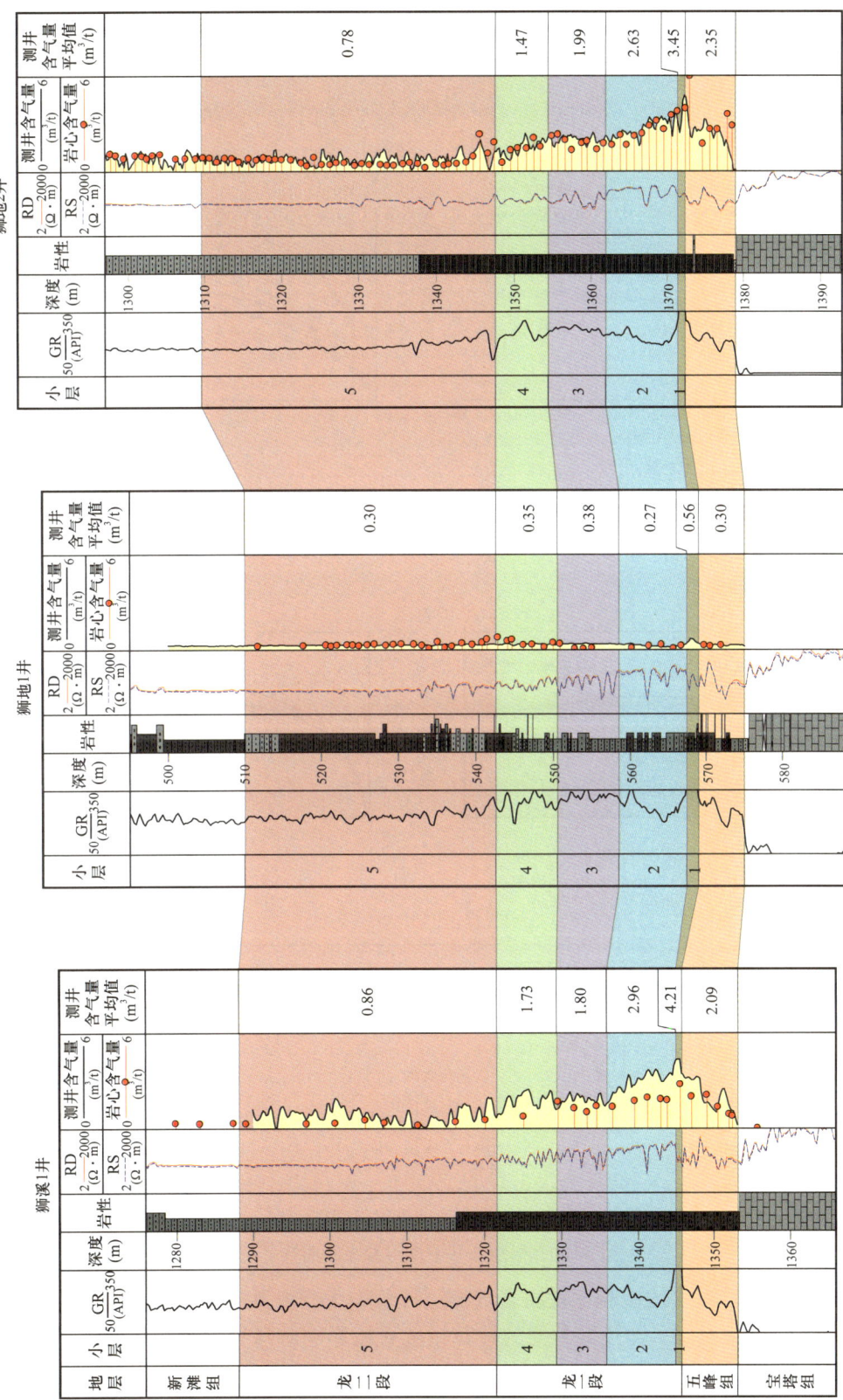

图 5-58 狮溪 1 井、狮地 1 井、狮地 2 井现场解吸气平面对比图

② 吸附气。狮溪地区狮地 1 井甲烷吸附符合 I 型曲线特征，随平衡压力的增加吸附量持续增加并趋于饱和，最大吸附量为 2.96m³/t（$S_1l_1^2>S_1l_2>S_1x$），和正安地区相比变化不大，如图 5-59 所示。

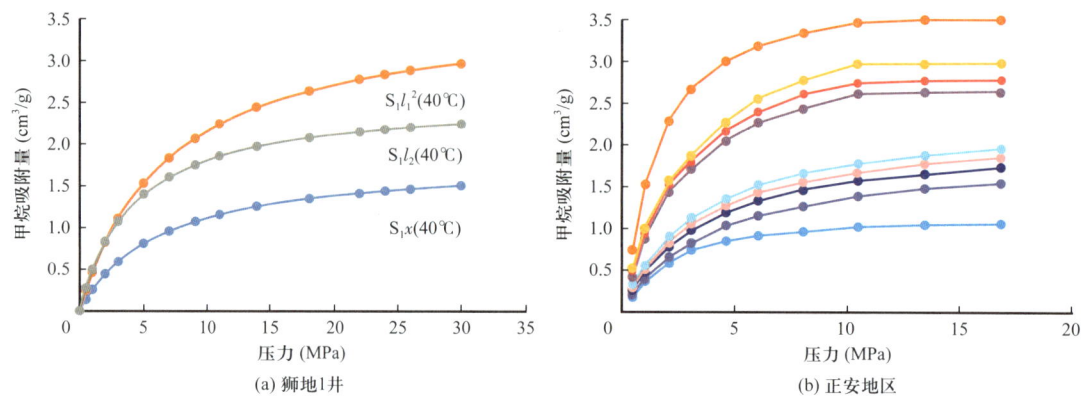

图 5-59　狮地 1 井和正安地区甲烷等温吸附曲线

等温吸附实验证实，狮地 2 井以吸附气为主，吸附气量约 3.2m³/t，符合盆外浅层页岩气赋存规律，如图 5-60 所示。

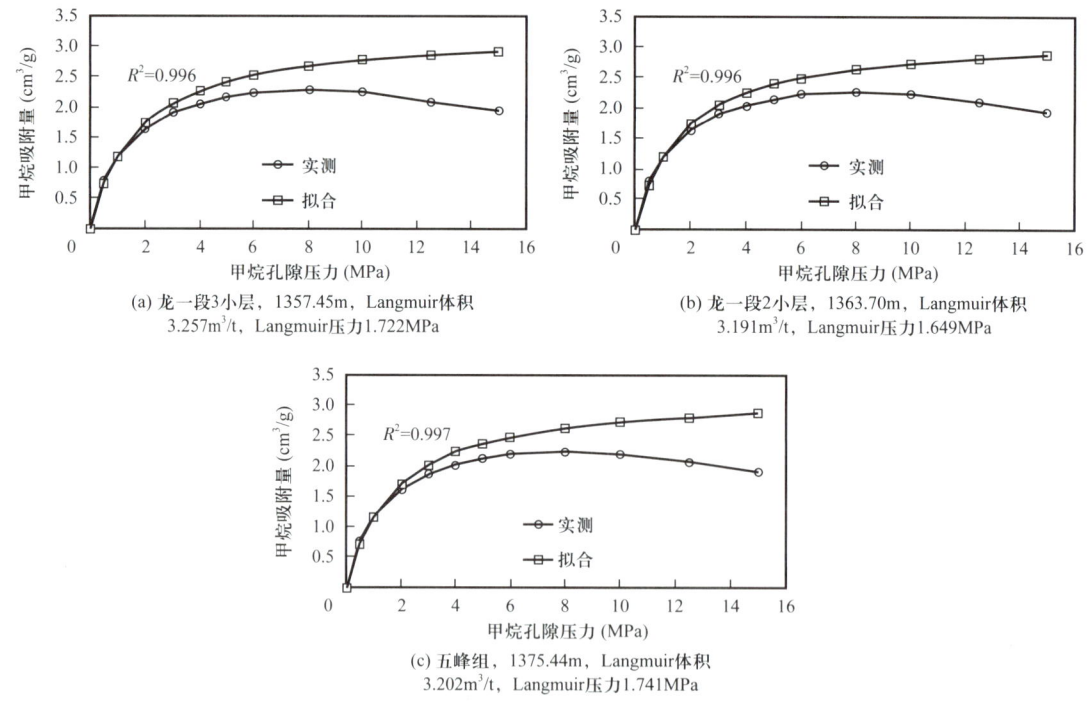

图 5-60　狮地 2 井甲烷等温吸附曲线

③ 含气饱和度。含气饱和度是页岩气储层评价中十分重要的参数，也是页岩气勘探选区中的一项重要指标。含气饱和度的计算精度直接影响游离气含量的准确计算，同时对产能预测具有十分重要的影响。

狮溪地区五峰组—龙一段含气饱和度平均值介于62.4%~69.3%（65.1%），龙一段1-3小层含气饱和度平均值介于65.9%~71.8%（68.8%），其中狮溪1井68.62%，狮地1井65.93%，狮地2井最高，为71.75%，如表5-5，图5-61所示。

表5-5 狮溪地区含气饱和度 单位：%

层位		狮溪1		狮地1		狮地2	
		实验	测井	实验	测井	实验	测井
龙一段	4小层	—	59.07	—	56.62	—	65.27
	3小层	—	67.10	—	64.50	79.18（N=8）	70.34
	2小层	—	68.55	—	66.79	72.88（N=9）	72.76
	1小层	—	82.25	—	67.83	79.18（N=1）	72.48
五峰组		—	57.23	—	59.09	71.21（N=6）	66.64
五峰组—龙一段		—	63.58	—	62.35	74.82	69.25
龙一段1-3层		—	68.62	—	65.93	76.03	71.75

5.2.2.3 确定铂金靶体实施水平井钻探

通过水平井钻探发现层位龙一段1小层和2小层下部，气测全烃值较高（高出箱体内平均气测值一倍），储层含气性好，是箱体内最优质储层，其随钻伽马值250~700API，元素上有Fe低、S—Fe呈重合状，K低、K—Ca呈重合状，BSI值高的特征，定此段约1.2m为铂金靶体实施钻探。

5.2.2.4 优化钻井工艺，助力钻井提速

狮溪向斜地处黔北喀斯特地貌区，在加强对狮溪区块地质构造特征研究中，有针对性地进行工艺探索和设计优化，实现了施工过程的安全高效。狮溪1-1HF井一开选择车载式空气钻，采取跟管钻进、密切关注岩屑返排情况和空气压力变化、实时调整空气压力等措施，仅用5d钻穿复杂岩溶表层503m，有效规避了钻遇3m以上溶洞发生井漏等施工风险；二开优选旋转导向工具，严格控制钻井液密度，保证井眼清洁和轨迹质量，水平段实现"一趟钻"进尺2577m，水平段完钻仅用时166.75h。

5.2.2.5 中浅层页岩气勘探获得突破

狮溪1-1HF井地面出露龙潭组，设计为黔北隆起凤冈南北向隔槽式褶皱变形区狮溪向斜页岩气勘查的一口页岩气评价井，位于贵州省遵义市桐梓县狮溪镇高席子东，藻渡河以西，距狮溪镇约3km，构造位于黔北隆起凤冈构造变形区狮溪向斜东翼，钻探目的为探索狮溪向斜页岩含气性及水平井单井产能，开展浅层压裂工艺攻关与优化，为狮溪向斜资源量计算提供依据，动用狮溪向斜上奥陶统五峰组—下志留统龙马溪组页岩气资源，新建产能。该井于2022年8月31日完钻，完钻井深3080m，完钻层位龙马

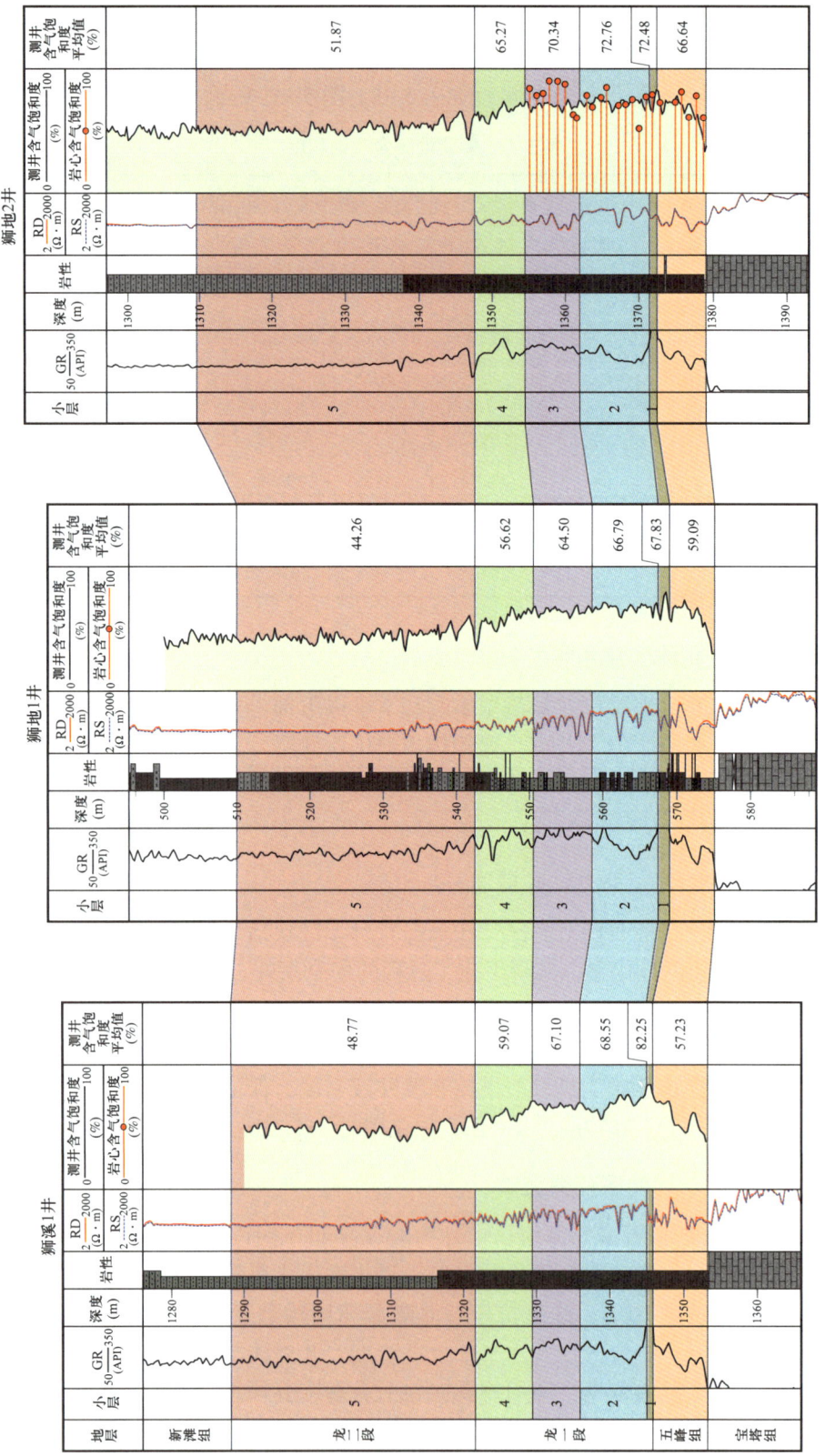

图 5-61 狮溪 1 井、狮地 1 井、狮地 2 井含气饱和度平面对比图

溪组。水平井段长1200m，A点至井底长1235m，主要穿行在龙一段1-2小层，占比89.6%，五峰组厚度89.9m，占比7.3%，观音桥段为38.2m，占比3.1%。水平段用1.18～1.20g/cm³油基钻井液钻进，全烃0.92%～12.35%。统计A点测井井深3055m，总长1225m，测井解释Ⅰ类储层占比81.5%，Ⅱ类占比15.5%。对井段1830～3050m进行试油，长1220m，第1段采用连续油管传输射孔工艺，其他段采用泵送电缆桥塞射孔联作工艺，共分18段105簇，段长49～86m，主要分布在60～81m，平均段长67.8m，压裂总净液量30109.4m³，平均单段用液强度24.6m³/m，总加砂量3299.4m³，平均每米加砂强度4.0t/m，最高4.84t/m，最低2.98t/m。狮溪1-1HF井于2022年12月1日开始排液，初期井口压力17.8MPa，返排率达到1.4%（排液26d）后开始产气，井口压力1.1MPa、日产气2×10^4m³，后期压力、产量均异常下降；截至2023年1月25日关井，井口压力0.1MPa，累计产气33×10^4m³，返排率7.48%。这一突破将对解放黔北近2000km²类似地质构造条件的非常规油气资源具有积极作用，开启贵州省范围内中浅层非常规开采新征程。

5.3 桴焉向斜

5.3.1 勘探开发历程

5.3.1.1 第一阶段：地质调查期（2014—2017年）

桴焉复向斜及邻区先后进行了1∶100万、1∶50万及1∶20万区域地质调查，部分地区完成了1∶5万、1∶25万区域地质调查。全区完成1∶100万、1∶50万重力调查（包括区域重力调查和石油重力普查），局部地区完成1∶20万重力调查（区域重力调查和石油重力详查）；1∶100万、1∶50万区域航磁调查基本达到了全区覆盖。从2014年开始，该区陆续采用二维、三维地震勘探手段，开展页岩气藏资源评价。

2017年，中国地质调查局油气资源调查中心在桐梓地区开展1∶5万页岩气基础地质调查填图试点工作，沿向斜轴线部署实施了两条共计50km二维地震。同年8月，在区内的太白向斜部署实施地质调查井——黔绥地1井，在五峰组—龙马溪组揭示富有机质页岩厚度18.05m（其中龙马溪组页岩含粉砂比例较高），在研究过程中，因本井与安页1井相距较近，故利用安页1井测井数据拟合出TOC与总含气量的相关关系，根据其相关关系方程，利用黔绥地1井五峰组—龙马溪组TOC测试结果回归其含气量，龙马溪组平均含气量1.62m³/t，五峰组平均含气量4.64m³/t。

5.3.1.2 第二阶段：勘探评价期（2021—2022年）

2021年，贵州乌江能源集团有限责任公司在桴焉复向斜区论证部署实施了7条共计78.48km二维地震（图5-62），落实了区块构造格架，主要由西南次凹（太白向斜）、中次凹（小雅向斜）、北次凹（桴焉向斜）三个次一级向斜构成，中次凹、北次凹相对宽缓，西南次凹受到遵义—桐梓大断裂的影响，构造相对复杂。

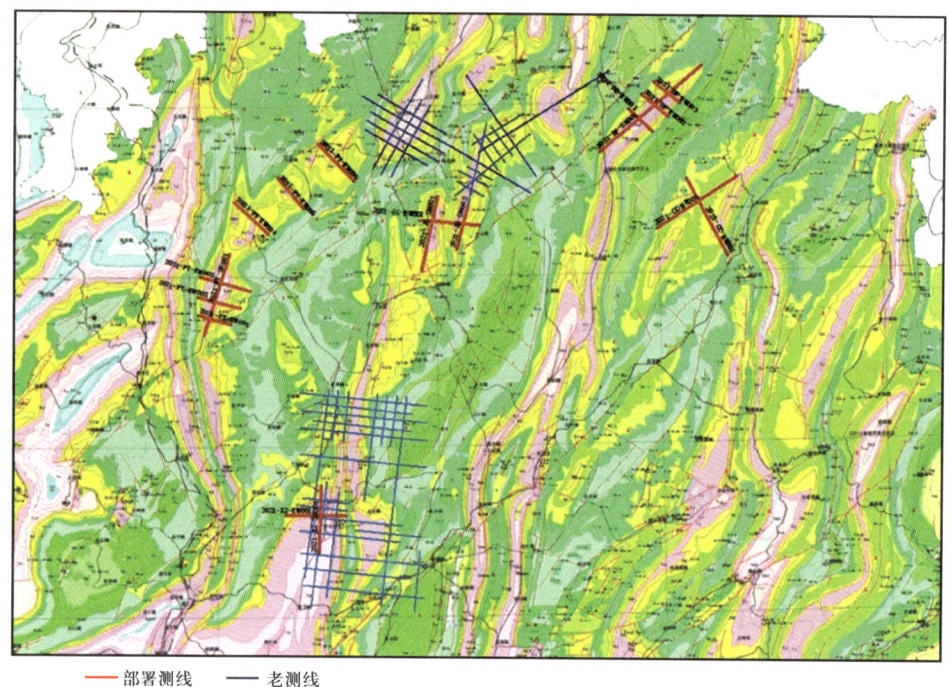

图 5-62 贵州六个区块二维地震勘探部署图

2021—2022 年贵州省油气院在桴焉向斜分别部署了瑞溪 1 井、瑞溪 2 井,五峰组—龙马溪组岩心清水实验均可见到大量、连续的气珠呼呼冒出,油气显示极其活跃,尤其是瑞溪 2 井,五峰组—龙马溪组埋深不足 500m,证实了区块及周边浅层页岩气的勘探开发潜力。2022 年贵州页岩气勘探开发有限责任公司在区内的桴焉向斜部署参数井(桴地 1 井),在五峰组—龙马溪组揭示富有机质页岩厚度 17.49m,通过现场含气性测试,显示五峰组—龙马溪组页岩含气量 3.03~5.68m³/t,平均 4.39m³/t,整体含气性好,各小层含气性差别较小。

5.3.1.3 第三阶段:先导试验期(2023 年至今)

2023 年贵州页岩气勘探开发有限责任公司在桴地 1 井西北侧部署评价井(桴页 1HF 井),该井直导眼揭示五峰组—龙马溪组富有机质页岩厚度 21.4m,现场含气性测试含气量 3.03~5.12m³/t,平均 4.1m³/t,整体含气性好,各小层含气性差别较小。目前,桴页 1HF 井已经完成了 1300m 水平段钻进,正在组织压裂施工。通过桴页 1HF 井获取五峰组—龙马溪组各项静态参数表明,其与安场向斜基本相当,初步证实了该区域具备进一步勘探评价的资源潜力(图 5-63)。

5.3.2 勘探实践及成果

5.3.2.1 明确了桴焉向斜的地质构造特征

桴焉向斜勘探程度图与地质构造图(图 5-63、图 5-64)表明,桴焉向斜主体以褶

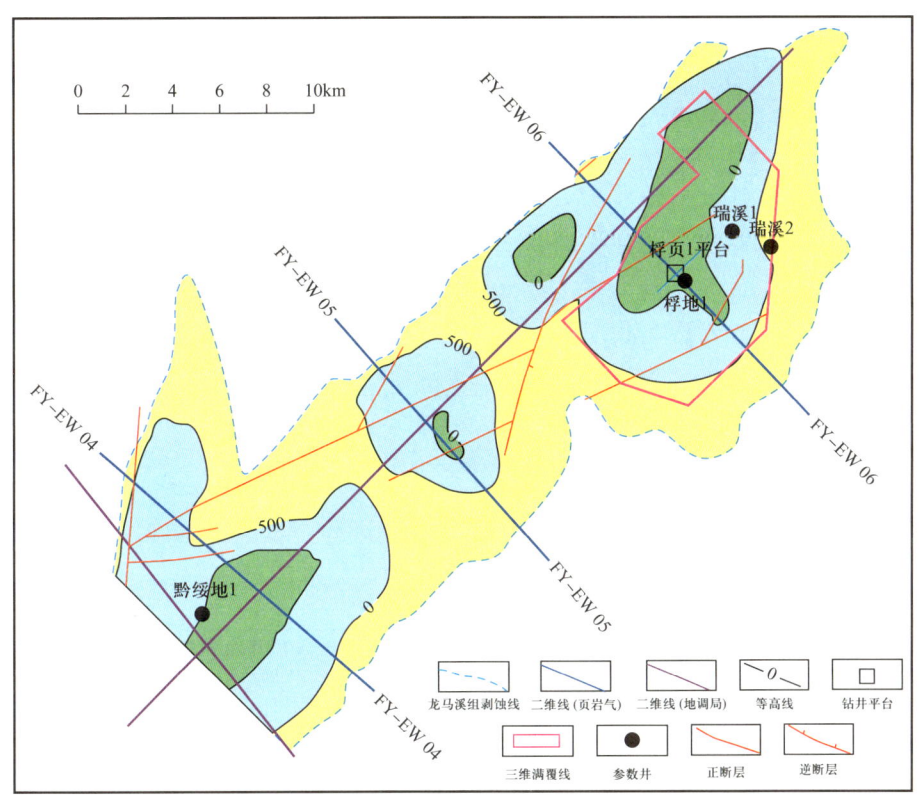

图 5-63 桴焉复向斜勘探程度图

皱构造为主，断裂构造不太发育。受东南方向强烈挤压应力，该区表现为狭长的北东走向的复向斜带，包含三个次一级向斜，自西南向东北呈串珠状分布。西南部①号向斜构造形态复杂，受构造挤压影响，内部形成凸凹相间的构造样式。②号及③号向斜构造形态相对简单，周缘高、核部低的向斜整体形态清楚完整。桴焉向斜西翼发育 1 条 Ⅰ 级断裂，东翼发育 1 条 Ⅱ 级断裂，勘查区距离断层各约 5.8km 和 6.4km。桴焉向斜轴向为北东向 30°～45°，短轴约 9km，长轴约 23km。核部主要由三叠系—二叠系构成，枢纽呈凹凸不平波状起伏，地层平缓开阔，具有短轴褶曲特点，为宽缓复向斜。周缘背斜区主要出露寒武系、奥陶系、志留系，向斜区主要出露二叠系、三叠系及志留系上统，地下发育震旦系—三叠系，其间缺失泥盆系和石炭系。其中第四系与下伏地层为角度不整合接触，二叠系与志留系、二叠系上统合山组与中统茅口组、上三叠统—下侏罗统二桥组与中三叠统巴东组呈平行不整合接触外，其余均为整合接触关系。向斜内五峰组位于深水陆棚相，北部区域龙马溪组位于深水陆棚相，南部为浅水陆棚环境，含条带状粉砂岩。

本次研究在北部次一级向斜桴焉向斜完成的三维地震资料初步解释成果显示，向北向斜收紧，向斜核部发育层间逆断层，西北部发育"通天"断裂，其西侧地层抬升幅度大，东北部发育"通天"断裂，其东侧地层抬升幅度较大，附近断裂更为发育。南北方向地层较平缓，西侧断裂规模较大，向东逐渐变小。东部地层更平缓，断裂发育较少，断裂规模变小。

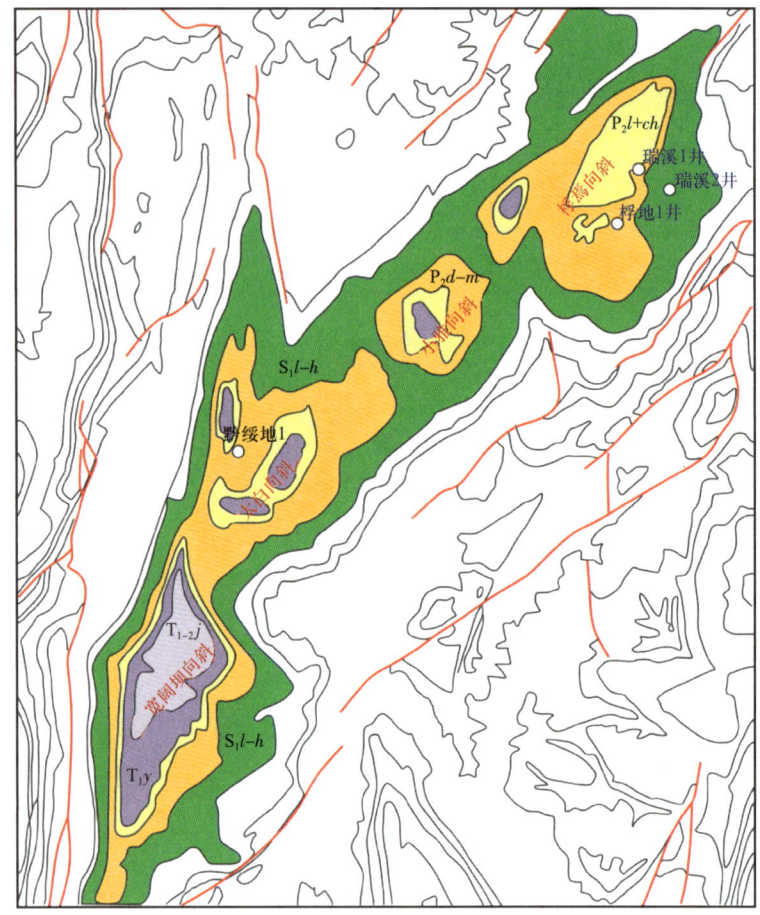

图 5-64 桴焉向斜地质构造图

5.3.2.2 明确了研究区储层品质特征

（1）优质页岩发育，埋深适中。

钻井及野外地质资料显示，桴焉向斜整体五峰组—龙马溪组优质页岩发育，呈现南北厚、中部薄的特征。优质页岩在北东部桴焉地区厚度大多为20m，在西南地区宽阔等地优质页岩最发育，沉积厚度一般大于20m。

根据安页1井、黔绥地1井钻井结果，对各地层厚度及地层累计厚度进行统计，各工区具有相同沉积背景及构造背景，各时期地层沉积厚度相对稳定，大套地层横向上厚度较为接近，根据实钻地层厚度，结合各区地质露头情况，可对龙马溪组埋深范围进行大体估计。同时结合黔绥地1井实钻分层数据对拟合的时深关系曲线进行校正，用校正后的拟合公式对该区二叠系覆盖区内龙马溪组埋深范围进行预测。

桴焉一区①号向斜，地表主要为二叠系覆盖，少部分为三叠系覆盖，FY-EW04线经过区域无三叠系，根据拟合的时深关系公式，预测该测线二叠系覆盖区内龙马溪组埋深范围为582～1862m。

桴焉一区②号向斜，向斜核部主要为二叠系及三叠系覆盖，向斜周缘出露奥陶系—志留系，FY-EW05线经过该向斜，测线穿过二叠系—三叠系覆盖区，根据拟合的时深关系公式，预测该测线上二叠系—三叠系覆盖区内龙马溪组埋深范围为760~1607m。

桴焉一区③号向斜，该向斜大部分地区为二叠系覆盖，向斜周缘出露奥陶系—志留系，仅局部位置出露三叠系，FY-EW06线经过该向斜，主要穿过二叠系覆盖区，根据拟合的时深关系公式，预测该测线上二叠系覆盖区内龙马溪组埋深范围为858~1527m。

整体而言，五峰组—龙马溪组底界埋深变化范围为0~1900m，最大埋深位于北部凹陷西侧，如图5-65所示。统计表明，龙马溪组底界埋深大于1000m总面积为234.1km²，占工区有效面积56.4%，其中北部凹陷面积81.6km²，中部凹陷面积26.5km²，南部凹陷面积126km²，底界埋深超过1500m的面积仅8.5km²，占工区不到2%。桴焉向斜五峰组—龙马溪组埋深比安场向斜五峰组—龙马溪组埋深浅，更加有利于页岩气开发（图5-65）。

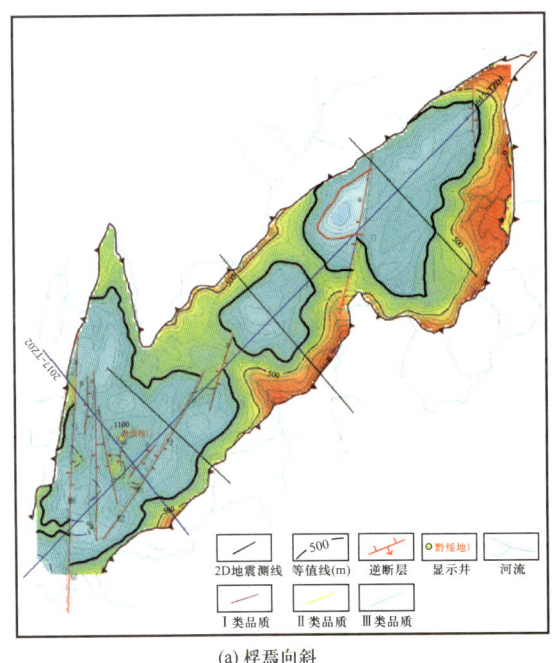
(a) 桴焉向斜

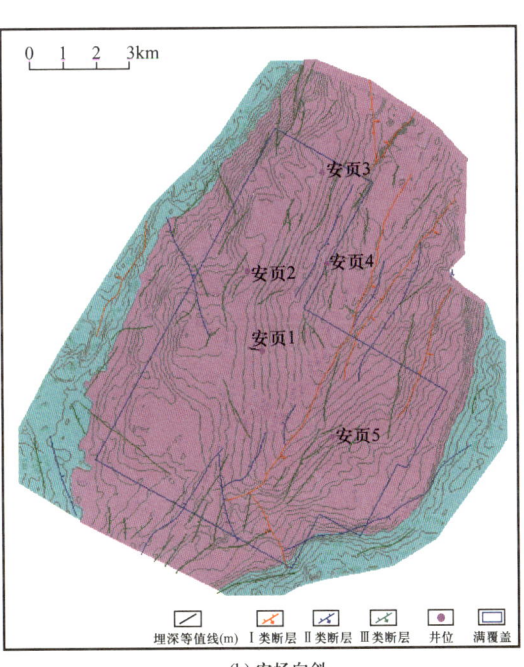
(b) 安场向斜

图5-65 桴焉向斜、安场向斜五峰组—龙马溪组底界埋深图

（2）构造宽缓，地层平缓。

地层倾角大小则是反映褶皱作用强弱程度的一个重要体现。页岩层在距离断层或是页岩露头区较近距离范围内，由于地应力的减小，页岩气的扩散或渗流作用在顺层方向将显著增强，而地层倾角增大，又会明显地加剧上述现象。分析造成这种结果的主要原因是由泥页岩本身性质即水平缝（页理缝、层间滑动缝等）决定的，造成页岩水平方向的渗透率远大于垂直方向的渗透率。地层倾角大于20°，页岩气的扩散或渗流强，破坏页岩的自封闭性；10°~20°页岩气的扩散或渗流较强，自封闭性较差；5°~10°页岩气的自封闭性较好；小于5°在无断裂、裂缝条件下页岩气基本不扩散。桴焉向斜整体地层倾角

小于20°，其中向斜核部主体区绝大部分低于10°，显示地层平缓，有利于页岩气的保存（图5-66）。

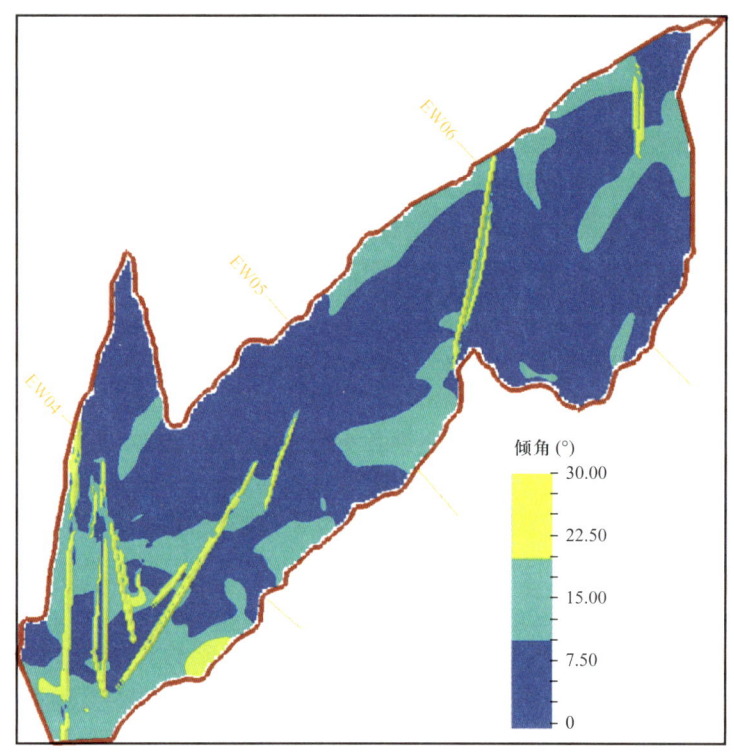

图5-66 梓焉地区五峰组—龙马溪组底界地层倾角图

（3）生烃储集条件好。

研究资料显示，研究区梓焉向斜大部、小雅向斜中部、宽阔向斜中偏西部TOC平均含量在3.0%以上，梓焉向斜TOC平均值在3.5%以上，属于优质烃源岩。研究区及邻区钻井五峰组—龙马溪组实测R_o表明，梓焉复向斜R_o主要在2.3%附近，页岩处于过成熟—生气阶段。研究区五峰组—龙马溪组总体孔隙度与邻区安页1井、斑竹1井等井类似，表现为低孔—超低渗透特征。矿物成分主要为石英、长石及黏土矿物，小雅向斜脆性矿物含量在40%以上。

5.3.2.3 完成了对梓焉向斜"甜点"有利区的综合评价

（1）构造保存条件有利区。

总结前人在页岩气保存方面的研究及通过已开发成功区块的构造地质分析，发现区域封盖层连续完好、断层不发育、有一定埋深、页岩层段连续、有圈闭背景、宽缓的构造样式、抬升时间较晚、构造改造弱的封闭演化环境对页岩气保存最为有利；断层封闭性较好的断下盘、具有封挡的斜坡、相对远离露头区，页岩气保存较为有利；断层封闭性差、埋藏浅、靠近出露区或处于断裂带，保存条件不利。结合本区资料实际情况（图5-67），具体考虑以下指标：

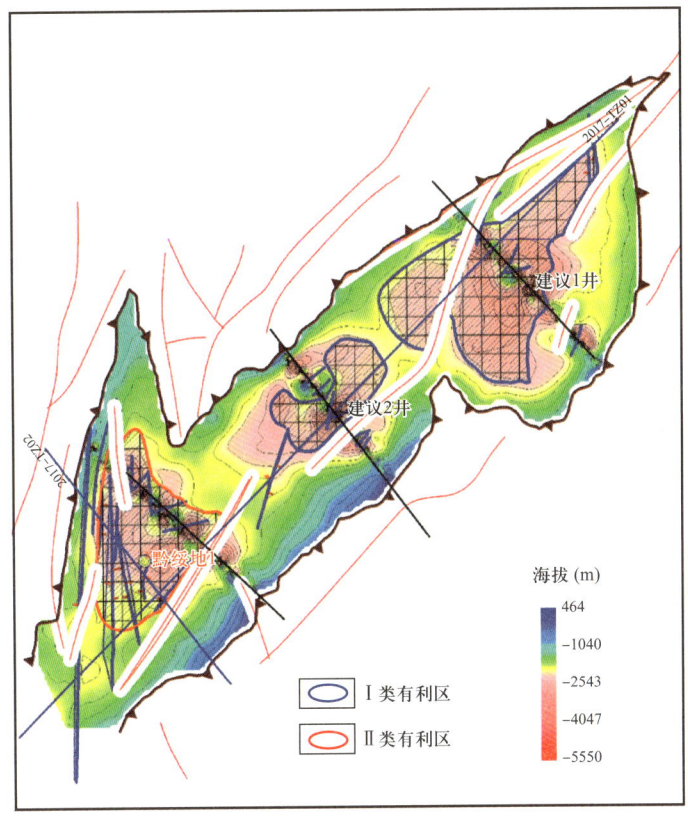

图 5-67 桴焉地区五峰组—龙马溪组构造条件有利区综合评价图

① 寻找相对宽缓构造样式（倾角小于 30°）；
② 埋深大于 1000m；
③ 远离通天断层 1500m 以上；
④ 距龙马溪组剥蚀区及出露区大于 1500m；
⑤ 盖层厚度厚（埋深大）；
⑥ 距离可识别断裂大于 600m；
⑦ 避开断裂集中发育区。

如图 5-67 所示，共识别有利区三个，总面积 176km^2，其中Ⅰ类有利区 2 个，Ⅱ类有利区 1 个。埋深超 1500m 的范围主要集中在北部凹陷北东向大断层西侧断鼻构造，面积仅 7km^2。

（2）综合"甜点"有利区。

储层"甜点"的评级主要考虑优质页岩厚度、储层孔隙度、有机碳含量及地层压力系数。基于邻区页岩气田的研究发现，优质页岩厚度越大、储层孔隙度越高、TOC 越高、地层压力系数越大，储层越好，通过研究分析，构造保存条件是本工区油气藏形成的最主要因素，因此以构造保存条件有利区为主，参考"甜点"有利区，进行综合有利区评价。本次考虑研究工区实际情况，"甜点"综合评价以构造保存条件有利区评价为重点，兼顾优中选好，考虑优质页岩含气性预测平面分布，开展有利区综合评价（图 5-68），共识别有利"甜点"区三个，其中Ⅰ类"甜点"区2个，面积分别为58.6km² 和17.1km²，Ⅱ类"甜点"区1个，面积40.0km²。

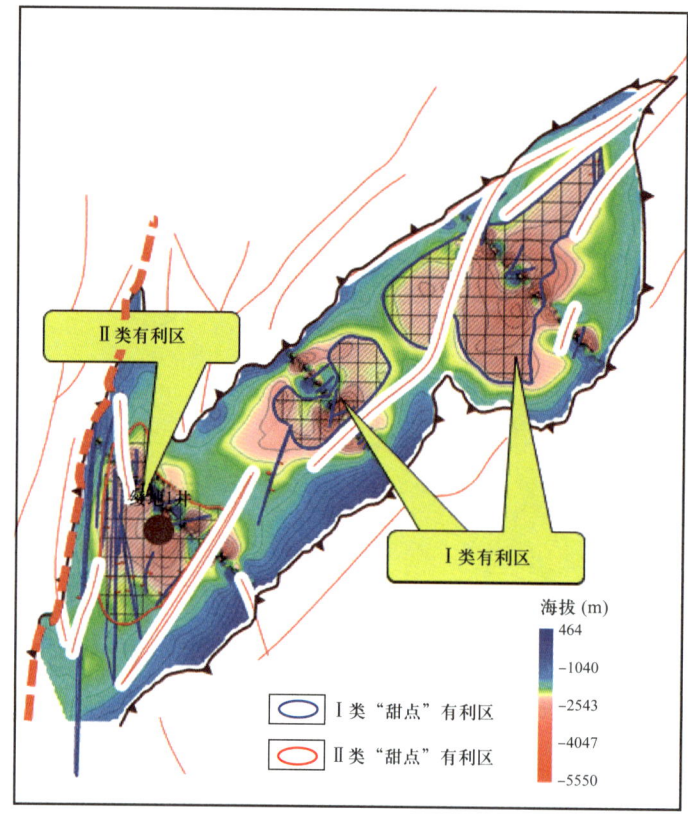

图5-68 桴焉地区五峰组—龙马溪组综合条件有利区综合评价图

5.4 其他地区

目前的研究成果显示，贵州省境内五峰组—龙马溪组页岩气具备富集成藏基础条件的残余向斜除上述三个代表性地区外，进行过页岩气资源勘探工作的还有道真地区、斑竹地区、务川地区等地区。

自2009年以来，中国石油及中国石化在贵州省境内针对页岩气资源陆续开展了地震及钻井，获取了大量的岩心，并采集样品进行了与页岩气相关的分析化验。2010年国土资源部油气资源战略研究中心、中国地质大学（北京）开展贵州北部地区（黔北）研究工作，2011年成都地质矿产研究所对黔北地区继续开展系统研究。分别实施页岩气地质调查浅井1口，页岩气参数井1口（1500m），气测显示良好。2012年贵州省国土资源厅立项开展"贵州省页岩气资源调查评价"项目，调查评价结果表明，贵州省页岩气发育层位多、分布广、资源潜力大、聚集条件多样，开发前景广阔。优选出页岩气富集有利区26个，其中龙马溪组页岩气勘探有利区分布范围较局限，主要分布在习水地区、桐梓地区、道真地区和沿河地区。

5.4.1 道真地区

道真向斜是位于渝东南盆缘的残留向斜，与武隆向斜、桑柘坪向斜、安场向斜一致，为典型常压页岩气藏。20世纪70—80年代已完成覆盖黔北道真向斜的南川幅等1:20万区域地质调查工作，近年来完成了周边部分地区1:5万区域地质调查工作。2011年，国土资源部油气资源战略研究中心启动了"上扬子地区页岩气资源调查评价与选区""川渝黔鄂先导试验区页岩气资源调查与选区"等项目，在区块内及周缘进行了野外地质调查工作，从区域角度分析了泥页岩沉积构造背景，编制了页岩气选区评价的基础地质图件，对示范区块页岩气资源及其开发前景进行了初步评价，认为其页岩气资源潜力较好，具有一定的勘探前景。2010年8月，原国土资源部授予中国石油化工股份有限公司"黔、渝彭水地区石油天然气（页岩气）勘查"探矿权，矿权区包括重庆市彭水县、武隆区及贵州省道真县，勘查面积6837.087km²。相关单位对道真向斜、大塘向斜等构造实施二维地震测量，布设测线约12条。

2012年3月，贵州省开始的"贵州省页岩气资源调查评价"项目的子项目"黔西北地区页岩气资源调查评价"重点查明了黔西北地区寒武系、奥陶—志留系及二叠系富有机质页岩发育地质特征，开展页岩气资源评价，对该区域页岩气资源分布、有利区及勘探开发条件具有重要参考价值。进一步确定了"道真—正安页岩气勘探开发综合示范区"，面积5083km²。

邻区贵州境内已完成洛浅1井、道页1井等老井。其中，道页1井由中国地质调查局成都地质调查中心2012年实施完成，位于道真县南东数千米的大路坪村，目的层位为志留系龙马溪组下部富有机质岩性段，由贵州地勘局112地质队负责钻探，该井于2012年10月17日开钻，至11月11日钻深597m，刚进入龙马溪组目的层段顶部，含气性显示较好。气测录井方面，404~451m气测异常，全烃最大值达到2%以上，钻至597m停钻24h测试后效，全烃最大值1.935%。含气性现场解吸实验中，样品1（589m）常温条件下24h，气体含量1851mL；样品2（592.7m）常温条件下24h，气体含量1967mL；样品3（595.8m）常温条件下21h，气体含量2022mL。已初步证实道真向斜龙马溪组的页岩气资源潜力。

中国石化勘探分公司以海相页岩气"二元富集"理论为指导，加强残留向斜整体评价，2018年在该矿权区范围内钻探真页1HF井，对道真向斜地区开展先期页岩气预探工作，至2020年4月完成储层改造测试放喷，根据真页1HF井最终测试放喷情况，获良好页岩气显示。目前，真页1HF井处于试采阶段，日产气约3×10^4m³，发现道真向斜优质页岩发育且具有较好的构造保存条件，是勘探突破有利目标，实现了区域页岩气勘探突破。

2021年11月，自然资源部重新下发了"黔、渝彭水2区页岩气勘查"探矿权，矿权内包括贵州省道真仡佬族苗族自治县、务川仡佬族苗族自治县、正安县、重庆市彭水苗族土家族自治县、武隆区，勘查面积1783.779km²。

根据前期勘探成果，道真向斜控制范围面积668km², 预测页岩气资源量达 $3990 \times 10^8 m^3$。目前该区域处于勘探评价阶段，已部署实施探评井3口。初步评价五峰组—龙马溪组页岩气有利面积368km²，预测资源量 $1914 \times 10^8 m^3$，其中有限动用Ⅰ类区控制面积130km²，控制地质资源量 $975 \times 10^8 m^3$，可部署20个平台75口水平井。

2022年1月，中国石化重庆页岩气有限公司利用真页1HF井井场部署实施真页1-1HF井评价井1口，后续计划在同井场部署实施真页1-2HF井、真页1-3HF井、真页1-4HF井及真页1-5HF井4口试验井，实现同步压裂试采。

5.4.2 斑竹地区

先后进行了1∶100万、1∶50万及1∶20万区域地质调查，邻区部分地区完成了1∶5万、1∶25万区域地质调查。全区已完成1∶100万、1∶50万重力调查（包括区域重力调查和石油重力普查），局部地区完成1∶20万重力调查（区域重力调查和石油重力详查）；1∶100万、1∶50万区域航磁调查基本达到了全区覆盖，Mss、TM遥感数据基本全覆盖，局部有ETM数据、Spot卫星数据及IKONOS卫星数据。同时，也开展了大量区域地质、矿产地质和基础地质等研究工作。总体上，对地层、构造、沉积盆地形成演化、岩相古地理等多个方面均有不同程度的研究分析，取得了较系统的基础性、先导性和前瞻性的地质研究成果。

2014年贵州黔能页岩气开发有限责任公司实施了"贵州正安—务川页岩气勘查区二维地震勘探"项目，部署二维测线8条，满覆盖长度121.33km，其中部署的4AC_NW007测线，长度30.7km，测线通过斑竹向斜。2015年中国地质调查局在斑竹向斜部署二维地震测线2条，满覆盖长度36.7km。揭示了正安—务川区块安场向斜下志留统龙马溪组的结构、形态、展布特征，查清了工区内的断裂发育情况及展布范围，龙马溪组底界埋深在0~3300m之间，其中在1500~3000m范围内的有利区域面积为100.8km²。对龙马溪组进行了有利区带划分，Ⅰ类有利区面积74km²，Ⅱ类有利区面积28.4km²，Ⅲ类有利区面积13.2km²，总面积115.6km²。同年部署实施地质调查井斑竹1井，完钻井深1130.25m，完钻层位为奥陶系宝塔组（O_3b）。钻井揭示五峰组—龙马溪组富有机质页岩含气量大于 $0.5m^3/t$，厚度达30m，大于 $1m^3/t$ 厚度6m。斑竹1井测井解释龙马溪组、五峰组（1098.00~1122.50m）页岩储层综合含气性全井段最好。岩性为碳质泥岩。总有机碳含量（TOC）在2.02%~6.00%之间，平均3.45%，黑色有机质丰度较高；吸附气值在 $1.43~5.11m^3/t$ 之间，平均 $2.71m^3/t$。2018年，贵州乌江新能源开发有限责任公司在斑竹向斜部署二维测线9条，满覆盖长度100km，并完成斑竹二维9+1条地震数据处理解释（2014AC_NW007线地震数据满覆盖长度30.66km）及2015BZ-DT-01和2015BZ-DT-02线资料解释工作，总计167.3km。根据区内13条二维地震测线的处理及解释结果，结合斑竹1井钻井结果及1∶20万地质图，对斑竹向斜页岩气目的层五峰组—龙马溪组埋深进行预测。龙马溪组底部埋深范围0~3600m，最深处位于西南部向斜核部。埋深大于1500m的范围占工区的21%，仅在向斜核部区域，1000~1500m面积87.4km²，占比30%，埋深大于1000m的区域主要分布在向斜核部及南部。

2023年，贵州页岩气勘探开发有限责任公司委托中国石油天然气股份有限公司勘探开发研究院对斑竹地区再次进行了页岩气资源调查研究，部署论证了一口针对五峰组—龙马溪组富有机质页岩的地质调查井，目前正在组织实施。

5.4.3 务川地区

先后进行了1∶100万、1∶50万、1∶20万及1∶5万区域地质调查，全区已完成1∶100万、1∶50万重力调查（包括区域重力调查和石油重力普查），局部地区完成1∶20万重力调查（区域重力调查和石油重力详查）；1∶100万、1∶50万区域航磁调查基本达到了全区覆盖，Mss、TM遥感数据基本全覆盖，局部有ETM数据、Spot卫星数据及IKONOS卫星数据。同时，也开展了大量区域地质、矿产地质和基础地质等研究工作。总体上，对地层、构造、沉积盆地形成演化、岩相古地理等多个方面均有不同程度的研究分析，取得了较系统的基础性、先导性和前瞻性的地质研究成果。2014年，贵州黔能页岩气开发有限责任公司开展了"贵州正安—务川勘查区野外地质调查及综合研究"项目，进行了剖面测制和观察、重点构造路线调查、断裂与水文点观察及岩心观察。初步总结了区块及邻区龙马溪组及牛蹄塘组页岩气地质特征；查明了勘查区及邻区龙马溪组及牛蹄塘组富有机质页岩分布规律，获取了地质特征参数，结合构造条件及典型页岩气藏对区内目标层系分区进行评分及资源量评价。2020年，贵州页岩气勘探开发有限责任公司组织人员协同中国地质调查局成都地质调查中心专家开展了专项野外地质调查工作，主要目的层针对五峰组—龙马溪组页岩地层，共计踏勘了5个观察点，其中露头3个观察点，井场观察点2个。在务川1观察点（老屋基剖面）和务川4观察点（联江村剖面）见到了明显的剖面，其中老屋基剖面根据地层变化、产状预估五峰组—龙马溪组优质页岩厚度14～16m；对联江村剖面进行了实测，厚度在15m以上。

2021年，贵州页岩气勘探开发有限责任公司获得务川地区56.8km^{2}的页岩气探矿权，同年部署实施了4条二维测线，满覆盖长度51.48km，认为务川向斜是由对冲断裂挤压形成的浅部狭窄、深部宽缓的向斜，掩盖下的原地体有利于页岩气保存。2022年，论证部署地质调查井大地1井，于同年10月钻至井深1687m完钻，井底层位宝塔组。揭示龙马溪组一段富有机质页岩厚度14.8m（含气量平均3.28m^3/t），五峰组富有机质页岩厚度5.35m（含气量平均1.52m^3/t），该井于2023年2月组织直井段针对龙马溪组一段富有机质页岩的压裂施工，采用73mm射孔弹共计36发，分3簇进行射孔，射孔井段1647.4～1659.45m，射孔发射率100%，射开总厚度2.25m；入井总液量1405m^3，总加砂量114.38m^3，焖井16h后开井返排，返排率19.11%见气（8mm油嘴），返排率25.95%（敞放）井口压力归零，累计产气127m^3。

第6章 勘探评价技术体系

正安区块的勘探研究一共经历了三个时期，即地质调查时期、勘探评价时期、开发先导试验时期。

地质调查时期：

中国地质调查局对黔北地区开展页岩气地质勘察后，摸清了黔北地区页岩气资源量，同时根据踏勘资料优选出安场向斜等有利区作为页岩气勘探区。随后在安场向斜开展二维地震勘探项目，基本落实了安场区域的构造格局和背景。2015年部署在安场向斜的参数井——安页1井获得重大突破，发现安页1井五峰组—龙马溪组解释页岩气层19.8m（4层）。测井解释孔隙度3.4%~4.3%，平均渗透率0.31mD，TOC平均3.57%，含气量3.5m³/t，脆性矿物含量大于60%，静态指标均达到优质页岩层的标准。

勘探评价时期：

在勘探评价初期，开展了贵州正安—务川（安场）页岩气勘查区满覆盖69km²三维地震勘探项目。通过对资料的处理解释，解决基于安场向斜的地震资料特有难题后，基本落实了勘查区地层层序、构造特征、断裂分布状况，搞清主要目的层龙马溪组、牛蹄塘组页岩气的埋深、厚度及空间展布情况，评价、优选了有利区块。

在勘探评价后期，在安场向斜相继完成安页1平台、安页2平台、安页3平台、安页4平台、安页5平台共计5口取心井（安页1井、安页2井、安页3井、安页4井及安页5井）及8口水平井（安页1-1HF井、安页1-2HF井、安页1-3HF井、安页1-4HF井、安页2HF井、安页3HF井、安页4HF井、安页5HF井）钻探工作，其中安页1平台有2口水平井（安页1-1HF井、安页1-3HF井）目的层为石牛栏组，其余井目的层均为五峰组—龙马溪组。6口五峰组—龙马溪组页岩水平井和2口石牛栏水平井均开展了压裂试气工作，通过人工助排，压裂井均获得页岩气工业气流，其中安页2HF井、安页4HF井测试日产量$5.3×10^4m^3$、$5.8×10^4m^3$，经评价认为具备规模开发基础。

开发先导试验时期：

2019至今，研究工区进入先导性试验井组评价阶段，于安页1、安页2、安页4平台共计部署8口水平井（安页2-2HF、安页2-1HF、安页1-7HF、安页1-6、安页1-8HF、安页1-5HF、安页4-1HF、安页4-2HF），现已全部完钻。随钻箱体钻遇率的提高和压裂工艺的优化，6口井实现了初期自喷，效果显著。

安场向斜的勘探开发工作从初期的调查到后期的先导试验经历了一个漫长的过程，在勘探时期由于多期构造的影响，以及安场向斜的窄陡特征，为其地震解释、地质评价、井位部署及钻井工作带来不小挑战。而通过多年的技术积累及难点攻关，目前基于安场向斜建立了向斜区的一套完善的勘探评价技术体系。其中的一些勘探关键技术也为后期的桴焉向斜、狮溪向斜等地区的勘探提供建设性指导。

本章主要对安场向斜勘探开发中的关键技术：地震数据处理技术、地震综合解释技术、地质评价技术等进行介绍，并简述勘探过程中所遇到的难点及解决方案。

6.1 地震数据处理技术

6.1.1 技术简介及难点分析

地震数据处理技术是指从石油物探计算机和相应的地震数据处理系统对野外不同地震勘探方法所采集的原始资料中，获得有关地下地质构造和地层性质信息的过程。目的是对地震采集数据做各种处理，提高反射波数据的信噪比、分辨率和保真度，以便为后续综合解释工作打下夯实的数据基础。为获取地下更详实准确的地质信息，利用安场向斜采集的原始地震资料进行数据处理，旨在提高数据精度，进一步为储层"甜点"预测、优选重点层位有利区等提供良好的数据基础资料。

研究区按照给定观测系统进行炮检点布设（图6-1），观测系统方向116.6°，共设计60束线，设计满覆盖面积67km²，实际满覆盖面积为69.2km²，炮点面积为147.49km²，总生产炮数为14267炮，总检波点数为35397点。

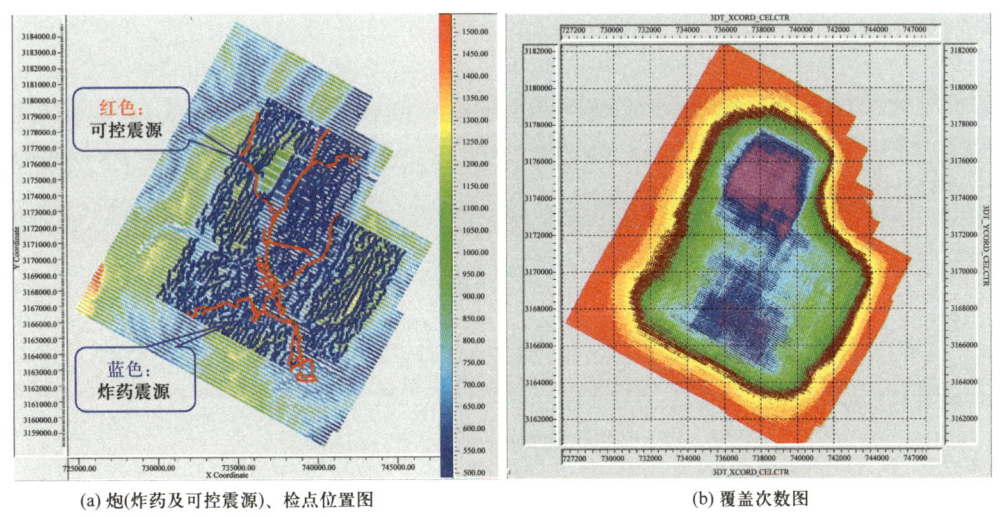

(a) 炮(炸药及可控震源)、检点位置图　　(b) 覆盖次数图

图 6-1　炮检点及覆盖次数分布图

通过对原始资料及目的层资料品质特征分析，本次处理的难点如下：

6.1.1.1 静校正处理技术

工区地表起伏剧烈，沟壑纵横，表层结构变化较大，地震初至波弱而不稳定、扭曲错断异常严重，初至拾取难度大，建立准确的近地表模型、求取精确的静校正量困难。

工区整体呈"盆坝"地形，中间低两边高，工区内最高海拔高程1600.88m，位于工区的西部；最低海拔高程446.86m，位于工区的东部。整体趋势为西高东低，为两山夹一盆坝地形，西部海拔高程在800～1600m之间，中间较平坦，东部海拔高程大都在

600～1000m之间。

图6-2是工区Inline方向，可知地表起伏剧烈，沟壑纵横，直接落差最高达684.4m。

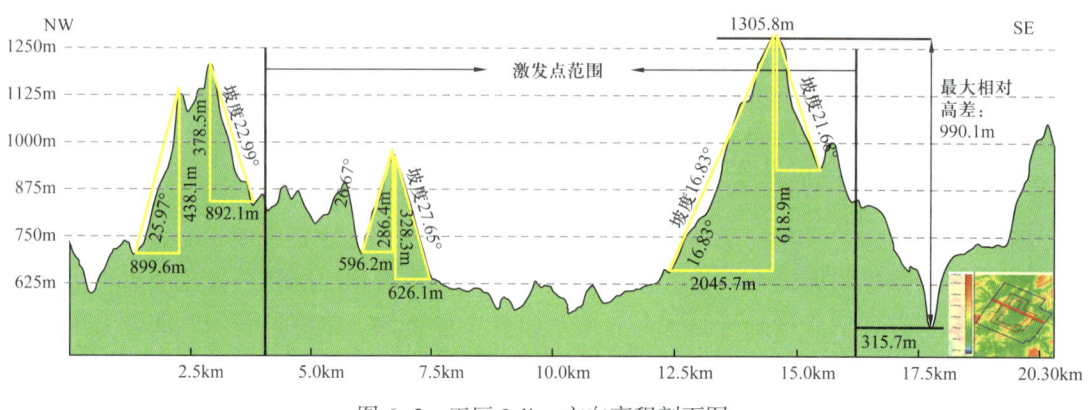

图6-2　工区Inline方向高程剖面图

图6-3是工区Inline方向试验线未进行静校正处理的初叠加剖面，可以看出，原始单炮初至复杂难辨，扭曲、错断现象严重，初叠加剖面有效同相轴不能成像，说明静校正问题严重。

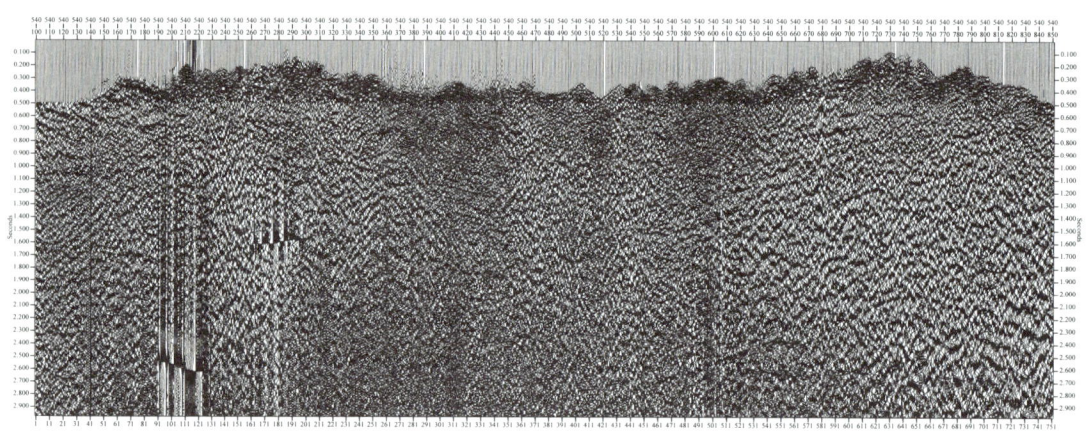

图6-3　未应用静校正初叠剖面——INL540

6.1.1.2　低信噪比及干扰波

工区地表出露岩性以石灰岩为主，激发效果较差；工区复杂的地表条件，城区的硬化路面及岩石出露区使得检波器耦合差，同时工区为城镇聚集区，干扰发育，原始资料信噪比较低。

图6-4是工区不同地表激发的典型单炮记录和初叠加剖面，可以看出该区主要干扰有：面波、异常振幅、次生侧反射、线性干扰、外源干扰，部分炮道存在漏电现象。

单炮除普遍存在强地滚波、高能异常之外，还存在交叉线性干扰：正向线性干扰及反向线性干扰。正向视速度主要分布在2000～2700m/s；反向线性干扰可能是山间次生侧反射所产生，视速度为2000～2200m/s。

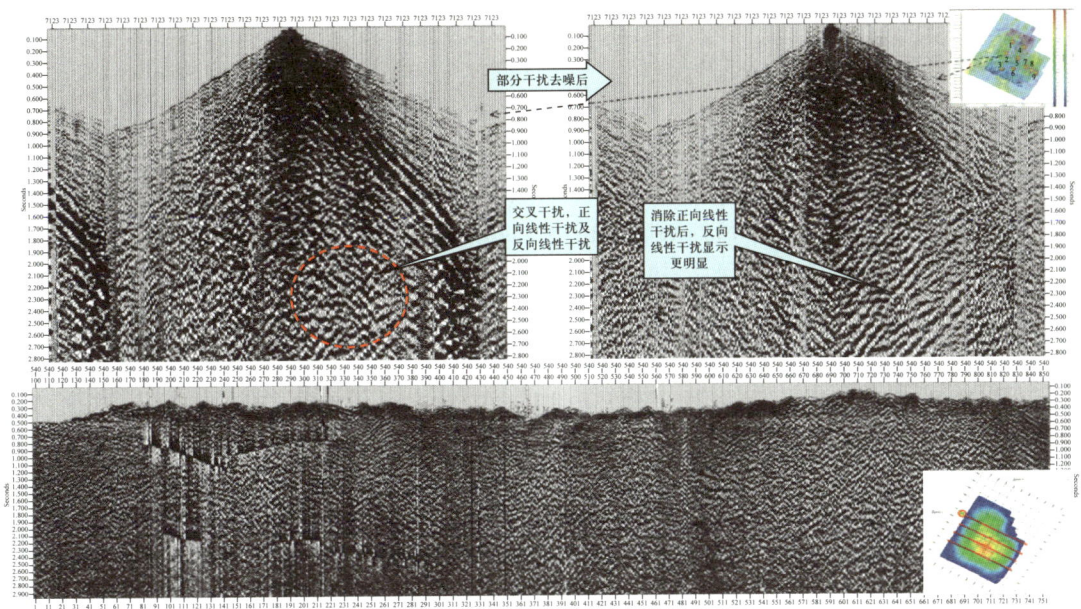

图 6-4 工区典型单炮和初叠加剖面

从初叠加剖面上看：工区噪声发育严重，目的层有效信号淹没在噪声中，原始资料整体信噪比极低。

6.1.1.3 一致性问题

受激发、接收条件局限，本次三维采集采用了两种震源激发，从而使得原始资料在子波、相位、频率、能量等方面存在差异。图 6-5 是工区不同震源激发的典型单炮记录及自相关，可以看出不同震源激发资料在能量、子波一致性等方面有明显差异。

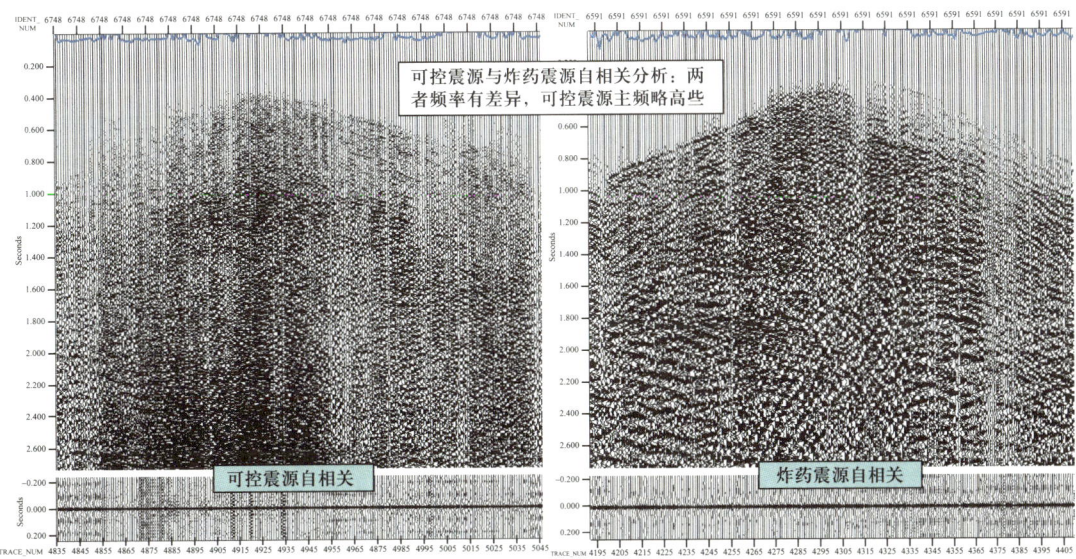

图 6-5 不同震源激发单炮和自相关显示

6.1.1.4 处理思路及对策

针对前文所述的地质任务和地震资料综合特点及处理难点，本次处理采用处理、解释一体化运作模式，认真分析以往非常规油气勘探资料处理经验，以地质需求为导向，以"高信噪比、高保真、准确成像"为处理主线路，做好静校正、叠前噪声压制、一致性处理等基础工作，以提高目的层成像精度为目标，提高钻井成功率、水平井入靶准确率和箱体钻遇率，有效指导水平井部署和水平井轨迹地质导向，重点做好以下几方面工作：

（1）扎实做好基础工作，做好不同采集、接收因素能量、子波一致性处理。

（2）针对工区地表起伏剧烈，低降速带横向变化较大，静校正问题严重的情况，开展高精度综合静校正技术研究。

（3）针对原始资料噪声的特点，开展叠前多域去噪技术研究，以提高资料的信噪比；在处理中始终贯穿井控处理的理念，利用井控振幅补偿技术，合理进行能量补偿，利用井控反褶积技术，在满足分辨率的同时，提高地震数据与井的吻合度；通过叠前宽频高信噪比处理，为叠前偏移准备高保真的道集数据。

6.1.2 高精度静校正技术

地震勘探解释的理论都假定激发点与接收点是在一个水平面上，并且地层速度是均匀的。但实际上地面常常不平坦，各个激发点深度也可能不同，低速带中的波速与地层中的波速又相差悬殊，所以必将影响实测的时距曲线形状。为了消除这些影响，对原始地震数据要进行地形校正、激发深度校正、低速带校正等，这些校正对同一观测点的不同地震界面都是不变的，因此统称静校正。静校正是地震资料处理中的重要环节，对于近地表条件存在较大差异的复杂地表区，静校正问题解决的好坏直接影响到资料处理的成败。

基于初至层析的基准面静校正方法加地表一致性剩余静校正和速度分析的迭代、地表非一致性剩余静校正等处理能较好地解决本区的基本静校正问题。

因此对于本研究区三维的静校正方法，采用如图6-6所示的静校正方案。

为控制静校正计算精度，提高静校正计算质量，在基准面静校正计算过程中，需要利用微测井解释成果为基准面静校正计算约束条件。

在确定了基准面静校正后，进行属性检查及质量控制，检查低速层厚度及静校正分布。通常炮检点静校正量变化趋势与高程具有一定的相关性。同时，对应用基准面静校正的单炮及叠加剖面进行了

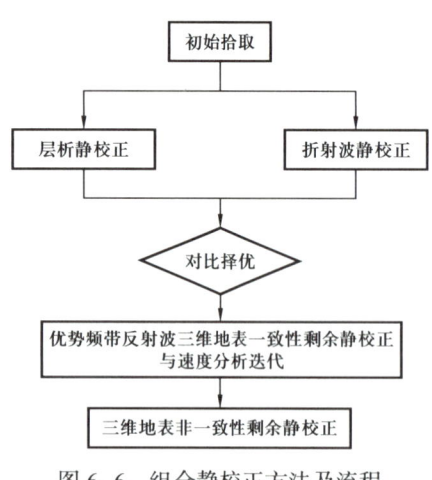

图 6-6　组合静校正方法及流程

检查工作，图 6-7 为工区应用基准面静校正前后叠加的效果。应用最终的基准面静校正后，剖面上成像质量得到明显改善。

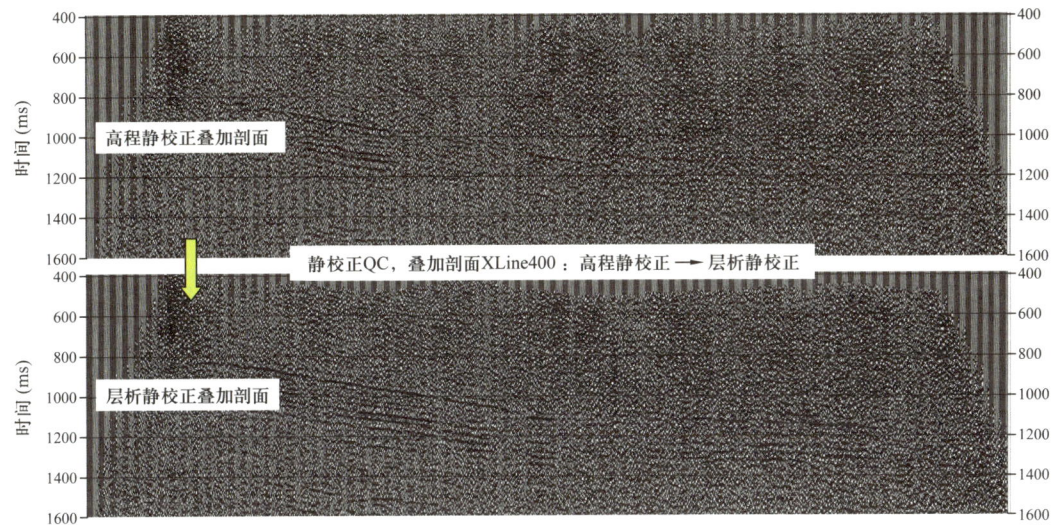

图 6-7　静校正前后质量 QC—叠加剖面效果对比

基准面静校正的目的是消除非均匀的表层介质对地震波场的延迟，经过基准面静校正后相当于将原来地表的观测面校正到给定的观测面上，也就是说基准面静校正基本解决了影响构造形态的中低频分量问题。

经过基准面静校正后，解决了影响构造形态的低频分量和大部分中短波长静校正问题，但还有一部分残余的短波长静校正问题，需要通过地表一致性剩余静校正等剩余静校正方法继续解决。在处理中，反射波剩余静校正采用分频迭代来实现，分频是指根据在不同的处理阶段数据的优势频带，进行剩余静校正量的求取，迭代则是指通过与速度分析的多次迭代，因为叠加速度越准确，求取的静校正时差越精确；反过来静校正问题解决得好，叠加速度也会准确，在速度分析与剩余静校正迭代过程中，可以逐步得到更加精确的剩余静校正量，提高静校正精度，使 CMP 道集同相叠加能量更强，提高资料信噪比。

对于剩余静校正的参数，如时窗、最大时移量等，根据资料有效反射层情况进行调整，同时对模型数据道进行提高信噪比处理，模型道数据质量的好坏直接影响求取的静校正时差。由于本区资料信噪比低，使得剩余静校正参数选择比较困难。在反射波剩余静校正处理中重点对最大时移量、时窗、模型道的优化，以及不同频带的滤波等参数进行反复试验，保证处理效果，图 6-8 为分频迭代剩余静校正流程，图 6-9 为 XLine400 线地表一致性剩余静校正效果。

本区地表非一致性剩余静校正比较严重，在层析静校正、地表一致性剩余静校正后，继续进行非一致性剩余静校正处理，取得了很好的处理效果，进一步提高了整体成像效果，如图 6-10 所示。

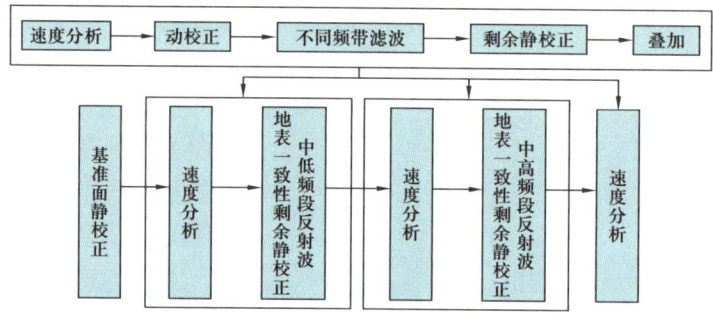

图 6-8 分频迭代剩余静校正流程

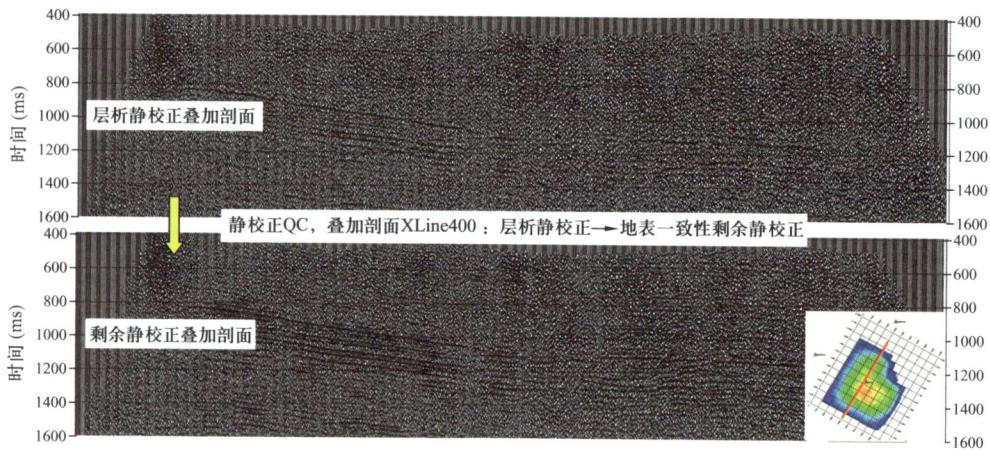

图 6-9 XLine400 线地表一致性剩余静校正效果

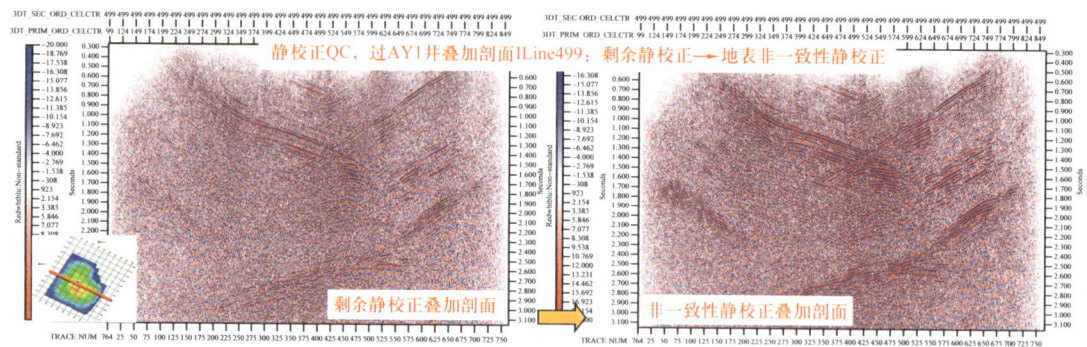

图 6-10 过 AY1 井 ILine499 线地表非一致性剩余静校正效果（右剖面）

6.1.3 叠前保真高信噪比处理技术

处理的成果要通过叠前偏移成像来实现，每一个样点的叠前数据，不管它是有效信号还是噪声都要参与偏移运算，其中，有效信号符合反射波传播规律，因而会被正确地偏移归位，而噪声经偏移算子改造后，会在偏移孔径范围内的网格点上产生假的成像数据，从而降低叠前时间偏移成像的质量和可信度，因此叠前偏移要求用于偏移的道集数据具有较高的信噪比、静校正问题得到基本解决、振幅能量基本均衡。这就要求在进行叠前偏移处理的前期过程中在流程的设计、参数的选择上，即在能量均衡、反褶积、噪声衰减、频率相位一致性等处理时，要充分考虑叠前偏移成像对其信噪比、有效能量与均衡性、静校正和有效频率等方面的要求。

本工区内地形复杂，浅层地震地质条件差，近地表岩性复杂多变，既有基岩裸露区，又有城镇区等穿越工区，车辆川流不息，工区内还存在煤矿等工厂，对资料品质影响较大。

不同岩性地区采集的单炮记录信噪比存在差异，干扰波类型也不同。面波、浅层折射干扰分布范围广，遍布于全区。由于炮井深浅和激发岩性的不同，面波能量的强度也不相同，50Hz工业电干扰和异常振幅干扰主要分布于公路和高压线附近，随机干扰主要是由于环境噪声引起的，分布较广，尤其是近道的低频干扰成分能量较强，与有效波频率相交叉，严重影响了有效波的识别。

叠前去噪的理念是最大程度压制干扰而不损害或最小损害有效地震信号。在对原始资料认真、全面分析的基础上，针对不同干扰波特征进行有针对性地压制，提高地震资料的品质。充分发挥不同处理软件系统优势，在不同处理阶段采用针对性的多域、多轮次综合迭代去噪技术，最大限度消除干扰异常并保真保幅有效信息，尽可能提高地震资料信噪比。

针对这些干扰，在叠前主要采取以下措施：

（1）人工道编辑：针对存在的坏道、坏炮，逐炮进行检查，剔除坏道、坏炮。

（2）十字子集锥形滤波：该方法将面波转变成3D锥体形状，从而将炮集上的非线性面波转换成线性干扰，再通过三维F—K滤波将其去除。

（3）3A分频高能压噪：对于近炮点强能量和异常振幅干扰，采用分频高能压制模块。此模块根据"多道识别，单道去噪"的思想，在不同的频带内自动识别地震记录中存在的强能量干扰，确定出噪声出现的空间位置，根据用户定义的门槛值，采用空变的方式予以压制，从而提高原始资料的信噪比。

而对于残留的异常振幅干扰，则在CMP域通过地表一致性异常振幅模块来压制。在去噪过程中，特别注意了对低频信息的保护，以提高保真度（图6-11）。

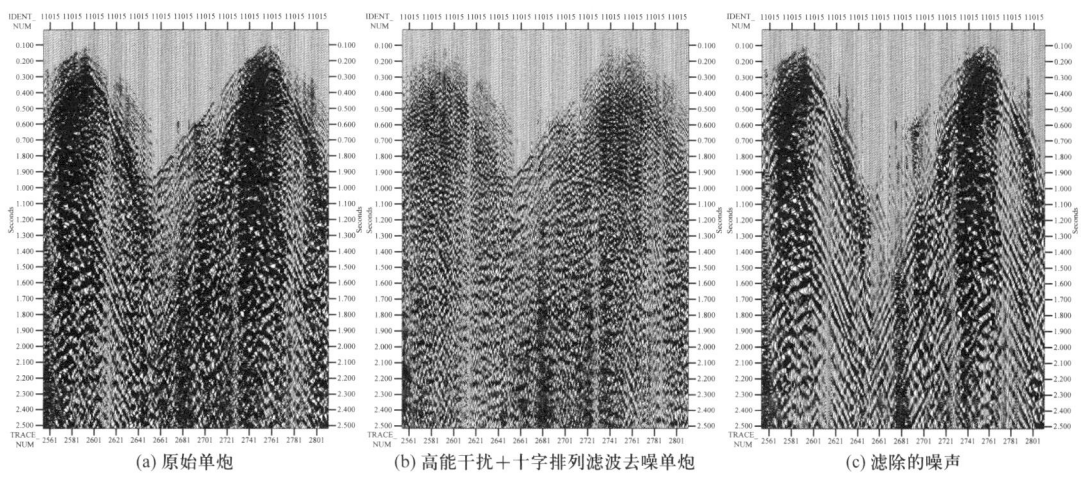

(a) 原始单炮　　　　(b) 高能干扰＋十字排列滤波去噪单炮　　　　(c) 滤除的噪声

图6-11　分频高能压噪前后单炮

6.1.4 地表一致性反褶积技术

该区地表一致性问题较严重，资料信噪比较低、频率较低。为解决低幅构造和层间小断层的地质任务，处理时在保证构造的基础上，适度提高资料的分辨率，为精确的构造解释及岩性解释奠定基础。

依靠反复试验，选取了地表一致性反褶积，预测步长为24ms（最开始时，选择预测步长20ms做了全区处理，结果发现剖面反射特征比较细碎，尤其是寒武系以下内幕。所以再经过进一步试验，最终改为步长24ms，剖面特征得到一定改善）。

虽然预测步长较大，但与原来老剖面相比，分辨率还是明显高些，龙马溪组主目的层段主频可达28~30Hz，有效带宽可达40Hz以上。而原来老剖面主频只有22Hz，有效带宽只有25Hz左右，参见图6-12反褶积前后效果及频谱对比，图6-13自相关对比。从自相关看出，反褶积后，子波受压缩干脆而且横向变化稳定、一致性变好。

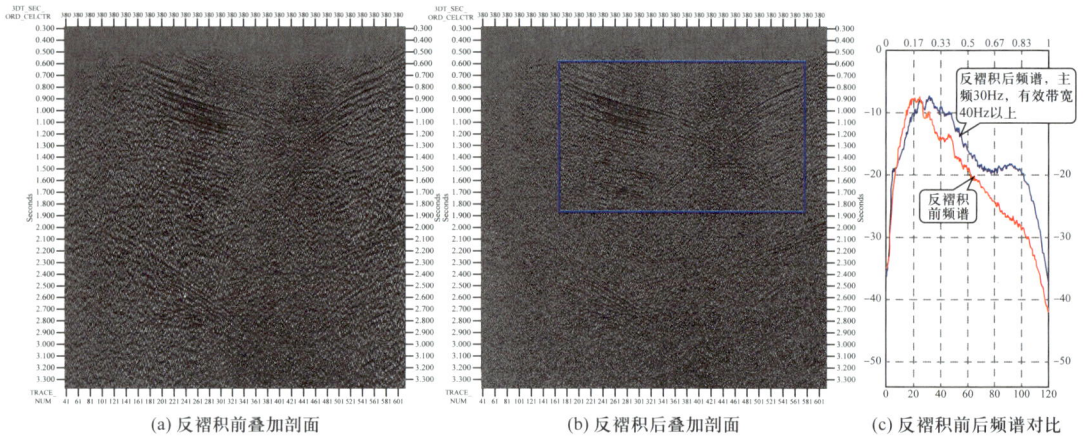

(a) 反褶积前叠加剖面　　(b) 反褶积后叠加剖面　　(c) 反褶积前后频谱对比

图6-12　反褶积前后ILine380线叠加剖面及频谱对比

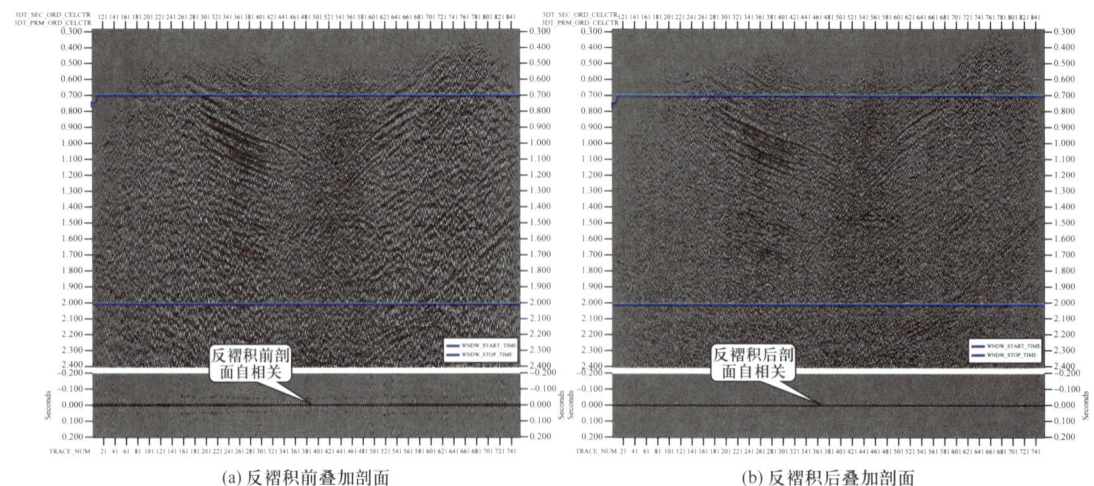

(a) 反褶积前叠加剖面　　(b) 反褶积后叠加剖面

图6-13　反褶积前后剖面ILine380目的层区自相关对比

6.2 地震综合解释技术

以该区钻井、录井、测井、试油、分析化验资料等为基础，进行精细构造解释，建立适合本工区的速度场与时深转换关系，进行构造演化分析。建立正演模型，确定储层、裂缝的敏感性参数。针对储层预测，采用叠后数据进行地震波形指示反演，提高预测储层的垂向分辨率与反演结果的确定性；同时采用叠前多参数预测页岩气优质储层。针对裂缝预测，对叠后地震数据采用最大似然法对微断裂及裂缝进行精细刻画；对叠前地震数据采用全方位叠前地震裂缝检测完成裂缝密度和方向分布的预测。

6.2.1 构造精细解释

构造精细解释工作是地震解释工作中最基础且重要的一项任务，涉及对地震数据和地质结构进行深入分析，以揭示地下地质特征。本次工作从地震资料出发结合钻、测、录井资料进行构造精细解释工作。

6.2.1.1 层位标定与反射特征

（1）井震标定层位。

准确的层位标定是地震资料解释的前提和基础，是钻井与地震之间的"桥梁"。在项目研究过程中，利用 Landmark 解释系统制作了区内 6 口直井、16 口水平井的地震合成记录，并对各井的地层进行了标定。

为了对层位进行准确标定，采取了以下技术措施：

① 仔细分析各井目的层段的岩电特征，了解目的层段的层速度特征，建立各反射界面的反射系数系列。

② 分析地震剖面主要目的层段的主频，并选择与之相匹配的子波频率。

（2）层位识别及其地震反射特征。

通过精细标定，确定了主要地质界面所对应的地震反射波组特征（图 6-14、图 6-15）。

二叠系梁山组底界：二叠系底部岩性为绿灰色、灰色泥岩；顶部为灰色石灰岩、深灰色泥灰岩，分界较明显；在地震剖面上表现为中强振幅、连续性好的波谷反射，全区可连续追踪对比。

志留系韩家店组底界：底部主要为灰色石灰岩、泥灰岩；顶部主要为绿灰色泥岩；在地震剖面上表现为中—强振幅，连续性较好的波峰，全区可追踪。

志留系石牛栏组底界：石牛栏组底部为灰色泥灰色夹灰质泥岩；顶部为灰色灰质泥岩；在地震剖面上表现为弱振幅、连续性中等—差的波谷反射，全区基本能追踪。

上奥陶统五峰组—下志留统龙马溪组底界：钻井揭示其下伏地层为奥陶系宝塔组石灰岩，界面上下速度差较大；在地震剖面上反射特征明显，是本区最强的反射界面，具有强能量的连续地震反射，波组连续性好的波峰反射，全区易于对比追踪。

奥陶系底界：钻井揭示奥陶系以石灰岩为主，下伏地层为寒武系上统毛田组白云质

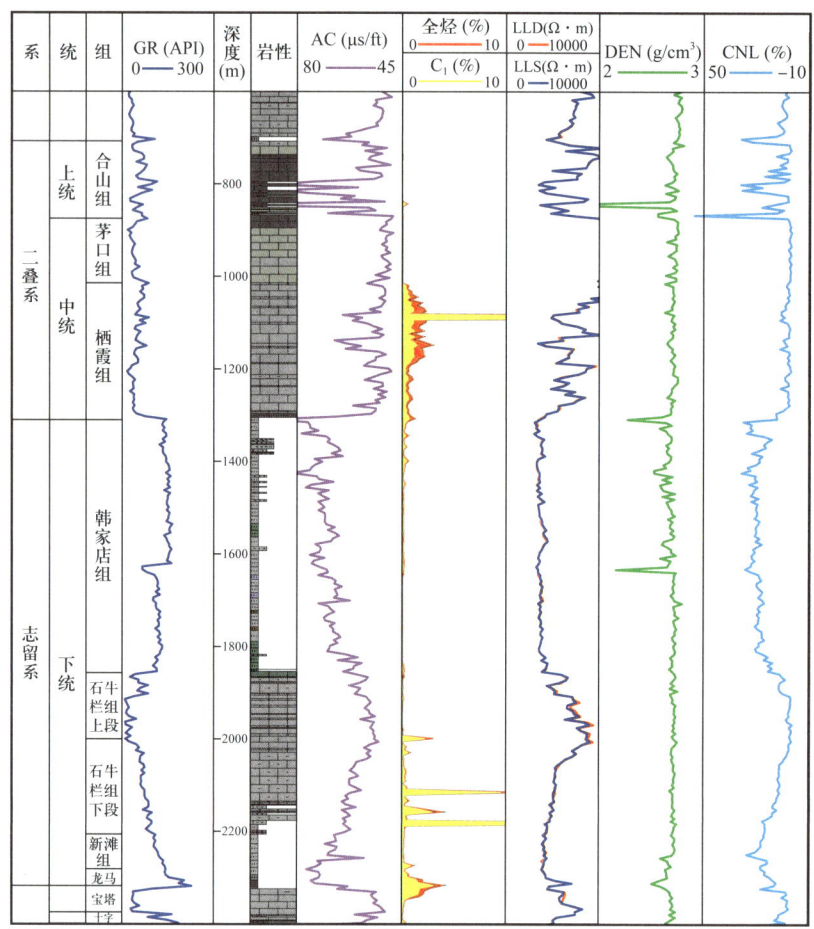

图 6-14 安页 1 井岩性地层剖面图

灰岩，速度略大于石灰岩速度，由于速度差异小，在地震剖面上表现为中—弱振幅，连续性较好，全区追踪良好，易于识别。

中寒武统清虚洞组底界：以石灰岩及白云质灰岩为主，下伏地层为金顶山组页岩及砂岩，上下界面速度差异较大；在地震剖面上局部表现为中—强振幅，连续性较好的波峰反射，全区基本能追踪对比。

寒武系牛蹄塘组底界：下伏地层为震旦系灯影组白云质灰岩，界面上下速度差较大；在地震剖面上，研究区东部表现为中—强振幅、局部连续性较好的反射波组，而在研究区西部则表现为弱振幅、不连续的反射，对比追踪相对较困难，连续性差，不易对比追踪。

（3）连井地震标定。

单井标定是否正确需通过连井标定来检验，对研究区各井进行了连井标定与井间地震对比（图 6-16）。各标定目的层可以有效进行横向地震层位对比追踪，没有"窜层"现象，为该地区地震解释与构造、储层反演奠定了基础。

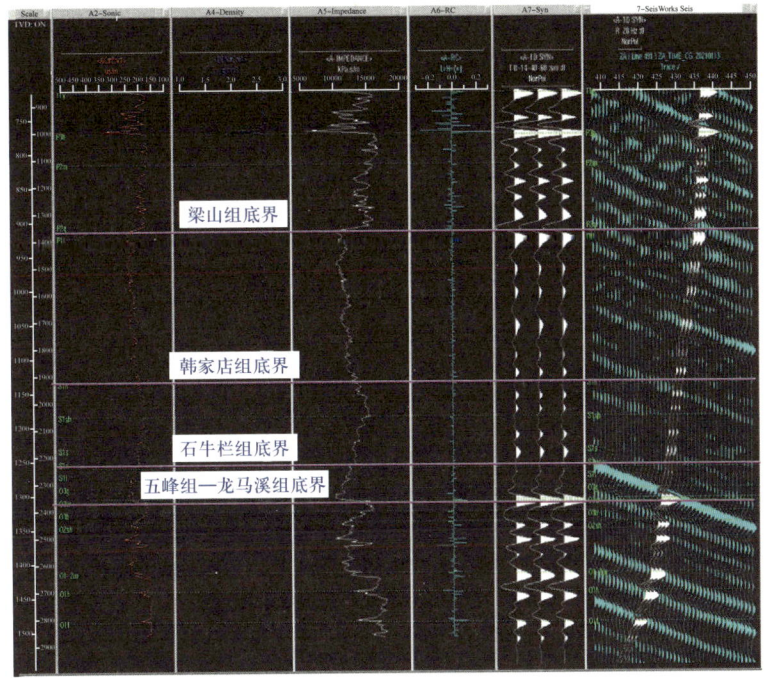

图 6-15 安页 1 井地震地质层位标定图

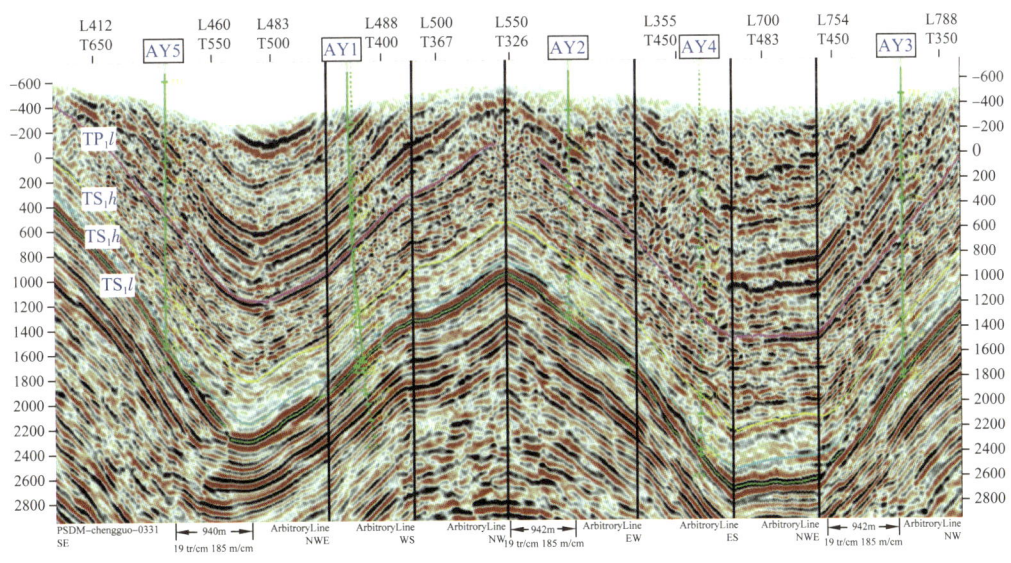

图 6-16 连井井震标定剖面

分析对比该区的地震区域剖面,建立地震解释模式,利用解释工作站对全工区内的三维地震资料进行精细解释。根据本区三维地震资料及地质任务要求,本次解释主要采用以下原则:

① 严格标定,正确确定解释方案;

② 剖面间严格闭合,注意对比相位的一致性;

③ 主要标准层多相位和波组对比相结合,正确追踪解释层位;

④ 注意研究异常波,特别注意研究解释断层,仔细观察寻找反射波同相轴错断,反射同相轴数目突然增减或消失,波组间隔突然变化,反射波同相轴形状突变,反射零乱或出现空白带,标准反射波同相轴发生分叉合并、扭曲、强相位转换等现象,绕射波、断面反射波等。

运用上述对比原则对工区内主要地层的反射波组进行仔细地反复观察和追踪对比解释,剖面间进行严格的闭合和相互验证。对研究区多条连井地震剖面进行了连井标定与井间地震对比,表明本次研究中各单井标定正确,各标定目的层可以有效进行横向地震层位对比追踪,没有"窜层"现象,为该地区地震解释与构造、地层岩性研究奠定了基础。

6.2.1.2 构造解释

为了提高断层解释精度建立准确的模型,本次解释利用三维数据体分别从平面、剖面、空间不同角度对断层进行精细解释。

(1) 剖面断层解释技术。

指并列多线联合解释技术、任意线联合解释技术、剖面纵向放大解释技术及瞬时相位解释断层技术。利用这些技术可确定断层的剖面和平面位置(图6-17)。

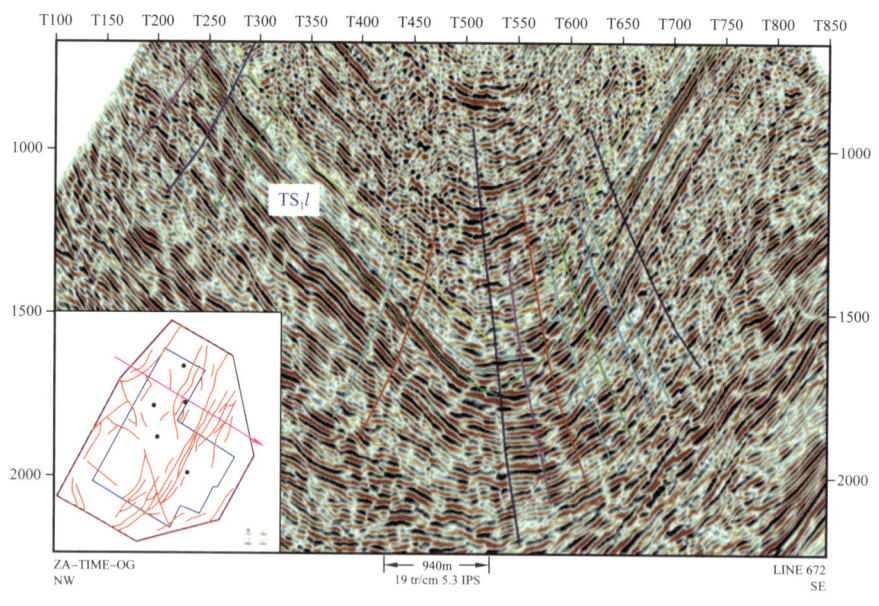

图6-17 五峰组—龙马溪组断裂特征剖面图(时间偏Line672)

(2) 平面断层解释技术。

包括地震数据相干体、地震曲率及蚂蚁体属性解释技术。利用这些技术可以快速、简便地进行断面在三维空间的闭合,快捷准确地反映出断层的平面分布特点,使断层在平面上显示更加清楚。

① 地震相干属性。在地震数据解释中,相干属性主要用来检测三维地震振幅数据体

中反射同相轴的不连续性，进而发现断层。在地震剖面上，地震波形是子波与地下界面反射系数的褶积，振幅的变化取决于反射界面上下岩石的声波阻抗，而地层的岩性、孔隙度、密度和填充的流体类别是影响声波阻抗的主要因素。地下断裂的存在会使得以上因素发生变化，即波阻抗的横向变化，从而使得地震剖面中波形特征的横向强烈变化。反过来，相干数据体即是利用这种波形特征的横向变化来检测地下断裂的发育。

三维相干体技术基本原理是通过分析三维地震数据中的每一道每一个样点与周围数据的波形相似性，将振幅特征转换为三维地震相干数据体，突出不同点即相干值较低的异常来判断地层的不连续点，从而用来描述地下地层岩性的不连续性特征。在实际应用中，利用相干算法计算出整个地震体的三维相干体，观察地震剖面可以看出在之前同相轴发生变形、扭曲、错断的地方就会形成低相干值，而在连续性较好的同相轴相干值就会很高，这样就突出了地震剖面中不连续的位置。对三维相干体做时间或者沿层的切片，在切片上就可以看出断裂的横向变化或者是检测特殊岩体的边缘。对于在同相轴上难以观察到的小断层来说，相干技术也可以清楚地体现出来。因此通过相干技术，能够大大提高断层解释的精度。

目前，相干体技术算法已从互相关算法发展到多道相似性算法、矩阵本征结构算法，从时域发展到频率域。关于相干体技术的算法有多种形式，基于归一化的曼哈顿距离相干算法与方差体算法为主流算法。至今已发展形成三种完备的相关算法 C_1、C_2、C_3。

a. 第一代相干算法（C_1）。

第一代相干算法基于经典的归一化互相关算法而形成。最简单的互相关算法是由 Bahorich 和 Farmer 提出的三点互相关（Bahorich and Farmer，1995），利用时滞互相关来估计目的道与主测线和联络测线的视倾角，结合两个视倾角的相关系数估算目的道的相干值。具体算法如下：

定义垂向分析时窗为在时间点 t 的上下 $\pm K$ 个样点之间。

分析窗口（$\pm K$）内，主道在 x 方向（Inline 方向）与 τ_x 个相邻道进行互相关运算得互相关系数 $\rho_x(t,\tau_x)$

$$\rho_x(t,\tau_x)=\frac{\sum_{k=-K}^{K}\left\{\left[u_0(t+k\Delta t)-\mu_0(t)\right]\left[u_1(t+k\Delta t-\tau_x)-\mu_1(t-\tau_x)\right]\right\}}{\sqrt{\left\{\sum_{k=-K}^{K}\left[u_0(t+k\Delta t)-\mu_0(t)\right]^2\sum_{k=-K}^{K}\left[u_1(t+k\Delta t-\tau_x)-\mu_1(t-\tau_x)\right]^2\right\}}} \quad (6-1)$$

其中：

$$\mu_n(t)=\frac{1}{2k+1}\sum_{-k}^{k}u_n(t+k\Delta t)$$

$\mu_n(t)$ 表示第 n 道运行窗口的平均值，当分析时窗大于地震子波的长度时，为了简化计算可取 $\mu_n(t)=0$。

同理可得，分析窗口（$\pm K$）内，主道在 y 方向（Crossine 方向）与 τ_x 个相邻道进行互相关运算得互相关系数 $\rho_y(t, \tau_y)$。

$$\rho_y(t,\tau_y) = \frac{\sum_{k=-K}^{K}\left\{\left[u_0(t+k\Delta t)-\mu_0(t)\right]\left[u_1(t+k\Delta t-\tau_y)-\mu_1(t-\tau_y)\right]\right\}}{\sqrt{\left\{\sum_{k=-K}^{K}\left[u_0(t+k\Delta t)-\mu_0(t)\right]^2 \sum_{k=-K}^{K}\left[u_1(t+k\Delta t-\tau_y)-\mu_1(t-\tau_y)\right]^2\right\}}} \quad (6-2)$$

将以上计算所得的主测线和联络测线方向的互相关系数相结合，利用公式（6-3）即可估算出三维互相干性值。

$$c_{xc} \equiv \sqrt{\left[\max_{\tau_x}\rho_x(t,\tau_x,x_i,y_i)\right]\left[\max_{\tau_y}\rho_y(t,\tau_y,x_i,y_i)\right]} \quad (6-3)$$

式中，$\max_{\tau_x}\rho_x(t,\tau_x,x_i,y_i)$ 和 $\max_{\tau_y}\rho_y(t,\tau_y,x_i,y_i)$ 分别表示延迟 τ_x 和 τ_y 的互相关值的最大值。对于各自对应的延迟，取相应的最大互相关值，所确定的相干性自动地因当地倾角而调节。这一分析在主道所有样点及地震数据体中所有地震道上连续实施，就产生一个新的三维体，该三维数据体包含所有的道与道之间相似性程度的测量值。常用的窗口长度为 40~100ms。

b. 第二代相干体算法（C_2）。

第二代算法是一种基于相似性的任意多道相干算法（Marfurt et al., 1998）。地震数据体通常是由多道组成，基于任意多道的相干算法需要在地震体一定范围内随机抽取 5 道及以上的地震道，同时还需在地震道中选取垂向上的分析时窗。在这样的范围内通过它们之间的相似性计算相干性值。其基本原理如下：

首先定义平面椭圆或矩形分析窗口（图 6-18），窗口内包含需要进行相关计算的 J 道地震道。

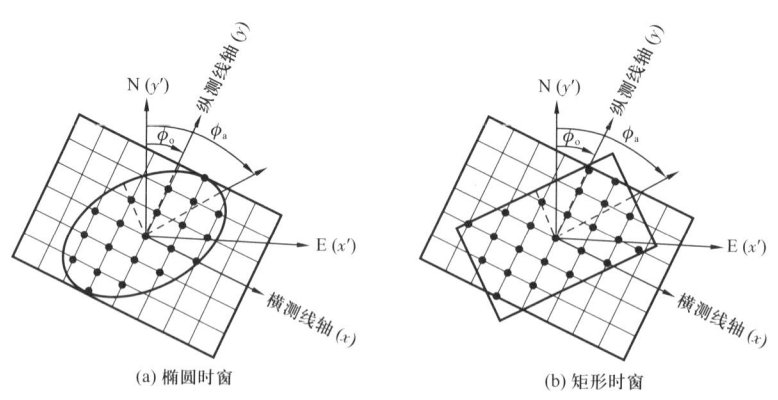

图 6-18　椭圆分析时窗与矩形分析时窗

分析窗口内在一定倾角方向上，对地震道求取平均值得到一个平均道，再计算平均地震道的能量得到单道平均能量，计算每一道能量再求平均值得到所有道的平均能量。则相似系数 $\sigma(t, p, q)$ 表示为单道平均能量与所有道平均能量的比值，即：

$$\sigma(t,p,q) \equiv \frac{\left[\frac{1}{J}\sum_{j=1}^{J}u_j\left(t-px_j-qy_j\right)\right]^2}{\frac{1}{J}\sum_{j=1}^{J}\left\{\left[u_j\left(t-px_j-qy_j\right)\right]^2\right\}} \quad (6-4)$$

式中，x_j 和 y_j 分别表示第 j 道地震道 x 轴，y 轴上相比于分析时窗内中心道时间 t 位置处的距离；p 和 q 表示分析时窗内中心道时间 t 位置处在 x 和 y 方向的视倾角。

若利用式（6-4）直接计算强相干同相轴中接近或者在它们的零交叉处的相似性时，就会受到背景噪声的强烈影响，为了避免这个问题，采用与相似性速度分析相似的方法，求垂向分析窗时内上 $2K+1$ 个样点的平均值，即：

$$C_s(t,p,q) \equiv \frac{\sum_{k=-K}^{K}\left[\frac{1}{J}\sum_{j=1}^{J}u_j\left(t+k\Delta t-px_j-qy_j\right)\right]^2}{\sum_{k=-K}^{K}\left\{\frac{1}{J}\sum_{j=1}^{J}\left[u_j\left(t+k\Delta t-px_j-qy_j\right)\right]^2\right\}} \quad (6-5)$$

式中，x_j 和 y_j 表示第 j 道与主道在 x 和 y 方向的距离；式（6-5）计算了分析窗内 $2K+1$ 个点的和，可提高相干计算的信噪比和稳定性。

第二代相干技术 C_2 在同相轴的相似性预测中引用了多道相似计算。该算法对任意多道地震记录数据进行相干性分析，抗噪性强且稳定性高，但是计算量大，对地震剖面的横向变化不明显。

c. 第三代相干体算法（C_3）。

第三代相干技术 C_3 是基于本征值的相干算法（Chen and Sidney，1997）。其基本原理为在一定时窗内提取一组地震道数据生成样点矢量，该算法主要是利用协方差矩阵的主特征值来计算相干值。

首先介绍协方差矩阵的形成。首先从数据体中提取一组样本矢量，矢量长度为分析窗口内的地震道数。在视倾角 p 和 q 定义的平面中提取垂直平面内 $+K$ 与 $-K$ 范围内的 K 值。每一个样本矢量作为数据矩阵的行，每个地震道的窗口作为数据矩阵的列。对构成的数据矩阵的每列与其本身和其他列进行互相关运算，计算结果最终形成它的协方差矩阵。协方差矩阵的元素如下计算：

$$C_{i,j}(t,p,q) = \sum_{k=-K}^{K}\left[u_i\left(t+k\Delta t-px_i-qy_i\right)-\langle\mu(t,p,q)\rangle\right]\cdot\left[u_j\left(t+k\Delta t-px_j-qy_j\right)-\langle\mu(t,p,q)\rangle\right]$$

$$(6-6)$$

其中：

$$\langle\mu(t,p,q)\rangle = \frac{1}{J}\sum_{j=1}^{J}u_j\left(t-px_j-qy\right) \quad (6-7)$$

式中，t 为时间；p 和 q 分别表示时窗中心点在局部反射面 x 和 y 方向的视倾角；K 为时窗内样点；u 为目标道；i 和 j 为线、道序列号；μ 为窗口内均值。实际应用中，为了简化运算，常令式（6-7）为 0。

获得协方差矩阵后，下一步则将其分解为本征向量，每一个本征向量均与一个本征值对应，这在储层描述的多属性分析中常用本征向量（主成分）和本征值描述油藏性质。假设振幅的平均值为零，则根据第一个本征值 λ_1 能够确定单一波形所表示的所有道某部分能量属于分析时窗内的哪一部分，本征值所对应的本征向量是一系列的扫描系数，每道一个扫描系数，这个系数与单一波形相似。对于任何倾角对称、实数值的协方差矩阵，可表示为：

$$C\boldsymbol{v}^{(m)} = \lambda_m \boldsymbol{v}^{(m)} \tag{6-8}$$

通常，协方差矩阵的阶数（J）与在数学上独立的本征值个数相等，J 表示空间分析孔径内的地震道道数。矩阵的本征向量和本征值一般按降序排列，最能表达分析孔径内数据能量的放在第一个，最能表达矩阵主要变化量的放在第二个，其他的依次类推。

实际上，只需要利用第一本征值就能够估算出特征构造的相干性（Gersztenkorn and Marfurt，1999），即：

$$C_e = \frac{\lambda_1}{\sum_{j=1}^{J} C_{jj}} \tag{6-9}$$

式中，J 代表分析孔径内的地震道数量，分母代表了分析孔径内地震道能量的总和，λ_1 为协方差矩阵的第一本征值，即为 C_3 的相干值。

利用上述方法，得五峰组—龙马溪组底界沿层相干平面图（图 6-19）。

② 地震曲率属性。对于地震曲率属性分析的方法，现在最为成熟普遍的应用是进行断层的识别和预测裂缝发育带，但是在精度上还无法有效识别和描述小裂缝。目前，用于进行断层识别的技术主要包括以下几种，边缘检测、方位角、相干体技术、倾角、方位角和方差体等。但是这些基于一阶导数的方法，存在一个缺点，就是只能描述线性特征，不能描述形状特征，也就是说非线性对称的构造（如断层）和对称性构造（如脊和谷）将无法被区分出来。与之相对应的基于最小二乘法与二次曲面的曲率分析属性可以较好地解决该问题。

a. 曲率的定义。

在数学上，曲率表示在曲线上的点切线方向角对弧长的转动率。如图 6-20 所示，P 为曲线上任意一点，则该点的曲率为：

$$K = \frac{d\omega}{ds} = \frac{1}{R} \tag{6-10}$$

式中，$d\omega$ 为角度变化，ds 为角度变化对应的弧长，R 为曲率半径。

导数的形式是曲率的另一种表达方式，可以理解为曲率就是曲线的二阶导数，其数学表达式为：

图 6-19 五峰组—龙马溪组底界沿层相干平面图

$$K = \frac{d^2y/dx^2}{\left[1+(dy/dx)^2\right]^{\frac{3}{2}}} \quad (6-11)$$

图 6-21 给出在二维平面中背斜、向斜、平层的曲率定义特征。其中背斜的曲率定义为正曲率，向斜定义为负曲率，曲线的直线部分曲率为零，因此倾角一定的部分曲率为零。曲率系数 K 与曲率半径成反比。

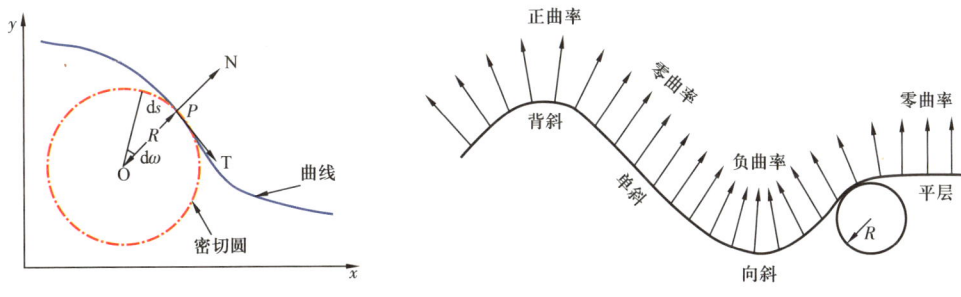

图 6-20 曲率的几何定义　　　　图 6-21 二维曲率定义示意图

向斜的曲率是负值，背斜的曲率是正值，平面的曲率是零（Roberts，2001）。
b. 曲率与裂缝的关系。
地下断裂的形成主要是在构造应力的作用下使得地层发生形变弯曲，当这种形变达到地下岩层所能承受的极限值时，就会产生不可恢复的塑性形变，从而形成断裂裂缝，因此地层的弯曲程度与裂缝发育状况高度相关，考虑到曲率的定义可知，曲率属性主要用来反映地层的弯曲程度，所以曲率属性可以有效地识别地下裂缝发育带。

当地下介质在构造应力的作用下发生弯曲形变时，表现在地震数据体上即为同相轴的曲率属性产生异常。如在背斜的形成过程中，地层受到两侧应力挤压使得水平的地层向上弯曲，产生曲率属性异常。这一过程中地层的形状发生变化，顶部受到的拉张应力增强，底部的压应力增大，这样的应力差异往往会形成较为复杂的断层，伴随着断层的形成，也会有大量的裂缝发育。这一过程进一步确立了利用曲率属性进行裂缝检测的可行性。但在实际应用中地层的构造特征可能会是背斜、向斜、断层、褶皱的组合，往往会比较复杂，不同的曲率属性对不同的构造特征的敏感程度不同，反映在曲率属性中的异常特征也会不同。因此，在实际的裂缝检测过程中，需要结合研究区的区域构造特征，也可以参考相干属性检测和应力场分布所得研究区内部的断裂空间展布特征，计算该地区的多种曲率属性，选取应用效果最佳的曲率属性作为最终结果。

c. 曲率特性与计算。

在现今的曲率研究中，三维体曲率属性计算被作为重点研究内容，在几何地震学中，在空间上的三维地震反射体的任意反射点 $r(z, x, y)$ 可以假设为 $r(t, x, y)$，所以梯度 **grad**(u) 反映了沿不同方向反射面的变化率，反射面沿方向矢量所在法截面截取曲线的一阶导数，可以得到该反射点的视倾角向量：

$$\mathbf{grad}(u) = \frac{\partial u}{\partial x}\boldsymbol{i} + \frac{\partial u}{\partial y}\boldsymbol{j} + \frac{\partial u}{\partial z}\boldsymbol{k} = p_x\boldsymbol{i} + q_y\boldsymbol{j} + r_t\boldsymbol{k} \qquad (6-12)$$

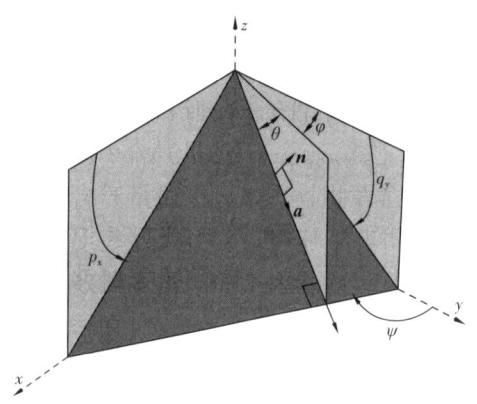

图 6-22 三维空间中倾角、方位角与视倾角的关系（其中 θ 为真倾角，φ 为方位角）

式中，p_x、q_y、r_t 分别是沿 x、y、t 方向上的视倾角分量，如图 6-22 所示。

x 和 y 方向的曲率分量，可以根据视倾角来计算，将三维地震数据体通过转化为视倾角数据体来计算任意点曲率，视倾角可以通过倾角扫描或结构张量等方法进行计算。

对于三维空间中的某一点的曲率值，可以通过与其相邻的道和样点的视倾角值拟合出的空间曲面方程来完成计算。

根据最小二乘逼近原理，可以得到 N 次曲面拟合方程：

$$z(x, y) = \sum_{i=N}^{0}\left(\sum_{i=j}^{0} c_{i, j-1} x^i y^{j-i}\right) \qquad (6-13)$$

当 $N=2$ 时，得到二次曲面方程：

$$z(x, y) = ax^2 + by^2 + cxy + dx + ey \qquad (6-14)$$

对二次曲面方程两边进行微分，并代入 p_x、q_y 两个视倾角分量，可求得方程系数：

$$a=\frac{1}{2}\frac{\partial p_x}{\partial x}, \quad b=\frac{1}{2}\frac{\partial q_y}{\partial y}, \quad c=\frac{1}{2}\left(\frac{\partial p_x}{\partial x}+\frac{\partial q_y}{\partial y}\right), \quad d=p_x, \quad e=q_y \quad (6-15)$$

式中，p_x、q_y 分别是 x 方向和 y 方向上的视倾角分量。

综上所述，三维数据体中过任意点的空间曲面可以通过三维时窗下个点的视倾角计算出来，过空间某点的曲面可以产生多个曲率，然而其中最为有用的就是法曲率，即在曲面投影平面正交的曲率组合，不同法曲率可以构成多种曲率属性。

常见的地震曲率主要为平均曲率、高斯曲率、最大曲率、最小曲率、最大正曲率、最大负曲率、倾向曲率、走向曲率、等值线曲率和弯曲度等。以下为各种曲率的计算方法与特征描述。

高斯曲率 K_{gauss}：

$$K_{\text{gauss}}=\frac{4ab-c^2}{\left(1+d^2+e^2\right)^2} \quad (6-16)$$

平均曲率 K_{mean}：

$$K_{\text{mean}}=\frac{a\left(1+e^2\right)+b\left(1+d^2\right)-cde}{\left(1+d^2+e^2\right)^2} \quad (6-17)$$

最大曲率 $K_{\max}$：

$$K_{\max}=K_{\text{mean}}+\sqrt{K_{\text{mean}}^2-K_{\text{guass}}} \quad (6-18)$$

最小曲率 $K_{\min}$：

$$K_{\min}=K_{\text{mean}}-\sqrt{K_{\text{mean}}^2-K_{\text{guass}}} \quad (6-19)$$

假设某个点上具有无穷个法曲率，则其中存在一条曲线使得该曲线的曲率为最大值，可称其为最大曲率，与最大曲率正交的曲率称为最小曲率，两者可统称为主曲率，其特点是可以突出边界的变化，识别断层和描述断层的几何形态特征。高斯曲率也称为全曲率，是最大曲率和最小曲率相乘得到的积，它的主要特点是不受地层弯曲和褶皱等非断裂构造的影响，可用于识别断裂构造，区分断裂与非断裂构造；平均曲率是过某一点两个相互垂直的法曲率的平均值，可用于计算其他的曲率属性，主要的特点是可以显示出构造的落差，以上的三种曲率被称为曲率的三个基本要素。

最大正曲率和最小负曲率是最为常用的曲率，它们的构造响应和最大最小曲率相似，并且对于脆性变形方面非常敏感，可以较为丰富并且完整地显示出构造的信息。它们能够突出断层的上下边界，主要用于描述断层、裂缝、挠曲和褶皱。

最大正曲率 K_{pos}：

$$K_{\text{pos}} = (a+b) + \sqrt{(a-b)^2 + c^2} \quad (6-20)$$

最小负曲率 K_{neg}：

$$K_{\text{neg}} = (a+b) - \sqrt{(a-b)^2 + c^2} \quad (6-21)$$

最大正曲率和最小负曲率指示的断层发育位置存在区别，不能仅仅靠单一的曲率属性进行断层识别和确定断层位置，而需联合应用最大正曲率和最小负曲率来确定断层的位置，以及进一步完成对精细小断层的识别和描述，在计算曲率属性的同时，可以获得倾角方位角等几何属性，同样也可以用于表征裂缝发育信息。

另外，倾向曲率指的是最大倾角方向的曲率，可用于指示断层的方向和大小，获取最大倾角方向的倾角变化率；走向曲率则与倾向曲率相垂直，将界面划分为脊形区和谷形区，可用于大范围的地形分析。其计算公式如下。

倾向曲率 K_{dip}：

$$K_{\text{dip}} = \frac{2(ad^2 + be^2 + cde)}{(d^2 + e^2)(1 + d^2 + e^2)^{3/2}} \quad (6-22)$$

走向曲率 K_{strike}：

$$K_{\text{strike}} = \frac{2(ad^2 + be^2 - cde)}{(d^2 + e^2)(1 + d^2 + e^2)^{1/2}} \quad (6-23)$$

等值曲率是涉及层面相关的等值线的曲率；弯曲度则可用于衡量层面内的曲率总量。

等值曲率 K_{contour}：

$$K_{\text{contour}} = \frac{2(ad^2 + be^2 - cde)}{(d^2 + e^2)^{3/2}} \quad (6-24)$$

弯曲度 $K_{\text{curvedness}}$：

$$K_{\text{curvedness}} = \sqrt{\frac{K_{\max}^2 + K_{\min}^2}{2}} \quad (6-25)$$

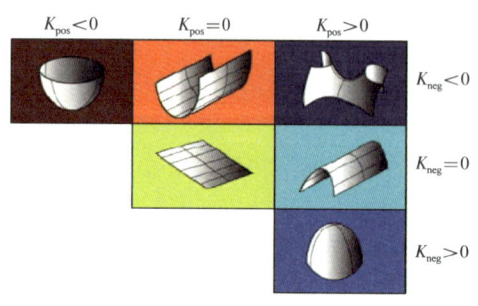

图 6-23 三维二次面外形示意图

图 6-23 用最大正曲率（K_{pos}）和最大负曲率（K_{neg}）组合的方式来表示三维二次面外形的定义。由定义可知 $K_{\text{neg}} \leq K_{\text{pos}}$。因此，若 K_{pos} 和 K_{neg} 都小于零，曲面的三维外形是碗状；若两者都大于零则为穹隆；如果两者都是零，则为平面。由于工区并非平坦地形，需要考虑地形起伏变化对曲率属性计算造成的影响，故根据叠后数据计算包含地层倾角和方位角信息的导向体，结

合导向体的控制计算，获得沿层曲率数据体（图6-24）。

③ 地震蚂蚁追踪技术。蚂蚁算法是由Dorigo等（1999）受到自然界蚁群在觅食过程中释放信息素，通过对路径上信息素强度的感知来选择所要行进的方向，并传递信息的集体行为的启发而研发的一种随机优化算法，主要是根据地震数据中振幅及相位之间的差异，即数据体中不连续性的特点进行"蚂蚁"追踪，使"蚂蚁"沿着可能的断层面和裂缝向前移动，搜索断层痕迹，直至将其刻画出来，最后获得一个低噪声、具有清晰断裂痕迹的数据体。

蚂蚁追踪技术其采用因素排除法和裂缝引起的方位各向异性提取法实现直接从地震资料中提取裂缝信息。蚂蚁追踪技术的基本原理为：设置适当的蚂蚁参数，使得每个蚂蚁有自己的追踪区域；当蚂蚁在地震属性体中发现满足预设断裂条件的断裂时，将释放某种信息，召集其他区域的蚂蚁集中对该断裂进行解释追踪，直到完成对该断裂的追踪和识别为止；其他不满足断裂条件的断裂将不会再进行解释，最终得到一个能清晰反映断裂分布样式的蚂蚁属性体（图6-25）。

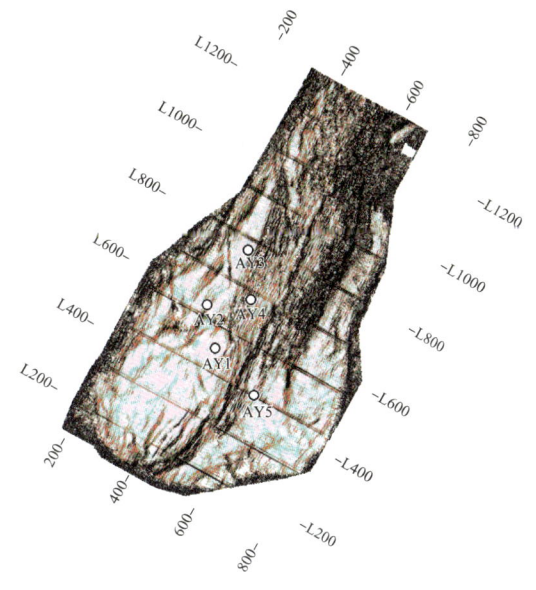

图6-24 五峰组—龙马溪组沿层最大正曲率切片

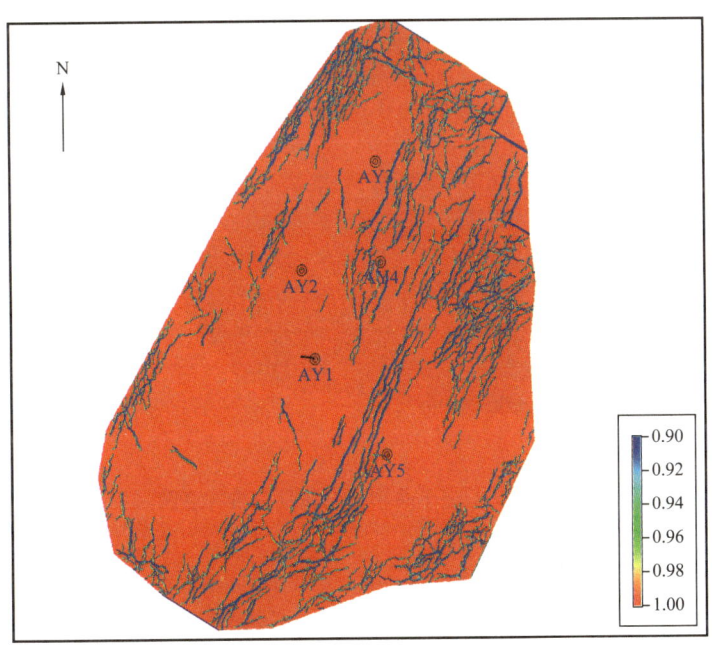

图6-25 蚂蚁体切片

利用蚂蚁追踪技术计算蚂蚁属性体的步骤主要分为3步。

第1步：对原始地震数据体进行构造平滑处理。其目的在于降低或消减地震数据中的随机噪声干扰，提高信噪比，增强地震反射同相轴的连续性。

第2步：计算方差体。在构造平滑处理的基础上，通过计算地震方差体来增强断裂边缘，突出地震数据中的不连续信号。这种不连续信号表示该位置处可能存在断裂，其反映在方差体上是颜色较深的位置。

第3步：生成蚂蚁属性体。在对地震资料进行上述两步处理后，通过设定适当的蚂蚁参数，利用蚂蚁追踪技术对方差体进行追踪计算，得到蚂蚁属性体。追踪参数主要为种子点、觅食路线偏移度、蚂蚁搜索步长、非法步长、合法步长及搜索终止门限值等。

（3）空间断层解释技术。

指三维可视化解释技术。利用这一技术进行断层组合，能够直观地反映出断层的空间分布特点和相互交接关系，并能直观地检查和验证。采用上述方法，对确定断层位置进行断点组合、减少断层解释的多解性起到了重要作用，使断层解释更加合理（图6-26）。

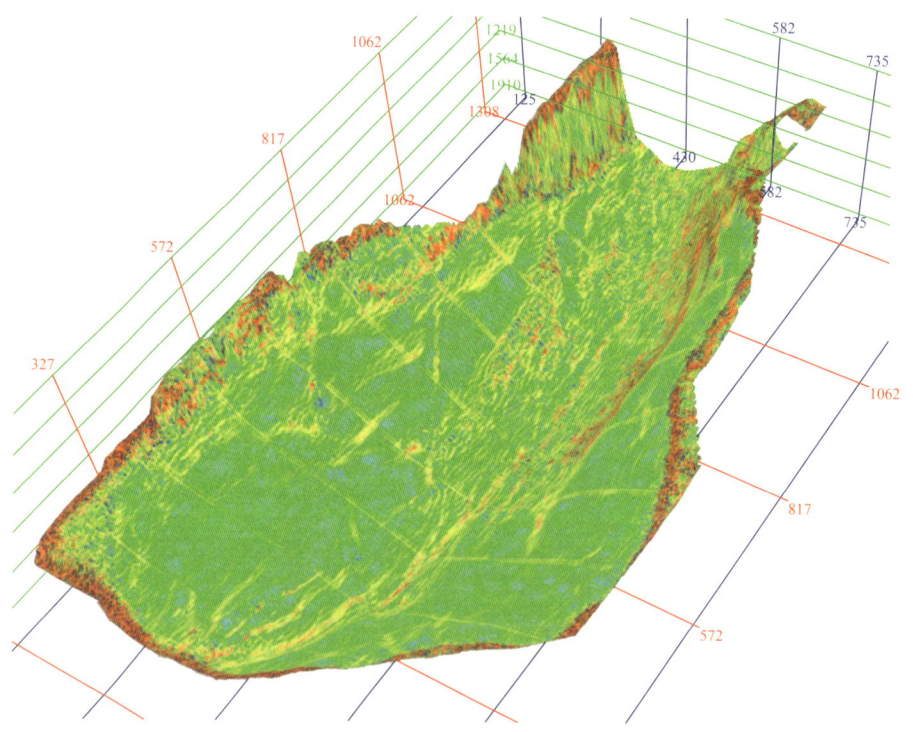

图6-26 相干曲率融合属性三维构造图

6.2.1.3 构造成图

通过高精度速度模型的建立进行时间域层位向深度域转换。利用建立的速度场，时深转换，变速成图。为确保成图精度，必须确保三个要点，第一是解释精度，第二是精细标定，第三是速度建模精度。构造解释方面，构造解释网格密度4×4，可以很好地满足需求；合成记录标定方面，研究区多口井井震标定准确，可以满足高精度要求；成图方面，利用高精度速度模型变速度场构造成图。

安场向斜在前期钻井过程中，存在实钻目的层深度与钻井设计目的层之间有较大误差的情况。针对这一现象，本次研究过程中，充分收集了全部单井资料，完善地震资料处理方法，较好地解决了该问题，实钻深度与地震资料吻合度有明显的提高。

本次研究中，进行了时间偏、深度偏处理，为对比两者的处理效果，将时间偏数据经时深转换后得到的深度数据体与深度偏数据体进行了比较。采用的方法是统计目的层为五峰组—龙马溪组的14口水平井的A、B靶点深度与五峰组—龙马溪组底的深度差，根据各井钻井设计与实钻情况，各井的A、B靶点深度一般为五峰组—龙马组底界以上5m左右，统计两种数据体A、B靶点距底界深度差，可以判断深度偏、时间偏的精度。

以深度偏数据体为主要解释对象，采用Landmark解释软件的Zmap-plus模块完成三叠系夜郎组，二叠系合山组、梁山组，志留系韩家店组、石牛栏组、新滩组，五峰组—龙马溪组，寒武系牛蹄塘组底界地震反射层构造图的编制，等值线间距为50m。在构造图基础上，结合地表高程数据完成上述各个层位的底界埋深图，等值线间距为50m（图6-27）。

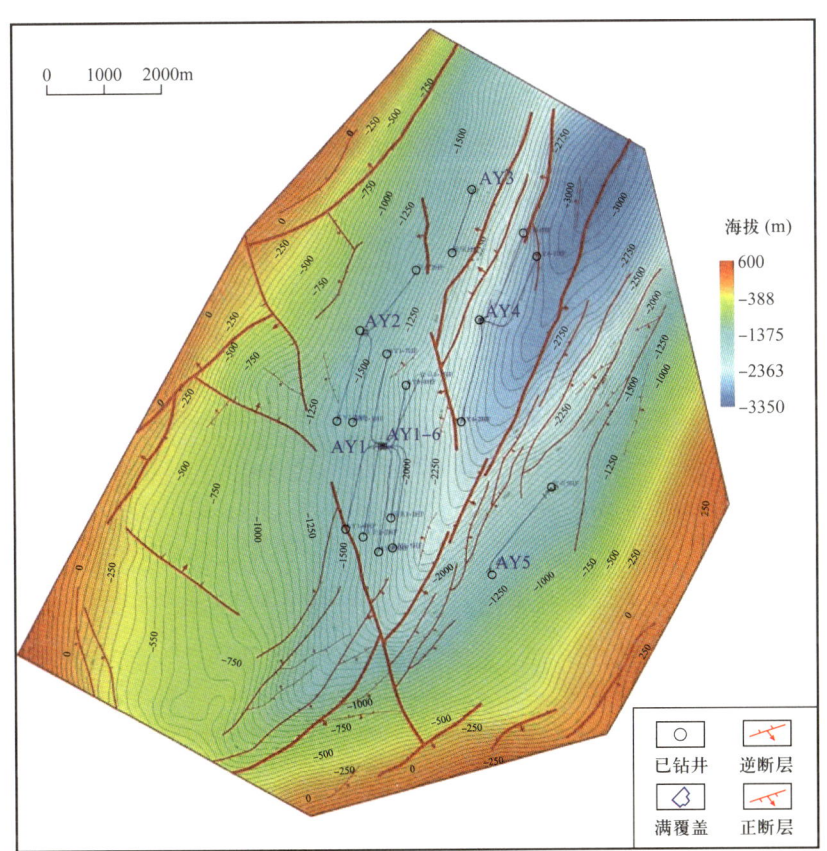

图6-27 五峰组—龙马溪组底界构造图（深度偏）

6.2.2 储层预测技术

6.2.2.1 储层反演方法及原理

（1）反演方法的确定。

本节主要研究目的层段为五峰组—龙马溪组，地震主要预测页岩的 TOC、含气量、含气饱和度、孔隙度、高脆性指数、密度等参数。通过研究参数与地震波阻抗交会分析（图 6-28），TOC、含气量、孔隙度、高脆性指数等参数的值大小与波阻抗值间具有一定的关系，但波阻抗值很难区分出参数的大小。

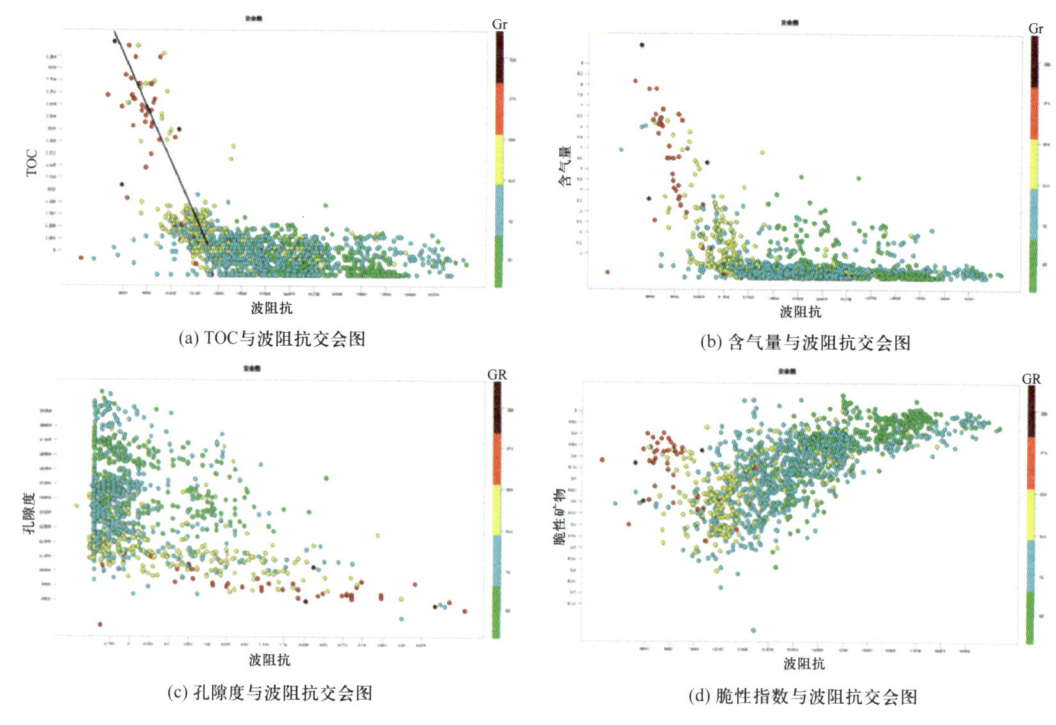

(a) TOC 与波阻抗交会图　　(b) 含气量与波阻抗交会图

(c) 孔隙度与波阻抗交会图　(d) 脆性指数与波阻抗交会图

图 6-28　研究参数与波阻抗交会图

通过合成记录标定，从地震波形特征与反演参数对比来看，地震波形的基本形态能够反映出这些参数的大小。从图 6-29 可看出，安页 5 井为中频中弱振幅，安页 4 井为中低频中强振幅，安页 3 井为低频强振幅。通过地震特征与实钻井参数对比，低频中强振幅及低频强振幅反映了较高的含气量，波形特征与实钻井具有较好的对应关系（表 6-1）。

表 6-1　研究参数统计表

井号	TOC（%）	含气饱和度（%）	吸附气含量（m^3/t）	游离气含量（m^3/t）
AY3	4.03	67.20	1.73	1.77
AY4	4.00	67.12	1.92	1.82
AY5	3.73	66.89	1.76	1.48

根据上述分析，本次采用波形反演技术进行各研究参数的预测。

（2）地震波形指示反演原理。

"地震波形特征指示反演（SMI）"是高精度储层反演技术（高君等，2017），采用"地震波形指示马尔科夫链蒙特卡罗随机模拟（SMCMC）"专利算法，在地震波形的驱动下，挖掘相似波形对应的测井曲线中蕴含的共性结构信息，进行地震先验有限样点模拟。SMI和传统的地质统计学反演相比，具有精度高、反演结果随机性小的特点，且更好地体现了"相控"的思想，使反演结果从完全随机走向了逐步确定，可以为储层高精度预测提供更好的技术解决方案（图6-30）。

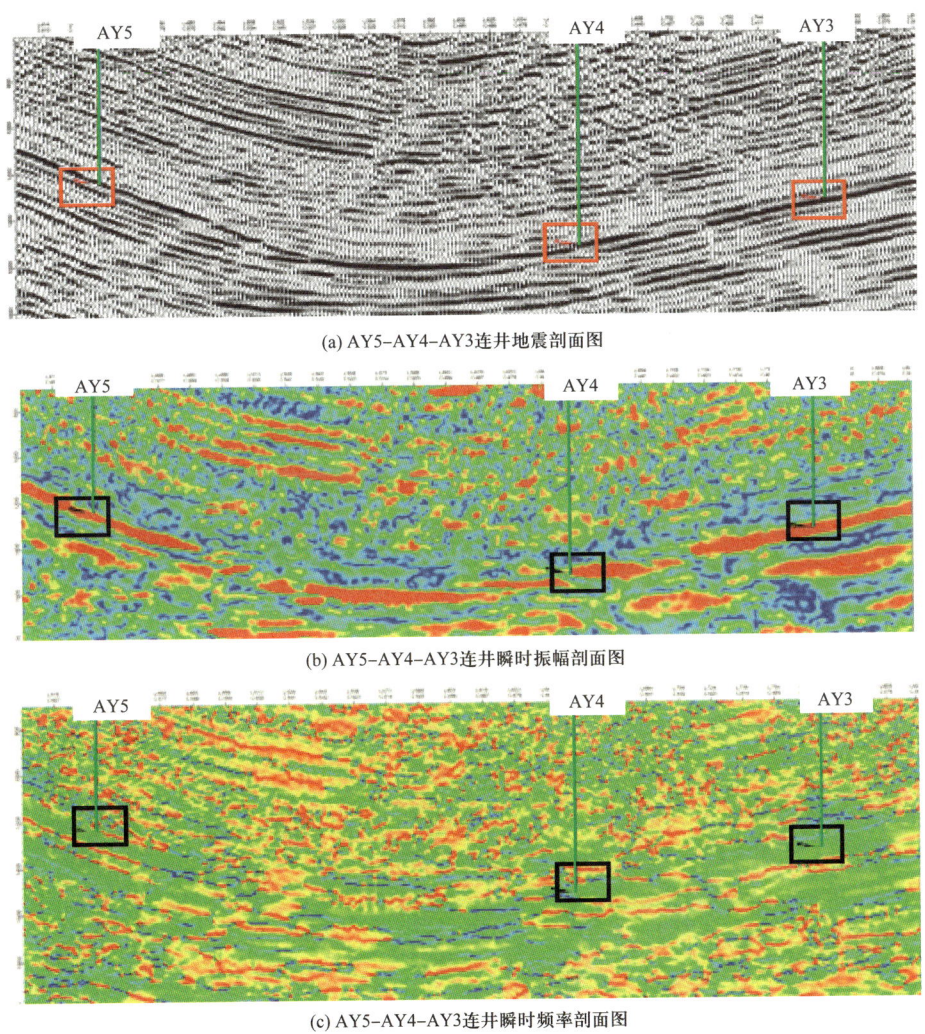

(a) AY5–AY4–AY3连井地震剖面图

(b) AY5–AY4–AY3连井瞬时振幅剖面图

(c) AY5–AY4–AY3连井瞬时频率剖面图

图6-29 安页3井—安页5井连井地震属性剖面图

传统的地质统计学反演是通过分析有限样本来表征空间变异程度，并依此估计预测点的高频成分。地震的作用是保证中频带符合地震特征（后验）。由于地质统计学方法是基于空间域样点分布的，因此模拟结果受样点分布的影响，对井均匀分布的要求较高。

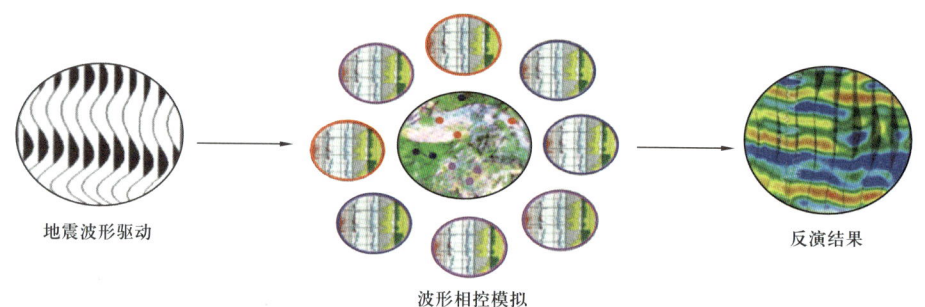

图 6-30　地震波形指示反演原理图解（高君等，2017）

此外，变差函数的统计尤其是变程的确定往往不能精细反映储层空间沉积相的变化，导致模拟结果平面地质规律性差，随机性强。

"地震波形指示反演"是在传统地质统计学基础上发展起来的新的统计学方法。其基本思想是在筛选统计样本时参照波形相似性和空间距离两个因素，在保证样本结构特征一致性的基础上按照分布距离对样本排序，从而使反演结果在空间上体现了沉积相带的约束，平面上更符合沉积规律和特点。

波形指示反演的优点：

① 在贝叶斯框架下将地震、地质和测井的信息有效结合，利用地震信息指导井参数高频模拟，是一种全新的井震结合方式，较好地减少地震噪声对反演结果的影响；

② 利用地震波形特征代替变差函数分析储层空间结构变化，提高了横向分辨率，且更符合平面地质规律；

③ 采用全局优化算法，反演确定性大大增强（从完全随机到逐步确定）；

④ 对井位分布没有严格要求，适应性更广。

6.2.2.2　储层反演结果

（1）反演参数确定。

本项目在开展过程中，反演所用曲线为第三方研究单位计算和标准化处理的曲线，因此，在反演过程中未对反演曲线进行任何处理研究。

地震有效频宽 15～40Hz，主频 25Hz，最大频率为 70Hz，目的段层速度为 4065m/s，五峰组—龙马溪组最小纹层厚度 10m，测井频率约为 120Hz（图 6-31）。因此，在反演过程中，高频截至频率 120～150Hz，采样率为 0.4ms。

（2）反演结果分析。

① 页岩厚度。

通过 GR 波形指示模拟反演，获得 GR 反演数据体。通过对各岩性 GR 值的分析，页岩 GR 值大于 160API，以 160API 为门槛值，计算得出该区页岩厚度。通过反演预测，正安区块安场向斜五峰组—龙马溪组页岩厚度与已钻井吻合程度较高（图 6-32），厚度主要分布在 15～20m 之间（图 6-33）。页岩厚度自西北向东南方向整体呈减薄趋势，与该方向深海陆棚向浅海陆棚过渡的沉积规律一致。

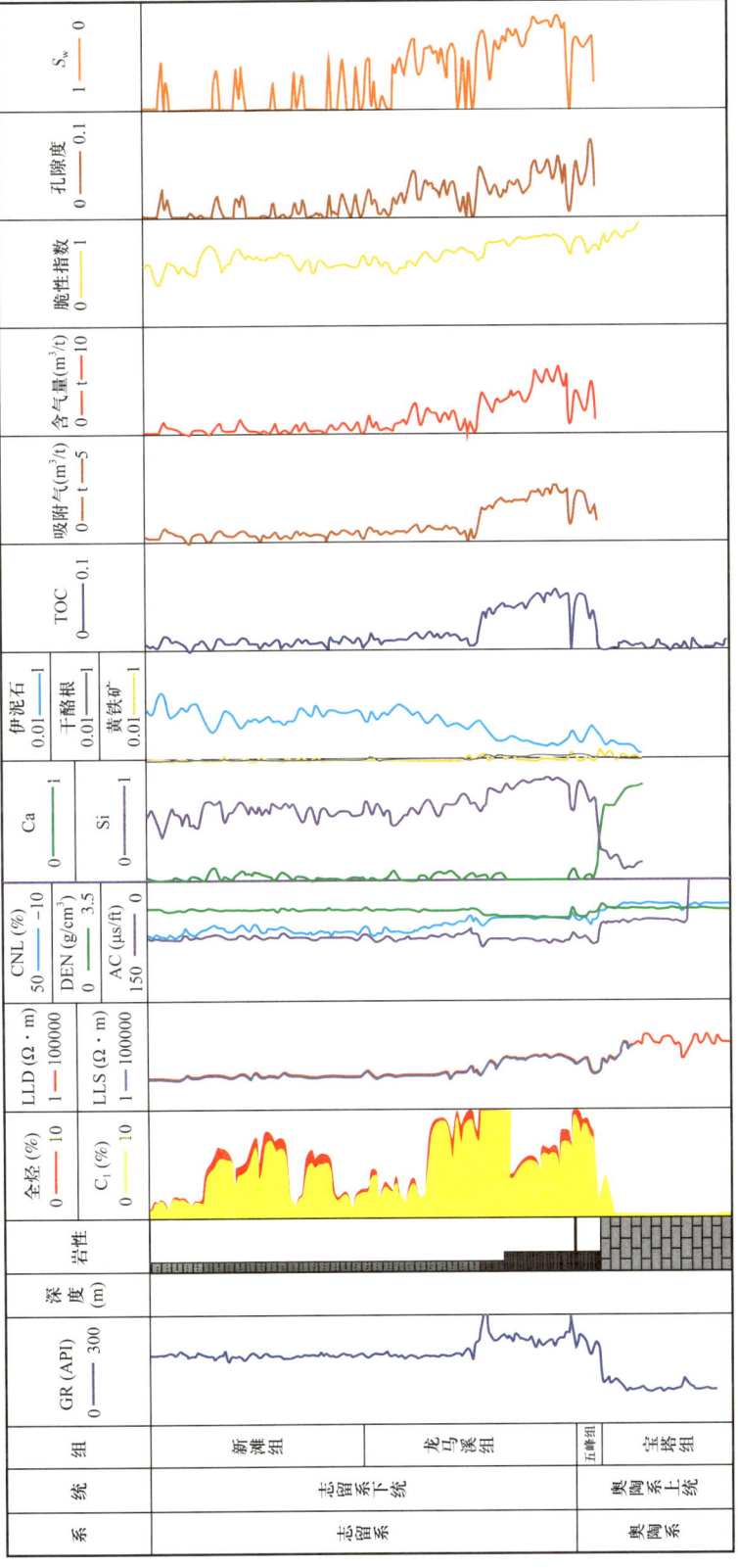

图 6-31 安页 2 井页岩气综合评价图

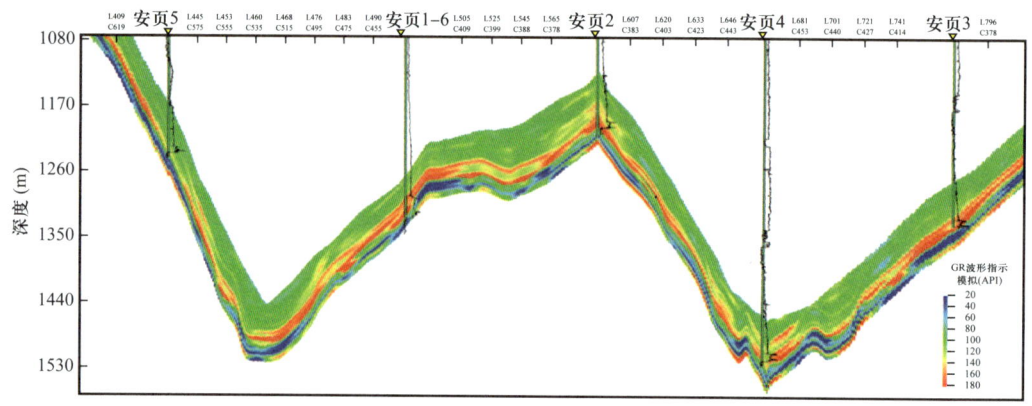

图 6-32 安页 5 井—安页 3 井连井 GR 反演剖面图

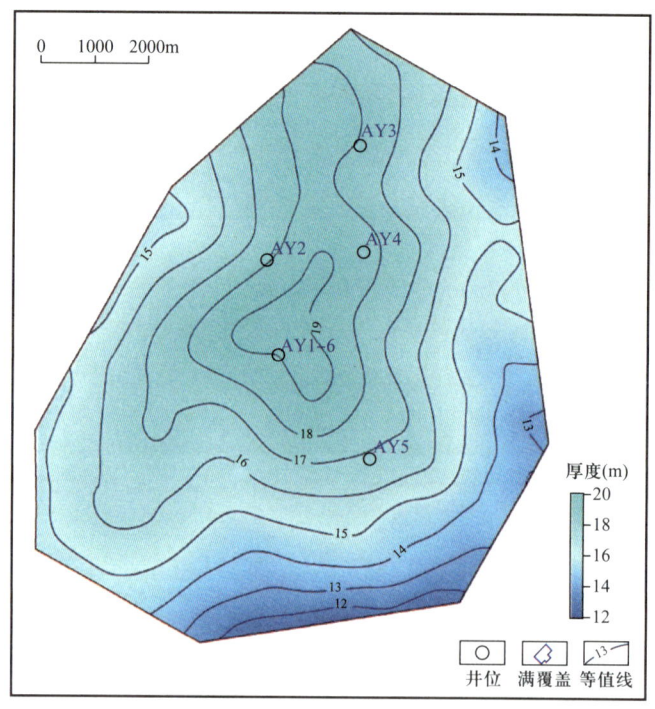

图 6-33 正安区块安场向斜五峰组—龙马溪组页岩厚度图

② 有机碳含量。

利用 TOC 曲线进行波形指示模拟反演，正安区块安场向斜五峰组—龙马溪组页岩 TOC 与已钻井吻合程度较高（图 6-34），页岩 TOC 在 3.6%～4.0% 之间，主要分布于 4.0% 左右（图 6-35），稳定的海相，有机碳含量分布比较稳定。

③ 总含气量。

利用总含气量曲线进行波形指示模拟反演，正安区块安场向斜五峰组—龙马溪组页岩总含气量与已钻井吻合程度较高（图 6-36），五峰组—龙马溪组页岩总含气量位于 3.2～4.0m³/t 之间，工区内总含气量位于 3.7～4.0m³/t（图 6-37）。含气量与保存条件有关，高值区对应断裂发育少，保存条件好；东南部断裂发育，使其周边的含气量偏低。

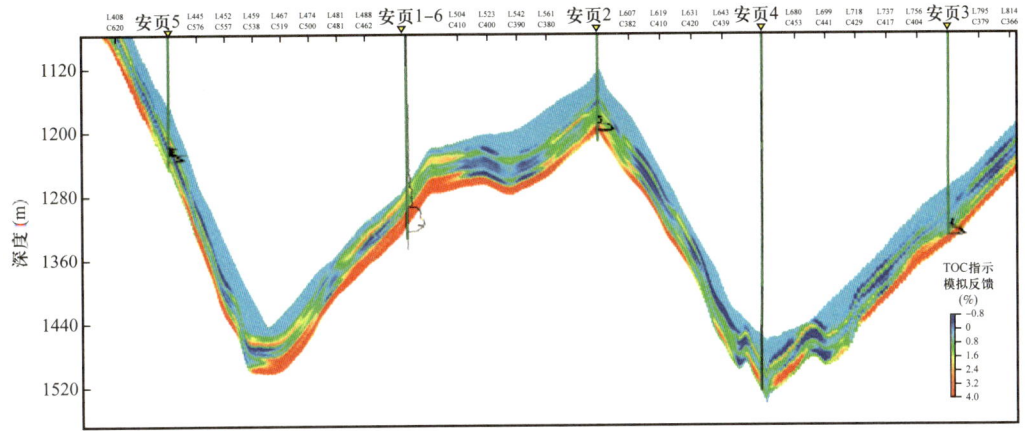

图 6-34 正安区块安场向斜五峰组—龙马溪组 TOC 预测剖面图

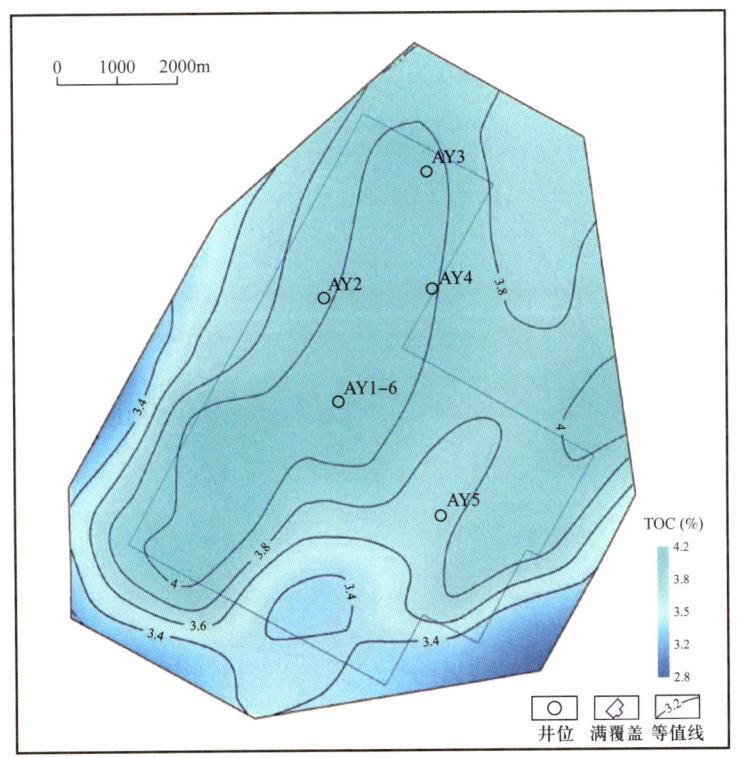

图 6-35 正安区块安场向斜五峰组—龙马溪组 TOC 预测平面图

6.2.2.3 储层裂缝预测

利用三维叠后地震数据，实现了裂缝定量表征，主要流程如下：

（1）在叠后地震数据上，利用第三代本征值相干技术计算高精度相干体；

（2）使用基于方向一致性的蚁群追踪算法，在脊线增强的约束下，对相干体进行后处理，以达到相干增强的目标；

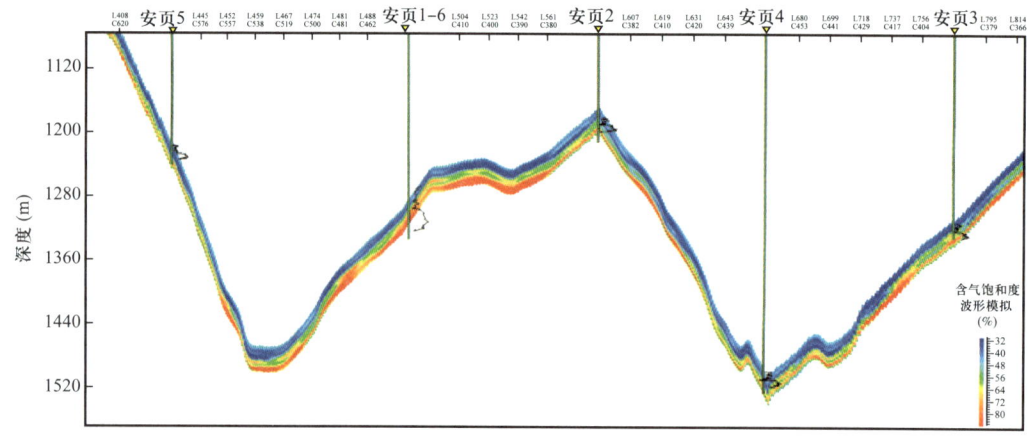

图 6-36　正安区块安场向斜五峰组—龙马溪组含气量预测剖面图

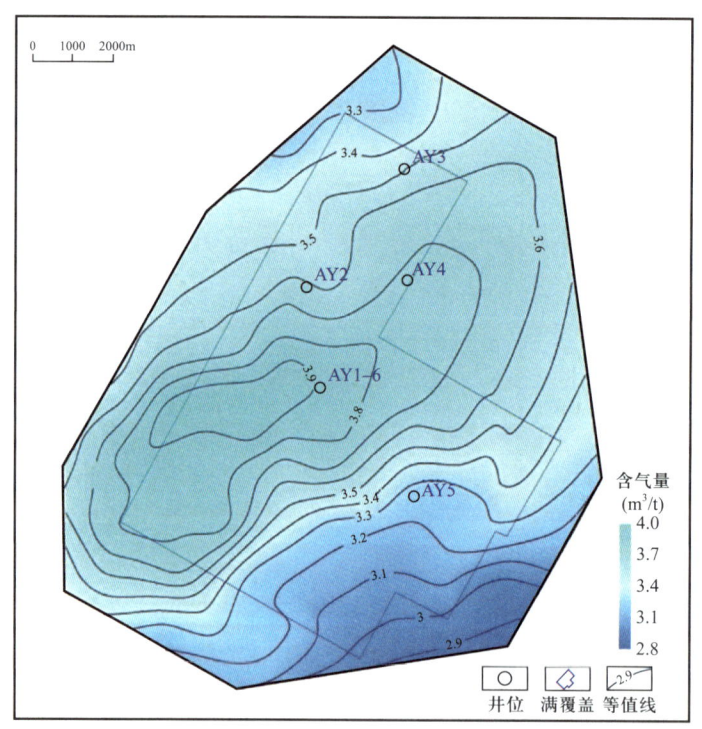

图 6-37　正安区块安场向斜五峰组—龙马溪组含气量预测平面图

（3）以模拟点张量方向场为基础，计算邻域内各方向的权值核函数，使用最优化聚类方法加权拟合模拟点主要方向的裂缝属性值；

（4）基于裂缝属性值模拟结果，统计单位半径内的相对裂缝密度与裂缝发育主方位，得到相对裂缝密度和裂缝发育方向。

首先利用三维地震数据计算本征值相干数据体，提取目的层沿层属性，获得目的层段本征值相干属性（图 6-38），在本征值相干的基础上进一步开展基于方向约束的蚁群追踪及脊线加强的相干增强，得到相干增强属性（图 6-25），从图中可以看出，断层连续性得到了加强，一些小的断层也更加明显。在相干增强属性的基础上，开展基于张量场方向约束加权拟合的裂缝模拟，得到裂缝模拟结果（图6-39），相比于相干增强属性，图6-39中细节信息更加丰富，能够较好地表征裂缝发育程度。基于裂缝模拟结果，统计单位半径内相对裂缝密度和裂缝发育主要方向（图6-40），最终实现裂缝的定量表征。

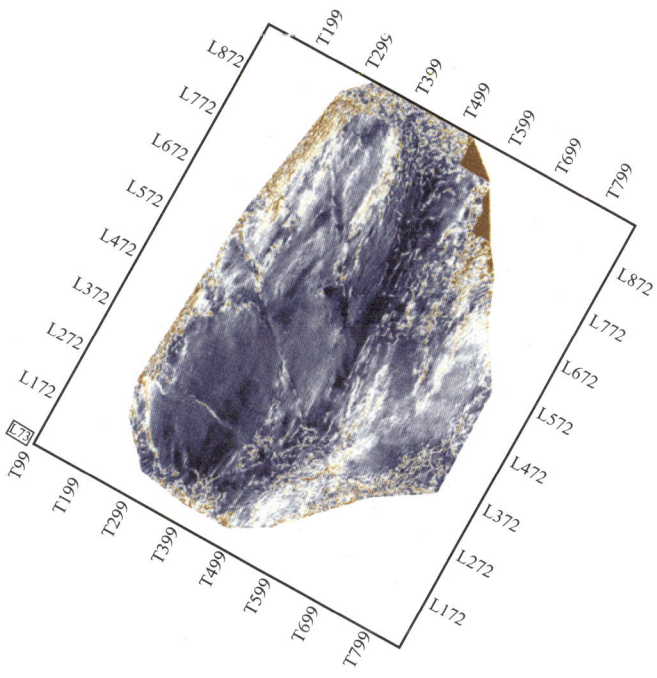

图6-38 本征值相干切片

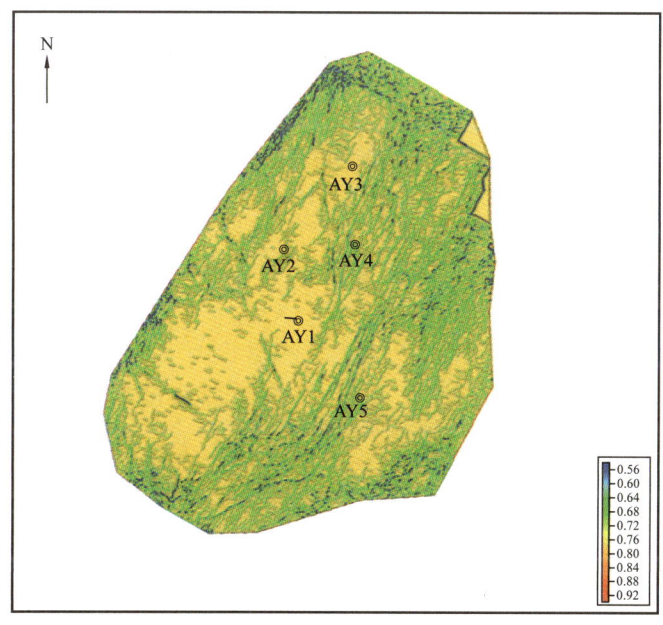

图6-39 裂缝发育预测平面图

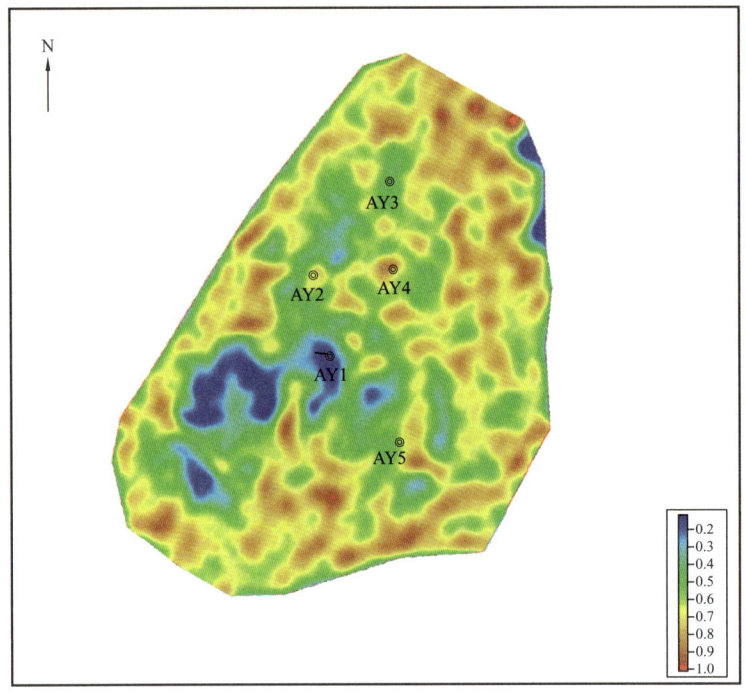

图 6-40 裂缝密度预测平面图

6.3 地质评价技术

随着页岩气在我国初步实现工业化开发，页岩气地质理论、开发方式和工程技术等方面都取得了较多的创新和较大的发展，其中页岩气地质评价技术理论的创新为页岩气的勘探与评价奠定了重要的基础。本节从页岩气赋存条件、含气性、"甜点"预测方面入手，从页岩气开发的地质—资源—勘探三个方面对目前常见的页岩气地质评价技术进行概论，在此基础上，对区域五峰组—龙马溪组相关页岩气地质评价技术展开讨论。

6.3.1 页岩气赋存条件评价技术

6.3.1.1 页岩微观孔隙结构测试技术

页岩储层微观孔隙结构是指页岩各类孔隙的形状大小和排列方向、孔缝连通情况，以及孔隙与孔喉的配置关系等。这些重要参数的确定将直接影响着对页岩储层储集能力和渗流能力的判断，进而影响对页岩气储层的评价。随着对非常规储层特征研究的不断深入，页岩微观孔隙结构测试技术日益完善。国内外目前常用的实验技术和方法主要分为两类：扫描图像分析技术和流体注入分析技术（王红岩等，2020）。

6.3.1.2 页岩储层岩石矿物分析技术

页岩的矿物组成特征受沉积环境和成岩作用的控制，直接影响了页岩的物性、储集空间的发育和岩石力学性质等。石英等脆性矿物的含量影响了页岩的岩石力学性质和压裂效果，黏土矿物含量则是影响页岩气吸附性及孔隙大小的主要因素之一。目前主要通过 X 射线衍射分析（XRD）来获取页岩的全岩矿物组分和黏土矿物组分特征，此外也可以通过岩石薄片、X 射线荧光光谱仪（XRF）和扫描电镜矿物定量评价（QEMSCAN）等实验方法来获得矿物组成的相关信息（宋振响等，2020）。

五峰组样品薄片鉴定结果显示：碎屑矿物含量为 51%～77%（长石 + 石英）；自生矿物主要为方解石、少量白云石及黄铁矿，含量为 4%～20%；黏土矿物含量为 22%～34%，以伊利石为主，其次为绿泥石。龙马溪组碎屑矿物含量为 47.7%～77.6%；自生矿物主要是方解石和黄铁矿，含量为 0～10%；黏土矿物平均含量为 22.4%～35.6%，以伊利石为主，其次为绿泥石。两套页岩脆性矿物含量较高，均大于 50%，有利于粒间孔和粒内孔的发育。根据测井解释结果，五峰组—龙马溪组页岩孔隙度介于 2.4%～4.3%，孔隙类型主要包括有机质孔、矿物颗粒间微孔、晶间孔、次生溶蚀孔缝等，具良好的储集空间。电成像测井显示，五峰组—龙马溪组分散发育少量裂缝，裂缝产状较为杂乱。

6.3.2 含气性评价技术

我国海相地层年代老，热演化程度高，常规有机地球化学手段难以准确评价烃源岩品质，对古生界烃源岩的干酪根鉴定过于粗略，没有系统分析显微组分类型及其生物母质来源，也缺乏统一的标准和认识。成烃生物作为油气原始物质来源，具有鲜明的时代特征和环境特色，烃源岩中成烃生物组合、类型和数量控制着页岩油气生烃潜力，是结合了有机岩石学、古生物学、光谱学、地球化学和地质学等众多学科的一项综合性研究分析项目，主要通过扫描电镜结合有机岩石学和古生物学分析成烃生物的形态，进而判识烃源岩中成烃生物的类型及组合特征。研究认为区域五峰组—龙马溪组页岩成烃生物主要由疑源类、藻类体和动物碎屑组成，富氢的藻类体和笔石管胞内脂类大分子聚合物是形成页岩气藏的物质基础。

6.3.2.1 等温吸附法

是指在固定的温度条件下，以逐步加压的方式使已经脱气的干燥页岩样品重新吸附甲烷，据此建立的压力和吸附气量的关系曲线，反映了页岩对甲烷气体的吸附能力（张帆和李相臣，2016）。等温吸附实验一般用来评价页岩的最大吸附能力，确定页岩含气饱和度的等级，在求取页岩含气量大小时一般不用，只有缺少现场解吸实验数据时才用来定性地比较不同页岩含气量的大小。页岩含气量为（张晓明等，2017）：

$$G_s = \frac{V_L p}{(p + p_L)} \quad (6-26)$$

式中，G_s 为页岩含气量；p 为储层压力；V_L 为 Langmuir 体积；p_L 为 Langmuir 压力。

6.3.2.2 测井解释法

测井解释法求取页岩含气量就是通过页岩的物性参数获得页岩的游离气量，然后通过有机碳含量和吸附气的经验公式获得页岩的吸附气含量，页岩含气量为游离气和吸附气之和（张晓明等，2017）。其中单位页岩游离气含量：

$$Q_{游离} = \frac{p\phi S_g}{p_s \rho} \quad (6-27)$$

式中，$Q_{游离}$ 为单位页岩游离气含量，m^3/t；p_s 为标准压力，取 101.325kPa；p 为地下页岩埋深处的静水压力，kPa；ρ 为该岩石的密度，$10^3 kg/m^3$；φ 为岩石孔隙度，%；S_g 为含气饱和度，%。

根据研究区样品等温吸附实验，建立 $Q_{吸}$ 与 TOC 之间的关系模型：

$$Q_{吸} = A \times TOC + B \quad (6-28)$$

其中 A、B 为参数，不同研究区，不同地质条件，参数也各不相同。待确定参数后，利用测井识别解释出的 TOC，即可借助式（6-28）在纵向上求出连续变化的页岩吸附气含量。

在钻进过程中，由于地层压力高于井筒液柱压力等原因，地层流体进入井筒钻井液中，经常会发生井涌、气侵和气测异常等不同程度的气体显示。其中，全烃值和甲烷含量可以对页岩含气量，特别是对游离气含量直接反映。

6.3.2.3 理论图版法

理论图版法是依据页岩气赋存理论而提出的一种理论计算方法，图版可以根据较少参数快速、直观地提供含气量数值，为快速评价页岩气资源潜力和合理预测有利区提供了参考（张晓明等，2017）。其中，针对不同类型干酪根页岩吸附气含量计算公式与游离气含量计算公式可以得到页岩含气量 q 的计算公式：

Ⅰ型：

$$q = k\frac{2893.5\phi_g S_g p}{\rho Z(T+273.15)} + \frac{(0.5724 TOC + 0.0195 T + 0.0098)p}{0.0773 TOC + 0.0026 T + 1.28883 + p} \quad (6-29)$$

Ⅱ型：

$$q = k\frac{2893.5\phi_g S_g p}{\rho Z(T+273.15)} + \frac{(0.5390 TOC + 0.0119 T + 0.2588)p}{0.1137 TOC + 0.0025 T + 1.7516 + p} \quad (6-30)$$

Ⅲ型：

$$q = k\frac{2893.5\phi_g S_g p}{\rho Z(T+273.15)} + \frac{(0.4288 TOC + 0.0088 T + 0.4988)p}{0.0729 TOC + 0.0015 T + 1.3970 + p} \quad (6-31)$$

式中，k 为不同有机质类型系数。

依据公式（6-29）至公式（6-31），将页岩部分参数，如 TOC、地层压力 p，以及温度 T，代入到公式中即可得到页岩理论含气量（图 6-41）。

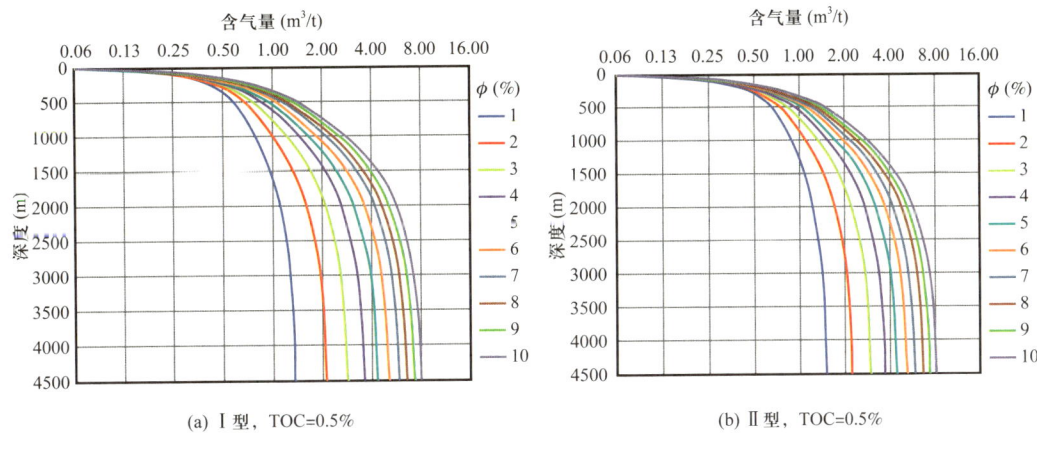

图 6-41 页岩含气量部分理论图版

6.3.2.4 现场解吸法

从理论上来说,页岩气主要由游离气、吸附气及溶解气等所构成,但在现场解吸过程中,页岩气主要由损失气、解吸气及残余气所组成(张金川等,2021),三者构成页岩地层实际含气量之和。

将现场解吸得到的气体体积 V_m 代入式(6-32),可求得其对应标准状态(温度 20℃、压力 101.33kPa)下的体积 V_S,将每次解吸的标准体积累加即得样品在标准状态下的总解吸气量;通过二次取心法计算损失气量。将同一块样品不同时刻二次取心样的解吸气量 $V_\text{解吸}$ 作为纵坐标,与其对应的时间作为横坐标作图,根据解吸气量各点连线的延长线与纵坐标相交,趋势线在纵坐标上的截距即为所求的损失气量;残余气含量是人为终止解吸过程后仍然残留在岩心中的气体,可采用高温法、延时法及磨碎法等方法予以确定。

$$V_\text{S} = \frac{273.15 p_\text{m} V_\text{m}}{101.325 \times (273.15 + T_\text{m})} \tag{6-32}$$

式中,V_S 为标准状态下的气体体积,cm³;p_m 为大气压力,kPa;T_m 为大气温度,℃;V_m 为解吸气体体积(解吸计量读数),cm³。

五峰组—龙马溪组的解吸实验表明,岩心含气量最大 4.34m³/t(井深 1971m),最小 1.64m³/t(井深 1958.25m),平均 3.01m³/t,优质页岩段岩心含气量整体自上而下呈增加趋势,且在五峰组—龙马溪组底部值最高(图 6-42)。

6.3.3 "甜点"预测技术

对于页岩气藏的开发而言,最关键的是页岩储层本身是否易于改造,即是否具有工程"甜点"。所谓页岩气"甜点",主要指页岩气富集和集中的区域,结合页岩中有机碳、脆性、含气量等参数,判断页岩气勘探区域是否属于"甜点"区域。相关地质理论的研究主要包括页岩地球化学(有机碳含量和有机质热成熟度)、地球物理(地震资料等)、岩相（沉积物、沉积相）等。在页岩气资源开发中，"甜点"预测技术是非常重要的一部分，通过"甜点"预测技术可以更加高效地对页岩气资源进行开发（陈勇，2016），围绕页岩气储层及地震资料的特点，页岩气"甜点"地震预测技术可以分为几类，如图6-43所示。

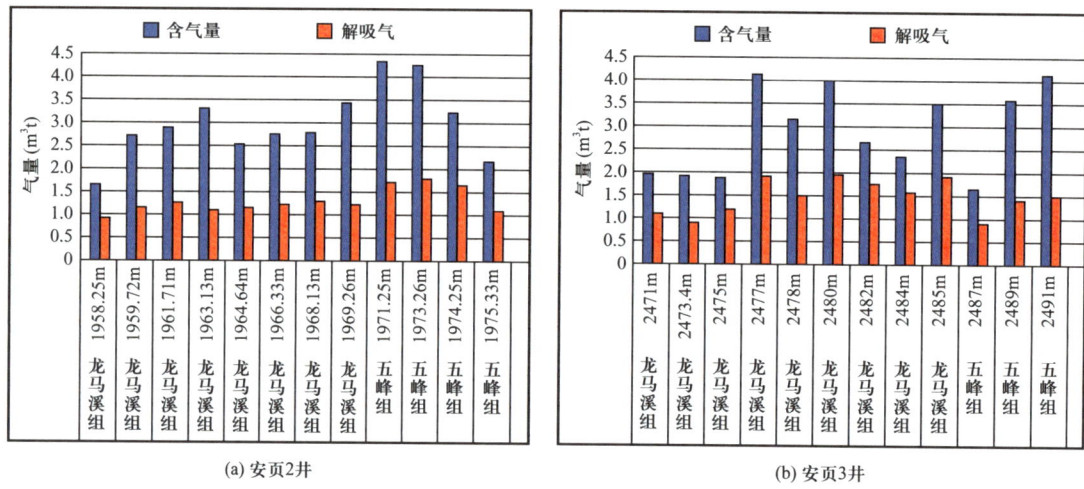

图6-42 安页2井、安页3井五峰组—龙马溪组页岩解吸气对比图

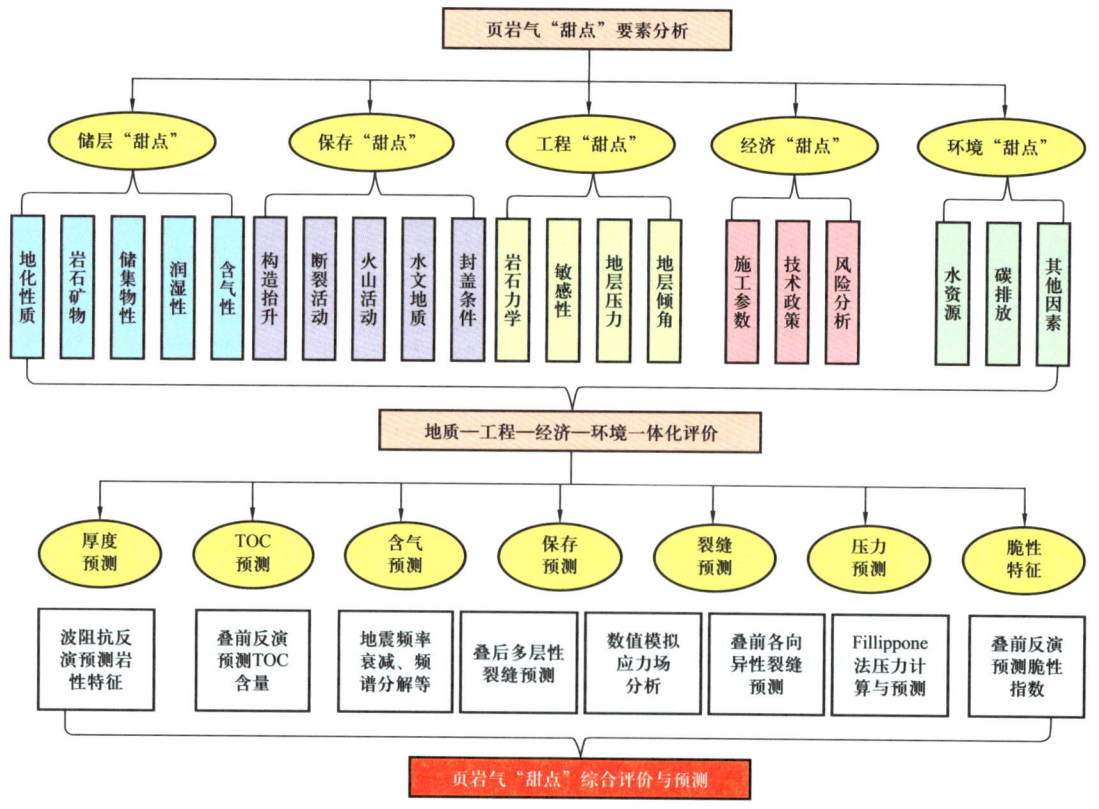

图6-43 页岩气"甜点"综合评价与预测

6.3.4 "甜点"区优选结果

"甜点"区评价还要涉及开发要素的参数,并且对影响含气性的相关参数的要求也要提高。根据中国南方海相页岩气"甜点"区评价特点,并考虑研究区的地质特殊性,制定了安场地区五峰组—龙马溪组页岩气"甜点"区优选的标准,见表6-2。

表6-2 安场地区页岩气"甜点"区优选标准

主要参数	变化范围
页岩厚度	单层厚度大于20m
埋深	超过2000m
TOC	>4.0%
R_o	$2.5\%<R_o<3.5\%$
脆性矿物含量	>65%
总含气量	>3.0m³/t
游吸比	>0.6
含气饱和度	>70%
孔隙度	平均大于4%
储层压力系数	>1.1
泊松比	<0.2
弹性模量	>40GPa
脆性指数	>0.65
保存条件	顶底板盖层连续分布厚度大,位于构造稳定区,无通天断裂,距露头距离大于2km,地层倾角小于20°,地层水不活跃
地表条件	地形高差小于100m,远离障碍遮挡物,交通便利,无空中障碍物,距水源近,废弃矿场或荒地等土地用地,易于施工
地震解释	断裂不发育,逆断层伴生裂缝不发育

根据建立的五峰组—龙马溪组页岩气"甜点"区评价标准,对安场向斜的"甜点"区优选结果如图6-44所示。需要注意的是,断裂的分布在很大程度上影响了"甜点"区的分布范围,这也是南方构造复杂区面临的普遍问题。从更广泛的意义上讲,中国南方古生界海相页岩气具有优越的生储条件,主要影响页岩气富集和开发的因素是构造保存条件。在优选的"甜点"区内,目前已实施五口页岩气井(安页1井、安页2井、安页3井、安页4井和安页5井),并取得良好的页岩气生产效果。

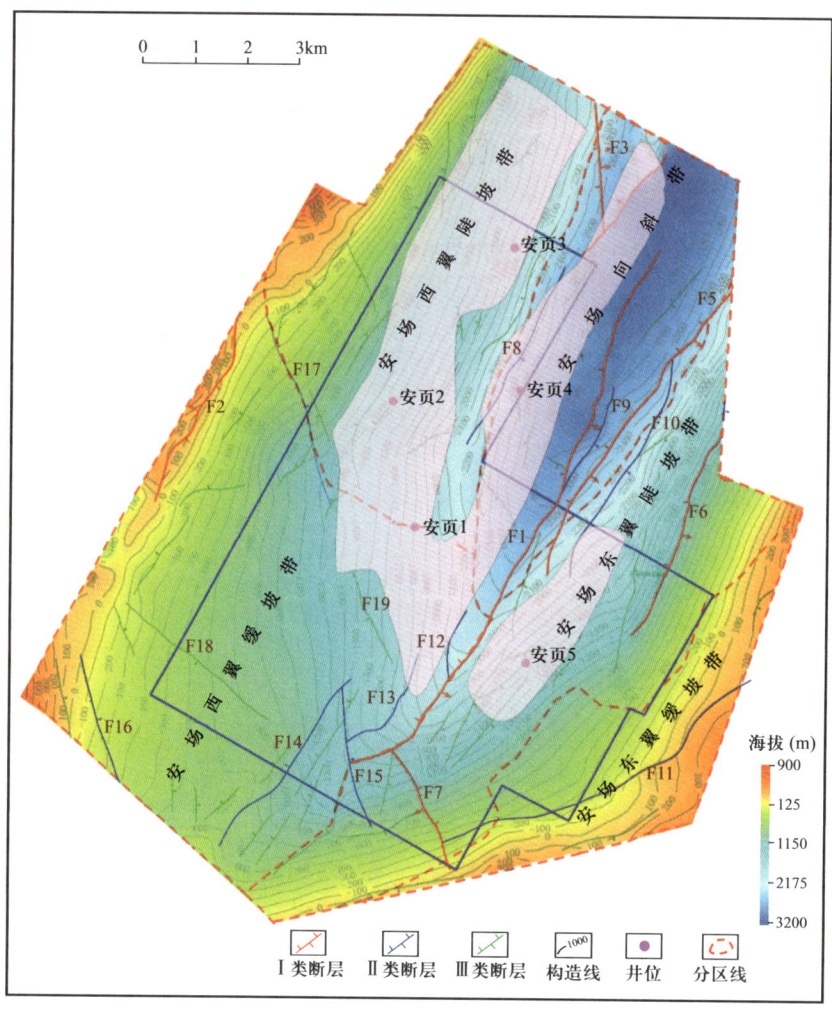

图 6-44 安场向斜五峰组—龙马溪组页岩气"甜点"区分布图

6.4 有利区带及井位部署技术

6.4.1 有利区带优选

6.4.1.1 页岩气成藏评价要素

依据国土资源部颁布的页岩气评价标准（表 6-3），页岩气藏富集程度的关键因素可概括为有机质含量与热演化程度、页岩厚度与深度、页岩储层空间（孔隙、裂缝）和保存条件等四大因素。

页岩气有利区带优选时，重点综合以下参数：页岩有机质成熟度处在生气窗的范围内（最好位于 1.4%～3%），有机碳含量高（大于 2%），页岩厚度大（大于 30m），可压性强（石英等脆性矿物含量大于 50%、黏土矿物含量低于 40%），含气量高（大于 2m³/t），地层压力系数较高（大于1.2），保存条件好（断裂不发育、顶底板具备封挡条件），地表条件良好。

表6-3 页岩气储层评价标准

评价参数	基本要求	评价参数	基本要求
埋深	干气窗内最浅深度	裂缝类型	开放式和被石英或方解石充填
厚度	>30m	储层垂向非均质性	越小越好
温度	>110℃	孔隙压力	>0.5psi/ft
总有机碳含量	>2%	水平闭合压力	<2000psi/ft
热成熟度（R_o）	>1.4%	渗透率	>10^{-4}mD
储气量	>$100×10^9 ft^3$/区块	总孔隙度	>4%
矿物组成	石英或方解石含量大于30%，黏土矿物含量小于30%，蒙皂石等膨胀型黏土矿物含量低	充气孔隙度	>2%
		含水饱和度	<40%
		含油饱和度	<5%
气体成分	CO_2、N_2和H_2S含量低	泊松比（静态）	<0.25
最佳气体类型	热成因	杨氏模量	<3000MPa

注：标准依据DZ/T 0254—2014《页岩气资源/储量计算与评价技术规范》。

（1）沉积特征。

安场向斜龙马溪组为大套黑色碳质页岩，强还原环境，为深水陆棚沉积；五峰组为黑色碳质页岩，为滞留浅海盆地沉积，安场向斜所处的区域范围内呈现出南高北低的古地理格局，正安—务川一带以南为浅水陆棚区，以北为深水陆棚区（图6-45）。

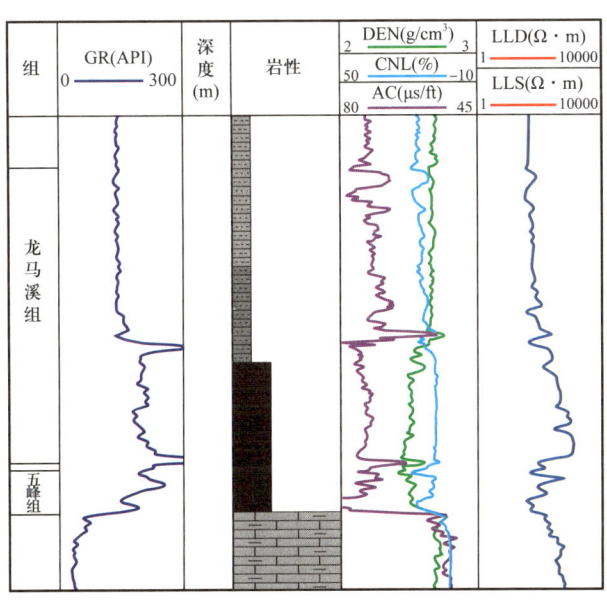

图6-45 安页1井综合评价图

（2）储层特征。

安场向斜五峰组—龙马溪组页岩段经钻井证实，已成为本区块的主要目的层段，页岩气储层特征描述主要是厚度、孔隙度、渗透率、岩石密度、孔隙结构、矿物成分等。安场向斜五峰组—龙马溪组各单井储层特征见表6-4。

表6-4 安场向斜五峰组—龙马溪组储层特征统计表

井号	密度（g/cm³）	页岩厚度（m）	黏土含量（%）	脆性矿物含量（%）	孔隙度（%）	TOC（%）	含气饱和度（%）	吸附气（m³/t）	游离气（m³/t）	总含气量（m³/t）
AY1-6	2.53	19.24	29.02	70.85	3.36	4.17	70.66	2.02	1.86	3.88
AY2	2.50	18.09	30.48	74.86	3.33	3.96	68.34	1.91	1.71	3.62
AY3	2.50	18.19	31.17	75.28	3.40	4.03	67.20	1.73	1.77	3.50
AY4	2.50	18.73	31.22	70.67	3.78	4.00	67.12	1.92	1.82	3.74
AY5	2.53	16.80	31.35	72.98	3.27	3.73	66.89	1.76	1.48	3.24

① 页岩厚度。五峰组—龙马溪组储集体岩性为黑色碳质页岩，单井页岩厚度在16.8～19.24m，根据页岩厚度反演成果，其平面上主要分布在17～20m之间。

② 孔隙度。五峰组—龙马溪组单井孔隙度为3.33%～3.78%，孔隙度平面上主要分布在3%～3.9%之间，孔隙度高值区对应断裂发育密集区。

③ 页岩密度。五峰组—龙马溪组页岩密度在2.50～2.53g/cm³，其在平面上的分布范围在2.5～2.55g/cm³之间，密度整体变化幅度小。

④ 含气量。五峰组—龙马溪组单井总含气量为3.24～3.88m³/t，平面上主要分布在3.0～4.0m³/t之间，含气量高值区对应断裂发育少，保存条件好。

（3）烃源岩特征。

① 有机碳含量（TOC）。页岩中的有机碳是页岩气的物质来源，总有机碳含量是评价页岩气生成与赋存条件的重要指标，众多页岩气研究实例表明页岩气的吸附能力与页岩的有机碳含量之间存在着线性关系，因而有机碳含量是进行页岩气生成潜力及含气性评价的基本参数。五峰组—龙马溪组单井TOC在3.73%～4.17%之间，平面上主要分布在3.6%～4.0%之间，平面上有机碳分布比较稳定。

② 有机质成熟度。成熟度适中有利于页岩气储层空间发育、生成和富集。安场向斜南部靠近黔中隆起，黔中隆起龙马溪组沉积较薄，R_o普遍低于1.5%，北部道真、落龙沉积较厚，富有机质页岩成熟度较高，整体呈现由南向北成熟度增加的趋势，安场向斜内R_o为2%～2.1%，成熟度适中（表6-5）。

（4）保存条件。

四川盆地及其周缘海相页岩气勘探实践表明，海相泥页岩具有良好的物质基础，钻探中具有普遍含气的特征，但是试气效果千差万别，保存条件的重要性越来越受到重视，普遍认为是决定页岩气能否富集高产的关键因素。

表 6-5 安场向斜安页 1 井龙马溪组有机质成熟度评价表

层位	顶深（m）	底深（m）	厚度（m）	岩性	T_{max}（℃）			有机质成熟度
					最大值	最小值	平均值	
龙马溪组	2303	2331.6	28.6	灰黑色泥岩、碳质泥岩	471	430	440	成熟

① 埋藏深度。按照美国页岩气业界的划分，当页岩埋藏深度小于 1000m 时，称为浅层页岩气藏；深度在 1000~4000m 之间为深层页岩气藏；埋藏深度超过 4000m 时称为超深层页岩气藏。从目前国内外的生产实践来看，埋深小于 4000m 范围是有利勘探的深度范围，将此范围定为工区目的层的有利范围。

工区五峰组—龙马溪组埋深相对较浅，大部分地区深度范围在 1000~3500m，面积为 148.33km²。根据志留系底界埋藏深度图，对不同埋藏深度范围进行了统计（图 6-46），300~1000m 范围为 17.24km²、1000~1500m 范围为 30.94 km²、1500~2000m 范围为 33.73km²、2000~3000m 范围为 48.34km²、3000~3500m 范围为 14.16km²、3500m 以上为 3.92km²。从五峰组—龙马溪组埋藏深度范围来看，埋藏深度均小于 4000m，整体满足有利勘探的深度范围。

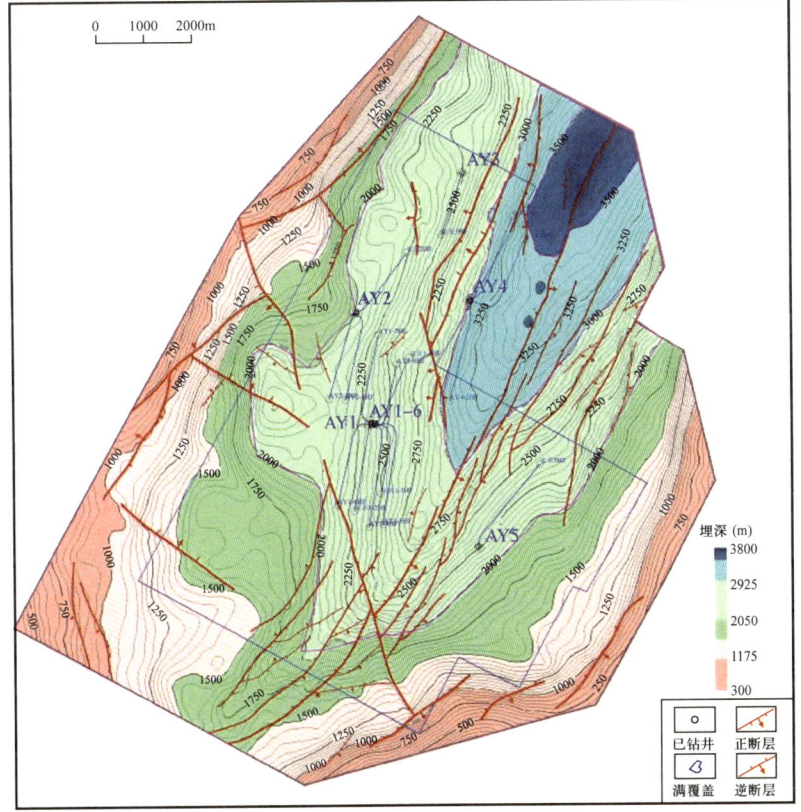

图 6-46 安场向斜五峰组—龙马溪组底界埋藏深度图

② 压力系数。安场向斜五峰组—龙马溪组压力系数主要分布在 0.94～1.04 之间，处于常压状态。工区内压力系数相对高值区位于工区中部，向两翼逐渐减小，安页 1-6 井西南部地层压力系数相对较高，这与该区域断裂不发育有关，说明该区域五峰组—龙马溪组页岩气保存条件相对较好。

③ 断裂和裂缝。断裂和裂缝对页岩气聚集具有双重作用。一方面，其发育程度和规模是影响页岩含气量和页岩气聚集的主要因素，决定页岩渗透率的大小并控制页岩孔隙的连通程度。另一方面，断层与裂缝发育规模过大，会导致天然气过早散失，不利于页岩气的富集与保存。断层对页岩气破坏作用表现在"通天"断裂可断穿上部区域盖层，成为页岩气散失和大气水下渗的通道。而断穿页岩与高渗透性地层的开启断层也可造成页岩气向低势区运移而造成含气量降低，裂缝对页岩气破坏作用表现在高角度裂缝如果发育规模过大，会将页岩与不利于保存的断裂或高渗透地层沟通。低角度裂缝的发育对页岩横向渗透率改善效果显著，如果与"通天"断裂或与高渗透层相连的开启断裂沟通，也将不利于页岩气的保存。

根据裂缝发育预测分布情况，安场向斜五峰组—龙马溪组裂缝与断层发育关系紧密，两者表现为共生关系，中部断裂、裂缝较发育，交错分布，保存条件较差，西部及东部斜坡地区可识别的断层、裂缝发育较少，保存条件相对较好。

断层与裂缝不发育区为保存条件相对较好的区域，根据距离可识别断层大于 100m，避开裂缝连续、密集发育区（大于 0.6），划分出保存条件较好的区域，即图 6-47 中蓝色线圈定区域，总面积约 50.45km²。

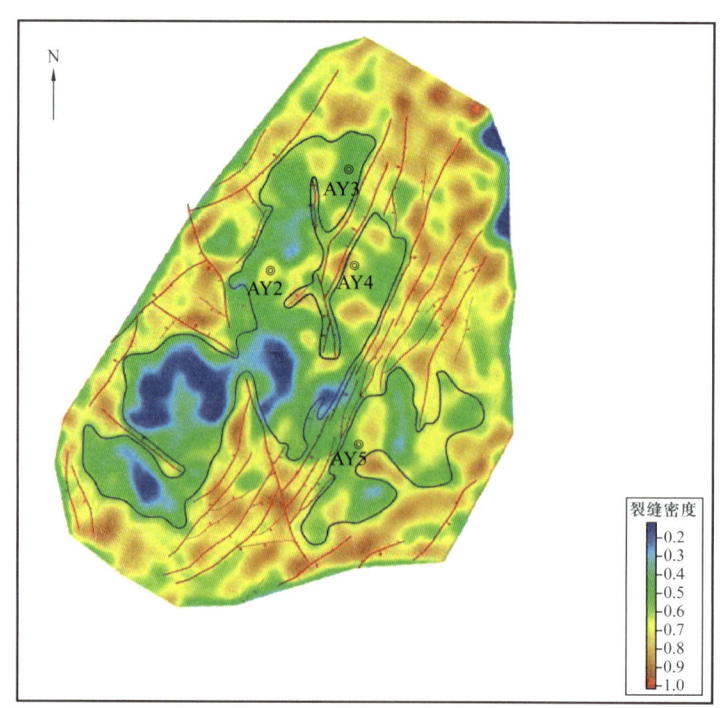

图 6-47　五峰组—龙马溪组具备保存条件的区域（蓝色线内）

6.4.1.2 有利区带优选

综合构造断裂解释成果、储层特征、烃源岩特征，以及保存条件分析，安场向斜五峰组—龙马溪组整体的页岩厚度、有机碳含量、总含气量、脆性指数等指标满足页岩气成藏的条件。

综合评价页岩储层埋藏 1000m 以上、保存条件好（断裂与裂缝发育少）、压力系数大于 0.9 为有利区带的评价标准，预测一类有利区 47.1km²，二类有利区 3.35km²（图 6-48）。

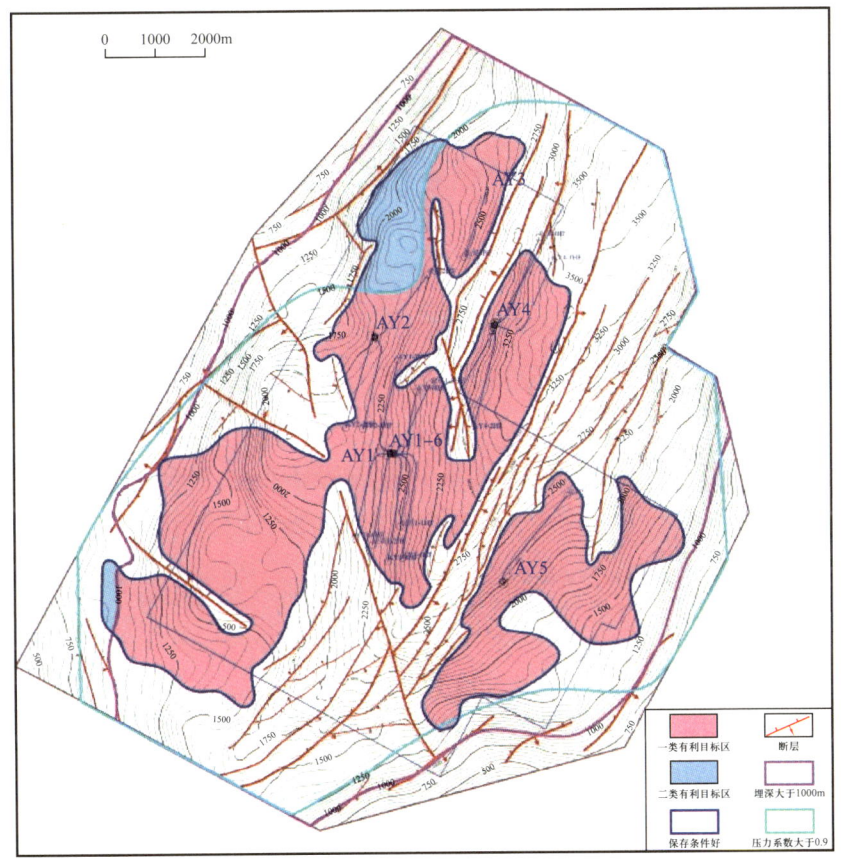

图 6-48　安场向斜五峰组—龙马溪组有利目标区综合评价图

6.4.2　井位优选及井位部署

6.4.2.1　井位优选原则

结合综合"甜点"分析成果，强调钻井成功率，分别针对石牛栏组下段、龙马溪组开展井位优选。具体层系上，石牛栏组下段部署以"甜点"为基础，同时参考安页 1 井成功经验，以邻近原则兼顾储量要求开展井位部署，同时考虑区带甩开原则部署不同区域，以求打开勘探局面；龙马溪组主体部署原则是以"甜点"为基础，同时井位部署考虑石牛栏组下段和龙马溪组两套目的层系兼探。

6.4.2.2 井位部署

以扩大安页 1 井石牛栏组下段勘探成果、保证钻探成功率为部署原则,并充分论证和考虑以下部署条件:

(1)石牛栏组下段、龙马溪组泥页岩稳定分布区。
(2)构造相对稳定,断裂不发育,保存条件良好。
(3)石牛栏组下段泥岩裂缝较发育区。
(4)埋藏深度适中,在 1500~3500m 间。
(5)地面地形条件有利,有利于后期"直"改"平"(表 6-6)。

表 6-6 设计井参数

井位	目的层	井型	靶点	横坐标 Y (m)	纵坐标 X (m)	转盘补心深度 KB (m)
建议 1 井 (安页 2 井)	石牛栏组下段 五峰组—龙马溪组	直 (直改平)	井口	18736803.143	3173053.544	623.90
			A	18736962	3173278	
			B	18737449	3174151	
建议 2 井 (安页 3 井)	石牛栏组下段 五峰组—龙马溪组	直 (直改平)	井口	18739205.765	3176492.803	639.15
			A	18739120	3176256	
			B	18738722.35	3175113.28	
建议 3 井	石牛栏组下段 五峰组—龙马溪组	直 (直改平)	井口	18739745	3168092	850.00
建议 4 井	石牛栏组下段 五峰组—龙马溪组	直 (直改平)	井口	18734573.62	3169772.47	660.00

由于整个安场向斜的井位部署皆与建议 1 井相似,因此本节详细介绍建议 1 井(安页 2 井)的部署情况。

建议 1 井井口位于贵州省遵义市正安县安场镇光明村西外环延伸线旁,井口坐标为:$Y=18736803.143$m,$X=3173053.544$m,地面海拔 $H=623.9$m。距离安页 1 井 1.95km,钻探目的层为志留系石牛栏组下段和五峰组—龙马溪组,预计完钻井深 2172m。

表 6-7 为建议 1 井钻井设计基础数据表,本井先进行导眼井段钻探,后期侧钻,进行水平段钻探,设计靶前距 250m,水平段长 1000m,主要目的是准确评价安场向斜构造产能情况,因此要求本水平井严格按照设计轨迹方位钻进,保持轨迹平直。

表 6-8 为建议 1 井设计轨迹参数表,设计入靶点(A 点)垂深 2166m,着陆点定于建议 1 井导眼井的五峰组底界之上 12.5m 处,出靶点(B 点)垂深 2227m。图 6-49 为过建议 1 井导眼井三维测线 Line572 线地震剖面与建议 1 井钻井轨迹设计平面图(龙马溪组底界构造图)。

表 6-7 建议 1 水平井井钻井设计基本数据表

井号	井别	井型	地理位置	构造位置	测线位置（3D）	大地坐标（北京）（m）	经纬度（WGS84）	地面海拔（m）	磁偏角	导眼井井深（m）	导眼井完钻层位	目的层	五峰组—龙马溪组水平段方位	水平井完钻层位	水平段长（m）
建议1井	探—评井	直井（直改平）	贵州省遵义市正安县安场镇光明村西外环延伸线旁	武陵褶皱区安场向斜北段西翼	Line572 Trace369	X=18736803.143 Y=3173053.544	107°25′18.489″E 28°39′05.690″N	623.9	−1°18′	2172	O_2b	S_1sh, S_1l−O_3w	NE22°	S_1l	1000

表 6-8 建议 1 井设计轨迹参数表

井号	目的层	靶点名称	垂深（m）	纵轴 X（m）	横轴 Y（m）	靶区平面半径（m）	靶区垂向半径（m）	闭合方位（°）	闭合距（m）
建议1井	龙马溪组	入靶点（A点）	2166	18736962	3173278	20	6	NE22	250
		出靶点（B点）	2227	18737449	3174151	20	6	NE22	1000

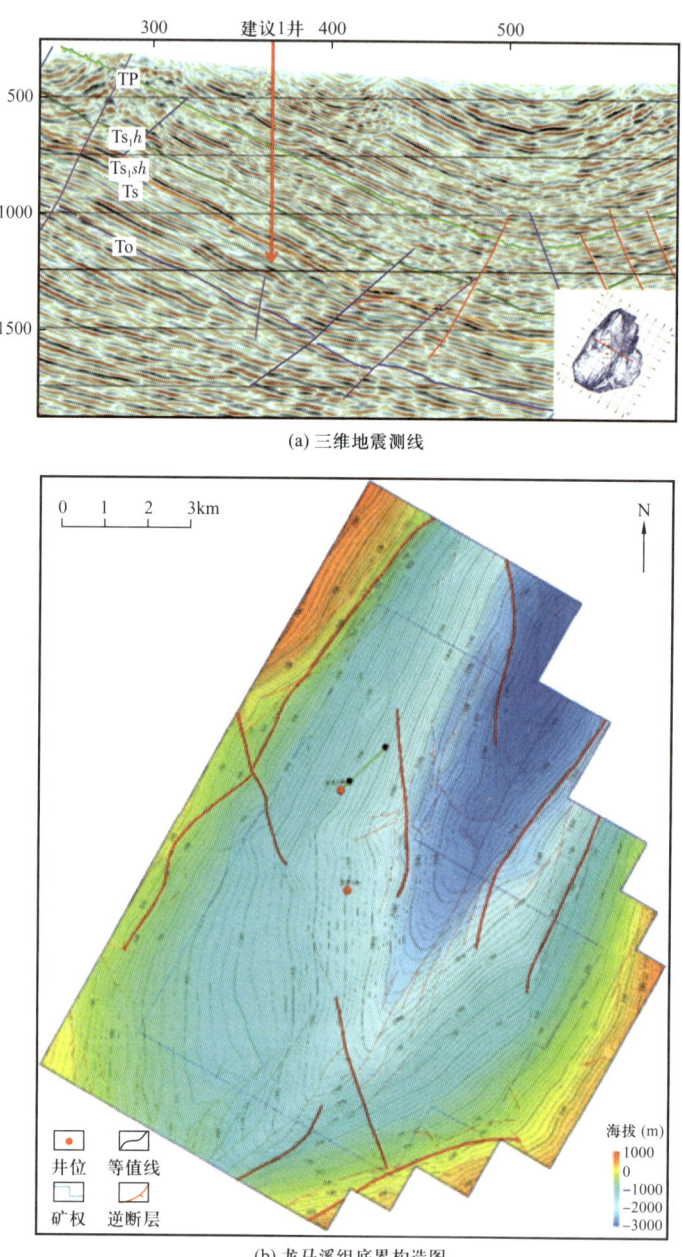

图 6-49 建议 1 井导眼井三维测线 Line572 线地震剖面与建议 1 井钻井轨迹设计平面图

根据区域地震层位波阻特征和安页 1 井的精细标定，落实了二叠系底界、石牛栏组下段底界和龙马溪组底界地震层位，结合区域构造背景在剖面上进行了追踪对比，落实和分析了各目的层界面的构造图、埋深图和断裂结构，拟部署的建议 1 井处于较有利的构造位置。

根据三维地震处理解释成果，拟部署的建议 1 井位于武陵褶皱区安场向斜北段西翼、安页 1 井的 NNW 方向，上二叠统底界及志留系底界的地震反射清楚，追踪对比较为合理，构造形态较为可信。

预测建议 1 井导眼井石牛栏组下段地层压力系数为 1.8，龙马溪组地层压力系数为 1.8，此值为对储层压裂改造后形成人工页岩气藏的地层孔隙流体压力。因此，在建议 1 井钻探时注意地层异常高压，统筹考虑龙马溪组页岩储层致密、敏感性强的特点，选择合适的钻井液体系，配备必要的防喷器井控装置。

建议 1 井处构造平缓，地层连续性好，横向展布稳定，地层倾角较小，倾角大小在 20° 左右，避开大断层，具有较好的构造条件

按地震剖面及安场向斜石牛栏组下段底界和龙马溪组底界地震反射构造图，拟部署的建议 1 井所处构造位置距最近大断层超过 1000m，距离最近地层出露剥蚀区 3960m，保存条件有利。

拟部署的建议 1 井预计石牛栏组下段底界埋深为 2012m，龙马溪组底界埋深为 2166m，埋深适中。

安场向斜安页 1 井揭示石牛栏组下段主要为灰泥互层的岩性组合，其中泥岩成岩收缩缝和构造缝极为发育，是石牛栏组下段主要的储层段，累计厚度在 60m 左右；五峰组—龙马溪组优质页岩富含有机质，有机碳含量 3.33%，含气量 2.19m^3/t，裂缝发育一般，孔隙度 6.14%，石英 + 长石含量 63%，物性参数较好，有利储层厚度稳定（7～18m）。预计建议 1 井石牛栏组下段岩性组合和龙马溪组页岩品质与安页 1 井相似，预计优质页岩厚度为 22m。

第7章 贵州北部五峰组—龙马溪组页岩气资源潜力评价

自2009年前后中国石化、中国石油开始投入勘探评价工作量以来，其发展规划即受到国家重视（龙胜祥等，2021）。中国石化2012年在涪陵焦石坝构造进行了页岩气钻探评价，实施了焦页1-HF水平井，在龙马溪组页岩段压裂获得$20.3 \times 10^4 m^3$商业气流，发现了涪陵页岩气田（郭旭升等，2022）。2013年中国石油和中国石化两家企业在四川盆地五峰组—龙马溪组实现了页岩气年产量$2 \times 10^8 m^3$的产量突破。2014年，原国土资源部对中国石化重庆涪陵页岩气田焦石坝区块JY1—JY3井区五峰组—龙马溪组一段进行地质储量评审，新增探明地质储量$1067.5 \times 10^8 m^3$，随后中国石化率先启动了涪陵页岩气田一期$50 \times 10^8 m^3$产能建设。2016年四川盆地五峰组—龙马溪组页岩气年产量达$78 \times 10^8 m^3$（马新华等，2023）。至2017年，页岩气年产量超过加拿大，成为仅次于美国的全球第二大页岩气生产国。2020年我国页岩气年产量超过$200 \times 10^8 m^3$；2021年又超过$220 \times 10^8 m^3$，并形成了以四川盆地及其周缘海相页岩气为代表的商业化开发示范区。中国南方扬子陆块海相页岩气勘探开发不断取得突破，在涪陵、威远、长宁、昭通和南川等地区已发现了数个探明储量超千亿立方米的页岩气田（赵文智等，2020；张金川等，2022；黄江杰等，2022；姜鹏飞等，2023；雍锐等，2022）。扬子陆块广泛发育震旦系、寒武系、奥陶系、志留系、石炭系和二叠系等多套海相富有机质页岩，页岩气资源潜力巨大（郭旭升等，2020，2022；Tenger et al.，2021）。我国页岩气具有快速发展的丰富资源基础，研发适合我国各地区各层系海相、陆相和过渡相页岩气的勘探开发技术、大功率装备，以及工具和材料，快速推进老区立体深度开发和新区新层系勘探开发突破，力争2025年页岩气产量达$400 \times 10^8 \sim 450 \times 10^8 m^3$（龙胜祥等，2021）。

目前，我国南方海相页岩气选区评价指标研究成果较多，主要采用了与美国页岩气选区评价指标进行类比的方法。页岩气勘探开发有利区的优选是能否获得页岩气商业性开发的重要前提，其分布如图7-1所示。对于页岩气选区评价的研究，我国地质工作者根据勘探实践和区域地质特点，先后提出了相应的有利区选区评价标准。通常选区评价主要考虑页岩气富集成藏的主要因素，包括地下地质条件，同时还要考虑页岩气开发的工程及地面因素等。中国南方海相页岩气不同层系、不同地区的实际地质条件均有差异，须在参考北美各公司评价参数的基础上，建立适合中国南方海相页岩气有利区选区评价方法体系。

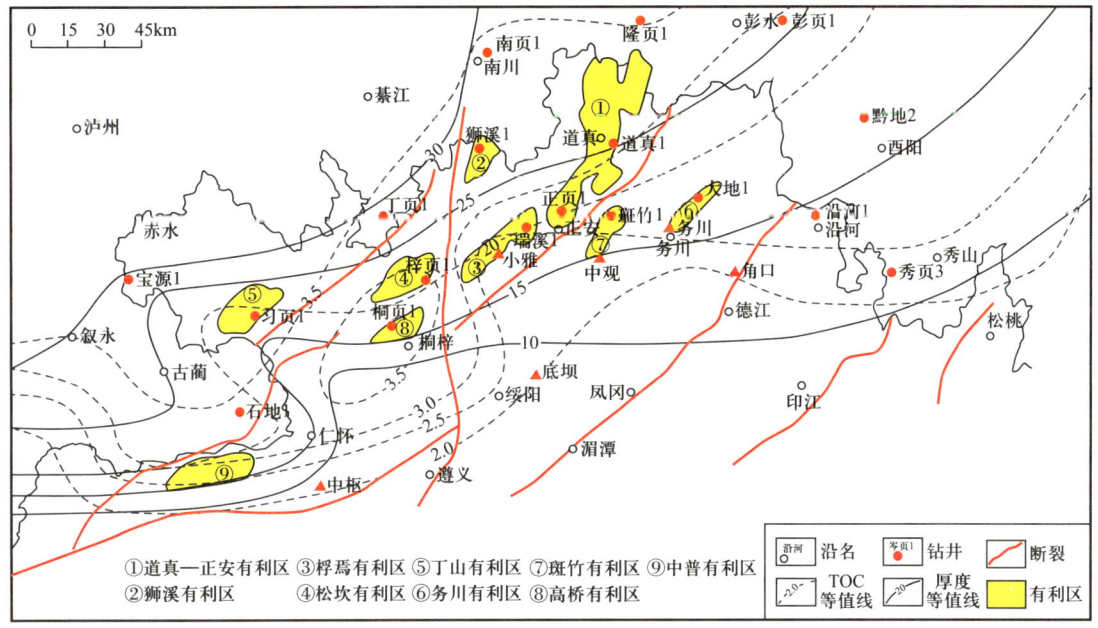

图 7-1 黔北地区龙马溪组有利区优选分布图

7.1 资源量计算

7.1.1 资源量计算方法

目前，页岩气资源评价方法可划分为静态法、动态法和综合法三大类（李建忠等，2016；宋振响等，2020），每种方法下面又可细分为若干具体评价方法，主要包括成因法、容积法、体积法、EUR 类比法、特尔菲法等。不同方法在依据原理、优缺点、适用范围等方面有所不同。体积法是目前最常用的一种页岩气地质资源能力估算方法，它对所需的资料相对较少。目前贵州黔北地区除安场气田资料详实，提交了探明储量外，其余地区研究程度相对较低，钻井数量较少，鉴此本次选用体积法进行黔北有利区资源量估算。

按照《油气矿产资源储量分类》和《页岩气资源量和储量估算规范》文件规定，页岩气资源量计算的下限为含气量大于 $1.0 m^3/t$，TOC≥1.0%，页岩中镜质组反射率 R_o≥0.7%。

体积法计算资源量公式如下：

$$Q = A \cdot H \cdot \rho \cdot q / 100 \qquad (7-1)$$

式中，Q 为页岩气总资源量，$10^8 m^3$；A 为评价单元面积，km^2；H 为含气泥页岩厚度，m；ρ 为泥页岩密度，t/m^3；q 为含气量，m^3/t。

在式（7-1）中，计算单元面积 A 是常数，而厚度 H、泥岩密度 ρ、含气量 q 都是在其参数总体中的一个随机变量。如果假设有 M 个评价单元，则总资源量 Q 为：

$$Q = \sum_{i=1}^{M} Q_i \qquad (7-2)$$

该方法中含气量数据是关键,可通过钻井取心解吸获取或者由刻度区类比获得。

7.1.2 评价参数赋值方法

对评价参数进行赋值主要包括确定性赋值和条件性赋值两种。确定性赋值相当于给参数赋予相对确定的值,对于勘探程度相对较高地区,这种赋值可靠性较好,相反则可靠性较差;条件概率赋值则依据参数分布数学模型进行赋值(梁兴,2020)。体积法计算资源量中需要对含气面积、有效页岩厚度、密度和含气量4个参数进行赋值,其中评价单元中含气面积能直接确定,赋予确定值,而其余参数由于确定性相对较差,则全部采用条件概率赋值。

(1)含气面积(A)。

本次评价以有利区为评价单元,含气面积即各评价单元的面积。据统计龙马溪组下段优质页岩层5个评价单元中,含气面积最大为道真有利区,面积300km²,最小为狮溪有利区,面积40km²。

(2)页岩有效厚度(H)。

有效厚度指 TOC 大于 2.0% 的页岩厚度,有效厚度赋值主要采用相对面积占有法,即依不同厚度等值线所占评价单元有效面积的相对多寡求取对应的条件概率,在不同概率条件下的厚度估计大致可与该厚度等值线所圈定的面积占有效评价面积的多寡确定。

(3)岩石密度(ρ)。

页岩密度可以通过页岩测试求得,主要为一些离散数据,剔除个别异常值,在符合参数分布要求条件下,依据参数概率密度的正态分布,计算获得不同概率条件下的参数对应值,即得到对应条件下概率值。

(4)含气量(q)。

含气量值主要根据钻井岩心现场解吸获得,未有钻井的有利区,则根据页岩地层基本地质参数类比获得。对于获得的含气量的离散数据,在符合参数分布要求条件下,依据参数概率密度的正态分布,计算获得不同概率条件下的参数对应值,即得到对应条件下概率值。

7.2 安场向斜

7.2.1 构造特征

正安区块区域构造属于中上扬子地台武陵坳陷隔槽式褶皱带的安场向斜,区块位于涪陵气田南侧,为一被断层复杂化的向斜构造,属于典型的"窄陡型"向斜。五峰组—龙马溪组构造海拔在 −3240~300m 之间变化,呈现长轴长、短轴短的特征,其轴线为南西—北东走向，总体表现为南部宽缓，北部收敛、紧闭；构造形态南缓北陡，南部相对宽缓。地层自向斜核部向两端抬升，总体向斜的核部和东西两翼断层均发育，东翼较西翼断裂更为复杂。断裂主要分布在向斜核部及其东西两翼。

平面上展布主要表现为北东、北北东、北西向三组断裂，以北北东向断裂为主。平面断裂具有东西分带特点，主要表现为：研究区东部，断裂基本平行向斜走向，断面东倾；研究区西部，多数断层与向斜走向一致，断面西倾。在向斜的核部和翼部发育一系列北北东向断层与北东向断层，其呈锐角相交，构成几组总体展布方向为北北东向的断裂密集带，使局部构造趋于复杂化。

7.2.2 页岩气成藏特征

测井解释表明安场向斜目的层 TOC 在 0.34%～6.65% 之间，平均为 3.58%；有机质显微组分以腐泥无定形体为主，含少量底栖藻无定形体，有机质类型指数为 92.5～92.8，均为 I 型干酪根，镜质组反射率（R_o）为 2.17%；孔隙度介于 3.27%～3.78% 之间，均值 3.43%，安场向斜北部孔隙度略优于南部。

根据安场向斜的安页 2 井、安页 3 井五峰组—龙马溪组一段气样分析资料，气体成分以甲烷为主，甲烷含量 83.92%～90.98%，平均为 87.45%，氮气含量平均为 11.2%，乙烷含量平均为 1.01%；低含二氧化碳，平均 0.35%；不含硫化氢。五峰组—龙一段平均总含气量介于 3.24～3.88m^3/t 之间，均值 3.60m^3/t，安场向斜西翼和核部优于向斜东翼。目的层页岩气藏为连续性气藏，没有明显边界。埋藏深度一般为 1500～3500m，综合埋深、地层压力等因素考虑，确定为中浅层—中深层、常压、干气页岩气藏。

7.2.3 资源潜力

依据 DZ/T 0254—2020《页岩气储量和储量估算规范》对较高勘探程度区页岩气储量所要求的体积法与容积法，页岩气地质储量为游离气、吸附气和溶解气的地质储量之和；当页岩层段中不含原油时则无溶解气地质储量。圈定安场向斜页岩气有利区面积 58.71km^2，有效页岩气层厚度最终取等值线面积权衡法结果为 19.40m，井点面积计算单元取值 2.52t/m^3，单元有效孔隙度取值 3.15%，吸附气含量综合采用等值线面积权衡结果取值 1.75m^3/t。原始天然气体积系数为 0.0048。利用体积法计算得出安场向斜区块页岩气储量 $101×10^8 m^3$。

7.3 狮溪区块

7.3.1 构造特征

狮溪向斜呈北北东向展布，轴面倾向北西西，为西翼陡东翼缓的斜歪向斜，核部地表发育地层为三叠系嘉陵江组。西翼发育奥陶系—三叠系，从老到新为奥陶系桐梓组、红花园组、湄潭组、十字铺组、宝塔组、五峰组，上奥陶统—下志留统龙马溪组，志留系新滩组、石牛栏组、韩家店组，二叠系大竹园组、栖霞组、茅口组、合山组，三叠系夜郎组、嘉陵江组，地层倾角较陡，为40°～50°。东翼发育志留系—三叠系，从老到新为志留系石牛栏组、韩家店组，二叠系大竹园组、栖霞组、茅口组、合山组，三叠系夜郎组、嘉陵江组，地层倾角较缓，为10°～15°。其中西翼距离遵义—南川断裂带较近，地层产状较陡，构造变形较为强烈，发育一系列北东南西向展布的次级断裂、褶皱，对页岩气储层造成一定程度的破坏，构造保存条件较差；而东翼地层产状缓，构造变形弱，构造保存条件较好，向斜核部地层为三叠系嘉陵江组，目标地层上奥陶统五峰组—下志留统龙马溪组埋深较厚，作为狮溪区块的主要区域。

狮溪向斜东翼发育3条隐伏断裂，均为逆冲性质，北北东向展布，断层面倾向北西。F_1断裂发育在东翼近核部位置，展布方向与地层走向基本一致，切穿寒武系—二叠系大部分地层；F_2断裂发育在向斜东翼，在龙马溪组底界，位于F_1以东约1.5km，展布方向与地层走向基本一致且与F_1大致平行，切穿寒武系—志留系大部分地层；F_3断裂发育在向斜东翼，在龙马溪组底界，位于F_2以东约3.5km，展布方向与地层走向基本一致，切穿寒武系—志留系下部大部分地层。埋深方面，向斜核部三叠系嘉陵江组三段之下龙马溪组底部埋深最大，可达3000m，东翼嘉陵江组一段与夜郎组界线附近，龙马溪组底部埋深为2000m左右，西翼二叠系栖霞组、大竹园组与志留系韩家店组界线附近，龙马溪组底界埋深为1500m左右。

7.3.2　页岩气成藏特征

狮溪向斜五峰组—龙马溪组碳质泥岩主要发育黏土矿物层间孔、晶间孔、晶内溶孔、裂缝及有机质孔等，属于孔—裂隙型孔，孔隙度较好。岩石中矿物晶体溶蚀孔及微裂隙均较发育，具有较好的渗流通道。有机质孔隙在五峰组—龙马溪组储层内主要呈分散状、复杂网状分布，局部呈条带状，其内部普遍发育上述成因的蜂窝状微孔，直径一般0.1～1nm。有机碳含量（TOC）最大值为5.9%，最小值为0.65%，平均值为2.99%。干酪根显微组分主要由腐泥无定形体和腐殖无定形体组成，其次含少量正常镜质体和惰质组丝质。其中腐泥组含量32%～76%，平均值61.1%，腐泥组含量明显高于新滩组，壳质组含量21%～56%，平均值32.5%，镜质组含量1%～5%，平均值3.3%，惰质组含量0～7%，平均值3.6%。干酪根呈黑色，无荧光，类型指数为49～84，大多数属于II_1型干酪根，少量I型干酪根。有机质成熟度（R_o）介于1.93%～2.77%之间，平均为2.39%，总体显示工区热演化程度高，处于过成熟早期生干气阶段。碳质页岩孔隙度分布在0.02%～13.88%之间，平均值为4.12%；渗透率介于0.011～6.36mD之间，平均值为0.997mD，大部分样品渗透率大于0.1mD，个别渗透率大者可能与岩石中微裂缝有关，综合来看，狮溪1井五峰组—龙马溪组碳质页岩具有良好的孔渗条件。狮溪向斜五峰组—龙马溪组含气性受沉积与构造双重控制。狮溪区域直接与间接盖层发育条件好，为页岩气的保存提供了有利条件，狮溪向斜构造形态相对完整，东翼发育逆断层，在侧向上可有效遮挡油气的逸散，有利于页岩气的聚集和保存，从而形成逆断向斜侧向封堵、盖层封闭性良好的页岩气成藏模式。

7.3.3 资源潜力

结合实际地质情况和二维地震解译埋深构造有利区,在狮溪向斜东翼选出一个钻井优选有利区,面积约 6km²,并满足地层产状较缓、距离遵义—南川断裂带较远、五峰组—龙马溪组发育稳定、龙马溪组底界埋深在 1500～2000m 之间的要求。结合三维地震,对桐梓狮溪开展了成藏富集规律等方面的研究,进行了精细评价,划分了气藏单元,体积法预计区块资源量达到 $65×10^8m^3$(表 7-1)。

表 7-1 狮溪区块资源量评估表

单元编号	面积(km²)	南北方向长度(km)	东西方向长度(km)	资源量(10^8m^3)
1	5.36	6200	1000	11
2	8.98	3050	520～3600	17
3	4.42	1460～2440	2160	8
4	1.71	3600	630	3
5	15.07	2120～4710	2390～4580	23
6	0.63	2320	350	1
7	1.05	2690	340	2
合计				65

7.4 桴焉区块

7.4.1 构造特征

位于桴焉—太白—宽阔地区,由奥陶系封闭,包括桴焉向斜及黄杨向斜,自北向南呈雁列排列。桴焉复向斜总体由南部的宽缓开阔变为北部相对紧闭,内部断裂不发育,局部可见层间错动。其中,黄杨向斜轴向近南北,延伸长度约 30km,核部主要出露三叠系,西翼地层倾角较陡,达 70°～80°,局部倒转,东翼地层较缓,倾角 10°～20°,具不对称状。桴焉向斜轴向为北东向 30°～45°,延伸长度约 40km,核部主要由三叠—二叠系构成,枢纽呈凹凸不平波状起伏,地层平缓开阔,具有短轴褶曲特点。

通过近年来的勘探认识,桴焉复向斜主体构造线方向为北北东—北东向,以褶皱构造为主,断裂构造不太发育。桴焉向斜西翼发育 1 条Ⅰ级断裂,东翼发育 1 条Ⅱ级断裂,勘查区距离断层各约 5.8km 和 6.4km。桴焉向斜轴向为北东向 30°～45°,短轴约 9km,长轴约 23km。向北向斜收紧,向斜核部发育层间逆断层,西北部发育"通天"断裂,其西侧地层抬升幅度大,东北部发育"通天"断裂,其东侧地层抬升幅度较大,附近断裂更为发育。南北方向地层较平缓,西侧断裂规模较大,向东逐渐变小。东部地层更平缓,断裂发育较少，断裂规模变小。核部主要由三叠系—二叠系构成，枢纽呈凹凸不平波状起伏，地层平缓开阔，具有短轴褶曲特点，为宽缓复向斜。

7.4.2 页岩气成藏特征

通过资料收集、分析测试数据，综合利用前人资料，结合黔绥地1井、桴地1井、瑞溪1井、瑞溪2井的相关测试研究成果，阐明了黔北桴焉地区五峰组—龙马溪组富有机质页岩的有机质丰度、成熟度及类型等有机地球化学特征。研究区TOC分布呈两高一低的特征，桴焉向斜大部分、小雅向斜北翼中部、宽阔向斜中偏西部TOC平均含量在3.0%以上，太白向斜中部、宽阔向斜东缘、小雅向斜两翼局部TOC平均值小于2.0%。R_o值在2.27%～2.5%之间，五峰组—龙马溪组优质泥页岩已处于过成熟阶段。脆性矿物含量在研究区分布呈南北高中部低的特征。

桴焉向斜露头剖面暗色泥质岩样品干酪根类型以Ⅲ型占绝对优势，$Ⅱ_1$型干酪根仅占4.35%；干酪根显微组分主要为腐泥组无定形体，占有机组分比例多数样品在80%以上。有机质成熟度集中在2.3%，表明五峰组—龙马溪组优质泥页岩已处于过成熟阶段。研究区五峰组—龙马溪组露头暗色泥质岩R_o普遍较高，平均值大于2.5%，最大值可达3.07%，个别样品R_o值较低，最小值为1.68%。这些结果表明，研究区五峰组—龙马溪组暗色泥质岩有机质主要为过成熟烃源岩，极少为成熟烃源岩。

解吸法是页岩气含气量测试的直接方法，也是最常用的方法。瑞溪1井目的层埋深740.91～763.78m，优质页岩厚17.17m，TOC均值4.42%。下部富有机质页岩段解吸含气量1.70～2.37m^3/t，平均含气量1.96m^3/t，甲烷组分91.19%～96.22%，平均甲烷含量93.9%。吸附实验显示，在25℃条件下总含气量在4.49～5.22m^3/t，平均为4.78m^3/t。瑞溪2井目的层埋深410～425m，优质页岩17.14m，TOC均值3.7%。现场解吸含气量1.06～2.57m^3/t，平均含气量1.70m^3/t，平均甲烷含量93.4%。桴地1井目的层埋深1227.30m，优质页岩层厚15.8m，TOC均值4.65%，龙马溪组一段含气量3.04～5.68m^3/t，均值4.59m^3/t；五峰组含气量3.04～5.05m^3/t，均值4.06m^3/t。

7.4.3 资源潜力

桴焉复向斜五峰组—龙马溪组均为海相陆棚沉积，R_o多在2.5%以上，有机质类型为Ⅰ型和$Ⅱ_1$型，这些参数空间变化小，均满足页岩气有利区条件，由此，在有利区预测中主要综合考虑埋藏深度、暗色泥质岩厚度、TOC、脆性矿物含量、地震预测5种参数及其耦合效应，区分为Ⅰ类、Ⅱ类和Ⅲ类有利区。其中桴焉向斜中部—小雅向斜中部Ⅰ类有利区面积约110km^2，具备形成页岩气田条件，目前还未部署钻井，是下步页岩气勘探重点对象；Ⅱ类有利区连片分布，面积超过300km^2，具有一定含气性，值得进一步开展页岩气潜力研究；Ⅲ类有利区靠近露头零星分布，总面积不足100km^2，页岩气形成及保存条件差，页岩气开发潜力十分有限。

已有的研究显示，桴焉地区北次凹陷勘探潜力明显较大（南次凹陷、中次凹陷钻井显示、构造等条件不如北次凹陷），又由于北次凹陷距离安场向斜西南翼不足10km，因此可借鉴安场向斜的储量参数对北次凹陷进行资源量预估，安场向斜上交的探明地质储量丰度为 $1.95\times10^8m^3/km^2$，而北次凹陷五峰组—龙马溪组厚度较薄，其余参数相当，因此按照厚度比例预估北次凹陷页岩气资源丰度为 $1.66\times10^8m^3/km^2$，北次凹陷预估资源量为 $265.6\times10^8m^3$，其中有利面积约 $94.93km^2$，地质资源量 $157.58\times10^8m^3$。按照核心区可动用面积 $45km^2$ 来计，新增动用地质资源量 $74.7\times10^8m^3$。

7.5 道真区块

7.5.1 构造特征

道真示范区地处贵州高原向四川盆地过渡的斜坡地带。地貌上，勘查区地势落差大，总体为山地—河谷地形。二叠系—侏罗系出露区多为高山区，海拔 1200～1800m 之间。志留系—寒武系为中低山—河谷地形，海拔 600～1200m。沟谷纵横，下切成"V"形。根据成因，地貌类型可分为三大类：溶蚀地貌区、溶蚀构造地貌区和侵蚀地貌区。

道真区块志留系分布面积较广，无岩浆岩、变质岩分布。根据埋藏深度和经济可行性，示范区主要目的层为下志留统龙马溪组，此外下寒武统牛蹄塘组也是页岩气目标层。纵向上，含气页岩主要分布于龙马溪组下部（含五峰组—观音桥组）。区域上，遵义—石阡一线以南属古隆起区，无龙马溪组沉积。古隆起北侧边缘潮坪相区如遵义板桥、绥阳北及秀山田坝等地，含气页岩主要由五峰组构成，龙马溪组不发育，厚度一般数米至 20m。研究区北部浅海陆棚相区，五峰组含气页岩岩性、厚度总体变化不大，而龙马溪组含气页岩逐渐增厚，以重庆南川—贵州道真地区厚度较大，厚度可达 40m 以上。由于构造运动，龙马溪组在区内少部分缺失，向斜部位发育较全。

7.5.2 页岩气成藏特征

道真向斜是位于渝东南盆缘残留向斜，与武隆、桑柘坪向斜、安场向斜一致，为典型常压页岩气藏。真页1HF井的五峰组—龙马溪组一段泥页岩黏土矿物含量在 14.35%～52.39% 之间，平均为 34.05%；硅质矿物含量在 22.15%～72.54% 之间，平均为 44.35%；碳酸盐矿物含量在 0.63%～43.19% 之间，平均为 13.48%。优质页岩层段（井段 3142～3173m）黏土矿物含量在 14.35%～43.93% 之间，平均为 27.87%；硅质矿物含量在 25.57%～72.54% 之间，平均为 52.57%；碳酸盐矿物含量在 1.41%～34.86% 之间，平均为 11.56%。优质页岩层段黏土矿物含量从上到下逐渐降低。

真页1井五峰组—龙一段 TOC 自上而下总体呈增加的趋势，实验分析平均为 1.7%。下部气层实测 TOC 为 2.8%～4.9%，平均为 3.4%。真页1井钻遇五峰组—龙马溪组优质页岩气层 77.20m，平均 TOC3.21%，孔隙度 4.77%，总含气量 $5.78m^3/t$。道页1井干酪根显微组分中主要为腐泥无定形体及腐泥碎屑体，腐泥无定形体相对含量为 27%～87%，平均 55.7%；腐泥碎屑体相对含量为 4%～71%，平均 38.8%，干酪根类型指数为 75～98，以 II 型为主，II$_1$ 型为次；无定形类脂组 65%，镜质组 10%，惰质组 20%，固体沥青 5%，热变质系数 TAI 高达 3.3，有机质处于过成熟演化阶段。

7.5.3 资源潜力

区块主要出露三叠系夜郎组以上地层，根据区域地层组合、厚度，以及地层产状，分析区域五峰组—龙马溪组埋深 500~2000m。矿权内向北五峰组—龙马溪组埋深偏浅，为 1000~2000m 以浅区域为主。区块内龙马溪组有效页岩面积约 200km^2，有效厚度较大，富有机质碳质页岩厚度为 30~35m，平均有效厚度为 60m 左右。道真向斜受二级断裂——茶园断裂的控制，分为道真次凹和洛龙构造，志留系页岩埋深 1000~4000m 的面积 692km^2，其中断下盘最大埋深 4000m。北西剖面为一"背斜"，南北方向为一向斜，南部与剥蚀区相连，北部与武隆向斜相连。富有机质页岩在道真向斜内均有分布，呈现出"整体含气"的特征。构造相对稳定，向斜核部断层不发育，埋深在 500~3500m 之间，地面及水源良好。道真区块面积 368km^2，页岩气资源量共 1914×10^8m^3。其中有效动用 I 类区控制面积 130km^2，控制地质资源量 975×10^8m^3。

7.6 斑竹区块

7.6.1 构造特征

斑竹向斜呈近 SN 向展布，两翼岩层东缓西陡，倾角分别为 8°~15°、55°~65°，向斜内分布下志留统—下三叠统，并发育有 NNE 向和 NW 向 2 组断层，向斜保存不完整。主体分布于斑竹—上坝一带，由志留系封闭，轴向北北东向，勘查试验区内延伸长度 15km，核部为三叠系茅草铺组和夜郎组，翼部主要为志留系。向斜地层总体较平缓，西翼地层较陡，西南翼部地层相对平缓。地形地貌可见三个明显的陡坎，分别为中—上寒武统白云岩、中—上奥陶统瘤状石灰岩及二叠系石灰岩层。向斜内部构造稳定，断裂不发育，翼部奥陶系—寒武系出露区断裂较发育，北东东向断层具有左行平移性质的特征。二叠系底界封闭区面积约 140km^2，三叠系底界封闭区面积约 29km^2。

7.6.2 页岩气成藏特征

该地区页岩储层具有孔隙度低、渗透率较小、压缩性较小等特点。斑竹 1 井测井解释五峰组—龙马溪组（1098.00~1122.50m）页岩储层综合含气性全井段最好。岩性为碳质泥岩。总有机碳含量 TOC 值在 2.02%~6.00% 之间，平均 3.45%，黑色有机质丰度较高；吸附气值在 1.43~5.11m^3/t 之间，平均 2.71m^3/t。目的层岩石孔隙度为 2.03%~3.89%，平均为 2.80%；渗透率一般为 $(0.35~1.86)\times10^{-2}$mD，平均为 0.91×10^{-2}mD，总体表现为低孔、低渗透的特征。五峰组—龙马溪组富有机质页岩主要发育粒内孔、粒间孔、裂缝和有机质孔四种孔隙类型，而粒间（晶间）微孔、黏土矿物层间微孔缝均较为发育，但微裂缝总体不发育，缺乏较好的渗流通道。五峰组含气量为 0.6~2.88m^3/t，平均值 1.8m^3/t，从下往上含气量逐渐增加，中上部含气量均大于 1.5m^3/t；

龙马溪组一段含气量为 0.2~0.8m³/t，平均值 0.53m³/t，向上含气量逐渐减少；龙马溪组二段含气量为 0.1~0.3m³/t，平均值 0.12m³/t，向上含气量减少；通过对斑竹 1 井岩心样品解吸气体的测试分析，表明五峰组以 CH_4 为主，次为 N_2，少量为乙烷—己烷，CH_4 平均含量为 76.38%，N_2 平均含量为 22.40%；龙马溪组以 CH_4 和 N_2 为主，少量为乙烷—己烷，CH_4 平均含量 52%，N_2 平均含量 46.3%；五峰组气体组分 CH_4 含量优于龙马溪组。

7.6.3 资源潜力

斑竹区块地理位置位于正安县境内，其沉积环境以含钙含粉砂质碳质泥棚、粉砂质碳质泥棚为主，区块面积 148.18km²。根据页岩气选取评价标准：优质页岩厚度为 15~20m，TOC 为 2.5%~3.5%，脆性矿物平均值为 48%~78%，有效孔隙度为 2.03%~3.89%，构造相对稳定，地层产状平缓，埋深在 500~2000m 之间，地面及水源良好，目前斑竹 1 井在区块内。斑竹区块面积 148.18km²，页岩气资源量共 $107×10^8m^3$。

7.7 务川区块

7.7.1 构造特征

区内主体位于三水坎—务川—黄郎坪一带，由志留系封闭，轴向为北 20°东，略具"S"形，区内延伸长度 30km，核部出露二叠—三叠，翼部为志留—二叠系。向斜紧闭，地层倾角较陡，达 40°~60°，在务川县城西侧发生局部倒转。向斜核部发育北东向断层，东翼发育北东向断层，西翼发育北西向断层，断距较小，但延伸长度具一定规模。

务川向斜构造位置位于扬子地台遵义断拱凤冈北北东构造变形区，区域主要发育Ⅱ级断裂，区块西北部、东南部发育两条Ⅱ级断层，矿权区距离两条断层分别约 24km、27km（图 7-2），距断层较远，对页岩气的保存影响有限。地层发育齐全，由下而上分别为陡山沱组、灯影组。主要出露上寒武统—志留系，分布于复背斜，厚度 1500~2700m。奥陶系出露较为广泛，仅复向斜深埋地腹。地层发育齐全，厚度 340~750m。下奥陶统为镶边碳酸盐台地沉积模式，区内发育台地边缘礁滩相；中—上奥陶统为陆棚—缓坡沉积模式，发育碎屑岩与碳酸盐岩沉积；由于加里东运动的影响，上奥陶统五峰组为局限滞留浅海盆地沉积，沉积了第二套区域性分布的五峰组富有机质页岩层系。志留系由下至上分别为龙马溪组、石牛栏组和韩家店组，厚 450~900m。龙马溪组两分性明显，为局限滞留浅海盆地沉积，厚 300~500m。由于与五峰组连续沉积，将二者合称龙马溪组，构成区内第二套页岩气勘探层系。尽管分布面积较小，但富有机质页岩品质较好，是区内重要的页岩气勘探层系。

7.7.2 页岩气成藏特征

龙马溪组为区内第三套富有机质页岩层系。龙马溪组下段为黑色薄层至页片状碳质页岩夹少量含粉砂质黏土岩或黏土质粉砂岩，微细层理发育，普遍夹含星点或团块

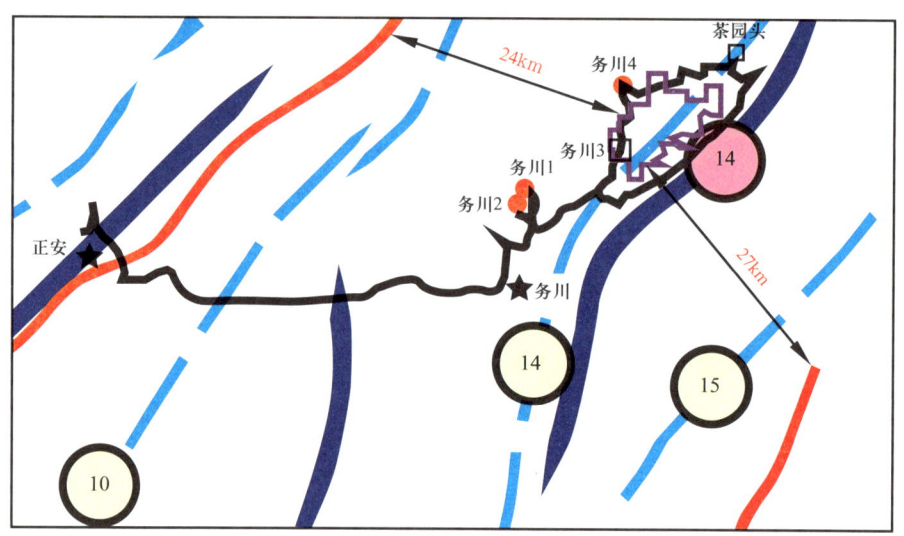

图 7-2 务川构造纲要图

状黄铁矿，属深水陆棚；含丰富笔石，另有极少三叶虫、腕足类、双壳类。龙马溪组一段富有机质页岩厚度 14.8m（含气量平均 3.28m³/t），五峰组富有机质页岩厚度 5.35m（含气量平均 1.52m³/t）。大地 1 井五峰组—龙马溪组气测全烃 0.24%～5.27%，甲烷 0.21%～5.08%。五峰组上部实测总含气量平均 0.92～2.12m³/t。

横向上，区内龙马溪组沉积相剖面显示黔北地区自南向北水体加深。北部相区主体为陆棚沉积区，南部相区主体为潮坪沉积区。富有机质页岩发育于深水陆棚。平面上，区内由南向北由浅水陆棚向深水陆棚变化，相变线位于正安—沿河一线，南部为碳质页岩与粉砂质页岩互层，富有机质页岩不发育，向黔中隆起一带逐渐演变为粉砂岩为主的潮坪沉积。北部岩性主要为灰、灰黑色含笔石泥页岩、灰色泥页岩，富有机质页岩发育。

7.7.3 资源潜力

务川大坪区块位于贵州省东北部务川县，向斜区地表主要出露二叠系、三叠系、志留系。2021 年该区完成 4 条满覆盖长度 51.48km 的二维采集，区内未开展钻探工作，周边露头曾进行踏勘。区内沉积环境以含钙含粉砂质碳质泥棚、粉砂质碳质泥棚为主。根据页岩气选取评价标准：优质页岩厚度为 15～20m，TOC 为 2.5%～3.5%，脆性矿物平均值为 52%～79%，有效孔隙度与斑竹区块 2.07%～3.89% 类似，构造相对稳定，区块离大断裂大于 2km，埋深在 500～3000m 之间，地面及水源良好，目前大地 1 井在区块内。务川向斜五峰组—龙马溪组总含气量在 0.55%～4.84% 之间。其中龙马溪组总含气量平均 1.58～4.84m³/t，平均 3.32m³/t，五峰组实测总含气量平均 0.92～2.12m³/t。务川区块面积 135.4km²，页岩气资源量共 98×10⁸m³。

参考文献

蔡周荣, 夏斌, 黄强太, 等, 2015. 上、下扬子区古生界页岩气形成和保存的构造背景对比分析 [J]. 天然气地球科学, 26 (8): 1446 1454.

柴兵强, 赵峰, 计玉冰, 等, 2023. 川东南盆缘复杂构造区龙马溪组页岩孔隙结构及分形特征 [J]. 科学技术与工程, 23 (12): 4973-4983

常泰乐, 2016. 黔北龙马溪组页岩气成藏条件研究 [D]. 贵阳: 贵州大学.

陈超, 牟传龙, 梁薇, 等, 2014. 川南—黔北地区晚奥陶世凯迪期早期与凯迪期晚期岩相古地理 [J]. 古地理学报, 16 (5): 641-654.

陈更生, 董大忠, 王世谦, 等, 2009. 页岩气藏形成机理与富集规律初探 [J]. 天然气工业, 29: 17-21.

陈践发, 卢进才, 唐友军, 等, 2011. 内蒙古西部银根-额济纳旗盆地石炭系—二叠系暗色泥质岩有机质丰度变化特征和生烃潜力 [J]. 地质通报, 30: 859-64.

陈勇, 2016. 川东南焦石坝及丁山地区五峰组—龙马溪组页岩气储层特征及"甜点"预测技术研究 [D]. 成都: 成都理工大学.

陈愿愿, 邓小江, 王小兰, 等, 2021. 粒子群优化支持向量机算法在页岩储层总有机碳含量预测中的应用——以渝西地区 Z 井区为例 [J]. 石油物探, 60: 652-63.

谌志远, 2019. 南方海相页岩气散失控制因素研究 [D]. 北京: 中国石油大学 (北京).

程顶胜, 1998. 烃源岩有机质成熟度评价方法综述 [J]. 新疆石油地质, 5: 79-83.

程鹏, 肖贤明, 2013. 很高成熟度富有机质页岩的含气性问题 [J]. 煤炭学报, 38 (5): 737-741.

党伟, 张金川, 黄潇, 等, 2015. 陆相页岩含气性主控地质因素——以辽河西部凹陷沙河街组三段为例 [J]. 石油学报, 36: 15-30.

邓宾, 刘树根, 王国芝, 等, 2013. 四川盆地南部地区新生代隆升剥露研究——低温热年代学证据 [J]. 地球物理学报, 56 (6): 1958-1973.

丁文龙, 王垚, 王生晖, 等, 2024. 页岩储层非构造裂缝研究进展与思考 [J]. 地学前缘, 1-18.

董大忠, 王玉满, 黄旭楠, 等, 2016. 中国页岩气地质特征、资源评价方法及关键参数 [J]. 天然气地球科学, 27 (9): 1583-1601.

丰国秀, 陈盛吉, 1988. 岩石中沥青反射率与镜质体反射率之间的关系 [J]. 天然气工业, 8 (3): 20-25.

峰魏祥, 宝赵正, 波王庆, 等, 2017. 川东南綦江丁山地区上奥陶统五峰组下志留统-龙马溪组页岩气地质条件综合评价 [J]. 地质评论, 63 (1): 153-164.

冯军, 胡宗全, 高波, 等, 2016. 川东南地区五峰组—龙马溪组页岩气成藏条件分析 [J]. 地质论评, 62 (6): 1521-1532.

冯动军, 胡宗全, 李双建, 等, 2021. 川东盆缘带龙马溪组关键保存要素对页岩气富集的控制作用 [J]. 地质论评, 67 (1): 15.

付景龙, 2016. 黔西北地区构造对下寒武统页岩气藏保存的影响 [J]. 西南石油大学学报 (自然科学版), 38 (5): 11.

高静, 丁昊明, 2015. 页岩气勘探开发中的认识与哲学思辨 [J]. 非常规油气, 2 (2): 73-77.

高君, 毕建军, 赵海山, 等, 2017. 地震波形指示反演薄储层预测技术及其应用 [J]. 地球物理学进展, 32 (1): 142-145.

贵州省地质矿产局, 1987. 贵州省区域地质志 [M]. 北京: 地质出版社.

郭世钊, 郭建华, 刘辰生, 等, 2016. 黔北地区志留系下统龙马溪组页岩气成藏潜力 [J]. 中南大学学报 (自然科学版), 47 (6): 1973-1980.

郭彤楼, 何希鹏, 曾萍, 等, 2020. 复杂构造区页岩气藏地质特征与效益开发建议——以四川盆地及其周缘五峰组—龙马溪组为例[J]. 石油学报, 41 (12): 1490-1500.

郭彤楼, 蒋恕, 张培先, 等, 2020. 四川盆地外围常压页岩气勘探开发进展与攻关方向[J]. 石油实验地质, 42 (5): 837-845.

郭彤楼, 刘若冰, 2013. 复杂构造区高演化程度海相页岩气勘探突破的启示——以四川盆地东部盆缘JY1井为例[J]. 天然气地球科学, 24 (4): 643-651.

郭旭升, 2014. 南方海相页岩气"二元富集"规律——四川盆地及周缘龙马溪组页岩气勘探实践认识[J]. 地质学报, 88 (7): 1209-1218.

郭旭升, 2017. 上扬子地区五峰组—龙马溪组页岩层序地层及演化模式[J]. 地球科学, 42 (7): 1069-1082.

郭旭升, 蔡勋育, 刘金连, 等, 2021. 中国石化"十三五"天然气勘探进展与前景展望[J]. 天然气工业, 41 (8): 12-22.

郭旭升, 胡德高, 舒志国, 等, 2022. 重庆涪陵国家级页岩气示范区勘探开发建设进展与展望[J]. 天然气工业, 42 (8): 14-23.

郭旭升, 李宇平, 腾格尔, 等. 2020. 四川盆地五峰组—龙马溪组深水陆棚相页岩生储机理探讨[J]. 石油勘探与开发, 47 (1): 193-201.

郭旭升, 腾格尔, 魏祥峰, 等, 2022. 四川盆地深层海相页岩气赋存机理与勘探潜力[J]. 石油学报, 43 (4): 453-468.

郭旭升, 赵永强, 申宝剑, 等, 2022. 中国南方海相页岩气勘探理论: 回顾与展望[J]. 地质学报, 96 (1): 172-182.

何贵松, 何希鹏, 高玉巧, 等, 2019. 中国南方3套海相页岩气成藏条件分析[J]. 岩性油气藏, 31 (1): 57-68.

何贵松, 何希鹏, 高玉巧, 等, 2020. 渝东南盆缘转换带金佛斜坡常压页岩气富集模式[J]. 天然气工业, 40 (6): 11.

何希鹏, 高玉巧, 唐显春, 等, 2017. 渝东南地区常压页岩气富集主控因素分析[J]. 天然气地球科学, 28 (4): 11.

何希鹏, 何贵松, 高玉巧, 等, 2018. 渝东南盆缘转换带常压页岩气地质特征及富集高产规律[J]. 天然气工业, 38 (12): 1-14.

何希鹏, 王运海, 王彦祺, 等, 2020. 渝东南盆缘转换带常压页岩气勘探实践[J]. 中国石油勘探, 25 (1): 126-136.

胡东风, 2019. 四川盆地东南缘向斜构造五峰组—龙马溪组常压页岩气富集主控因素[J]. 天然气地球科学, 30 (5): 605-615.

胡东风, 张汉荣, 倪楷, 等, 2014. 四川盆地东南缘海相页岩气保存条件及其主控因素[J]. 天然气工业, 34 (6): 7.

胡国艺, 汪晓波, 王义凤, 等, 2009. 中国大中型气田盖层特征[J]. 天然气地球科学, 20 (2): 162-166.

黄东, 段勇, 李育聪, 等, 2018. 淡水湖相页岩油气有机碳含量下限研究——以四川盆地侏罗系大安寨段为例[J]. 中国石油勘探, 23 (6): 38-45.

黄江杰, 李常辉, 潘志刚, 2022. 龙山区块牛蹄塘组页岩气资源评价与勘探有利区研究[J]. 中国矿业, 31 (9): 171-178.

计曙东, 王学军, 刘玉华, 等, 2013. 东濮凹陷胡状集—庆祖集油田地层水特征及其石油地质意义. 油气地质与采收率, 20 (5): 43-47.

纪文明, 朱孟凡, 宋岩, 等, 2022. 南方海相页岩气赋存状态演化规律[J]. 中南大学学报(自然科学版), 53 (9): 3590-3602.

贾承造, 2017. 论非常规油气对经典石油天然气地质学理论的突破及意义[J]. 石油勘探与开发, 44（1）: 1-11.

姜鹏飞, 吴建发, 朱逸青, 等, 2023. 四川盆地海相页岩气富集条件及勘探开发有利区[J]. 石油学报, 44（1）: 91-109.

姜振学, 宋岩, 唐相路, 等, 2020. 中国南方海相页岩气差异富集的控制因素[J]. 石油勘探与开发, 47: 617-628.

琚宜文, 戚宇, 房立志, 2016. 中国页岩气的储层类型及其制约因素[J]. 地球科学进展, 31（8）: 782-799.

李海, 白云山, 王保忠, 等, 2014. 湘鄂西地区下古生界页岩气保存条件[J]. 油气地质与采收率, 21（6）: 4.

李建忠, 吴晓智, 郑民, 等, 2016. 常规与非常规油气资源评价的总体思路、方法体系与关键技术[J]. 天然气地球科学, 27（9）: 1557-1565.

李娟, 于炳松, 郭峰, 2013. 黔北地区下寒武统底部黑色页岩沉积环境条件与源区构造背景分析[J]. 沉积学报, 31: 20-31.

李明诚, 2000. 石油与天然气运移研究综述[J]. 石油勘探与开发, 4: 3-10, 109-117.

李明隆, 谭秀成, 李延钧, 等, 2021. 页岩岩相划分及含气性评价: 以滇黔北地区五峰组—龙马溪组为例[J]. 断块油气田, 28（6）: 727-732.

李贤庆, 王哲, 郭曼, 等, 2016. 黔北地区下古生界页岩气储层孔隙结构特征[J]. 中国矿业大学学报, 45（6）: 1172-1183.

李艳芳, 邵德勇, 吕海刚, 等, 2015. 四川盆地五峰组—龙马溪组海相页岩元素地球化学特征与有机质富集的关系[J]. 石油学报, 36: 1470-1483.

李一鸣, 刘达东, 冯霞, 等, 2024. 黔北地区五峰组—龙马溪组海相页岩储层非均性特征及其控制因素[J]. 中国地质: 1-28.

梁霄, 徐剑良, 王滢, 等, 2021. 川南地区渐变型盆—山边界条件下龙马溪组页岩气（藏）富集主控因素：构造—沉积分异与差异性演化[J]. 地质科学, 56（1）: 60-81.

梁兴, 2020. 大面积降水预压处理地基前抽水试验数据计算分析[J]. 中国水运（下半月）, 20（12）: 139-140.

梁兴, 单长安, 王维旭, 等, 2022. 昭通国家级页岩气示范区勘探开发进展及前景展望[J]. 天然气工业, 42（8）: 60-77.

梁兴, 单长安, 张朝, 等, 2021. 昭通太阳背斜山地浅层页岩气"三维封存体系"富集成藏模式[J]. 地质学报, 95（11）: 3380-3399.

梁兴, 单长安, 张磊, 等, 2023. 中国南方复杂构造区多类型源内成储成藏非常规气勘探开发进展及资源潜力[J]. 石油学报, 44（12）: 2179-2199.

梁兴, 徐政语, 张朝, 等, 2020. 昭通太阳背斜区浅层页岩气勘探突破及其资源开发意义[J]. 石油勘探与开发, 47（1）: 11-28.

梁兴, 张朝, 单长安, 等, 2021. 山地浅层页岩气勘探挑战、对策与前景——以昭通国家级页岩气示范区为例[J]. 天然气工业, 41（2）: 27-36.

梁兴, 张介辉, 张涵冰, 等, 2021. 浅层页岩气勘探重大发现与高效开发对策研究——以太阳浅层页岩气田为例[J]. 中国石油勘探, 26（6）: 21-37.

林瑞钦, 王奕松, 石富伦, 等, 2023. 黔北复杂构造区超浅层页岩气勘探突破与启示——以RX1井为例[J]. 中国地质, 1-25.

刘德汉, 史继扬, 1994. 高演化碳酸盐烃源岩非常规评价方法探讨[J]. 石油勘探与开发, （3）: 113-115.

刘航,2018.页岩气国内外研究现状[J].石化技术,25(3):123.

刘苗苗,付小平,谢佳彤,2023.四川盆地中侏罗统页岩储层特征及其影响因素[J].断块油气田,30(6):905-913.

刘尚平,2018.黔北页岩气组分分析及富集条件研究[D].贵阳:贵州大学.

刘树根,李煜伟,叶玥豪,等,2020.差异保存条件下页岩孔隙结构特征演化及其意义[J].油气藏评价与开发,(5):10.

刘树根,刘殊,孙玮,等,2018.绵阳—长宁拉张槽北段构造—沉积特征[J].成都理工大学学报(自然科学版),45(1):13.

刘树根,冉波,叶玥豪,等,2022.贵州习水骑龙村奥陶系五峰组—志留系龙马溪组剖面[J].油气藏评价与开发,12:10-28.

刘特民,1987.黔中何时隆起——从黔北奥陶、志留纪各期沉积环境演变探讨黔中隆起何时形成[J].贵州地质,(1):65-71.

刘义生,金吉能,潘仁芳,等,2023.渝东南盆缘转换带五峰组—龙马溪组常压页岩气保存条件评[J].地质科技通报,42(1):253-263.

刘宇峰,刘迪仁,彭成,等,2022.中国页岩气勘探开发现状及关键技术进展[J].现代化工,42(1):16-20

刘振峰,曲寿利,孙建国,等,2012.地震裂缝预测技术研究进展[J].石油物探,51:191-198.

柳波,石佳欣,付晓飞,等,2018.陆相泥页岩层系岩相特征与页岩油富集条件——以松辽盆地古龙凹陷白垩系青山口组一段富有机质泥页岩为例[J].石油勘探与开发,45:828-838.

龙鹏宇,张金川,唐玄,等,2011.泥页岩裂缝发育特征及其对页岩气勘探和开发的影响[J].天然气地球科学,22:525-532.

龙胜祥,卢婷,李倩文,等,2021.论中国页岩气"十四五"发展思路与目标[J].天然气工业,41(10):1-10.

楼章华,朱蓉,2006.中国南方海相地层水文地质地球化学特征与油气保存条件[J].石油与天然气地质,27(5):10.

罗小平,吴飘,赵建红,等,2015.富有机质泥页岩有机质孔隙研究进展[J].成都理工大学学报(自然科学版),42:50-59.

马新华,张晓伟,熊伟,等,2023.中国页岩气发展前景及挑战[J].石油科学通报,8(4):491-501.

马永生,楼章华,郭彤楼,等,2006.中国南方海相地层油气保存条件综合评价技术体系探讨[J].地质学报,80(3):12.

孟江辉,张宁,潘仁芳,等,2024.桂中坳陷下石炭统岩关阶页岩气成藏条件及资源潜力分析[J].长江大学学报(自然科学版):1-16.

聂海宽,陈清,李世臻,等,2022.重庆綦江观音桥剖面五峰组—龙马溪组地层特征及其对页岩气勘探开发的启示[J].地层学杂志,46(3):271-285.

聂海宽,唐玄,边瑞康,等,2009.页岩气成藏控制因素及中国南方页岩气发育有利区预测[J].石油学报,30:484-491.

聂海宽,汪虎,何治亮,等,2019.常压页岩气形成机制、分布规律及勘探前景——以四川盆地及其周缘五峰组—龙马溪组为例[J].石油学报,40(2):14.

聂海宽,张金川,包书景,等,2012.页岩气成藏体系研究——以四川盆地及其周缘下寒武统为例[J].西安石油大学学报(自然科学版),27(3):8-14.

聂海宽,张金川,薛会,等,2010.油气成藏及分布序列的连续聚集和非连续聚集[J].天然气工业,30(9):9-14,117-118.

庞河清,熊亮,魏力民,等,2019.川南深层页岩气富集高产主要地质因素分析——以威荣页岩气田为例[J].天然气工业,39(S1):78-84.

秦川,余谦,刘伟,等,2016.黔北地区龙马溪组富有机质泥岩储层特征与勘探前景[J].东北石油大学学报,40(5):86-93.

商晓飞,龙胜祥,段太忠,2021.页岩气藏裂缝表征与建模技术应用现状及发展趋势[J].天然气地球科学,32:215-232.

尚福华,熊贤明,莫佳君,等,2016.黔北地区构造特征及其与页岩气保存关系探讨[J].煤炭技术,(9):3.

施振生,王红岩,赵圣贤,等,2023.川南地区上奥陶统—下志留统五峰组—龙马溪组快速海进页岩特征及有机质分布[J].古地理学报,25:788-805.

宋振响,徐旭辉,王保华,等,2020.页岩气资源评价方法研究进展与发展方向[J].石油与天然气地质,41(5):1038-1047.

孙龙德,王小军,冯子辉,等,2023.松辽盆地古龙页岩纳米孔缝形成机制与页岩油富集特征[J].石油与天然气地质,44(6):1350-1365.

唐大卿,何生,陈红汉,等,2009.伊通盆地新近纪以来的反转构造特征[J].石油学报,30(4):7.

田巍,王传尚,白云山,等,2019.湘中涟源凹陷上泥盆统佘田桥组页岩地球化学特征及有机质富集机理[J].地球科学,44:3794-3811.

王崇敬,张鹤,李世宇,等,2018.基于分子标志物的有机质成熟度评价参数选择及其适用范围分析[J].地质科技情报,37(4):202-211.

王红岩,周尚文,刘德勋,等,2020.页岩气地质评价关键实验技术的进展与展望[J].天然气工业,40:1-17.

王焕,李海兵,2019.断裂带中古地震滑动的岩石记录[J].地球学报,40:135-156.

王芳川,赵靖舟,丁文龙,等,2015.渝东南地区龙马溪组页岩裂缝发育特征[J].天然气地球科学,26(4):760-770.

王濡岳,丁文龙,龚大建,等,2016.黔北地区海相页岩气保存条件——以贵州岑巩区块下寒武统牛蹄塘组为例[J].石油与天然气地质,37(1):11.

王淑芳,邹才能,董大忠,等,2014.四川盆地富有机质页岩硅质生物成因及对页岩气开发的意义[J].北京大学学报(自然科学版),50:476-486

王晔,邱楠生,仰云峰,等,2019.四川盆地五峰组—龙马溪组页岩成熟度研究[J].地球科学,44:953-971.

王奕松,孙钊,陈祎,等,2023.黔北地区五峰组—龙马溪组页岩气成藏过程及勘探启示:来自流体包裹体的证据[J].天然气地球科学.

王玉满,董大忠,李建忠,等,2012.川南下志留统龙马溪组页岩气储层特征[J].石油学报,33:551-561.

王玉满,李新景,陈波,等,2018.海相页岩有机质炭化的热成熟度下限与勘探风险[J].石油勘探与开发,45:385-395.

王志刚,2015.涪陵页岩气勘探开发重大突破与启示[J].石油与天然气地质,36(1):1-6.

王中刚,于学元,赵振华,等,1989.稀土元素地球化学[M].北京:科学出版社.

魏祥峰,2017.四川盆地及周缘龙马溪组热页岩特征及高U值成因[J].油气藏评价与开发,7:59-66.

吴蓝宇,胡东风,陆永潮,等,2016.四川盆地涪陵气田五峰组—龙马溪组页岩优势岩相[J].石油勘探与开发,43:189-197.

吴松,于继良,李海龙,等,2023.黔北正安地区五峰组—龙马溪组页岩气随钻C同位素特征及地质意义[J].地球化学,52(5):615-624.

武学进,陈清,李关访,等,2020.黔北习科1井五峰组—龙马溪组黑色页岩的地层划分与对比[J].地层学杂志, 44: 1-11.

解习农, 刘晓峰, 胡祥云, 等, 1998. 超压盆地中泥岩的流体压裂与幕式排烃作用 [J]. 地质科技情报, (4): 60-64.

辛云路, 葛佳, 李昭, 等, 2023. 黔北宽阔—浮焉地区五峰组—龙马溪组页岩气地质条件与有利区预测 [J]. 西北地质, 56 (1): 232-244.

熊小辉, 王剑, 汪正江, 等, 2018. 川西南荣经坳陷川荣页 1 井奥陶系沉积相与古生物特征及地层厘定 [J]. 沉积与特提斯地质, 38: 16-24.

杨平, 余谦, 牟传龙, 等, 2021. 四川盆地西南缘山地复杂构造区页岩气富集模式及勘探启示：一个页岩气新区 [J]. 天然气工业, 41 (5): 42-54.

杨瑞东, 程伟, 周汝贤, 等, 2012. 贵州页岩气源岩特征及页岩气勘探远景分析 [J]. 天然气地球科学, 23: 340-347.

杨树春, 卢庆治, 宋传真, 等, 2005. 库车前陆盆地中生界烃源岩有机质成熟度演化及影响因素 [J]. 石油与天然气地质, 26 (6): 770-777.

杨振恒, 韩志艳, 李志明, 等, 2013. 北美典型克拉通盆地页岩气成藏特征、模式及启示 [J]. 石油与天然气地质, 34 (4): 463-470.

银燕, 2011. 东营凹陷古近系地层水化学特征及其演化主控因素分析 [J]. 海洋石油, 31 (1): 37-41.

雍锐, 陈更生, 杨学锋, 等, 2022. 四川长宁—威远国家级页岩气示范区效益开发技术与启示 [J]. 天然气工业, 42 (8): 136-147.

余开富, 王守德, 1995. 贵州南部的都匀运动及其古构造特征和石油地质意义 [J]. 贵州地质, 12 (3): 8.

翟刚毅, 包书景, 庞飞, 等, 2016. 武陵山复杂构造区古生界海相油气实现重大突破 [J]. 地球学报, 37 (6): 657-662.

翟刚毅, 包书景, 庞飞, 等, 2017. 贵州遵义地区安场向斜"四层楼"页岩油气成藏模式研究 [J]. 中国地质, 44 (1): 1-12.

翟刚毅, 包书景, 王玉芳, 等, 2017. 古隆起边缘成藏模式与湖北宜昌页岩气重大发现 [J]. 地球学报, 38 (4): 7.

张博, 曹涛涛, 王庆涛, 等, 2023. 黔北地区五峰组—龙马溪组页岩储层含气性特征及其影响因素 [J]. 天然气地球科学, 34: 1412-1424.

张帆, 李相臣, 2016. 不同吸附模型对容量法、重量法测定页岩吸附等温曲线的拟合分析 [J]. 煤炭学报, A1: 164-168.

张金川, 李振, 王东升, 等, 2022. 中国页岩气成藏模式 [J]. 天然气工业, 42 (8): 78-95.

张金川, 刘树根, 魏晓亮, 等, 2021. 页岩含气量评价方法 [J]. 石油与天然气地质, 42: 28-40.

张鹏, 张金川, 刘鸿, 等, 2016. 贵州下志留统龙马溪组页岩气成藏条件分析 [J]. 中南大学学报（自然科学版）, 47 (9): 3085-3092.

张晓明, 石万忠, 舒志国, 等, 2017. 涪陵地区页岩含气量计算模型及应用 [J]. 地球科学, 42: 1157-1168.

张晓明, 石万忠, 徐清海, 等, 2015. 四川盆地焦石坝地区页岩气储层特征及控制因素 [J]. 石油学报, 36: 926-939.

赵晨君, 康志宏, 侯阳红, 等, 2020. 下扬子二叠系泥页岩稀土元素地球化学特征及地质意义 [J]. 地球科学, 45: 4118-4127.

赵建华, 金之钧, 金振奎, 等, 2016. 四川盆地五峰组—龙马溪组页岩岩相类型与沉积环境 [J]. 石油学报, 37 (5): 572-586.

赵文智, 贾爱林, 位云生, 等, 2020. 中国页岩气勘探开发进展及发展展望 [J]. 中国石油勘探, 25 (1): 31-44.

郑江韬, 2016. 低渗透岩石的应力敏感性与孔隙结构三维重构研究 [D]. 北京: 中国矿业大学（北京）.

朱炎铭, 陈尚斌, 方俊华, 等, 2010. 四川地区志留系页岩气成藏的地质背景 [J]. 煤炭学报, 35 (7): 5.

邹才能, 董大忠, 王社教, 等, 2010. 中国页岩气形成机理、地质特征及资源潜力 [J]. 石油勘探与开发, 37 (6): 641–653.

邹才能, 陶士振, 杨智, 等, 2012. 中国非常规油气勘探与研究新进展 [J]. 矿物岩石地球化学通报, 31 (4): 312–322.

邹媛, 尚永红, 张楠, 等, 2018. 贵州地区五峰组—龙马溪组页岩气成藏条件 [J]. 山东工业技术, (24): 85, 104.

Abanda P A, Hannigan R E, 2006. Effect of diagenesis on trace element partitioning in shales [J]. Chem Geol, 230: 42–59.

Alexander B W, BAU M, Andersson P, et al., 2008. Continentally-derived solutes in shallow Archean seawater: rare earth element and Nd isotope evidence in iron formation from the 2.9 Ga Pongola Supergroup, South Africa [J]. Geochim Cosmochim Ac, 72: 378–394.

Allegre C J, Minster J F, 1978. Quantitative models of trace element behavior in magmatic processes [J]. Earth and Planetary Science Letters, 38 (1): 1–25.

Bahorich M, Farmer S, 1995. 3-D seismic discontinuity for faults and stratigraphic features: The coherence cube [J]. The leading edge, 14: 1053–1058.

Bau M, Dulski P, 1999. Comparing yttrium and rare earths in hydrothermal fluids from the Mid-Atlantic Ridge: implications for Y and REE behaviour during near-vent mixing and for the Y/Ho ratio of Proterozoic seawater [J]. Chem Geol, 155: 77–90.

Berry W B, Wilde P, 1978. Progressive ventilation of the oceans; an explanation for the distribution of the lower Paleozoic black shales [J]. American Journal of Science, 278 (3): 257–275.

Bhatia M R, Crook K A, 1986. Trace element characteristics of graywackes and tectonic setting discrimination of sedimentary basins [J]. Contrib Mineral Petr, 92: 181–193.

Bhatia M R, Taylor S R, 1981. Trace-element geochemistry and sedimentary provinces: a study from the Tasman Geosyncline, Australia [J]. Chem Geol, 33: 115–125.

Boneh Y, Sagy A, Reches Z, 2013. Frictional strength and wear-rate of carbonate faults during high-velocity, steady-state sliding [J]. Earth Planet Sc Lett, 381: 127–137.

Brittenham M D, 2010. "Unconventional" Discovery Thinking in Resource Plays: Haynesville / Bossier Trend, North Louisiana [J]. Houston Geological Society Bulletin, 27–29.

Chen Q, Sidney S, 1997. Seismic attribute technology for reservoir forecasting and monitoring [J]. The Leading Edge, 16 (5): 445–448.

Chen S, Han Y, Fu C, et al., 2016. Micro and nano-size pores of clay minerals in shale reservoirs: Implication for the accumulation of shale gas [J]. Sedimentary Geology, 342: 180–190.

Choi J H, Hariya Y, 1992. Geochemistry and depositional environment of Mn oxide deposits in the Tokoro Belt, northeastern Hokkaido, Japan [J]. Econ Geol, 87: 1265–1274.

Condie K C, 1993. Chemical composition and evolution of the upper continental crust: contrasting results from surface samples and shales [J]. Chem Geol, 104: 1–37.

Davies, Richard J, et al., 2014. Oil and gas wells and their integrity: Implications for shale and unconventional resource exploitation [J]. Marine & Petroleum Geology, 56: 239–254.

Dorigo M, Di Caro G, Gambardella L M, 1999. Ant algorithms for discrete optimization [J]. Artif Life, 5: 137–172.

Elderfield H, Greaves M J, 1982. The rare earth elements in seawater [J]. Nature, 296: 214–219.

Evans J P, Prante M R, Janecke S U, et al., 2014. Hot faults: Iridescent slip surfaces with metallic luster document high-temperature ancient seismicity in the Wasatch fault zone, Utah, USA [J]. Geology, 42: 623-626.

Fondriest M, Smith S A, Candela T, et al., 2013. Mirror-like faults and power dissipation during earthquakes[J]. Geology, 41: 1175-1178.

Francois R, 1988. A study on the regulation of the concentrations of some trace metals (Rb, Sr, Zn, Pb, Cu, V, Cr, Ni, Mn and Mo) in Saanich Inlet sediments, British Columbia, Canada [J]. Mar Geol, 83: 285-308.

Gersztenkorn A, Marfurt K J, 1999. Eigenstructure-based coherence computations as an aid to 3-D structural and stratigraphic mapping [J]. Geophysics, 64: 1468-1479.

Gu X X, Liu J M, Zheng M H, et al., 2002. Provenance and tectonic setting of the Proterozoic turbidites in Hunan, South China: geochemical evidence [J]. J Sediment Res, 72: 393-407.

Hammes U, Hamlin H S, Ewing T E, 2011. Geologic analysis of the Upper Jurassic Haynesville Shale in east Texas and west Louisiana [J]. AAPG Bulletin, 95 (10): 1643-1666.

Han S, Zhang J, Li Y, et al., 2013. Evaluation of Lower Cambrian Shale in Northern Guizhou Province, South China: Implications for Shale Gas Potential [J]. Energy & Fuels, 27 (may-jun.): 2933-2941.

Hatch J R, Leventhal J S, 1992. Relationship between inferred redox potential of the depositional environment and geochemistry of the Upper Pennsylvanian (Missourian) Stark Shale Member of the Dennis Limestone, Wabaunsee County, Kansas, USA [J]. Chem Geol, 99: 65-82.

Hinton D D, Roger M, 2002. Olien, Oil in Texas: The Gusher Age, 1895-1945 [M]. Austin: University of Texas Press.

Huff W D, Kolata D R, Bergström S M, et al., 1996. Large-magnitude Middle Ordovician volcanic ash falls in North America and Europe: dimensions, emplacement and post-emplacement characteris [J]. Journal of Volcanology and Geothermal Research, 73 (3-4), 285-301.

Ikonnikova S, Browning J, Gulen G, et al., 2015. Factors influencing shale gas production forecasting: Empirical studies of Barnett, Fayetteville, Haynesville, and Marcellus Shale plays [J]. Economics of Energy and Environmental Policy, 4 (1).

Jones B, Manning D A, 1994. Comparison of geochemical indices used for the interpretation of palaeoredox conditions in ancient mudstones [J]. Chem Geol, 111: 111-129.

Kirkpatrick J D, Rowe C D, White J C, et al., 2013. Silica gel formation during fault slip: Evidence from the rock record [J]. Geology, 41: 1015-1018.

Kuo L W, Song S R, Suppe J, et al., 2016. Fault mirrors in seismically active fault zones: A fossil of small earthquakes at shallow depths [J]. Geophys Res Lett, 43: 1950-1959.

Lash G G, Lash E P, 2015. The Unsung 'Father of the Natural Gas Industry' [J]. AAPG Explorer, 36 (5): 44, 46, 48.

Laurich B, Urai J L, Desbois G, et al., 2014. Microstructural evolution of an incipient fault zone in Opalinus Clay: Insights from an optical and electron microscopic study of ion-beam polished samples from the Main Fault in the Mt-Terri Underground Research Laboratory [J]. J Struct Geol, 67: 107-128.

Li W, Pang X, Snape C, et al., 2019. Molecular Simulation Study on Methane Adsorption Capacity and Mechanism in Clay Minerals: Effect of Clay Type, Pressure, and Water Saturation in Shales [J]. Energy & Fuels, 33 (2): 765-778.

Luo W, Hou M, Liu X, et al., 2017. Geological and geochemical characteristics of marine-continental transitional shale from the Upper Permian Longtan formation, Northwestern Guizhou, China [J]. Marine and Petroleum Geology, S1876234406.

Marfurt K J, Kirlin R L, Farmer S L, et al., 1998. 3-D seismic attributes using a semblance-based coherency algorithm [J]. Geophysics, 63 (4): 1150-1165.

Mcdermott R G, Ault A K, Evans J P, et al., 2017. Thermochronometric and textural evidence for seismicity via asperity flash heating on exhumed hematite fault mirrors, Wasatch fault zone, UT, USA [J]. Earth Planet Sc Lett, 471: 85-93.

Nadan B J, Engelder T, 2009. Microcracks in New England granitoids: A record of thermoelastic relaxation during exhumation of intracontinental crust [J]. Geological Society of America Bulletin, 121 (1-2): 80-99.

Peng J, Milliken K L, Fu Q, 2020. Quartz types in the Upper Pennsylvanian organic-rich Cline Shale (Wolfcamp D), Midland Basin, Texas: Implications for silica diagenesis, porosity evolution and rock mechanical properties [J]. Sedimentology, 67.

Peter J M, Scott S D, 1988. Mineralogy, composition, and fluid-inclusion microthermometry of seafloor hydrothermal deposits in the Southern Trough of Guaymas Basin, Gulf of California [J]. The Canadian Mineralogist, 26: 567-587.

Rice J R, 2006. Heating and weakening of faults during earthquake slip [J]. Journal of Geophysical Research: Solid Earth, 111.

Roberts A, 2001. Curvature attributes and their application to 3 D interpreted horizons [J]. First break, 19: 85-100.

Roov A B, 1958. Organic carbon in sedimentary rocks (in relation to the presence of petroleum) [J]. Geochemistry, 5: 497-509.

Rowe C D, Griffith W A, 2015. Do faults preserve a record of seismic slip: A second opinion [J]. J Struct Geol, 78: 1-26.

Russell A D, Morford J L, 2001. The behavior of redox-sensitive metals across a laminated-massive-laminated transition in Saanich Inlet, British Columbia [J]. Mar Geol, 174: 341-354.

Sibson R H, 2003. Thickness of the seismic slip zone [J]. B Seismol Soc Am, 93: 1169-1178.

Simantov S, Aharonov E, Boneh Y, et al., 2015. Fault mirrors along carbonate faults: Formation and destruction during shear experiments [J]. Earth Planet Sc Lett, 430: 367-376.

Simantov S, Aharonov E, Sagy A, et al., 2013. Nanograins form carbonate fault mirrors [J]. Geology, 41: 703-706.

Singleton M J, Criss R E, 2002. Effects of normal faulting on fluid flow in an ore-producing hydrothermal system, Comstock Lode [J], Nevada, 115 (3-4): 437-450.

Smith S, Di Toro G, Kim S, et al., 2013. Coseismic recrystallization during shallow earthquake slip [J]. Geology, 41: 63-66.

Sun W Y S Z, 2020. Pore structures of shale cores in different tectonic locations in the complex tectonic region: A case study of the Niutitang Formation in Northern Guizhou, Southwest China [J]. Journal of Natural Gas Science and Engineering, 80 (1).

Tenger B, Longfei L U, Lingjie Y U, et al., 2021. Formation, preservation and connectivity control of organic pores in shale [J]. Petroleum Exploration and Development, 48 (4): 798-812.

Tenger, Liu W, Xu Y, et al., 2006. Comprehensive geochemical identification of highly evolved marine carbonate rocks as hydrocarbon-source rocks as exemplified by the Ordos Basin [J]. Science in China Series D, 49: 384-396.

Tissot B P, 1984. Recent advances in petroleum geochemistry applied to hydrocarbon exploration [J]. Aapg

Bull, 68: 545-563.

Toth R J, 1980. Deposition of submarine crusts rich in manganese and iron [J]. Geol Soc Am Bull, 91: 44-54.

Verberne B A, Plümper O, Matthijs De, et al., 2014. Superplastic nanofibrous slip zones control seismogenic fault friction [J]. Science, 346: 1342-1344.

Verberne, Berend A, De Bresser J H, et al., 2013. Plümper O. Nanocrystalline slip zones in calcite fault gouge show intense crystallographic preferred orientation: Crystal plasticity at sub-seismic slip rates at 18-150 C [J]. Geology, 41: 863-866.

Viti C, Brogi A, Liotta D, et al., 2016. Seismic slip recorded in tourmaline fault mirrors from Elba Island (Italy) [J]. J Struct Geol, 86: 1-12.

Welte D H, Yukler M A, 1981. Petroleum origin and accumulation in basin evolution—a quantitative model [J]. Aapg Bull, 65: 1387-1396.

Xiaofei F U, Zhe C, Baiquan Y, et al., 2013. Analysis of main controlling factors for hydrocarbon accumulation in central rift zones of the Hailar-Tamtsag Basin using a fault-caprock dual control mode [J]. Science China Earth Sciences, (8): 1357-1370.

Yu B, Dong H, Widom E, et al., 2009. Geochemistry of basal Cambrian black shales and cherts from the Northern Tarim Basin, Northwest China: Implications for depositional setting and tectonic history [J]. J Asian Earth Sci, 34: 418-436.

Zhang X, Shi W, Hu Q, et al., 2019. Pressure-dependent fracture permeability of marine shales in the Northeast Yunnan area, Southern China [J]. Int J Coal Geol, 214: 103237.

Zhu C, Hu S, Qiu N, et al., 2018. Geothermal constraints on Emeishan mantle plume magmatism: paleotemperature reconstruction of the Sichuan Basin, SW China [J]. International Journal of Earth Sciences, (107): 71-88.